微积分教程

（下册·第2版）

主编　范崇金　董衍习

哈尔滨工程大学出版社

内容简介

全书依据最新的《工科类本科数学基础课程教学基本要求》，吸收国内外同类教材中的优点，并结合哈尔滨工程大学多年教学中积累的经验，注意教学过程中发现的问题，经由应用数学系多位教师的共同研究和推敲编写而成。

本《微积分教程》分上、下两册。上册主要内容有函数与极限、导数与微分、中值定理及导数的应用、不定积分、定积分及定积分的应用。下册主要内容有多元函数微分学、重积分、曲线积分与曲面积分、无穷级数及微分方程。

本书思路清晰、语言精练、叙述详尽、例题丰富，内容适应面广，富有弹性，可作为高等院校工科本科生微积分课程的教材或教学参考书。

图书在版编目(CIP)数据

微积分教程. 下册 / 范崇金，董衍习主编. —2 版
. —哈尔滨：哈尔滨工程大学出版社，2017.12
ISBN 978 - 7 - 5661 - 1654 - 3

Ⅰ. ①微…　Ⅱ. ①范…②董…　Ⅲ. ①微积分 - 高等学校 - 教材　Ⅳ. ①O172

中国版本图书馆 CIP 数据核字(2017)第 213557 号

选题策划　石　岭
责任编辑　张忠远　宗盼盼
封面设计　博鑫设计

出版发行　哈尔滨工程大学出版社
社　　址　哈尔滨市南岗区南通大街 145 号
邮政编码　150001
发行电话　0451 - 82519328
传　　真　0451 - 82519699
经　　销　新华书店
印　　刷　哈尔滨市石桥印务有限公司
开　　本　787 mm × 960 mm　1/16
印　　张　18
字　　数　391 千字
版　　次　2017 年 12 月第 2 版
印　　次　2017 年 12 月第 1 次印刷
定　　价　36.00 元
http://www.hrbeupress.com
E-mail：heupress@ hrbeu.edu.cn

工科数学系列丛书编审委员会

第 2 版前言

随着科学技术的发展与教学改革的深入,近年来哈尔滨工程大学微积分课程的教学思想与内容要求发生了很大变化,为了使这一教育理念与培养目标贯穿于微积分教学过程中并得以实现,编者结合多年的教学研究和改革实践,参照最新的《工科类本科数学基础课程教学基本要求》,借鉴当前国内外相关教材的优点,编写了这本适合培养应用型人才的高校工学类本、专科教学使用的《微积分教程》。

本书不仅是在哈尔滨工程大学高等数学课程建设和教学改革的基础上形成的,同时也是对原有教材《微积分》多年使用实践的总结和提高。其主要特点是:特别注重对微积分的基本思想和基本方法的阐述,尽可能突出极限、导数和积分等重要概念,努力从多种视角解释这些数学概念的背景、内涵以及它们之间的有机联系。

本书为下册,分别由李彤(第七章)、马明华(第八章)、隋然(第九章)、周双红(第十章)、陈志杰(第十一章)几位老师编写、校对和再版改编。全书由范崇金、董衍习主编。

在本书的编写过程中,得到了哈尔滨工程大学理学院应用数学系广大教师的支持和帮助,也得到了学校各级有关领导的鼓励和指导,在此表示衷心的感谢。

编　者
2017 年 10 月

第 1 版前言

随着科学技术的发展与教学改革的深入,近年来哈尔滨工程大学微积分课程的教学思想与内容要求发生了很大变化,为了使这一教育理念与培养目标贯穿于微积分教学过程中并得以实现,编者结合多年的教学研究和改革实践,参照最新的《工科类本科数学基础课程教学基本要求》,借鉴当前国内外相关教材的优点,编写了这本适合培养应用型人才的高校工学类本、专科教学使用的《微积分教程》。

本书不仅是在哈尔滨工程大学高等数学课程建设和教学改革的基础上形成的,同时也是对原有教材《微积分》多年使用实践的总结和提高。其主要特点是:特别注重对微积分的基本思想和基本方法的阐述,尽可能突出极限、导数和积分等重要概念,努力从多种视角解释这些数学概念的背景、内涵以及它们之间的有机联系。

本书为下册,分别由李彤(第七章)、马明华(第八章)、隋然(第九章)、周双红(第十章)、陈志杰(第十一章)编写。全书由范崇金、董衍习主编。

在本书的编写过程中,得到了哈尔滨工程大学理学院应用数学系广大教师的支持和帮助,也得到了学校各级有关领导的鼓励和指导,在此表示衷心的感谢。

编　者

2012 年 2 月

目　　录

第七章　多元函数微分学

在前面各章中,我们所讨论的函数都是只含有一个自变量的函数 $y=f(x)$,这种函数叫作一元函数. 但是在实际问题中,经常要考虑多种事物与多种因素的联系,反映到数学上就是一个变量依赖于多个变量的情形,这就提出了多元函数以及多元函数的微分和积分问题. 本章将在一元函数微分学的基础上讨论多元函数的概念、多元函数微分法及其应用. 讨论以二元函数为主,讨论的结果可以推广到多元函数.

第一节　多元函数的基本概念

一、区域

在讨论一元函数时,一些概念、理论和方法是基于实数集中的点集、两点间的距离、区域和邻域等概念的. 为了将一元函数的微积分推广到多元的情形,首先需要将上述一些概念进行推广.

1. 邻域

设 $P_0(x_0, y_0)$ 是 xOy 平面上的一点,δ 是某一正数,与点 P_0 的距离小于 δ 的点 $P(x,y)$ 的全体,称为点 P_0 的 δ 邻域,记为 $U(P_0, \delta)$,即

$$U(P_0, \delta) = \{P \mid |P_0 P| < \delta\}$$

或

$$U(P_0, \delta) = \{(x,y) \mid \sqrt{(x-x_0)^2 + (y-y_0)^2} < \delta\}$$

其中,δ 为该邻域的半径.

几何上,$U(P_0, \delta)$ 是 xOy 面上以点 P_0 为中心,δ 为半径的圆内部的全体(见图 7-1).

以后,若不需要强调邻域的半径 δ 时,可用 $U(P_0)$ 表示点 P_0 的邻域. 称

$$\mathring{U}(P_0, \delta) = \{(x,y) \mid 0 < \sqrt{(x-x_0)^2 + (y-y_0)^2} < \delta\}$$

为点 P_0 的去心邻域. 若不需要强调去心邻域的半径 δ 时,可用 $\mathring{U}(P_0)$ 表示点 P_0 的去心邻域.

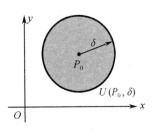

图 7-1

2. 区域

设 E 是平面上的一个点集，P 是平面上的一点：

定义 1 若存在点 P 的某一邻域 $U(P,\delta)$，使得 $U(P,\delta) \subset E$，则称 P 为 E 的内点（见图 7－2）. E 的内点必属于 E.

定义 2 若点 P 的任一邻域内既有属于 E 的点，又有不属于 E 的点（点 P 本身可以属于 E，也可以不属于 E），则称 P 为 E 的边界点（见图 7－3）. E 的边界点的全体称为 E 的边界.

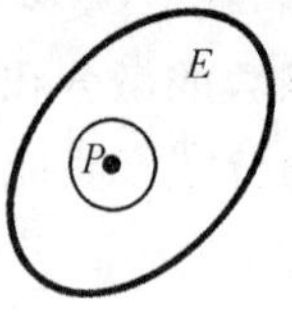

图 7－2

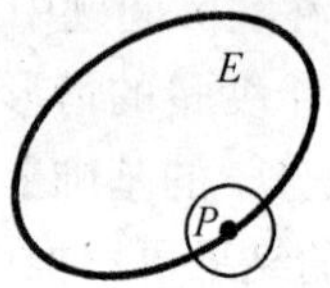

图 7－3

定义 3 若点集 E 的点都是内点，则称 E 为开集.

例 1 设 $E = \{(x,y) \mid 1 < x^2 + y^2 < 4\}$，满足 E 的所有点都是 E 的内点，所以集合为开集. 满足 $x^2 + y^2 = 1$ 和 $x^2 + y^2 = 4$ 的点 (x,y) 是 E 的边界点，圆周 $x^2 + y^2 = 1$ 和 $x^2 + y^2 = 4$ 是 E 的边界.

定义 4 如果点集 E 内任何两点都可用折线连接起来，且该折线上的点都属于 E，则称 E 为连通集.

连通的开集称为区域或开区域. 开区域连同它的边界称为闭区域.

例 2 $E_1 = \{(x,y) \mid a \leqslant x \leqslant b, c \leqslant y \leqslant d\}$ 是闭区域，$E_2 = \{(x,y) \mid x+y > 0\}$ 是开区域，$E_3 = \{(x,y) \mid xy > 0\}$ 是开集，而不是区域.

定义 5 对于平面点集 E，若存在某一正数 r，使得 $E \subset U(O,r)$，其中 $O(0,0)$ 是坐标原点，则称 E 为有界点集，否则称 E 为无界点集.

例如，集合 $E_4 = \{(x,y) \mid 1 \leqslant x^2 + y^2 \leqslant 4\}$ 是有界闭区域；集合 $E_2 = \{(x,y) \mid x+y > 0\}$ 是无界开区域（见图 7－4）.

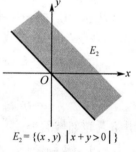

$E_2 = \{(x,y) \mid x+y > 0\}$

图 7－4

定义 6 设 D 是一个闭区域，则 D 内任意两点 $P_1(x_1,y_1)$，$P_2(x_2,y_2)$ 的距离 $\rho(P_1,P_2) = \sqrt{(x_2-x_1)^2 + (y_2-y_1)^2}$ 的最大值 $d(D) = \max\{\rho(P_1,P_2)\}$，称为闭区域 D 的直径.

3.* n 维空间

数轴上的点与实数具有一一对应的关系，从而全体实数表示数轴上一切点所构成的集合，即直线.

在平面引入直角坐标系之后，平面上的点与二元数组 (x,y) 形成一一对应的关系，从而二

元数组 (x,y) 的全体表示平面一切点的集合,即平面.

在空间引入直角坐标系之后,空间上的点与三元数组 (x,y,z) 形成一一对应的关系,从而三元数组 (x,y,z) 的全体表示空间一切点的集合,即空间.

一般地,设 n 为取定的一个自然数,称 n 元数组 $(x_1,x_2,\cdots,x_n)$ 的全体为 n 维空间,而每个 n 元数组 $(x_1,x_2,\cdots,x_n)$ 称为 n 维空间中的一个点,数 x_i 称为该点的第 i 个坐标,n 维空间记为 $\mathbf{R}^n$.

n 维空间 $\mathbf{R}^n$ 中的两点 $P(x_1,x_2,\cdots,x_n)$ 与 $Q(y_1,y_2,\cdots,y_n)$ 之间的距离规定为

$$|PQ| = \sqrt{(y_1 - x_1)^2 + (y_2 - x_2)^2 + \cdots + (y_n - x_n)^2}$$

很明显,当 $n=1,2,3$ 时,上式便是解析几何中关于直线、平面、空间内两点间的距离.

前面就平面点集所陈述的一系列概念,均可类似地推广到 n 维空间.

例如,设 $P_0 \in \mathbf{R}^n$,δ 是某一正数,则 $\mathbf{R}^n$ 内的点集

$$U(P_0,\delta) = \{P \mid |PP_0| < \delta, P \in \mathbf{R}^n\}$$

称为点 P_0 的 δ 邻域.

以点的邻域概念为基础,便可完全类似地定义内点、边界点、区域等一系列概念,这里不再赘述.

二、多元函数的概念

在许多实际问题中,经常会遇到多个变量之间的依赖关系,即事物的变化不只由一个因素决定,而是由多个因素决定.

例如,圆柱体的体积 V 和它的底半径 r、高 h 之间具有如下关系:

$$V = \pi r^2 h$$

这里,当 r,h 在集合 $\{(r,h) \mid r>0, h>0\}$ 内取定一对值时,对应的 V 值就随之确定了.

又如,两个可看作质点的物体之间的万有引力为

$$F = G\frac{M_1 M_2}{r^2} \quad (G \text{ 为万有引力常数})$$

F 的取值与两个质点的质量 M_1,M_2 及它们之间的距离 r 均有关.

这些正是多元函数的例子,抽出这些具体例子所蕴藏的内涵,我们可给出多元函数的定义.

1. 二元函数的定义

定义 7 设 D 是 $\mathbf{R}^2$ 的一个非空子集,称映射 $f:D \to \mathbf{R}$ 为定义在 D 上的二元函数,通常记为

$$z = f(x,y), (x,y) \in D$$

或

$$z = f(P), P \in D$$

这里 x, y 称为自变量，z 称为因变量，点集 D 称为该函数 f 的定义域，而数集 $\{z \mid z = f(x, y), (x, y) \in D\}$ 称为该函数的值域.

z 是 x, y 的函数，有时也记为这样的形式

$$z = z(x, y)$$

请注意，这种记号中的两个 z 的含义是不同的，左边的 z 是因变量，右边的 z 是对应法则. 尽管我们的记号发生了混写，但对它们的含义要做到"胸中有数".

一般地，把定义中的平面点集 D 换成 n 维空间内的点集 D，可类似地定义 n 元函数 $u = f(x_1, x_2, \cdots, x_n)$，$n$ 元函数也可简记为 $u = f(P)$，这里点 $P(x_1, x_2, \cdots, x_n) \in D$. 当 $n = 1$ 时，n 元函数就是一元函数，当 $n \geq 2$ 时，n 元函数统称为多元函数.

对于多元函数的定义域我们约定，在讨论多元函数形如 $u = f(P)$ 时，以这个算式有确定值 u 的自变量取值点集为该函数的定义域.

例如，函数 $z = \ln(x + y)$ 的定义域为

$$D = \{(x, y) \mid x + y > 0\}$$

而函数 $z = \arccos \dfrac{2y}{x}$ 的定义域为

$$D = \left\{ (x, y) \;\middle|\; \left| \dfrac{2y}{x} \right| \leq 1 \text{ 且 } x \neq 0 \right\}$$

2. 二元函数 $z = f(x, y)$ 的几何意义

设函数 $z = f(x, y)$ 的定义域为 D，对于任取点 $P(x, y) \in D$，其对应的函数值为 $z = f(x, y)$，于是得到了空间内的一点 $M(x, y, f(x, y))$. 当 (x, y) 遍取定义域 D 内一切点时，得到了空间点集

$$\{(x, y, z) \mid z = f(x, y), (x, y) \in D\}$$

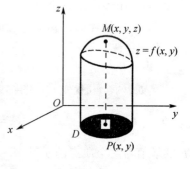

图 7-5

这个点集称为二元函数 $z = f(x, y)$ 的图形，通常二元函数的图形是一张空间曲面（见图 7-5）.

例如，函数 $z = \sqrt{1 - x^2 - y^2}$ 的图形为上半单位球面；函数 $z = \sqrt{x^2 + y^2}$ 的图形为开口向上的锥面；函数 $z = xy$ 的图形为马鞍面.

三、多元函数的极限

二元函数的极限概念与一元函数的极限概念相似，只是自变量的变化过程复杂多了.

讨论二元函数 $z = f(x, y)$ 当 $(x, y) \to (x_0, y_0)$ 时的极限，即 $P(x, y) \to P_0(x_0, y_0)$ 时的极限.

这里 $P(x, y) \to P_0(x_0, y_0)$ 表示点 $P(x, y)$ 以任何方式趋近于点 $P_0(x_0, y_0)$，也就是点

$P(x,y)$ 与点 $P_0(x_0,y_0)$ 间的距离趋于零,即

$$|PP_0| = \sqrt{(x-x_0)^2 + (y-y_0)^2} \to 0$$

因此,二元函数的极限与一元函数的极限相比较,它是一种"全面极限",比一元函数极限复杂得多. 通常我们称它为二重极限.

定义 8 设 $P_0(x_0,y_0)$ 是二元函数 $z=f(x,y)$ 的定义区域 D 的内点或边界点,A 是一个确定的数. 如果对任给的正数 ε,总存在正数 δ,使得当

$$P(x,y) \in \overset{\circ}{U}(P_0,\delta) \cap D$$

时,恒有

$$|f(x,y) - A| < \varepsilon$$

则称函数 $f(x,y)$ 在动点 $P(x,y)$ 趋向于 $P_0(x_0,y_0)$ 时以 A 为极限,记作

$$\lim_{(x,y)\to(x_0,y_0)} f(x,y) = A$$

或

$$\lim_{\substack{x\to x_0 \\ y\to y_0}} f(x,y) = A$$

也可记作

$$\lim_{P\to P_0} f(P) = A$$

例 3 设 $f(x,y) = \dfrac{x^2 y^2}{x^2 + y^2}$,$(x,y) \neq (0,0)$,求证:$\lim\limits_{(x,y)\to(0,0)} f(x,y) = 0$.

证明 因为当 $(x,y) \neq (0,0)$ 时,有

$$0 \leqslant \left| \frac{x^2 y^2}{x^2 + y^2} - 0 \right| = \left| \frac{x^2 y^2}{x^2 + y^2} \right| \leqslant \frac{4x^2 y^2}{x^2 + y^2} \leqslant \frac{(x^2 + y^2)^2}{x^2 + y^2} = x^2 + y^2$$

故对于任给的 $\varepsilon > 0$,只需取 $\delta = \sqrt{\varepsilon}$,则当

$$0 < \sqrt{(x-0)^2 + (y-0)^2} < \delta$$

时,有

$$\left| \frac{x^2 y^2}{x^2 + y^2} - 0 \right| < \varepsilon$$

由定义得

$$\lim_{(x,y)\to(0,0)} f(x,y) = 0$$

例 4 试讨论当 $(x,y)\to(0,0)$ 时,函数 $f(x,y) = \dfrac{x^2 y}{x^4 + y^2}$ 的极限.

解 因为

$$\lim_{\substack{x\to 0 \\ y=kx}} \frac{x^2 y}{x^4 + y^2} = \lim_{x\to 0} \frac{x^2 kx}{x^4 + (kx)^2} = \lim_{x\to 0} \frac{kx}{x^2 + k^2} = 0$$

$$\lim_{\substack{x \to 0 \\ y = x^2}} \frac{x^2 y}{x^4 + y^2} = \lim_{x \to 0} \frac{x^2 x^2}{x^4 + (x^2)^2} = \lim_{x \to 0} \frac{1}{2} = \frac{1}{2}$$

所以 $\lim\limits_{(x,y) \to (0,0)} \dfrac{x^2 y}{x^4 + y^2}$ 不存在.

那么,如何来说明二重极限不存在呢? 二重极限是一种全面极限,当 $P(x,y)$ 以某几条特殊路径趋近于 $P_0(x_0,y_0)$ 时,即使函数 $f(x,y)$ 无限地趋近于某一确定常数 A,也不能断定函数的极限 $\lim\limits_{\substack{x \to x_0 \\ y \to y_0}} f(x,y) = A$ 存在.

反过来,如果当 $P(x,y)$ 沿两条不同路径趋近于点 $P_0(x_0,y_0)$ 时,函数 $f(x,y)$ 趋近于不同的值,则可以断定函数的二重极限不存在.

例5 讨论函数

$$z = f(x,y) = \begin{cases} \dfrac{xy}{x^2 + y^2}, & x^2 + y^2 \neq 0 \\ 0, & x^2 + y^2 = 0 \end{cases}$$

在点 $(0,0)$ 处的极限是否存在.

解

$$\lim_{\substack{x \to 0 \\ y = kx}} f(x,y) = \lim_{\substack{x \to 0 \\ y = kx}} \frac{xy}{x^2 + y^2} = \lim_{x \to 0} \frac{x(kx)}{x^2 + (kx)^2} = \frac{k}{1 + k^2}$$

函数沿过原点的直线 $y = kx$ 趋近于原点时,其极限值与参数 k 有关,故二重极限不存在.

判定函数的二重极限不存在的常用方法:设法选择 xOy 面上过点 $P_0(x_0,y_0)$ 的两条曲线 $y = \varphi_1(x)$ 与 $y = \varphi_2(x)$,使极限 $\lim\limits_{\substack{x \to x_0 \\ y = \varphi_1(x)}} f(x,y)$ 与 $\lim\limits_{\substack{x \to x_0 \\ y = \varphi_2(x)}} f(x,y)$ 的值不相等.

函数的二重极限的概念不难推广到 n 元函数的极限,这里略去.

关于求解二重极限的方法,我们在一元函数中的方法仍然适用,如下例.

例6 求二重极限 $\lim\limits_{(x,y) \to (0,0)} (x^2 + y^2) \sin \dfrac{1}{xy}$.

解 因为 $\left| \sin \dfrac{1}{xy} \right| \leqslant 1$,而当 $(x,y) \to (0,0)$ 时,$x^2 + y^2 \to 0$,所以

$$\lim_{(x,y) \to (0,0)} (x^2 + y^2) \sin \frac{1}{xy} = 0$$

四、多元函数的连续性

利用多元函数极限的概念,可以定义多元函数的连续性.

定义9 设二元函数 $f(x,y)$ 的定义域为 D,$P_0(x_0,y_0)$ 是 D 的内点或边界点,且 $P_0 \in D$,若

$$\lim_{(x,y) \to (x_0,y_0)} f(x,y) = f(x_0,y_0), \ P(x,y) \in D$$

则称二元函数 $f(x,y)$ 在点 $P_0(x_0,y_0)$ 连续.

如果函数 $f(x,y)$ 在 D 的每一点都连续,那么就称函数 $f(x,y)$ 在 D 上连续,或者称 $f(x,y)$ 是 D 上的连续函数.

例7　设函数

$$f(x,y) = \begin{cases} \dfrac{xy}{x^2+y^2}, & x^2+y^2 \neq 0 \\ 0, & x^2+y^2 = 0 \end{cases}$$

试讨论函数在原点 $(0,0)$ 的连续性.

解　二重极限 $\lim\limits_{(x,y)\to(0,0)} f(x,y)$ 是不存在的,事实上,取过原点 $(0,0)$ 的路径 $y=kx\,(k\neq 0,k$ 为任意实数),有

$$\lim_{\substack{x\to 0 \\ y=kx}} f(x,y) = \lim_{x\to 0} f(x,kx) = \lim_{x\to 0} \frac{x(kx)}{x^2+(kx)^2} = \frac{k}{1+k^2}$$

此极限值与参数 k 的取值有关,随着 k 的不同而不同,因此二重极限 $\lim\limits_{(x,y)\to(0,0)} f(x,y)$ 不存在,函数在原点 $(0,0)$ 是不连续的.

可以证明,一元函数关于极限的运算法则仍适用于多元函数. 根据极限运算法则,进一步可证明,多元连续函数的和、差、积为连续函数,在分母不为零处,连续函数的商也是连续函数,多元函数的复合函数也是连续函数.

多元初等函数是指这样的函数:它是由一个式子所表示的多元函数,而这个式子由常数及含多个自变量的基本初等函数经过有限次四则运算复合所构成.

例如,下述函数均为多元初等函数:

$$\frac{x+x^2-y^2}{x^2+y^2}, \quad \sin(x+y), \quad \mathrm{e}^{xy}\ln(1+x^2+y^2)$$

根据多元连续函数和、差、积、商的连续性以及连续函数的复合函数的连续性,再考虑到基本初等函数的连续性,我们得出结论:一切多元初等函数在其定义区域内是连续的.

注意　这里的定义区域是指含在定义域内的任一区域.

因此,对于多元初等函数,若计算它在一点 P_0 处的极限值,而 P_0 又在此函数的定义区域内,则其极限值就等于函数在该点的函数值,即

$$\lim_{P\to P_0} f(P) = f(P_0)$$

例8　求二重极限 $\lim\limits_{(x,y)\to(1,2)} \dfrac{x+y}{xy}$.

解　函数 $f(x,y)=\dfrac{x+y}{xy}$ 是初等函数,它的定义域为

$$D = \{(x,y) \mid xy \neq 0\}$$

点 $P_0(1,2)$ 是 D 的内点,故存在 P_0 的某一邻域 $U(P_0)\subset D$,而任何邻域都是区域,所以

$U(P_0)$ 便是函数的一个定义区域,因此

$$\lim_{(x,y)\to(1,2)} \frac{x+y}{xy} = f(1,2) = \frac{3}{2}$$

一般地,求 $\lim\limits_{P\to P_0} f(P)$ 时,如果 $f(P)$ 是初等函数,且 P_0 是 $f(P)$ 的定义域的内点,则 $f(P)$ 在点 P_0 处连续,于是

$$\lim_{P\to P_0} f(P) = f(P_0)$$

例9 求二重极限 $\lim\limits_{(x,y)\to(0,0)} \dfrac{\sqrt{xy+1}-1}{xy}$.

解

$$\lim_{(x,y)\to(0,0)} \frac{\sqrt{xy+1}-1}{xy} = \lim_{(x,y)\to(0,0)} \frac{xy+1-1}{xy(\sqrt{xy+1}+1)} = \lim_{(x,y)\to(0,0)} \frac{1}{\sqrt{xy+1}+1} = \frac{1}{2}$$

与闭区间上一元连续函数的性质相类似,在有界的闭区域上,多元连续函数也有如下性质:

定理1(有界性定理) 若函数 $f(P)$ 在有界闭区域 D 上连续,则它在 D 上有界,即存在正数 M,使得在 D 上恒有 $|f(P)|\le M$.

定理2(最大值与最小值定理) 在有界闭区域 D 上的多元连续函数 $f(P)$ 在 D 上必取得它的最大值和最小值.即在 D 上存在点 P_1 和 P_2,使得对 D 上任意点 P,恒有 $f(P_1)\le f(P)\le f(P_2)$,也就是说 $f(P_1)$,$f(P_2)$ 分别是 $f(P)$ 在 D 上的最小值和最大值.

定理3(介值定理) 有界闭区域 D 上的多元连续函数必取得介于最小值与最大值之间的任何一个值.

习题 7-1

1. 写出下列函数的表达式:

(1) 将圆锥的体积 V 表示为圆锥的母线 l 和高 h 的函数.

(2) 在半径为1的球面内内接长、宽、高为 x,y,z 的长方体,将其表面积表示为 x,y 的函数.

(3) 在椭球面 $\dfrac{x^2}{a^2}+\dfrac{y^2}{b^2}+\dfrac{z^2}{c^2}=1$ 内内接长、宽、高为 $2x,2y,2z$ 的长方体,将其体积表示成 x,y 的函数.

2. 已知 $f(x,y)=\dfrac{2xy}{x^2+y^2}$,求 $f\left(1,\dfrac{y}{x}\right)$.

3. 已知 $f\left(x+y,\dfrac{y}{x}\right)=x^2-y^2$,试求 $f(x,y)$.

4. 求下列函数的定义域,并画出定义域的图形:

(1) $f(x,y) = \sqrt{4x^2 + y^2 - 1}$;

(2) $f(x,y) = \ln(xy)$;

(3) $f(x,y,z) = \sqrt{y^2 - 1} + \ln(4 - x^2 - y^2 - z^2)$;

(4) $f(x,y,z) = \arccos \dfrac{z}{\sqrt{x^2 + y^2}}$;

(5) $f(x,y) = \dfrac{1}{\sqrt{x}} \ln(x + y)$;

(6) $f(x,y,z) = \sqrt{R^2 - x^2 - y^2 - z^2} + \dfrac{1}{\sqrt{x^2 + y^2 + z^2 - r^2}}$　$(R > r > 0)$.

5. 求下列各极限:

(1) $\lim\limits_{(x,y) \to (3,0)} \dfrac{\ln(x + \sin y)}{\sqrt{x^2 + y^2}}$;

(2) $\lim\limits_{(x,y) \to (0,0)} \dfrac{\sin(xy)}{y}$;

(3) $\lim\limits_{(x,y) \to (0,0)} \dfrac{2 - \sqrt{xy + 4}}{xy}$;

(4) $\lim\limits_{(x,y) \to (0,0)} \dfrac{xy}{\sqrt{2 - e^{xy}} - 1}$;

(5) $\lim\limits_{(x,y) \to (0,0)} \dfrac{1 - \cos(x^2 + y^2)}{(x^2 + y^2)^2}$;

(6) $\lim\limits_{(x,y) \to (0,0)} (1 + x^2 y^2)^{\frac{1}{x^2 + y^2}}$;

(7) $\lim\limits_{(x,y) \to (0,0)} \dfrac{\sin(x^2 + y^2)}{x^2 + y^2}$;

(8) $\lim\limits_{(x,y) \to (0,0)} \dfrac{\sqrt{x^2 + y^2} - \sin\sqrt{x^2 + y^2}}{(x^2 + y^2)^{\frac{3}{2}}}$.

6. 证明下列极限不存在:

(1) $\lim\limits_{(x,y) \to (0,0)} \dfrac{x + y}{x - y}$;

(2) $\lim\limits_{(x,y) \to (0,0)} \dfrac{xy^2}{x^2 + y^4}$.

7. 求下列函数在何处连续:

(1) $z = \ln(1 - x^2 - y^2)$;

(2) $z = \sin \dfrac{1}{xy}$.

第二节　偏　导　数

在一元函数中,我们已经知道导数就是函数的变化率,它反映了函数在一点处变化的快慢程度,导数已成为研究一元函数的重要分析工具. 对于多元函数,同样需要研究它的变化率. 然而,由于多元函数的自变量不止一个,因此因变量与自变量的关系要比一元函数复杂得多. 本节我们以二元函数 $z = f(x,y)$ 为例,考虑二元函数关于其中一个自变量的变化率的问题.

一、偏导数

1. 偏导数定义

对于二元函数 $z = f(x,y)$,若只有自变量 x 变化,而自变量 y 固定(即看作常量),这时

$z = f(x,y)$ 就成了一元函数,这个函数对于 x 的导数,就称为二元函数 z 对于 x 的偏导数.

定义1 设函数 $z = f(x,y)$ 在点 $P_0(x_0, y_0)$ 的某一邻域内有定义,当 y 固定在 y_0,而 x 在 x_0 处有增量 Δx 时,相应地函数有增量

$$f(x_0 + \Delta x, y_0) - f(x_0, y_0)$$

如果极限

$$\lim_{\Delta x \to 0} \frac{f(x_0 + \Delta x, y_0) - f(x_0, y_0)}{\Delta x}$$

存在,则称此极限为函数 $z = f(x,y)$ 在点 $P_0(x_0, y_0)$ 处对 x 的偏导数,记作

$$\left. \frac{\partial z}{\partial x} \right|_{\substack{x = x_0 \\ y = y_0}}, \quad \left. \frac{\partial f}{\partial x} \right|_{\substack{x = x_0 \\ y = y_0}}, \quad z_x \left|_{\substack{x = x_0 \\ y = y_0}} \right., \quad f_x(x_0, y_0)$$

即

$$f_x(x_0, y_0) = \lim_{\Delta x \to 0} \frac{f(x_0 + \Delta x, y_0) - f(x_0, y_0)}{\Delta x} \qquad (7-1)$$

类似地,函数 $z = f(x,y)$ 在点 $P_0(x_0, y_0)$ 处对 y 的偏导数定义为

$$f_y(x_0, y_0) = \lim_{\Delta y \to 0} \frac{f(x_0, y_0 + \Delta y) - f(x_0, y_0)}{\Delta y} \qquad (7-2)$$

记作

$$\left. \frac{\partial z}{\partial y} \right|_{\substack{x = x_0 \\ y = y_0}}, \quad \left. \frac{\partial f}{\partial y} \right|_{\substack{x = x_0 \\ y = y_0}}, \quad z_y \left|_{\substack{x = x_0 \\ y = y_0}} \right., \quad f_y(x_0, y_0)$$

如果函数 $z = f(x,y)$ 在区域 D 内每一点 (x,y) 处对 x 的偏导数都存在,那么这个偏导数就是 x, y 的函数,称它为函数 $z = f(x,y)$ 对自变量 x 的偏导函数,记作

$$\frac{\partial z}{\partial x}, \quad \frac{\partial f}{\partial x}, \quad z_x, \quad f_x(x,y)$$

类似地,可以定义函数 $z = f(x,y)$ 对自变量 y 的偏导函数,记作

$$\frac{\partial z}{\partial y}, \quad \frac{\partial f}{\partial y}, \quad z_y, \quad f_y(x,y)$$

由偏导函数概念可知,$f(x,y)$ 在点 (x_0, y_0) 处对 x 的偏导数 $f_x(x_0, y_0)$,其实就是偏导函数 $f_x(x,y)$ 在点 (x_0, y_0) 处的函数值.$f_y(x_0, y_0)$ 就是偏导函数 $f_y(x,y)$ 在点 (x_0, y_0) 处的函数值.

在不产生混淆的情况下,我们以后把偏导函数也简称为偏导数.

2. 偏导数的计算

求 $z = f(x,y)$ 的偏导数并不需要新的方法,因为这里只有一个自变量在变化,另一自变量被看成是固定的,所以仍然是一元函数的导数. 所谓"偏",是指求导运算偏于某个变量,而将其余变量看作常数.

求 $\frac{\partial z}{\partial x}$ 时,把 y 看作常量,而对 x 求导数;求 $\frac{\partial z}{\partial y}$ 时,把 x 看作常量,而对 y 求导数.

显然,偏导数的概念可推广到三元以上函数的情形.

例如,三元函数 $u = f(x,y,z)$ 在点 (x,y,z) 处对 x 的偏导数是如下极限

$$f_x(x,y,z) = \lim_{\Delta x \to 0} \frac{f(x+\Delta x,y,z) - f(x,y,z)}{\Delta x}$$

例 1　求 $z = 2x^2 + 3xy + 4y^2$ 在点 $(1,3)$ 处的偏导数.

解　（方法一）$\dfrac{\partial z}{\partial x} = 4x + 3y$,　$\dfrac{\partial z}{\partial y} = 3x + 8y$,则

$$\left.\frac{\partial z}{\partial x}\right|_{(1,3)} = 13,\ \left.\frac{\partial z}{\partial y}\right|_{(1,3)} = 27$$

（方法二）$f(x,3) = 2x^2 + 9x + 36, f(1,y) = 2 + 3y + 4y^2$,则

$$f_x(1,3) = 4x + 9\big|_{x=1} = 13$$

$$f_y(1,3) = 3 + 8y\big|_{y=3} = 27$$

注意　求多元函数在某点处的偏导数时,方法二有时会方便一些.

例 2　求函数 $z = x^y (x>0, x \neq 1, y$ 为任意实数$)$ 的偏导数.

解　$\dfrac{\partial z}{\partial x} = y \cdot x^{y-1}$,　$\dfrac{\partial z}{\partial y} = x^y \cdot \ln x$.

例 3　求函数 $u = e^{xy} \cos yz$ 的偏导数.

解　$u_x = y e^{xy} \cos yz$

$u_y = x e^{xy} \cos yz - z e^{xy} \sin yz = e^{xy}(x \cos yz - z \sin yz)$

$u_z = -y e^{xy} \sin yz$

例 4　已知理想气体的状态方程为 $PV = RT$（R 为常量）,求证:

$$\frac{\partial P}{\partial V} \cdot \frac{\partial V}{\partial T} \cdot \frac{\partial T}{\partial P} = -1$$

证明　$P = \dfrac{RT}{V}$,　$\dfrac{\partial P}{\partial V} = -\dfrac{RT}{V^2}$,　$V = \dfrac{RT}{P}$,　$\dfrac{\partial V}{\partial T} = \dfrac{R}{P}$,　$T = \dfrac{PV}{R}$,　$\dfrac{\partial T}{\partial P} = \dfrac{V}{R}$

故

$$\frac{\partial P}{\partial V} \cdot \frac{\partial V}{\partial T} \cdot \frac{\partial T}{\partial P} = -\frac{RT}{V^2} \cdot \frac{R}{P} \cdot \frac{V}{R} = -\frac{RT}{VP} = -1$$

注意　偏导数的记号应看作一个整体性的符号(不能看成商的形式),这与一元函数导数 $\dfrac{\mathrm{d}y}{\mathrm{d}x}$ 可看作函数微分 $\mathrm{d}y$ 与自变量微分 $\mathrm{d}x$ 之商是有区别的.

例 5　求函数 $r = \sqrt{x^2 + y^2 + z^2}$ 的偏导数.

解

$$\frac{\partial r}{\partial x} = \frac{x}{\sqrt{x^2 + y^2 + z^2}} = \frac{x}{r}$$

同理

$$\frac{\partial r}{\partial y} = \frac{y}{\sqrt{x^2 + y^2 + z^2}} = \frac{y}{r}, \frac{\partial r}{\partial z} = \frac{z}{\sqrt{x^2 + y^2 + z^2}} = \frac{z}{r}$$

3. 偏导数的几何意义

设 $M_0(x_0, y_0, f(x_0, y_0))$ 为曲面 $z = f(x, y)$ 上的一点，过 M_0 作平面 $y = y_0$，与曲面相截得一条曲线，其方程为

$\begin{cases} y = y_0 \\ z = f(x, y_0) \end{cases}$，而偏导数 $f_x(x_0, y_0)$ 显然就是导数

$$\frac{\mathrm{d}}{\mathrm{d}x} f(x, y_0) \bigg|_{x=x_0}$$

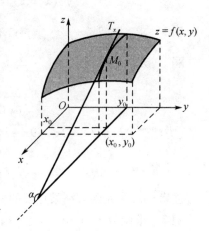

图 7 – 6

在几何上，它代表该曲线在点 M_0 处的切线 $M_0 T_x$ 对 x 轴的斜率 $\tan \alpha = f_x(x_0, y_0)$（见图 7 – 6）.

同样，偏导数 $f_y(x_0, y_0)$ 表示曲面 $z = f(x, y)$ 被平面 $x = x_0$ 所截得的曲线 $\begin{cases} x = x_0 \\ z = f(x_0, y) \end{cases}$ 在点 M_0 处的切线对 y 轴的斜率.

4. 二元函数的偏导数与连续性之间的关系

一元函数在某点可导，则函数在该点一定连续. 一元函数在某点不连续，则函数在该点一定不可导. 对于二元函数来说，情况就不同了.

二元函数 $z = f(x, y)$ 在点 $M_0(x_0, y_0)$ 处的偏导数 $f_x(x_0, y_0)$，$f_y(x_0, y_0)$，仅仅是函数沿两个特殊方向（平行于 x 轴、y 轴）的变化率. 而函数在 M_0 点连续，则要求点 $M(x, y)$ 沿任何方向趋近于点 $M_0(x_0, y_0)$ 时，函数值 $f(x, y)$ 趋近于 $f(x_0, y_0)$，它反映的是函数 $z = f(x, y)$ 在 M_0 点处的一种"全面"的状态.

因此，二元函数在某点偏导数存在与函数在该点的连续性之间没有联系.

例6 讨论函数

$$z = f(x, y) = \begin{cases} \dfrac{xy}{x^2 + y^2}, & x^2 + y^2 \neq 0 \\ 0, & x^2 + y^2 = 0 \end{cases}$$

在点 $(0, 0)$ 处的连续性与偏导数的存在性.

解 在前节已证

$$\lim_{\substack{x \to 0 \\ y = kx}} f(x, y) = \lim_{\substack{x \to 0 \\ y = kx}} \frac{xy}{x^2 + y^2} = \lim_{x \to 0} \frac{x(kx)}{x^2 + (kx)^2} = \frac{k}{1 + k^2}$$

函数沿过原点的直线 $y = kx$ 趋近原点时，其极限值与参数 k 有关，故二重极限不存在，函数在原点自然是不连续的.

而

$$f_x(0,0) = \lim_{x \to 0} \frac{f(0+x,0) - f(0,0)}{x} = \lim_{x \to 0} \frac{0-0}{x} = 0$$

同样有

$$f_y(0,0) = \lim_{y \to 0} \frac{f(0,0+y) - f(0,0)}{y} = \lim_{y \to 0} \frac{0-0}{y} = 0$$

显然,在(0,0)点两个偏导数都存在.

此例表明,二元函数在一点不连续,但其偏导数却存在.

例 7　讨论函数 $z = f(x,y) = \sqrt{x^2 + y^2}$ 在点(0,0)处的连续性与偏导数的存在性.

解　显然

$$\lim_{(x,y) \to (0,0)} f(x,y) = \lim_{(x,y) \to (0,0)} \sqrt{x^2 + y^2} = 0 = f(0,0)$$

函数在原点连续. 但是

$$f_x(0,0) = \lim_{x \to 0} \frac{f(0+x,0) - f(0,0)}{x} = \lim_{x \to 0} \frac{\sqrt{x^2} - 0}{x} = \lim_{x \to 0} \frac{|x|}{x}$$

不存在,同理,$f_y(0,0)$ 也不存在.

此例表明,二元函数在一点连续,但在该点的偏导数不存在.

二、高阶偏导数

设函数 $z = f(x,y)$ 在区域 D 内具有偏导数

$$\frac{\partial z}{\partial x} = f_x(x,y), \qquad \frac{\partial z}{\partial y} = f_y(x,y)$$

于是,在 D 内 $f_x(x,y), f_y(x,y)$ 均是 x,y 的函数,若这两个函数的偏导数也存在,则称它们是函数的二阶偏导数.

按照对变量求导次序的不同有下列四种二阶偏导数:

$$\frac{\partial}{\partial x}\left(\frac{\partial z}{\partial x}\right) = \frac{\partial^2 z}{\partial x^2} = f_{xx}(x,y)$$

$$\frac{\partial}{\partial y}\left(\frac{\partial z}{\partial x}\right) = \frac{\partial^2 z}{\partial x \partial y} = f_{xy}(x,y)$$

$$\frac{\partial}{\partial x}\left(\frac{\partial z}{\partial y}\right) = \frac{\partial^2 z}{\partial y \partial x} = f_{yx}(x,y)$$

$$\frac{\partial}{\partial y}\left(\frac{\partial z}{\partial y}\right) = \frac{\partial^2 z}{\partial y^2} = f_{yy}(x,y)$$

其中,称 $f_{xy}(x,y), f_{yx}(x,y)$ 为二阶混合偏导数,类似地,可得到三阶、四阶和更高阶的偏导数. 二阶及二阶以上的偏导数统称为高阶偏导数.

对于二阶偏导数的符号,我们引入如下简洁记法:

$$\frac{\partial^2 z}{\partial x^2} = f''_{11}(x,y), \quad \frac{\partial^2 z}{\partial x \partial y} = f''_{12}(x,y)$$

$$\frac{\partial^2 z}{\partial y \partial x} = f''_{21}(x,y), \quad \frac{\partial^2 z}{\partial y^2} = f''_{22}(x,y)$$

在不特别需要写出函数自变量时，二阶偏导数的符号还可简单地记成：

$$\frac{\partial^2 z}{\partial x^2} = f''_{11}, \quad \frac{\partial^2 z}{\partial x \partial y} = f''_{12}, \quad \frac{\partial^2 z}{\partial y \partial x} = f''_{21}, \quad \frac{\partial^2 z}{\partial y^2} = f''_{22}$$

例8 求函数 $z = xy^3 + e^{xy}$ 的二阶偏导数.

解 $\dfrac{\partial z}{\partial x} = y^3 + ye^{xy},$ $\qquad\qquad \dfrac{\partial z}{\partial y} = 3xy^2 + xe^{xy}$

$\dfrac{\partial^2 z}{\partial x^2} = y^2 e^{xy},$ $\qquad\qquad \dfrac{\partial^2 z}{\partial y^2} = 6xy + x^2 e^{xy}$

$\dfrac{\partial^2 z}{\partial x \partial y} = 3y^2 + (1+xy)e^{xy},$ $\qquad \dfrac{\partial^2 z}{\partial y \partial x} = 3y^2 + (1+xy)e^{xy}$

例9 设 $u = e^{ax}\cos by$，求二阶偏导数.

解 $\dfrac{\partial u}{\partial x} = ae^{ax}\cos by,$ $\qquad\qquad \dfrac{\partial u}{\partial y} = -be^{ax}\sin by$

$\dfrac{\partial^2 u}{\partial x^2} = a^2 e^{ax}\cos by,$ $\qquad\qquad \dfrac{\partial^2 u}{\partial y^2} = -b^2 e^{ax}\cos by$

$\dfrac{\partial^2 u}{\partial x \partial y} = -abe^{ax}\sin by,$ $\qquad\qquad \dfrac{\partial^2 u}{\partial y \partial x} = -abe^{ax}\sin by$

以上两例中的两个二阶混合偏导数相等，即 $\dfrac{\partial^2 z}{\partial x \partial y} = \dfrac{\partial^2 z}{\partial y \partial x}$，这并不是某种偶然的巧合，我们有如下定理.

定理1 如果函数 $z = f(x,y)$ 的两个二阶混合偏导数 $\dfrac{\partial^2 z}{\partial x \partial y}$ 及 $\dfrac{\partial^2 z}{\partial y \partial x}$ 在区域内连续，那么在该区域内这两个二阶混合偏导数必相等.

这一结论表明，在二阶混合偏导数连续的条件下，它与求导次序无关.

对于二元以上的函数，我们可类似地定义高阶偏导数，而且高阶混合偏导数在偏导数连续的条件下也与求导的次序无关.

必须指出，定理中所要求的条件连续是必要的，改变这一条件，命题的结论不真.

例10 证明函数

$$f(x,y) = \begin{cases} \dfrac{xy(x^2 - y^2)}{x^2 + y^2}, & x^2 + y^2 \neq 0 \\ 0, & x^2 + y^2 = 0 \end{cases}$$

在原点处的两个二阶混合偏导数存在，但不相等.

证明　当 $x^2 + y^2 \neq 0$ 时

$$f_x(x,y) = \frac{(3x^2y - y^3)(x^2 + y^2) - (x^3y - xy^3)2x}{(x^2 + y^2)^2}$$

$$= \frac{y(x^4 + 4x^2y^2 - y^4)}{(x^2 + y^2)^2}$$

当 $x^2 + y^2 = 0$ 时

$$f_x(0,0) = \lim_{x \to 0} \frac{f(x,0) - f(0,0)}{x} = \lim_{x \to 0} \frac{0 - 0}{x} = 0$$

即

$$f_x(x,y) = \begin{cases} \dfrac{y(x^4 + 4x^2y^2 - y^4)}{(x^2 + y^2)^2}, & x^2 + y^2 \neq 0 \\ 0, & x^2 + y^2 = 0 \end{cases}$$

从而

$$f_{xy}(0,0) = \lim_{y \to 0} \frac{f_x(0,y) - f_x(0,0)}{y} = \lim_{y \to 0} \frac{-\dfrac{y^5}{y^4} - 0}{y} = -1$$

注意到,将函数中的变量 x 与 y 对调,函数却改变了符号,于是有

$$f_y(x,y) = \begin{cases} -\dfrac{x(y^4 + 4y^2x^2 - x^4)}{(y^2 + x^2)^2}, & x^2 + y^2 \neq 0 \\ 0, & x^2 + y^2 = 0 \end{cases}$$

$$f_{yx}(0,0) = \lim_{x \to 0} \frac{f_y(x,0) - f_y(0,0)}{x} = \lim_{y \to 0} \frac{+\dfrac{x^5}{x^4} - 0}{x} = +1$$

这里 $f_{xy}(0,0) \neq f_{yx}(0,0)$,显然,在原点处的两个二阶混合偏导数存在但不相等.

例 11　证明函数 $u = \dfrac{1}{r}$（这里 $r = \sqrt{x^2 + y^2 + z^2}$）满足拉普拉斯方程

$$\frac{\partial^2 u}{\partial x^2} + \frac{\partial^2 u}{\partial y^2} + \frac{\partial^2 u}{\partial z^2} = 0$$

证明

$$\frac{\partial u}{\partial x} = -\frac{1}{r^2} \cdot \frac{\partial r}{\partial x} = -\frac{1}{r^2} \cdot \frac{x}{r} = -\frac{x}{r^3}$$

$$\frac{\partial^2 u}{\partial x^2} = -\frac{1}{r^3} - x\left(\frac{-3r^2 \dfrac{\partial r}{\partial x}}{r^6}\right) = -\frac{1}{r^3} - x\left(\frac{-3r^2 \dfrac{x}{r}}{r^6}\right) = -\frac{1}{r^3} + \frac{3x^2}{r^5}$$

由于函数关于自变量是对称的,因此

$$\frac{\partial^2 u}{\partial y^2} = -\frac{1}{r^3} + \frac{3y^2}{r^5}, \quad \frac{\partial^2 u}{\partial z^2} = -\frac{1}{r^3} + \frac{3z^2}{r^5}$$

故
$$\frac{\partial^2 u}{\partial x^2} + \frac{\partial^2 u}{\partial y^2} + \frac{\partial^2 u}{\partial z^2} = -\frac{3}{r^3} + \frac{3(x^2 + y^2 + z^2)}{r^5} = 0$$

习题 7 - 2

1. 求下列函数的偏导数：

（1）$z = x^2 + 2xy - y^2$；

（2）$z = \sin(xy) + y^2$；

（3）$z = \sqrt{\ln(xy)}$；

（4）$z = \arctan \dfrac{x + y}{1 - xy}$；

（5）$z = \arcsin \dfrac{x}{\sqrt{x^2 + y^2}}$；

（6）$z = (1 + xy)^y$；

（7）$z = x e^{-y} + y e^{-x}$；

（8）$u = \ln(x + 2^{yz})$；

（9）$u = x^{\frac{y}{z}}$；

（10）$u = \arctan(x - y)^z$.

2. 设函数 $f(x, y) = 5x^2 y^3 + x^2$，求 $f_x(1, 0)$.

3. 设函数 $f(x, y) = e^{xy} \sin \pi y + (x - 1) \arctan \sqrt{\dfrac{x}{y}}$，求 $f_x(1, 1)$，$f_y(1, 1)$.

4. 证明：函数 $z = \sqrt{x^2 + y^2}$ 在 $(0, 0)$ 点连续，但偏导数不存在.

5. 设函数 $z = e^{-\left(\frac{1}{x} + \frac{1}{y}\right)}$，求证：$x^2 \dfrac{\partial z}{\partial x} + y^2 \dfrac{\partial z}{\partial y} = 2z$.

6. 求曲线 $\begin{cases} z = \dfrac{1}{4}(x^2 + y^2) \\ y = 2 \end{cases}$ 在点 $M_0(2, 2, 2)$ 处的切线与 x 轴正向的夹角.

7. 求下列函数的二阶偏导数：

（1）$z = x^4 + y^4 - 4x^2 y^2$；

（2）$z = x \ln(x + y)$；

（3）$z = \arctan \dfrac{y}{x}$；

（4）$z = y^x$.

8. 设函数 $u(x, y, z) = e^{xyz}$，求 $\dfrac{\partial^3 u}{\partial x^3}$，$\dfrac{\partial^3 u}{\partial y^3}$，$\dfrac{\partial^3 u}{\partial z^3}$.

9. 验证：$z = \ln(e^x + e^y)$ 满足 $\dfrac{\partial^2 z}{\partial x^2} \cdot \dfrac{\partial^2 z}{\partial y^2} = \left(\dfrac{\partial^2 z}{\partial x \partial y}\right)^2$.

10. 验证：（1）$y = e^{-kn^2 t} \sin nx$ 满足 $\dfrac{\partial y}{\partial t} = k \dfrac{\partial^2 y}{\partial x^2}$；

（2）$r = \sqrt{x^2 + y^2 + z^2}$ 满足 $\dfrac{\partial^2 r}{\partial x^2} + \dfrac{\partial^2 r}{\partial y^2} + \dfrac{\partial^2 r}{\partial z^2} = \dfrac{2}{r}$.

第三节　全　微　分

一、全微分的定义

我们知道,对于一元函数 $y = f(x)$,如果自变量 x 有增量 Δx,则对应的函数在点 x 有增量:

$$\Delta y = f(x + \Delta x) - f(x)$$

并且当函数 $f(x)$ 在点 x 可导时,有

$$\Delta y = f(x + \Delta x) - f(x) = f'(x)\Delta x + o(\Delta x) \quad (\Delta x \to 0)$$

对于给定二元函数 $z = f(x,y)$,且 $f_x(x,y)$,$f_y(x,y)$ 均存在,由一元微分学中函数增量与微分的关系,有

$$f(x + \Delta x, y) - f(x,y) \approx f_x(x,y) \cdot \Delta x$$

$$f(x, y + \Delta y) - f(x,y) \approx f_y(x,y) \cdot \Delta y$$

上述二式的左端分别称为二元函数 $z = f(x,y)$ 对 x 或 y 的偏增量,而右端称为二元函数 $z = f(x,y)$ 对 x 或 y 的偏微分.

为了研究多元函数中各个自变量都取得增量时,因变量所获得的增量,即全增量的问题,我们先给出函数全增量的概念.

定义 1　设二元函数 $z = f(x,y)$ 在点 $P(x,y)$ 的某邻域内有定义,点 $P_1(x + \Delta x, y + \Delta y)$ 为该邻域内的任意一点,则称这两点的函数值之差

$$f(x + \Delta x, y + \Delta y) - f(x,y)$$

为函数在点 $P(x,y)$ 处对应于自变量增量 Δx 与 Δy 的全增量,记作 Δz,即

$$\Delta z = f(x + \Delta x, y + \Delta y) - f(x,y) \tag{7-3}$$

一般来说,全增量 Δz 的计算往往较复杂,参照一元函数微分的做法,我们希望用自变量增量 Δx 与 Δy 的线性函数来近似地代替,特引入下述定义.

定义 2　如果函数 $z = f(x,y)$ 在点 (x,y) 的全增量

$$\Delta z = f(x + \Delta x, y + \Delta y) - f(x,y)$$

可表示为

$$\Delta z = A \cdot \Delta x + B \cdot \Delta y + o(\rho) \quad (\rho \to 0) \tag{7-4}$$

其中,A, B 不依赖于 $\Delta x, \Delta y$,而仅与 x, y 有关,$\rho = \sqrt{(\Delta x)^2 + (\Delta y)^2}$,则称函数 $f(x,y)$ 在点 (x,y) 处可微分.

而 $A \cdot \Delta x + B \cdot \Delta y$ 称为函数 $z = f(x,y)$ 在点 (x,y) 处的全微分,记作

$$\mathrm{d}z = A \cdot \Delta x + B \cdot \Delta y$$

如果函数在区域 D 内各点都可微分,那么称该函数在 D 内可微分.

二、函数可微分的条件

在一元函数中，函数在一点可微分与可导是互为充要条件的，那么在二元函数中，函数在一点可微与偏导数存在之间是什么关系呢？

定理1（必要条件）

如果函数 $z = f(x, y)$ 在点 $P(x, y)$ 处可微分，则函数在点 $P(x, y)$ 处的偏导数 $\left.\dfrac{\partial z}{\partial x}\right|_P, \left.\dfrac{\partial z}{\partial y}\right|_P$ 必定存在，且函数在点 $P(x, y)$ 的全微分为

$$\mathrm{d}z = \frac{\partial z}{\partial x} \cdot \Delta x + \frac{\partial z}{\partial y} \cdot \Delta y \tag{7-5}$$

证明　设函数 $z = f(x, y)$ 在点 $P(x, y)$ 可微分. 于是，对点 $P(x, y)$ 某一邻域内的任意一点 $P_1(x + \Delta x, y + \Delta y)$，式（7-4）总成立.

特别地，当 $\Delta y = 0$ 时，式（7-4）也成立，这时 $\rho = |\Delta x|$，即

$$f(x + \Delta x, y) - f(x, y) = A \cdot \Delta x + o(|\Delta x|) \quad (\Delta x \to 0)$$

于是

$$\lim_{\Delta x \to 0} \frac{f(x + \Delta x, y) - f(x, y)}{\Delta x} = A$$

从而，偏导数 $\dfrac{\partial z}{\partial x}$ 存在且等于 A. 同理可证 $\dfrac{\partial z}{\partial y} = B$. 故式（7-5）成立. 证毕.

由定理 1 知，二元函数 $z = f(x, y)$ 在点 $P(x, y)$ 的偏导数存在是该函数可微分的必要条件，关于自变量的全微分，我们规定 $\mathrm{d}x = \Delta x, \mathrm{d}y = \Delta y$，所以全微分又可写为

$$\mathrm{d}z = \frac{\partial z}{\partial x}\mathrm{d}x + \frac{\partial z}{\partial y}\mathrm{d}y$$

通常我们把二元函数的全微分等于它的两个偏微分之和这件事称为二元函数的微分符合叠加原理.

叠加原理也适用于二元以上的函数的情形. 例如，如果三元函数 $u = f(x, y, z)$ 可微分，那么它的全微分就等于它的三个偏微分之和，即

$$\mathrm{d}u = \frac{\partial u}{\partial x}\mathrm{d}x + \frac{\partial u}{\partial y}\mathrm{d}y + \frac{\partial u}{\partial z}\mathrm{d}z$$

另外，对于一元函数来说，在某点的导数存在是微分存在的充要条件. 但对于多元函数来说，情形就不同了. 当函数的各个偏导数都存在时，虽然能形式地写出 $\dfrac{\partial z}{\partial x}\Delta x + \dfrac{\partial z}{\partial y}\Delta y$，但它与 Δz 之差并不一定是较 ρ 高阶的无穷小. 因此，它不一定是函数的全微分.

例1 讨论函数

$$z = f(x,y) = \begin{cases} \dfrac{xy}{\sqrt{x^2 + y^2}}, & x^2 + y^2 \neq 0 \\ 0, & x^2 + y^2 = 0 \end{cases}$$

在点$(0,0)$处的偏导数存在性与函数可微性.

解 在点$(0,0)$处有

$$f_x(0,0) = \lim_{x \to 0} \frac{f(x,0) - f(0,0)}{x} = \lim_{x \to 0} \frac{0 - 0}{x} = 0$$

类似地 $$f_y(0,0) = 0$$
从而

$$\Delta z - [f_x(0,0)\Delta x + f_y(0,0)\Delta y] = \frac{\Delta x \Delta y}{\sqrt{(\Delta x)^2 + (\Delta y)^2}}$$

考虑点$P'(\Delta x, \Delta y)$沿直线$y = x$趋近于$(0,0)$,则

$$\frac{\dfrac{\Delta x \Delta y}{\sqrt{(\Delta x)^2 + (\Delta y)^2}}}{\rho} = \frac{\Delta x \Delta y}{(\Delta x)^2 + (\Delta y)^2} = \frac{\Delta x \Delta x}{(\Delta x)^2 + (\Delta x)^2} \to \frac{1}{2} \quad ((\Delta x, \Delta y) \to (0,0))$$

它不能随$\rho \to 0$而趋近于0,即当$\rho \to 0$时$\Delta z - [f_x(0,0)\Delta x + f_y(0,0)\Delta y]$并不是一个较$\rho$高阶的无穷小,因此,由定义可知函数$f(x,y)$在点$(0,0)$处是不可微分的.

定理2(充分条件)

如果函数$z = f(x,y)$的偏导数$\dfrac{\partial z}{\partial x}$和$\dfrac{\partial z}{\partial y}$在点$P(x,y)$连续,则函数在该点可微分.

证明* 因$z = f(x,y)$在点$P(x,y)$的偏导数$f_x(x,y), f_y(x,y)$连续,故在点$P(x,y)$的某一邻域内$f_x(x,y), f_y(x,y)$存在.

设$P'(x + \Delta x, y + \Delta y)$为该邻域内任意一点,则

$$\Delta z = f(x + \Delta x, y + \Delta y) - f(x,y)$$
$$= [f(x + \Delta x, y + \Delta y) - f(x, y + \Delta y)] + [f(x, y + \Delta y) - f(x,y)]$$

应用拉格朗日中值定理有

$$f(x + \Delta x, y + \Delta y) - f(x, y + \Delta y) = f_x(x + \theta_1 \Delta x, y + \Delta y) \cdot \Delta x \quad (0 < \theta_1 < 1)$$

又由于$f_x(x,y)$在点$P(x,y)$连续,于是

$$f_x(x + \theta_1 \Delta x, y + \Delta y) = f_x(x,y) + \varepsilon_1$$

其中$\lim\limits_{\substack{\Delta x \to 0 \\ \Delta y \to 0}} \varepsilon_1 = 0$,于是

$$f(x + \Delta x, y + \Delta y) - f(x, y + \Delta y) = f_x(x,y)\Delta x + \varepsilon_1 \Delta x$$

同理可证

$$f(x, y + \Delta y) - f(x,y) = f_y(x,y)\Delta y + \varepsilon_2 \Delta y$$

其中 $\lim\limits_{\Delta y \to 0} \varepsilon_2 = 0$, 于是, 全增量可表示为

$$\Delta z = f_x(x,y)\Delta x + f_y(x,y)\Delta y + \varepsilon_1 \Delta x + \varepsilon_2 \Delta y$$

而

$$\left| \frac{\varepsilon_1 \Delta x + \varepsilon_2 \Delta y}{\rho} \right| \leqslant |\varepsilon_1| + |\varepsilon_2|$$

当 $\Delta x \to 0, \Delta y \to 0$, 即 $\rho \to 0$ 时, 它是趋近于零的.

因此

$$\Delta z = f_x(x,y)\Delta x + f_y(x,y)\Delta y + o(\rho) \quad (\rho \to 0)$$

故函数 $z = f(x,y)$ 在点 $P(x,y)$ 可微分. 证毕.

三、几个关系

（1）若函数 $z = f(x,y)$ 在点 $P(x,y)$ 处可微分, 则函数在该点连续.

事实上, $\Delta z = A \cdot \Delta x + B \cdot \Delta y + o(\rho)$, 则

$$\lim\limits_{\rho \to 0} \Delta z = 0$$

$$\lim\limits_{\substack{\Delta x \to 0 \\ \Delta y \to 0}} f(x + \Delta x, y + \Delta y) = \lim\limits_{\rho \to 0} [\Delta z + f(x,y)] = f(x,y)$$

应注意 $\Delta x \to 0, \Delta y \to 0$ 等价于 $\rho = \sqrt{\Delta x^2 + \Delta y^2} \to 0$.

（2）函数 $z = f(x,y)$ 的偏导数 $\dfrac{\partial z}{\partial x}, \dfrac{\partial z}{\partial y}$ 存在只是函数全微分存在的必要条件, 而不是充分条件（如本节例1）.

（3）若函数 $z = f(x,y)$ 在点 (x,y) 可微分, 则偏导数 $\dfrac{\partial z}{\partial x}, \dfrac{\partial z}{\partial y}$ 在该点存在但不一定连续.

例2 证明函数

$$z = f(x,y) = \begin{cases} (x^2 + y^2)\sin\dfrac{1}{x^2 + y^2}, & x^2 + y^2 \neq 0 \\ 0, & x^2 + y^2 = 0 \end{cases}$$

在点 $(0,0)$ 处可微分, 但偏导数在点 $(0,0)$ 处不连续.

证明

$$f_x(0,0) = \lim\limits_{x \to 0} \frac{f(x,0) - f(0,0)}{x} = \lim\limits_{x \to 0} \frac{x^2 \sin\dfrac{1}{x^2}}{x} = 0$$

同理 $$f_y(0,0) = 0$$

$$\Delta z = f(\Delta x, \Delta y) - f(0,0) = [(\Delta x)^2 + (\Delta y)^2]\sin\frac{1}{(\Delta x)^2 + (\Delta y)^2} = \rho^2 \sin\frac{1}{\rho^2}$$

$$\frac{\Delta z - [f_x(0,0)\Delta x + f_y(0,0)\Delta y]}{\rho} = \frac{\rho^2 \sin\frac{1}{\rho^2}}{\rho} = \rho \cdot \sin\frac{1}{\rho^2} \to 0$$

(当 $\rho = \sqrt{(\Delta x)^2 + (\Delta y)^2} \to 0$ 时),故函数 $f(x,y)$ 在 $(0,0)$ 处的微分存在,且 $\mathrm{d}z\big|_{(0,0)} = 0$.

而

$$f_x(x,y) = \begin{cases} 2x\sin\dfrac{1}{x^2+y^2} - \dfrac{2x}{x^2+y^2}\cos\dfrac{1}{x^2+y^2}, & x^2+y^2 \neq 0 \\ 0, & x^2+y^2 = 0 \end{cases}$$

当点 (x,y) 沿直线 $y = x$ 趋向于 $(0,0)$ 时,极限

$$\lim_{\substack{x\to 0 \\ y=x}} f_x(x,y) = \lim_{x\to 0}\left(2x\sin\frac{1}{2x^2} - \frac{2x}{2x^2}\cos\frac{1}{2x^2}\right)$$

不存在. 故 $\lim\limits_{\substack{x\to 0 \\ y\to 0}} f_x(x,y)$ 不存在,$f_x(x,y)$ 在点 $(0,0)$ 处不连续. 同理,$f_y(x,y)$ 在点 $(0,0)$ 处不连续.

注意 证明函数在一点可微的方法:

(1) 若函数在此点不连续,则不可微;

(2) 若函数在此点偏导数不存在,则不可微;

(3) 若函数在此点偏导数存在,用可微定义计算

$$\lim_{\substack{\Delta x\to 0 \\ \Delta y\to 0}} \frac{\Delta z - \left(\dfrac{\partial z}{\partial x}\Delta x + \dfrac{\partial z}{\partial y}\Delta y\right)}{\sqrt{(\Delta x)^2 + (\Delta y)^2}}$$

若此极限等于 0,则函数可微;若此极限不等于 0,则函数不可微;若此极限不存在,则函数不可微.

上述概念、定理及结论均可相应地推广到二元以上的函数.

例3 计算函数 $z = \mathrm{e}^{xy}$ 在点 $(2,1)$ 处的全微分.

解

$$\frac{\partial z}{\partial x} = y\mathrm{e}^{xy}, \quad \frac{\partial z}{\partial y} = x\mathrm{e}^{xy}, \frac{\partial z}{\partial x}\bigg|_{(2,1)} = \mathrm{e}^2, \quad \frac{\partial z}{\partial y}\bigg|_{(2,1)} = 2\mathrm{e}^2$$

故

$$\mathrm{d}z = \mathrm{e}^2\mathrm{d}x + 2\mathrm{e}^2\mathrm{d}y$$

例4 求函数 $u = x + \sin\dfrac{y}{2} + \mathrm{e}^{yz}$ 的全微分.

解 因 $\dfrac{\partial u}{\partial x} = 1$,$\dfrac{\partial u}{\partial y} = \dfrac{1}{2}\cos\dfrac{y}{2} + z\mathrm{e}^{yz}$,$\dfrac{\partial u}{\partial z} = y\mathrm{e}^{yz}$,则

$$\mathrm{d}u = \mathrm{d}x + \left(\frac{1}{2}\cos\frac{y}{2} + z\mathrm{e}^{yz}\right)\mathrm{d}y + y\mathrm{e}^{yz}\mathrm{d}z$$

四、*全微分在近似计算中的应用

二元函数 $z = f(x, y)$ 在点 $P_0(x_0, y_0)$ 处可微分，当 $|\Delta x|$，$|\Delta y|$ 很小时，则函数在点 P_0 的全增量可以表示为

$$\Delta z = f(x_0 + \Delta x, y_0 + \Delta y) - f(x_0, y_0)$$
$$= f_x(x_0, y_0)\Delta x + f_y(x_0, y_0)\Delta y + o(\rho)$$

略去高阶无穷小 $o(\rho)$，就得到近似公式

$$\Delta z = f(x_0 + \Delta x, y_0 + \Delta y) - f(x_0, y_0)$$
$$\approx f_x(x_0, y_0)\Delta x + f_y(x_0, y_0)\Delta y \tag{7-6}$$

若记 $x = x_0 + \Delta x, y = y_0 + \Delta y$，则上式变为

$$f(x, y) \approx f(x_0, y_0) + f_x(x_0, y_0)(x - x_0) + f_y(x_0, y_0)(y - y_0) \tag{7-7}$$

我们可以利用上述近似公式(7-6)和近似公式(7-7)对二元函数作近似计算，举例如下.

例5 计算 $(1.04)^{2.02}$ 的近似值.

解 设函数 $f(x, y) = x^y$. 显然，要计算的值就是函数在 $x = 1.04, y = 2.02$ 时的函数值 $f(1.04, 2.02)$.

取 $x = 1, y = 2, \Delta x = 0.04, \Delta y = 0.02$. 由于

$$f(1, 2) = 1$$
$$f_x(x, y) = yx^{y-1}, f_y(x, y) = x^y \ln x$$
$$f_x(1, 2) = 2, f_y(1, 2) = 0$$

所以，应用公式(7-7)便有

$$(1.04)^{2.02} \approx 1 + 2 \times 0.04 + 0 \times 0.02 = 1.08$$

例6 有一圆柱体受压后发生形变，半径由 20 cm 增大到 20.05 cm，高度由 100 cm 减少到 99 cm，求此圆柱体体积的近似改变量.

解 已知 $V = \pi r^2 h$，则 $\Delta V \approx 2\pi rh\Delta r + \pi r^2 \Delta h$，其中 $r = 20, h = 100, \Delta r = 0.05, \Delta h = -1$，则有

$$\Delta V = 2\pi \times 20 \times 100 \times 0.05 + \pi \times 20^2 \times (-1) = -200\pi \text{ cm}^3$$

即受压后圆柱体体积减少了 200π cm^3.

习题 7-3

1. 求下列函数的全微分：

(1) $z = xy + \dfrac{y}{x}$；

(2) $z = e^{\frac{y}{x}}$；

(3) $z = \dfrac{y}{\sqrt{x^2 + y^2}}$；

(4) $u = x^{yz}$；

(5) $u = \dfrac{z}{x^2 + y^2}$；

(6) $u = \ln(x^2 + y^2 + z^2)$.

2. 求函数 $u = \sin \dfrac{1}{\sqrt{x^2 + y^2 + z^2}}$ 在点 $P\left(\dfrac{\sqrt{2}}{2}, \dfrac{1}{2}, -\dfrac{1}{2}\right)$ 的全微分.

3. 求函数 $z = \dfrac{1}{y} + \dfrac{x}{y}$ 在 $x_0 = 1, y_0 = 2, \Delta x = 0.2, \Delta y = 0.1$ 时的全增量与全微分.

4. 圆台上、下底半径 $r = 20 \text{ cm}, R = 30 \text{ cm}$, 高 $h = 40 \text{ cm}$. 当 $\Delta R = 0.3 \text{ cm}, \Delta r = 0.4 \text{ cm}$, $\Delta h = 0.2 \text{ cm}$ 时, 求圆台体积 V 增量的近似值.

5. 计算下列各近似值:

(1) $\sqrt{(1.02)^3 + (1.97)^3}$;　　　　　(2) $(1.97)^{1.05}(\ln 2 \approx 0.693)$;

(3) $\dfrac{(0.996)^3}{1.006}$.

6. 已知扇形中心角 $\alpha = \dfrac{\pi}{3}$, 半径 $R = 20 \text{ cm}$. 当 α 增加 $1°$ 时, 为使扇形面积保持不变, 其半径的增量 ΔR 近似等于多少?

7. 设有一无盖圆柱形容器, 容器的壁与底的厚度均为 0.1 cm, 内高 20 cm, 内半径为 4 cm, 求容器外壳体积的近似值.

第四节　多元复合函数的求导法则

一、复合函数的求导法则

在讨论一元函数的微分法时, 我们曾讨论过复合函数求导数的问题. 若 $y = f(x), x = \varphi(t)$, 则复合函数 $y = f[\varphi(t)]$ 对 t 的导数是 $\dfrac{\mathrm{d}y}{\mathrm{d}t} = \dfrac{\mathrm{d}y}{\mathrm{d}x} \cdot \dfrac{\mathrm{d}\varphi}{\mathrm{d}t}$. 对于多元函数也有类似的情形.

定理1　若函数 $u = u(t)$ 及 $v = v(t)$ 都在点 t 可导, 函数 $z = f(u, v)$ 在对应点 (u, v) 具有连续偏导数, 则复合函数 $z = f[u(t), v(t)]$ 在点 t 可导, 且其导数为

$$\frac{\mathrm{d}z}{\mathrm{d}t} = \frac{\partial z}{\partial u} \cdot \frac{\mathrm{d}u}{\mathrm{d}t} + \frac{\partial z}{\partial v} \cdot \frac{\mathrm{d}v}{\mathrm{d}t} \tag{7-8}$$

证明　设 t 获得增量 Δt, 这时 $u = u(t), v = v(t)$ 的对应增量为 $\Delta u, \Delta v$, 函数 $z = f[u(t), v(t)]$ 的对应增量为 Δz.

据假定, 函数 $z = f(u, v)$ 在点 (u, v) 具有连续偏导数, 从而有

$$\Delta z = \frac{\partial z}{\partial u} \cdot \Delta u + \frac{\partial z}{\partial v} \cdot \Delta v + \varepsilon_1 \cdot \Delta u + \varepsilon_2 \cdot \Delta v$$

这里, 当 $\Delta u \to 0, \Delta v \to 0$ 时, $\varepsilon_1 \to 0, \varepsilon_2 \to 0$.

上式两边同时除以 Δt, 得

$$\frac{\Delta z}{\Delta t} = \frac{\partial z}{\partial u} \cdot \frac{\Delta u}{\Delta t} + \frac{\partial z}{\partial v} \cdot \frac{\Delta v}{\Delta t} + \varepsilon_1 \cdot \frac{\Delta u}{\Delta t} + \varepsilon_2 \cdot \frac{\Delta v}{\Delta t}$$

而当 $\Delta t \to 0$ 时，有 $\Delta u \to 0, \Delta v \to 0$，从而

$$\frac{\Delta u}{\Delta t} \to \frac{\mathrm{d}u}{\mathrm{d}t}, \frac{\Delta v}{\Delta t} \to \frac{\mathrm{d}v}{\mathrm{d}t}$$

所以

$$\lim_{\Delta t \to 0} \frac{\Delta z}{\Delta t} = \frac{\partial z}{\partial u} \cdot \frac{\mathrm{d}u}{\mathrm{d}t} + \frac{\partial z}{\partial v} \cdot \frac{\mathrm{d}v}{\mathrm{d}t}$$

故复合函数 $z = f[u(t), v(t)]$ 在点 t 可导，其导数可用式（7-8）计算，证毕.

用同样的方法，可把定理推广到复合函数的中间变量多于两个的情形.

例如，设 $z = f(u, v, w)$ 与 $u = u(t), v = v(t), w = w(t)$ 复合而得到函数 $z = f[u(t), v(t), w(t)]$.
若 $u = u(t), v = v(t), w = w(t)$ 在点 t 可导，$z = f(u, v, w)$ 对 u, v, w 具有连续偏导数，则复合函数
$z = f[u(t), v(t), w(t)]$ 在点 t 可导，且

$$\frac{\mathrm{d}z}{\mathrm{d}t} = \frac{\partial z}{\partial u} \cdot \frac{\mathrm{d}u}{\mathrm{d}t} + \frac{\partial z}{\partial v} \cdot \frac{\mathrm{d}v}{\mathrm{d}t} + \frac{\partial z}{\partial w} \cdot \frac{\mathrm{d}w}{\mathrm{d}t} \qquad (7-9)$$

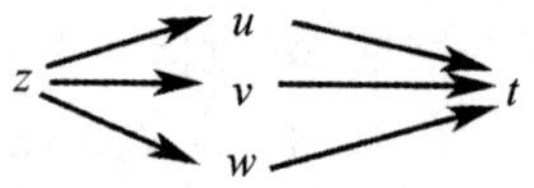

在公式（7-8）与公式（7-9）中的导数称为全导数. 直观上可由图
7-7 表示函数之间的关系.

图 7-7

例 1 设 $z = \mathrm{e}^{2u-v}$，其中 $u = x^2, v = \sin x$，求 $\dfrac{\mathrm{d}z}{\mathrm{d}x}$.

解
$$\frac{\partial z}{\partial u} = 2\mathrm{e}^{2u-v}, \qquad \frac{\partial z}{\partial v} = -\mathrm{e}^{2u-v}$$
$$\frac{\mathrm{d}u}{\mathrm{d}x} = 2x, \qquad \frac{\mathrm{d}v}{\mathrm{d}x} = \cos x$$

所以

$$\frac{\mathrm{d}z}{\mathrm{d}x} = \frac{\partial z}{\partial u} \cdot \frac{\mathrm{d}u}{\mathrm{d}x} + \frac{\partial z}{\partial v} \cdot \frac{\mathrm{d}v}{\mathrm{d}x} = 2\mathrm{e}^{2u-v} \cdot 2x - \mathrm{e}^{2u-v} \cdot \cos x = \mathrm{e}^{2x^2-\sin x}(4x - \cos x)$$

例 2 设 $y = [f(x)]^{\varphi(x)}$，其中 $f(x) > 0$，求 $\dfrac{\mathrm{d}y}{\mathrm{d}x}$.

解 幂指函数的导数在一元函数中是用对数求导处理的，现在我们用多元复合函数求导
法则来计算会更加简便.

令 $u = f(x), v = \varphi(x)$，则 $y = [f(x)]^{\varphi(x)}$ 可看作 $y = u^v$，由 $u = f(x), v = \varphi(x)$ 复合而成，所以

$$\frac{\mathrm{d}y}{\mathrm{d}x} = \frac{\partial y}{\partial u} \cdot \frac{\mathrm{d}u}{\mathrm{d}x} + \frac{\partial y}{\partial v} \cdot \frac{\mathrm{d}v}{\mathrm{d}x} = vu^{v-1} f'(x) + u^v (\ln u)\varphi'(x)$$

$$= [f(x)]^{\varphi(x)} \left[\frac{\varphi(x)}{f(x)} f'(x) + \varphi'(x)\ln f(x) \right]$$

上述定理还可推广到中间变量不是一元函数而是多元函数的情形.

定理 2 设 $z = f(u,v)$ 与 $u = u(x,y)$，$v = v(x,y)$ 复合而得到函数 $z = f[u(x,y),v(x,y)]$，若 $u = u(x,y)$，$v = v(x,y)$ 在点 (x,y) 具有对 x 及 y 的偏导数，函数 $z = f(u,v)$ 在对应点 (u,v) 具有连续偏导数，则 $z = f[u(x,y),v(x,y)]$ 在点 (x,y) 的两个偏导数存在，且

$$\begin{cases} \dfrac{\partial z}{\partial x} = \dfrac{\partial z}{\partial u} \cdot \dfrac{\partial u}{\partial x} + \dfrac{\partial z}{\partial v} \cdot \dfrac{\partial v}{\partial x} \\[3mm] \dfrac{\partial z}{\partial y} = \dfrac{\partial z}{\partial u} \cdot \dfrac{\partial u}{\partial y} + \dfrac{\partial z}{\partial v} \cdot \dfrac{\partial v}{\partial y} \end{cases} \quad (7-10)$$

事实上，求 $\dfrac{\partial z}{\partial x}$ 时，y 可看作常量，因此中间变量 u 及 v 仍可看作一元函数而应用上述定理. 但 $u = u(x,y)$，$v = v(x,y)$ 均是 x,y 的二元函数，所以应把式 $(7-8)$ 中的导数记号 d 改为偏导数的记号 ∂，再将 t 换成 x，这样便得到了式 $(7-10)$.

类似地，设 $u = u(x,y)$，$v = v(x,y)$ 及 $w = w(x,y)$ 均在点 (x,y) 具有对 x 及 y 的偏导数，而函数 $z = f(u,v,w)$ 在对应点 (u,v,w) 具有连续偏导数，则复合函数

$$z = f[u(x,y),v(x,y),w(x,y)]$$

在点 (x,y) 的两个偏导数都存在，且

$$\begin{cases} \dfrac{\partial z}{\partial x} = \dfrac{\partial z}{\partial u} \cdot \dfrac{\partial u}{\partial x} + \dfrac{\partial z}{\partial v} \cdot \dfrac{\partial v}{\partial x} + \dfrac{\partial z}{\partial w} \cdot \dfrac{\partial w}{\partial x} \\[3mm] \dfrac{\partial z}{\partial y} = \dfrac{\partial z}{\partial u} \cdot \dfrac{\partial u}{\partial y} + \dfrac{\partial z}{\partial v} \cdot \dfrac{\partial v}{\partial y} + \dfrac{\partial z}{\partial w} \cdot \dfrac{\partial w}{\partial y} \end{cases} \quad (7-11)$$

例 3 设 $z = e^u \sin v$，而 $u = xy$，$v = x + y$，求 $\dfrac{\partial z}{\partial x}$ 和 $\dfrac{\partial z}{\partial y}$.

解
$$\frac{\partial z}{\partial x} = \frac{\partial z}{\partial u} \cdot \frac{\partial u}{\partial x} + \frac{\partial z}{\partial v} \cdot \frac{\partial v}{\partial x} = e^u \sin v \cdot y + e^u \cos v \cdot 1$$
$$= e^{xy}[y\sin(x+y) + \cos(x+y)]$$
$$\frac{\partial z}{\partial y} = \frac{\partial z}{\partial u} \cdot \frac{\partial u}{\partial y} + \frac{\partial z}{\partial v} \cdot \frac{\partial v}{\partial y} = e^u \sin v \cdot x + e^u \cos v \cdot 1$$
$$= e^{xy}[x\sin(x+y) + \cos(x+y)]$$

特别地，若 $z = f(u,x,y)$ 有连续偏导数，而 $u = u(x,y)$ 偏导数存在，则复合函数 $z = f[u(x,y),x,y]$ 可看作上述情形中当 $v = x$，$w = y$ 的特殊情形，因此

$$\frac{\partial v}{\partial x} = 1, \quad \frac{\partial v}{\partial y} = 0$$

$$\frac{\partial w}{\partial x} = 0, \quad \frac{\partial w}{\partial y} = 1$$

式 $(7-11)$ 变成

$$
\begin{cases}
\dfrac{\partial z}{\partial x} = \dfrac{\partial z}{\partial u} \cdot \dfrac{\partial u}{\partial x} + \dfrac{\partial z}{\partial v} = \dfrac{\partial z}{\partial u} \cdot \dfrac{\partial u}{\partial x} + \dfrac{\partial z}{\partial x} \\[2mm]
\dfrac{\partial z}{\partial y} = \dfrac{\partial z}{\partial u} \cdot \dfrac{\partial u}{\partial y} + \dfrac{\partial z}{\partial w} = \dfrac{\partial z}{\partial u} \cdot \dfrac{\partial u}{\partial y} + \dfrac{\partial z}{\partial y}
\end{cases}
$$

等式两边均出现了 $\dfrac{\partial z}{\partial x}$ 或 $\dfrac{\partial z}{\partial y}$ ，尽管记号一样，但其意义有本质的差别，以第一式为例加以阐明：左边的 $\dfrac{\partial z}{\partial x}$ 是将复合函数 $z=f[u(x,y),x,y]$ 中的 y 看作常数，而对 x 求偏导数；右边的 $\dfrac{\partial z}{\partial x}$ 是把函数 $z=f(u,x,y)$ 中的 u 及 y 看作常数，而对 x 求偏导数.

因此，为了避免麻烦，我们往往将上述两式的形式写为

$$
\begin{cases}
\dfrac{\partial z}{\partial x} = \dfrac{\partial f}{\partial u} \cdot \dfrac{\partial u}{\partial x} + \dfrac{\partial f}{\partial x} \\[2mm]
\dfrac{\partial z}{\partial y} = \dfrac{\partial f}{\partial u} \cdot \dfrac{\partial u}{\partial y} + \dfrac{\partial f}{\partial y}
\end{cases}
$$

例4　设 $u=f(x,y,z)=\mathrm{e}^{x^2+y^2+z^2}$ ，而 $z=x^2\sin y$ ，求 $\dfrac{\partial u}{\partial x}$ 与 $\dfrac{\partial u}{\partial y}$.

解　
$$
\dfrac{\partial u}{\partial x} = \dfrac{\partial f}{\partial x} + \dfrac{\partial f}{\partial z} \cdot \dfrac{\partial z}{\partial x} = 2x\mathrm{e}^{x^2+y^2+z^2} + 2z\mathrm{e}^{x^2+y^2+z^2} \cdot 2x\sin y = 2x\mathrm{e}^{x^2+y^2+z^2}(1+2x^2\sin y)
$$

$$
\dfrac{\partial u}{\partial y} = \dfrac{\partial f}{\partial y} + \dfrac{\partial f}{\partial z} \cdot \dfrac{\partial z}{\partial y} = 2y\mathrm{e}^{x^2+y^2+z^2} + 2z\mathrm{e}^{x^2+y^2+z^2} \cdot x^2\cos y = 2\mathrm{e}^{x^2+y^2+z^2}(y+x^4\sin y\cos y)
$$

例5　设 $w=f(x+y+z,xyz)$ ， f 具有二阶连续偏导数，求 $\dfrac{\partial w}{\partial x}$ 和 $\dfrac{\partial^2 w}{\partial x\partial z}$.

解　令 $u=x+y+z,v=xyz$ ，则

$$
\dfrac{\partial w}{\partial x} = \dfrac{\partial f}{\partial u} \cdot \dfrac{\partial u}{\partial x} + \dfrac{\partial f}{\partial v} \cdot \dfrac{\partial v}{\partial x} = f_u(u,v) + yz \cdot f_v(u,v)
$$

$$
= f_u(x+y+z,xyz) + yz \cdot f_v(x+y+z,xyz)
$$

$$
\dfrac{\partial^2 w}{\partial x\partial z} = \dfrac{\partial}{\partial z}\left(\dfrac{\partial w}{\partial x}\right) = \dfrac{\partial}{\partial z}[f_u(u,v) + yz \cdot f_v(u,v)]
$$

$$
= \dfrac{\partial}{\partial z}[f_u(u,v)] + \dfrac{\partial}{\partial z}[yz \cdot f_v(u,v)]
$$

$$
= \dfrac{\partial}{\partial u}[f_u(u,v)] \cdot \dfrac{\partial u}{\partial z} + \dfrac{\partial}{\partial v}[f_u(u,v)] \cdot \dfrac{\partial v}{\partial z} +
$$

$$
y \cdot f_v(u,v) + yz\left\{\dfrac{\partial}{\partial u}[f_v(u,v)] \cdot \dfrac{\partial u}{\partial z} + \dfrac{\partial}{\partial v}[f_v(u,v)] \cdot \dfrac{\partial v}{\partial z}\right\}
$$

$$
= f_{uu}(u,v) + xy \cdot f_{uv}(u,v) + y \cdot f_v(u,v) + yz \cdot [f_{vu}(u,v) + xy \cdot f_{vv}(u,v)]
$$

$$
= f_{uu}(u,v) + y(x+z) \cdot f_{uv}(u,v) + xy^2z \cdot f_{vv}(u,v) + y \cdot f_v(u,v)
$$

另解(标准约定的写法) 为表达简便起见,以后在求偏导数时,尤其是复合函数的偏导数时,我们引入以下记号:

$$f_1'(u,v) = f_u'(u,v), f_{12}''(u,v) = f_{uv}''(u,v)$$

这里下标 1 表示对第一个变量 u 求偏导数,下标 2 表示对第二个变量 v 求偏导数,同理有 f_2', f_{11}'', f_{22}'' 等.

解本题,有 $\dfrac{\partial w}{\partial x} = f_1' + yz \cdot f_2'$,则

$$
\begin{aligned}
\frac{\partial^2 w}{\partial x \partial z} &= \frac{\partial}{\partial z}\left(\frac{\partial w}{\partial x}\right) = \frac{\partial}{\partial z}(f_1' + yz \cdot f_2') \\
&= \frac{\partial}{\partial z}(f_1') + \frac{\partial}{\partial z}(yz \cdot f_2') \\
&= f_{11}'' + xy \cdot f_{12}'' + y \cdot f_2' + yz(f_{21}'' + xyf_{22}'') \\
&= f_{11}'' + y(x + z)f_{12}'' + xy^2 z \cdot f_{22}'' + y \cdot f_2'
\end{aligned}
$$

二、复合函数的全微分

设函数 $z = f(x,y)$ 具有连续偏导数,则即使 u,v 是中间变量,仍然有全微分

$$\mathrm{d}f(u,v) = f_u(u,v)\mathrm{d}u + f_v(u,v)\mathrm{d}v$$

若 u,v 不是自变量,而 $u = u(x,y), v = v(x,y)$,则

$$
\begin{aligned}
\mathrm{d}z &= \frac{\partial z}{\partial x} \cdot \mathrm{d}x + \frac{\partial z}{\partial y} \cdot \mathrm{d}y \\
&= \left(\frac{\partial z}{\partial u} \cdot \frac{\partial u}{\partial x} + \frac{\partial z}{\partial v} \cdot \frac{\partial v}{\partial x}\right)\mathrm{d}x + \left(\frac{\partial z}{\partial u} \cdot \frac{\partial u}{\partial y} + \frac{\partial z}{\partial v} \cdot \frac{\partial v}{\partial y}\right)\mathrm{d}y \\
&= \frac{\partial z}{\partial u}\mathrm{d}u + \frac{\partial z}{\partial v}\mathrm{d}v
\end{aligned}
$$

当 $z = f(u,v), u = u(x), v = v(x)$ 时,$\mathrm{d}z = f_u\mathrm{d}u + f_v\mathrm{d}v$,此式两边同时除以 $\mathrm{d}x$ 可得到 z 对 x 的全导数公式为

$$\frac{\mathrm{d}z}{\mathrm{d}x} = f_u\frac{\mathrm{d}u}{\mathrm{d}x} + f_v\frac{\mathrm{d}v}{\mathrm{d}x}$$

这说明,新形式的全微分 $\mathrm{d}f(u,v) = f_u\mathrm{d}u + f_v\mathrm{d}v$ 与一元函数的微分是相容的,即在

$$\mathrm{d}f(u,v) = f_u\mathrm{d}u + f_v\mathrm{d}v$$

之下并没有一元函数微分和多元函数全微分之分.

这就是与一元函数的一阶微分形式不变性相应的多元函数的一阶全微分形式不变性. 利用全微分形式不变性求全微分与偏导数有时是很方便的.

例 6 若 $\mathrm{e}^{-xy} - 2z + \mathrm{e}^z = 0$,求 $\dfrac{\partial z}{\partial x}$ 和 $\dfrac{\partial z}{\partial y}$.

解
$$d(e^{-xy} - 2z + e^z) = 0$$

即
$$e^{-xy}d(-xy) - 2dz + e^z dz = 0$$

$$(e^z - 2)dz = e^{-xy}(xdy + ydx)$$

$$dz = \frac{ye^{-xy}}{e^z - 2}dx + \frac{xe^{-xy}}{e^z - 2}dy$$

所以
$$\frac{\partial z}{\partial x} = \frac{ye^{-xy}}{e^z - 2}, \quad \frac{\partial z}{\partial y} = \frac{xe^{-xy}}{e^z - 2}$$

例7 设 $z = \arctan \dfrac{y}{x}$，求 $dz, \dfrac{\partial z}{\partial x}, \dfrac{\partial z}{\partial y}$.

解
$$dz = \frac{1}{1 + \left(\dfrac{y}{x}\right)^2}d\left(\frac{y}{x}\right) = \frac{x^2}{x^2 + y^2} \cdot \frac{xdy - ydx}{x^2} = \frac{xdy - ydx}{x^2 + y^2}$$

$$\frac{\partial z}{\partial x} = \frac{-y}{x^2 + y^2}, \quad \frac{\partial z}{\partial y} = \frac{x}{x^2 + y^2}$$

例8 设 $u = \ln \sqrt{x^2 + y^2 + z^2}$，求 $du, \dfrac{\partial u}{\partial x}, \dfrac{\partial u}{\partial y}, \dfrac{\partial u}{\partial z}$.

解
$$du = d\left[\frac{1}{2}\ln(x^2 + y^2 + z^2)\right] = \frac{1}{2} \cdot \frac{1}{x^2 + y^2 + z^2}d(x^2 + y^2 + z^2) = \frac{xdx + ydy + zdz}{x^2 + y^2 + z^2}$$

所以有
$$\frac{\partial u}{\partial x} = \frac{x}{x^2 + y^2 + z^2}, \quad \frac{\partial u}{\partial y} = \frac{y}{x^2 + y^2 + z^2}, \quad \frac{\partial u}{\partial z} = \frac{z}{x^2 + y^2 + z^2}$$

习题 7–4

1. 解下列各题：

（1）设 $z = e^{x-2y}$，而 $x = \sin t, y = t^3$，求 $\dfrac{dz}{dt}$；

（2）设 $z = \arcsin(x - y)$，而 $x = 3t, y = 4t^3$，求 $\dfrac{dz}{dt}$；

（3）设 $z = \arctan(xy)$，而 $y = e^x$，求 $\dfrac{dz}{dx}$.

2. 设 $u = \dfrac{e^{ax}(y - z)}{a^2 + 1}$，而 $y = a\sin x, z = \cos x$，求 $\dfrac{du}{dx}$.

3. 解下列各题：

（1）设 $z = u^2 - v^2$，而 $u = x + y, v = x - y$，求 $\dfrac{\partial z}{\partial x}, \dfrac{\partial z}{\partial y}$；

（2）设 $z = u^2 \ln v$，而 $u = \dfrac{x}{y}, v = 3x - 2y$，求 $\dfrac{\partial z}{\partial x}, \dfrac{\partial z}{\partial y}$；

（3）设 $z = \arctan \dfrac{v}{u}$，而 $u = x + y, v = x - y$，求 $\dfrac{\partial z}{\partial x}, \dfrac{\partial z}{\partial y}$；

（4）设 $z = e^{uv}, u = \ln \sqrt{x^2 + y^2}, v = \arctan \dfrac{x}{y}$，求 $\dfrac{\partial z}{\partial x}, \dfrac{\partial z}{\partial y}$.

4. 求下列函数的一阶偏导数（其中 f 具有一阶连续偏导数）：

（1）$u = f(\sqrt{x^2 + y^2})$；   （2）$u = f\left(\dfrac{xz}{y}\right)$；

（3）$u = f(x^2 - y^2, e^{xy})$；   （4）$u = f\left(\dfrac{x}{y}, \dfrac{y}{z}\right)$；

（5）$u = f(x^2 + y^2, x^2 - y^2, 2xy)$.

5. 设 $z = xy + xF(u)$，而 $u = \dfrac{y}{x}, F(u)$ 为可导函数，证明 $x \cdot \dfrac{\partial z}{\partial x} + y \cdot \dfrac{\partial z}{\partial y} = z + xy$.

6. 设 $z = \dfrac{y}{f(x^2 - y^2)}$，其中 $f(u)$ 为可导函数，验证 $\dfrac{1}{x} \cdot \dfrac{\partial z}{\partial x} + \dfrac{1}{y} \cdot \dfrac{\partial z}{\partial y} = \dfrac{z}{y^2}$.

7. 设 $z = f(x^2 + y^2)$，其中 f 具有二阶导数，求 $\dfrac{\partial^2 z}{\partial x^2}, \dfrac{\partial^2 z}{\partial x \partial y}, \dfrac{\partial^2 z}{\partial y^2}$.

8. 求下列函数的二阶偏导数（其中 f 具有二阶连续偏导数）：

（1）$z = f\left(x, \dfrac{x}{y}\right)$；   （2）$z = f(xy^2, x^2y)$；

（3）$z = f(\sin x, \cos y, e^{x+y})$；   （4）$u = f(x, xy, xyz)$.

9. 设 $u = f(r)$ 二次可微，其中 $r = \sqrt{x^2 + y^2}$，试证明 $\dfrac{\partial^2 u}{\partial x^2} + \dfrac{\partial^2 u}{\partial y^2} = \dfrac{d^2 u}{dr^2} + \dfrac{1}{r} \dfrac{du}{dr}$.

10. 设 $\dfrac{1}{u} = \dfrac{1}{x} + \dfrac{1}{y} + \dfrac{1}{z}$，且 $x > y > z > 0$. 当变量 x, y, z 分别增加一个单位时，哪个变量对 u 的影响最大？

11. 设 $z = f[x + \varphi(y)]$，其中 φ 有一阶导数，f 有二阶导数，证明 $\dfrac{\partial z}{\partial x} \cdot \dfrac{\partial^2 z}{\partial x \partial y} = \dfrac{\partial z}{\partial y} \cdot \dfrac{\partial^2 z}{\partial x^2}$.

第五节 隐函数的微分法

一元函数的解析表达式有两种：显式表示和隐式表示. 在《微积分教程（上册·第 2 版）》中我们讨论了一元函数 $F(x, y) = 0$ 的求导方法，可以把 y 看作中间变量，用复合函数求导法，方程两边对 x 求导. 但是，是否隐函数一定存在呢？如果存在，是否有计算公式呢？本节将进一步介绍多元隐函数和隐函数组的微分法.

一、一个方程的情形

定理1（隐函数存在定理1）　设函数 $F(x,y)$ 满足条件：

（1）$F_x(x,y)$，$F_y(x,y)$ 在点 $P(x_0,y_0)$ 的某邻域 $U(P)$ 内连续；

（2）$F(x_0,y_0)=0$，$F_y(x_0,y_0)\neq0$，则在 $U(P)$ 内，方程 $F(x,y)=0$ 必能唯一确定一个定义在点 x_0 的某邻域 $U(x_0)$ 内的一元单值函数 $y=f(x)$，使得：

（ⅰ）$F[x,f(x)]\equiv0$，$(x,f(x))\in U(P)$，$x\in U(x_0)$，且 $y_0=f(x_0)$；

（ⅱ）$f(x)$ 在 $U(x_0)$ 内有连续导函数

$$\frac{\mathrm{d}y}{\mathrm{d}x}=-\frac{F_x(x,y)}{F_y(x,y)}\qquad\qquad(7-12)$$

这个定理我们不作证明，现仅就公式（7-12）作如下推导.

由二元方程 $F(x,y)=0$ 可确定一个一元的隐函数 $y=f(x)$，将之代入原方程，得到一个恒等式

$$F[x,f(x)]\equiv0$$

对恒等式两边关于变量 x 求导，左边是多元复合函数，它对变量 x 的导数为

$$F_x+F_y\frac{\mathrm{d}y}{\mathrm{d}x}$$

右边的导数自然为0，于是有

$$F_x+F_y\frac{\mathrm{d}y}{\mathrm{d}x}=0$$

由于 $F_y(x,y)$ 连续且 $F_y(x_0,y_0)\neq0$，所以存在 $P(x_0,y_0)$ 的一个邻域，在这个邻域内 $F_y\neq0$，解出 $\dfrac{\mathrm{d}y}{\mathrm{d}x}$，得到隐函数的导数为

$$\frac{\mathrm{d}y}{\mathrm{d}x}=-\frac{F_x}{F_y}$$

这一求导方法，实际上就是以往的直接求导数法.

如果 $F(x,y)$ 的二阶偏导数也都连续，我们可以把等式（7-12）的两端看作 x 的复合函数而再作一次求导，即得

$$\frac{\mathrm{d}^2y}{\mathrm{d}x^2}=\frac{\mathrm{d}}{\mathrm{d}x}\left(-\frac{F_x}{F_y}\right)$$

$$=-\frac{F_y\left(F_{xx}+F_{xy}\dfrac{\mathrm{d}y}{\mathrm{d}x}\right)-F_x\left(F_{yx}+F_{yy}\dfrac{\mathrm{d}y}{\mathrm{d}x}\right)}{F_y^2}$$

$$=-\frac{(F_{xx}F_y-F_xF_{yx})+(F_{xy}F_y-F_xF_{yy})\left(-\dfrac{F_x}{F_y}\right)}{F_y^2}$$

$$= -\frac{F_{xx}F_y^2 - 2F_{xy}F_xF_y + F_{yy}F_x^2}{F_y^3}$$

例1　验证方程 $x^2 + y^2 - 1 = 0$ 在点 $(0,1)$ 的某邻域内能唯一确定一个可导,且 $x = 0$ 时 $y = 1$ 的隐函数 $y = f(x)$,并求这个函数的一阶和二阶导数在 $x = 0$ 的值.

解　令 $F(x,y) = x^2 + y^2 - 1$,则 $F_x = 2x$,$F_y = 2y$,即
$$F_x(0,1) = 0, F_y(0,1) = 2 \neq 0$$
由定理1,方程 $x^2 + y^2 - 1 = 0$ 在点 $(0,1)$ 的某邻域内能唯一确定一个单值可导且 $x = 0$ 时 $y = 1$ 的函数 $y = f(x)$.

下面求这函数的一阶及二阶导数:

$$\frac{\mathrm{d}y}{\mathrm{d}x} = -\frac{F_x}{F_y} = -\frac{x}{y}, \quad \frac{\mathrm{d}y}{\mathrm{d}x}\Big|_{\substack{x=0 \\ y=1}} = 0$$

$$\frac{\mathrm{d}^2y}{\mathrm{d}x^2} = -\frac{y - xy'}{y^2} = -\frac{y - x\left(-\dfrac{x}{y}\right)}{y^2} = -\frac{1}{y^3}$$

$$\frac{\mathrm{d}^2y}{\mathrm{d}x^2}\Big|_{\substack{x=0 \\ y=1}} = -1$$

例2　已知 $\ln \sqrt{x^2 + y^2} = \arctan \dfrac{y}{x}$,求 $\dfrac{\mathrm{d}y}{\mathrm{d}x}$.

解　令 $F(x,y) = \ln \sqrt{x^2 + y^2} - \arctan \dfrac{y}{x}$,则

$$F_x(x,y) = \frac{x+y}{x^2+y^2}, \quad F_y(x,y) = \frac{y-x}{x^2+y^2}, \quad \frac{\mathrm{d}y}{\mathrm{d}x} = -\frac{F_x}{F_y} = -\frac{x+y}{y-x}$$

既然二元方程 $F(x,y) = 0$ 可以确定一个一元的隐函数 $y = f(x)$,那么三元方程 $F(x,y,z) = 0$ 便可确定一个二元的隐函数 $z = f(x,y)$.下面我们介绍用直接求导法求此函数的偏导数.

定理2(隐函数存在定理2)　设函数 $F(x,y,z)$ 满足条件:

(1) $F_x(x,y,z)$,$F_y(x,y,z)$,$F_z(x,y,z)$ 在点 $P(x_0,y_0,z_0)$ 的某邻域内 $U(P)$ 内连续;

(2) $F(x_0,y_0,z_0) = 0$,$F_z(x_0,y_0,z_0) \neq 0$,则在 $U(P)$ 内,方程 $F(x,y,z) = 0$ 必能唯一确定一个定义在点 $Q(x_0,y_0)$ 的某邻域 $U(Q)$ 内的二元单值函数 $z = f(x,y)$,使得:

（ⅰ）$F[x,y,f(x,y)] \equiv 0$,$(x,y,f(x,y)) \in U(P)$,$(x,y) \in U(Q)$,且 $f(x_0,y_0) = z_0$;

（ⅱ）$f(x,y)$ 在 $U(Q)$ 内有连续偏导数,且

$$\frac{\partial z}{\partial x} = -\frac{F_x(x,y,z)}{F_z(x,y,z)}, \quad \frac{\partial z}{\partial y} = -\frac{F_y(x,y,z)}{F_z(x,y,z)} \qquad (7-13)$$

与隐函数存在定理1类似,下面仅就公式(7-13)作如下推导.

对 $F(x,y,z) = 0$ 两边关于变量 x 求偏导,并注意 z 是 x,y 的函数,有

$$F_x + F_z \cdot \frac{\partial z}{\partial x} = 0$$

因为 $F_z(x,y,z)$ 连续，且 $F_y(x_0,y_0,z_0) \neq 0$，所以存在点 (x_0,y_0,z_0) 的一个邻域，在这个邻域内 $F_y \neq 0$，解出 $\frac{\partial z}{\partial x}$，得到二元隐函数的偏导数

$$\frac{\partial z}{\partial x} = -\frac{F_x}{F_z}$$

类似地，可得到

$$F_y + F_z \cdot \frac{\partial z}{\partial y} = 0$$

解得

$$\frac{\partial z}{\partial y} = -\frac{F_y}{F_z}$$

例3　设 $x^2 + y^2 + z^2 - 4z = 0$，求 $\frac{\partial^2 z}{\partial x^2}$.

解　将方程 $x^2 + y^2 + z^2 - 4z = 0$ 中的 z 视为 x,y 的隐函数，对 x 求偏导数，有

$$2x + 2z \cdot \frac{\partial z}{\partial x} - 4 \cdot \frac{\partial z}{\partial x} = 0$$

$$\frac{\partial z}{\partial x} = \frac{x}{2-z}$$

再一次对 x 求偏导数，仍然将 z 视为 x,y 的隐函数，有

$$\frac{\partial^2 z}{\partial x^2} = \frac{(2-z) - x \cdot \left(0 - \frac{\partial z}{\partial x}\right)}{(2-z)^2} = \frac{(2-z) + x \cdot \dfrac{x}{2-z}}{(2-z)^2} = \frac{(2-z)^2 + x^2}{(2-z)^3}$$

另解　也可以用下述方法来求二阶偏导数，对 $2x + 2z \cdot \frac{\partial z}{\partial x} - 4 \cdot \frac{\partial z}{\partial x} = 0$ 两边关于 x 求偏导数，注意到 $z, \frac{\partial z}{\partial x}$ 均为 x,y 的函数，有

$$2 + 2 \cdot \left(\frac{\partial z}{\partial x}\right)^2 + 2z \cdot \frac{\partial^2 z}{\partial x^2} - 4 \cdot \frac{\partial^2 z}{\partial x^2} = 0$$

$$\frac{\partial^2 z}{\partial x^2} = \frac{1 + \left(\dfrac{\partial z}{\partial x}\right)^2}{2-z} = \frac{(2-z)^2 + x^2}{(2-z)^3}$$

例4　设 $z = f(x+y+z, xyz)$，求 $\frac{\partial z}{\partial x}, \frac{\partial x}{\partial y}, \frac{\partial y}{\partial z}$.

解　把 z 看成 x,y 的函数，对 x 求偏导数得

$$\frac{\partial z}{\partial x} = f_1' \cdot \left(1 + \frac{\partial z}{\partial x}\right) + f_2' \cdot \left(yz + xy\frac{\partial z}{\partial x}\right)$$

整理得

$$\frac{\partial z}{\partial x} = \frac{f_1' + yzf_2'}{1 - f_1' - xyf_2'}$$

把 x 看成 z,y 的函数,对 y 求偏导数得

$$0 = f_1' \cdot \left(\frac{\partial x}{\partial y} + 1 \right) + f_2' \cdot \left(xz + yz\frac{\partial x}{\partial y} \right)$$

整理得

$$\frac{\partial x}{\partial y} = -\frac{f_1' + xzf_2'}{f_1' + yzf_2'}$$

把 y 看成 x,z 的函数,对 z 求偏导数得

$$1 = f_1' \cdot \left(\frac{\partial y}{\partial z} + 1 \right) + f_2' \cdot \left(xy + xz\frac{\partial y}{\partial z} \right)$$

整理得

$$\frac{\partial y}{\partial z} = \frac{1 - f_1' - xyf_2'}{f_1' + xzf_2'}$$

二、方程组的情形

设有函数方程组

$$\begin{cases} F(x,y,u,v) = 0 \\ G(x,y,u,v) = 0 \end{cases}$$

由此联立的方程组可消去一个变量 v,这样便得到由三个变量所构成的函数方程 $H(x,y,u) = 0$,而三元函数方程可确定一个二元隐函数 $u = u(x,y)$,将之代入方程组的其中一个,得到另一个三元方程 $F[x,y,u(x,y),v] = 0$. 于是,我们也可将变量 v 表示成 x,y 的隐函数 $v = v(x,y)$.

综上讨论,由方程组

$$\begin{cases} F(x,y,u,v) = 0 \\ G(x,y,u,v) = 0 \end{cases}$$

可确定两个二元的隐函数 $u = u(x,y),v = v(x,y)$,将之代入上述方程组得到恒等式

$$F[x,y,u(x,y),v(x,y)] \equiv 0$$
$$G[x,y,u(x,y),v(x,y)] \equiv 0$$

对此恒等式两边关于变量 x 求导,有

$$\begin{cases} F_x + F_u\dfrac{\partial u}{\partial x} + F_v\dfrac{\partial v}{\partial x} = 0 \\ G_x + G_u\dfrac{\partial u}{\partial x} + G_v\dfrac{\partial v}{\partial x} = 0 \end{cases}$$

解此关于 $\dfrac{\partial u}{\partial x}, \dfrac{\partial v}{\partial x}$ 的线性方程组，由假设可知在点 $P(x_0, y_0, u_0, v_0)$ 的某一邻域内，系数行列式

$J = \begin{vmatrix} F_u & F_v \\ G_u & G_v \end{vmatrix} \neq 0$，从而求出 $\dfrac{\partial u}{\partial x}$ 与 $\dfrac{\partial v}{\partial x}$，类似地，可求出 $\dfrac{\partial u}{\partial y}$ 与 $\dfrac{\partial v}{\partial y}$.

例 5 设 $xu - yv = 0, yu + xv - 1 = 0$，求 $\dfrac{\partial u}{\partial x}, \dfrac{\partial v}{\partial x}$ 及 $\dfrac{\partial u}{\partial y}, \dfrac{\partial v}{\partial y}$.

解 对方程两边关于 x 求导，注意到 u, v 是 x, y 的隐函数，有

$$\begin{cases} u + x\dfrac{\partial u}{\partial x} - y\dfrac{\partial v}{\partial x} = 0 \\ y\dfrac{\partial u}{\partial x} + v + x\dfrac{\partial v}{\partial x} = 0 \end{cases} \quad 即 \quad \begin{cases} x\dfrac{\partial u}{\partial x} - y\dfrac{\partial v}{\partial x} = -u \\ y\dfrac{\partial u}{\partial x} + x\dfrac{\partial v}{\partial x} = -v \end{cases}$$

下面解此关于 $\dfrac{\partial u}{\partial x}, \dfrac{\partial v}{\partial x}$ 的方程组，将第一式乘以 x，第二式乘以 y，再将两式相加得

$$(x^2 + y^2)\frac{\partial u}{\partial x} = -xu - yv$$

有

$$\frac{\partial u}{\partial x} = -\frac{xu + yv}{x^2 + y^2}$$

将第一式乘以 y，第二式乘以 x，再将两式相减得

$$(x^2 + y^2)\frac{\partial v}{\partial x} = -xv + yu$$

有

$$\frac{\partial v}{\partial x} = \frac{-xv + yu}{x^2 + y^2}$$

同理，将所给方程对 y 求导有

$$\begin{cases} x\dfrac{\partial u}{\partial y} - v - y\dfrac{\partial v}{\partial y} = 0 \\ u + y\dfrac{\partial u}{\partial y} + x\dfrac{\partial v}{\partial y} = 0 \end{cases} \quad 即 \quad \begin{cases} x\dfrac{\partial u}{\partial y} - y\dfrac{\partial v}{\partial y} = v \\ y\dfrac{\partial u}{\partial y} + x\dfrac{\partial v}{\partial y} = -u \end{cases}$$

解此方程组得

$$\frac{\partial u}{\partial y} = \frac{xv - yu}{x^2 + y^2}, \qquad \frac{\partial v}{\partial y} = \frac{-xu - yv}{x^2 + y^2}$$

当然，这里 $x^2 + y^2 \neq 0$.

例 6 若给定线性变换 $u = x + t, v = x - t$，求使得二元函数 $z = z(x, t)$ 满足 $\dfrac{\partial^2 z}{\partial t^2} = \dfrac{\partial^2 z}{\partial x^2}$ 的条件，其中 z 具有二阶连续偏导.

解 将 u,v 看作中间变量，x,t 看作自变量，有

$$\frac{\partial z}{\partial x} = \frac{\partial z}{\partial u}\frac{\partial u}{\partial x} + \frac{\partial z}{\partial v}\frac{\partial v}{\partial x} = \frac{\partial z}{\partial u} + \frac{\partial z}{\partial v}$$

$$\frac{\partial^2 z}{\partial x^2} = \left(\frac{\partial^2 z}{\partial u^2}\frac{\partial u}{\partial x} + \frac{\partial^2 z}{\partial u \partial v}\frac{\partial v}{\partial x}\right) + \left(\frac{\partial^2 z}{\partial v \partial u}\frac{\partial u}{\partial x} + \frac{\partial^2 z}{\partial v^2}\frac{\partial v}{\partial x}\right)$$

$$= \frac{\partial^2 z}{\partial u^2} + 2\frac{\partial^2 z}{\partial u \partial v} + \frac{\partial^2 z}{\partial v^2}$$

$$\frac{\partial z}{\partial t} = \frac{\partial z}{\partial u}\frac{\partial u}{\partial t} + \frac{\partial z}{\partial v}\frac{\partial v}{\partial t} = \frac{\partial z}{\partial u} - \frac{\partial z}{\partial v}$$

$$\frac{\partial^2 z}{\partial t^2} = \left(\frac{\partial^2 z}{\partial u^2}\frac{\partial u}{\partial t} + \frac{\partial^2 z}{\partial u \partial v}\frac{\partial v}{\partial t}\right) - \left(\frac{\partial^2 z}{\partial v \partial u}\frac{\partial u}{\partial t} + \frac{\partial^2 z}{\partial v^2}\frac{\partial v}{\partial t}\right)$$

$$= \frac{\partial^2 z}{\partial u^2} - 2\frac{\partial^2 z}{\partial u \partial v} + \frac{\partial^2 z}{\partial v^2}$$

代入所给方程 $\frac{\partial^2 z}{\partial t^2} = \frac{\partial^2 z}{\partial x^2}$，再化简有

$$4\frac{\partial^2 z}{\partial u \partial v} = 0，即 \frac{\partial^2 z}{\partial u \partial v} = 0$$

习题 7-5

1. 对由下列各方程所定义的函数 $y = y(x)$，求 y'.

（1）$\sin y + e^x - xy^2 = 0$； （2）$x^2 + 2xy - y^2 = a^2$.

2. 对由下列各方程所定义的函数 $y = y(x)$，求 y''.

（1）$xy - \ln y = a$； （2）$y = 2x\arctan\dfrac{y}{x}$.

3. 对由下列各方程所定义的函数 $z = z(x,y)$，求 $\dfrac{\partial z}{\partial x}, \dfrac{\partial z}{\partial y}$.

（1）$x^2 + y^2 - z^2 - xy = 0$； （2）$2\sin(x + 2y - 3z) = x + 2y - 3z$；

（3）$z^x = y^z$； （4）$z = \sqrt{x^2 - y^2}\tan\dfrac{z}{\sqrt{x^2 - y^2}}$.

4. 设 $z = z(x,y)$ 是由方程 $F\left(x + \dfrac{z}{y}, y + \dfrac{z}{x}\right) = 0$ 所确定的隐函数，其中 F 具有一阶连续偏导数，求证：$x\dfrac{\partial z}{\partial x} + y\dfrac{\partial z}{\partial y} = z - xy$.

5. 设 $x = x(y,z), y = y(x,z), z = z(x,y)$ 都是由方程 $F(x,y,z) = 0$ 所确定的具有连续偏导

数的函数,证明:$\dfrac{\partial x}{\partial y} \cdot \dfrac{\partial y}{\partial z} \cdot \dfrac{\partial z}{\partial x} = -1$.

6. 若 $\ln z = x + y + z - 1$,求 $\mathrm{d}z$ 和 $\dfrac{\partial^2 z}{\partial x^2}$.

7. 设 $\varphi(u,v)$ 具有连续偏导数,证明由方程 $\varphi(cx - az, cy - bz) = 0$ 所确定的函数 $z = f(x,y)$ 满足 $a\dfrac{\partial z}{\partial x} + b\dfrac{\partial z}{\partial y} = c$.

8. 设 $\mathrm{e}^z - xyz = 0$,求 $\dfrac{\partial^2 z}{\partial x^2}$.

9. 求由下列方程组所确定的函数的导数或偏导数.

(1) $\begin{cases} x + y + z = 0 \\ x^2 + y^2 + z^2 = 1 \end{cases}$,求 $\dfrac{\mathrm{d}x}{\mathrm{d}z}, \dfrac{\mathrm{d}y}{\mathrm{d}z}$;

(2) $\begin{cases} x^2 + y^2 - uv = 0 \\ xy - u^2 + v^2 = 0 \end{cases}$,求 $\dfrac{\partial u}{\partial x}, \dfrac{\partial u}{\partial y}, \dfrac{\partial v}{\partial x}, \dfrac{\partial v}{\partial y}$;

(3) $\begin{cases} u^2 - v + x = 0 \\ u + v^2 - y = 0 \end{cases}$,求 $\dfrac{\partial^2 u}{\partial x \partial y}$;

(4) $\begin{cases} u = f(ux, v + y) \\ v = g(u - x, v^2 y) \end{cases}$,其中 f, g 具有一阶连续偏导数,求 $\dfrac{\partial u}{\partial x}, \dfrac{\partial v}{\partial x}$.

10. 求方程组 $\begin{cases} x = u + v \\ y = u^2 + v^2 \\ z = u^3 + v^3 \end{cases}$ 确定的函数的偏导数 $\dfrac{\partial z}{\partial x}, \dfrac{\partial z}{\partial y}$.

11. 设 $z = f(u)$ 且 $u = \varphi(u) + \displaystyle\int_y^x p(t)\mathrm{d}t$,其中 f, u 可微,p 连续,且 $\varphi'(u) \neq 1$. 求 $p(x)\dfrac{\partial z}{\partial y} + p(y)\dfrac{\partial z}{\partial x}$.

12. 设 $y = f(x,t)$,而 t 是由方程 $F(x,y,t) = 0$ 所确定的 x,y 的函数,其中 f, F 都具有一阶连续偏导数,试证明:

$$\frac{\mathrm{d}y}{\mathrm{d}x} = \frac{\dfrac{\partial f}{\partial x} \cdot \dfrac{\partial F}{\partial t} - \dfrac{\partial f}{\partial t} \cdot \dfrac{\partial F}{\partial x}}{\dfrac{\partial f}{\partial t} \cdot \dfrac{\partial F}{\partial y} + \dfrac{\partial F}{\partial t}}$$

第六节 微分法在几何上的应用

像一元函数微分学一样,多元函数微分学在几何学、物理学、优化问题以及经济学方面有着广泛的应用,本节将讨论多元函数微分学在几何上的应用.

一、空间曲线的切线与法平面

1. 曲线由参数方程给出的情形

设空间曲线 Γ 的参数方程为

$$x = x(t), y = y(t), z = z(t), \quad (\alpha \leqslant t \leqslant \beta) \qquad (7-14)$$

假定式(7-14)中的三个函数均可导.考虑 Γ 上对应于 $t = t_0$ 的一点 $M(x_0, y_0, z_0)$ 及对应于 $t = t_0 + \Delta t$ 的邻近一点 $M'(x_0 + \Delta x, y_0 + \Delta y, z_0 + \Delta z)$(见图7-8),其割线 MM' 的方程为

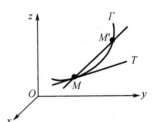

图7-8

$$\frac{x - x_0}{\Delta x} = \frac{y - y_0}{\Delta y} = \frac{z - z_0}{\Delta z}$$

对等式两边同时乘以 Δt,得

$$\frac{x - x_0}{\dfrac{\Delta x}{\Delta t}} = \frac{y - y_0}{\dfrac{\Delta y}{\Delta t}} = \frac{z - z_0}{\dfrac{\Delta z}{\Delta t}}$$

当 $\Delta t \to 0$ 时,$MM' \to MT$,曲线 Γ 在点 M 处的切线方程为

$$\frac{x - x_0}{x'(t_0)} = \frac{y - y_0}{y'(t_0)} = \frac{z - z_0}{z'(t_0)} \qquad (7-15)$$

这里自然假定了 $x'(t_0), y'(t_0), z'(t_0)$ 不能同时为零.

切线的方向向量称为曲线的切向量,向量

$$\boldsymbol{T} = \{x'(t_0), y'(t_0), z'(t_0)\}$$

就是曲线 Γ 在点 M 处的一个切向量,并且这个切向量是不唯一的.

过点 M 与切线垂直的平面称为曲线 Γ 在点 M 处的法平面,它是过点 $M(x_0, y_0, z_0)$ 以 $\boldsymbol{T}$ 为法向量的平面,此法平面方程为

$$x'(t_0)(x - x_0) + y'(t_0)(y - y_0) + z'(t_0)(z - z_0) = 0 \qquad (7-16)$$

例1 在曲线 $x = t, y = -t^2, z = 3t^2 + 1$ 上求一点,使曲线在此点处的切线平行于平面 $x + 2y + z = 4$,并求过此点的切线和法平面.

解 设曲线上任一点对应的切向量为

$$\boldsymbol{T} = \{x'(t), y'(t), z'(t)\} = \{1, -2t, 6t\}$$

平面的法向量为

$$N = \{1,2,1\}$$

由曲线平行于平面得

$$T \cdot N = 1 - 4t + 6t = 0$$

解得

$$t = -\frac{1}{2}$$

从而

$$x = -\frac{1}{2}, y = -\frac{1}{4}, z = \frac{7}{4}$$

故 $\left(-\frac{1}{2}, -\frac{1}{4}, \frac{7}{4} \right)$ 即为所求点.

过点 $\left(-\frac{1}{2}, -\frac{1}{4}, \frac{7}{4} \right)$ 的切线为

$$\frac{x + \frac{1}{2}}{1} = \frac{y + \frac{1}{4}}{1} = \frac{z - \frac{7}{4}}{-3}$$

法平面为

$$x + \frac{1}{2} + y + \frac{1}{4} - 3\left(z - \frac{7}{4} \right) = 0$$

即

$$x + y - 3z = -6$$

2. 曲线由特殊参数方程给出的情形

曲线方程 $\Gamma: \begin{cases} y = y(x) \\ z = z(x) \end{cases}$，此方程可看作 $\Gamma: \begin{cases} x = x \\ y = y(x) \\ z = z(x) \end{cases}$.

若 $y(x), z(x)$ 在 $x = x_0$ 处可导,则 $T = \{1, y'(x_0), z'(x_0)\}$,曲线 Γ 在点 $M(x_0, y_0, z_0)$ 处的切线方程为

$$\frac{x - x_0}{1} = \frac{y - y_0}{y'(x_0)} = \frac{z - z_0}{z'(x_0)} \tag{7-17}$$

曲线 Γ 在点 $M(x_0, y_0, z_0)$ 处的法平面方程为

$$(x - x_0) + y'(x_0)(y - y_0) + z'(x_0)(z - z_0) = 0 \tag{7-18}$$

3. 曲线由一般方程给出的情形

$$\Gamma: \begin{cases} F(x,y,z) = 0 \\ G(x,y,z) = 0 \end{cases}$$

$M(x_0, y_0, z_0)$ 是曲线上的一点,此函数方程组可确定 y, z 是 x 的隐函数,即曲线可用

(隐式) 方程 $\begin{cases} y = y(x) \\ z = z(x) \end{cases}$ 来表示. F, G 具有一阶连续偏导数, 且

$$\begin{vmatrix} F_y & F_z \\ G_y & G_z \end{vmatrix}, \begin{vmatrix} F_z & F_x \\ G_z & G_x \end{vmatrix}, \begin{vmatrix} F_x & F_y \\ G_x & G_y \end{vmatrix}$$

中至少有一个不为零.

由上面的讨论知 M 处切向量 $\boldsymbol{T} = \{1, y'(x_0), z'(x_0)\}$, 所以将 y, z 看作 x 的隐函数, 方程两边分别对 x 求导数, 可得

$$\begin{cases} F_x + F_y \cdot \dfrac{\mathrm{d}y}{\mathrm{d}x} + F_z \cdot \dfrac{\mathrm{d}z}{\mathrm{d}x} = 0 \\ G_x + G_y \cdot \dfrac{\mathrm{d}y}{\mathrm{d}x} + G_z \cdot \dfrac{\mathrm{d}z}{\mathrm{d}x} = 0 \end{cases} \text{即} \begin{cases} F_y \cdot \dfrac{\mathrm{d}y}{\mathrm{d}x} + F_z \cdot \dfrac{\mathrm{d}z}{\mathrm{d}x} = -F_x \\ G_y \cdot \dfrac{\mathrm{d}y}{\mathrm{d}x} + G_z \cdot \dfrac{\mathrm{d}z}{\mathrm{d}x} = -G_x \end{cases}$$

$$\begin{vmatrix} F_y & F_z \\ G_y & G_z \end{vmatrix} \cdot \dfrac{\mathrm{d}y}{\mathrm{d}x} = \begin{vmatrix} F_z & F_x \\ G_z & G_x \end{vmatrix}, \quad \dfrac{\mathrm{d}y}{\mathrm{d}x} = \dfrac{\begin{vmatrix} F_z & F_x \\ G_z & G_x \end{vmatrix}}{\begin{vmatrix} F_y & F_z \\ G_y & G_z \end{vmatrix}} \left[\text{当} \dfrac{\partial(F, G)}{\partial(y, z)} \neq 0 \text{ 时} \right]$$

类似地, 有

$$\dfrac{\mathrm{d}z}{\mathrm{d}x} = \dfrac{\begin{vmatrix} F_x & F_y \\ G_x & G_y \end{vmatrix}}{\begin{vmatrix} F_y & F_z \\ G_y & G_z \end{vmatrix}}$$

曲线在点 M 处的切向量本来为 $\boldsymbol{T} = \left\{1, \dfrac{\mathrm{d}y}{\mathrm{d}x}, \dfrac{\mathrm{d}z}{\mathrm{d}x}\right\}_M$, 但也可取向量

$$\boldsymbol{T}' = \begin{vmatrix} F_y & F_z \\ G_y & G_z \end{vmatrix} \cdot \boldsymbol{T} = \left\{ \begin{vmatrix} F_y & F_z \\ G_y & G_z \end{vmatrix}, \begin{vmatrix} F_z & F_x \\ G_z & G_x \end{vmatrix}, \begin{vmatrix} F_x & F_y \\ G_x & G_y \end{vmatrix} \right\}_M$$

即

$$\boldsymbol{T}' = \begin{vmatrix} \boldsymbol{i} & \boldsymbol{j} & \boldsymbol{k} \\ F_x & F_y & F_z \\ G_x & G_y & G_z \end{vmatrix}$$

曲线的切线方程为

$$\dfrac{x - x_0}{\begin{vmatrix} F_y & F_z \\ G_y & G_z \end{vmatrix}} = \dfrac{y - y_0}{\begin{vmatrix} F_z & F_x \\ G_z & G_x \end{vmatrix}} = \dfrac{z - z_0}{\begin{vmatrix} F_x & F_y \\ G_x & G_y \end{vmatrix}} \tag{7-19}$$

曲线的法平面方程为

$$\begin{vmatrix} F_y & F_z \\ G_y & G_z \end{vmatrix}(x - x_0) + \begin{vmatrix} F_z & F_x \\ G_z & G_x \end{vmatrix}(y - y_0) + \begin{vmatrix} F_x & F_y \\ G_x & G_y \end{vmatrix}(z - z_0) = 0 \qquad (7-20)$$

此种情况下更加注重推导的过程.

例2 求曲线

$$\Gamma : \begin{cases} x^2 + y^2 + z^2 = 6 \\ x + y + z = 0 \end{cases}$$

在点 $M(1, -2, 1)$ 处的切线方程与法平面方程.

解
$$\Gamma : \begin{cases} F(x,y,z) = x^2 + y^2 + z^2 - 6 = 0 \\ G(x,y,z) = x + y + z = 0 \end{cases}$$

$$T'\big|_M = \begin{vmatrix} i & j & k \\ F_x & F_y & F_z \\ G_x & G_y & G_z \end{vmatrix}_M = \begin{vmatrix} i & j & k \\ 2x & 2y & 2z \\ 1 & 1 & 1 \end{vmatrix}_M = \begin{vmatrix} i & j & k \\ 2 & -4 & 2 \\ 1 & 1 & 1 \end{vmatrix}$$

$$= \begin{vmatrix} -4 & 2 \\ 1 & 1 \end{vmatrix} \cdot i - \begin{vmatrix} 2 & 2 \\ 1 & 1 \end{vmatrix} \cdot j + \begin{vmatrix} 2 & -4 \\ 1 & 1 \end{vmatrix} \cdot k$$

$$= -6i + 6k$$

曲线的切线方程为

$$\frac{x-1}{-6} = \frac{y+2}{0} = \frac{z-1}{6}$$

曲线的法平面方程为

$$-6(x-1) + 6(z-1) = 0$$

即
$$x - z = 0$$

二、曲面的切平面与法线

1. 曲面方程由 $F(x,y,z) = 0$ 给出的情形

设曲面 Σ 由方程

$$F(x,y,z) = 0 \qquad (7-21)$$

给出, $M(x_0, y_0, z_0)$ 是 Σ 上的一点, 假设函数 $F(x,y,z)$ 的偏导数在该点连续且不同时为零(见图7-9).

在曲面 Σ 上, 过点 M 任意引一条曲线 Γ, 设它的参数方程为

$$x = x(t), y = y(t), z = z(t)$$

$M(x_0, y_0, z_0)$ 对应于参数 $t = t_0$, 且 $x'(t_0), y'(t_0), z'(t_0)$ 不同时为零, 则曲线 Γ 在点 M 的切线方程为

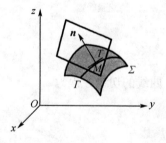

图7-9

$$\frac{x - x_0}{x'(t_0)} = \frac{y - y_0}{y'(t_0)} = \frac{z - z_0}{z'(t_0)}$$

下面对上面的结论加以证明.

曲面 Σ 上过点 M 且具有切线的任何曲线,它们在点 M 处的切线均位于同一平面. 因为曲线 Γ 在曲面 Σ 上,故有

$$F[x(t), y(t), z(t)] \equiv 0$$

据假设有

$$\frac{\mathrm{d}F}{\mathrm{d}t}\bigg|_{t=t_0} = 0$$

即

$$F_x(x_0, y_0, z_0)x'(t_0) + F_y(x_0, y_0, z_0)y'(t_0) + F_z(x_0, y_0, z_0)z'(t_0) = 0 \qquad (7-22)$$

引入向量

$$\boldsymbol{n} = \{F_x(x_0, y_0, z_0), F_y(x_0, y_0, z_0), F_z(x_0, y_0, z_0)\}$$
$$\boldsymbol{T} = \{x'(t_0), y'(t_0), z'(t_0)\}$$

式(7-22)表明

$$\boldsymbol{n} \perp \boldsymbol{T}$$

因为 Γ 是过 M 点且在 Σ 上的任意一条曲线,它们在点 M 的切线均垂直于同一非零向量 $\boldsymbol{n}$,所以 Σ 上过点 M 的一切曲线在 M 点的切线都位于同一个平面上.

这个平面称为曲面 Σ 在点 M 的切平面,其切平面方程为

$$F_x(x_0, y_0, z_0)(x - x_0) + F_y(x_0, y_0, z_0)(y - y_0) + F_z(x_0, y_0, z_0)(z - z_0) = 0$$
$$(7-23)$$

过点 $M(x_0, y_0, z_0)$ 而垂直于切平面(7-23)的直线称为曲面在该点的法线,其法线方程为

$$\frac{x - x_0}{F_x(x_0, y_0, z_0)} = \frac{y - y_0}{F_y(x_0, y_0, z_0)} = \frac{z - z_0}{F_z(x_0, y_0, z_0)} \qquad (7-24)$$

曲面在一点的切平面的法向量称为曲面在该点的法向量,因此向量

$$\boldsymbol{n} = \{F_x(x_0, y_0, z_0), F_y(x_0, y_0, z_0), F_z(x_0, y_0, z_0)\}$$

便是曲面 Σ 在点 M 处的一个法向量.

2. 曲面方程由 $z = f(x, y)$ 给出的情形

若曲面 Σ 由方程 $z = f(x, y)$ 给出,令

$$F(x, y, z) = z - f(x, y) = 0$$

则

$$F_x = -f_x, F_y = -f_y, F_z = 1$$

当偏导数 $f_x(x, y)$, $f_y(x, y)$ 在点 $m(x_0, y_0)$ 连续时,曲面在点 $M(x_0, y_0, z_0)$ 的法向量为

$$\boldsymbol{n}_1 = \{-f_x|_m, -f_y|_m, 1\}$$

切平面方程为

$$-f_x(x_0,y_0)(x-x_0)-f_y(x_0,y_0)(y-y_0)+(z-z_0)=0 \qquad (7-25)$$

法线方程为

$$\frac{x-x_0}{-f_x(x_0,y_0)}=\frac{y-y_0}{-f_y(x_0,y_0)}=\frac{z-z_0}{1} \qquad (7-26)$$

曲面的法向量方向有两个

$$\boldsymbol{n}_1=\{-f_x(x_0,y_0),-f_y(x_0,y_0),1\}$$
$$\boldsymbol{n}_2=\{f_x(x_0,y_0),f_y(x_0,y_0),-1\}$$

对于第一式，法向量 $\boldsymbol{n}_1$ 的方向余弦为

$$\begin{cases} \cos\alpha=\dfrac{-f_x}{\sqrt{f_x^2+f_y^2+1}} \\[3mm] \cos\beta=\dfrac{-f_y}{\sqrt{f_x^2+f_y^2+1}} \\[3mm] \cos\gamma=\dfrac{1}{\sqrt{f_x^2+f_y^2+1}} \end{cases}$$

这里 α,β,γ 表示曲面的法向量的方向角，由于 $\cos\gamma>0$，法向量与 z 轴正向的夹角应为锐角，故此法向量的指向是朝上的. 自然地，另一个法向量的指向是朝下的.

例3 求球面 $x^2+y^2+z^2=14$ 在点 $(1,2,3)$ 处的切平面及法线方程.

解 $F(x,y,z)=x^2+y^2+z^2-14=0,F_x=2x,F_y=2y,F_z=2z,\boldsymbol{n}=\{2,4,6\}$，切平面方程为

$$2(x-1)+4(y-2)+6(z-3)=0$$

法线方程为

$$\frac{x-1}{2}=\frac{y-2}{4}=\frac{z-3}{6}$$

因为点 $(0,0,0)$ 在法线上，可见法线通过球心.

例4 在曲面 $z=xy$ 上求一点，使这点的法线垂直于平面 $x+3y+z+9=0$，并求此法线方程.

解 设曲面 $z=xy$ 上任一点 (x_0,y_0,z_0) 对应的法向量为

$$\boldsymbol{n}_1=\{-y_0,-x_0,1\}$$

平面 $x+3y+z+9=0$ 的法向量为

$$\boldsymbol{n}_2=\{1,3,1\}$$

由法线垂直于平面得 $\boldsymbol{n}_1/\!/\boldsymbol{n}_2$，则有

$$x_0=-3,y_0=-1$$

故曲面 $z=xy$ 上点 $(-3,-1,3)$ 的法线垂直于平面 $x+3y+z+9=0$，且法线方程为

$$x + 3 = \frac{y + 1}{3} = z - 3$$

例 5　求曲面 $2x^2 + 3y^2 + z^2 = 9$ 上平行于平面 $2x - 3y + 2z + 1 = 0$ 的切平面方程.

解　设满足条件所求切平面与曲面的切点为 (x_0, y_0, z_0),则

$$2x_0^2 + 3y_0^2 + z_0^2 = 9 \qquad ①$$

又

$$\boldsymbol{n} = \{F_x(x_0, y_0, z_0), F_y(x_0, y_0, z_0), F_z(x_0, y_0, z_0)\} = \{4x_0, 6y_0, 2z_0\}$$

则

$$4x_0 : 6y_0 : 2z_0 = 2 : (-3) : 2 \qquad ②$$

由方程①,②解得

$$x_0 = \pm 1, y_0 = \mp 1, z_0 = \pm 2$$

故所求切平面方程为

$$2(x - 1) - 3(y + 1) + 2(z - 2) = 0 \text{ 或 } 2(x + 1) - 3(y - 1) + 2(z + 2) = 0$$

化简为

$$2x - 3y + 2z = \pm 9$$

三、全微分的几何意义

设曲面的方程是 $z = f(x, y)$,其中 $f(x, y)$ 是可微函数,由公式得出它在点 $P_0(x_0, y_0, z_0)$ 的切平面方程是

$$-f_x(x_0, y_0)(x - x_0) - f_y(x_0, y_0)(y - y_0) + (z - z_0) = 0$$

即

$$z - z_0 = f_x(x_0, y_0)(x - x_0) + f_y(x_0, y_0)(y - y_0)$$

若记 $\Delta x = x - x_0, \Delta y = y - y_0$,那么上式右端实际上是函数 $z = f(x, y)$ 在点 $M_0(x_0, y_0)$ 的全微分

$$dz = f_x(x_0, y_0)\Delta x + f_y(x_0, y_0)\Delta y$$

因此,得到全微分的几何意义为:函数 $z = f(x, y)$ 在点 $M_0(x_0, y_0)$ 的全微分就是曲面 $z = f(x, y)$ 在点 $P_0(x_0, y_0, z_0)$ 的切平面上的点 $(x, y, z) = (x_0 + \Delta x, y_0 + \Delta y, z_0 + \Delta z)$ 的 z 坐标的改变量 $z - z_0$.

习题 7-6

1. 求下列曲线在指定点的切线和法平面方程:

(1) 曲线 $x = \dfrac{t}{1 + t}, y = \dfrac{1 + t}{t}, z = t^2$ 在对应于 $t = 1$ 的点处;

(2) 曲线 $y^2 = 2mx, z^2 = m - x$ 在点 (x_0, y_0, z_0) 处.

2. 在曲线 $x=2t, y=3t^2, z=\dfrac{1}{3}t^3$ 上求一点,使在此点的切线平行于平面 $-2x+\dfrac{1}{6}y+3z=5$.

3. 证明圆柱螺旋线 $x=a\cos t, y=a\sin t, z=bt$ 的切线与 z 轴的夹角为常数.

4. 求下列曲面在指定点的切平面和法线方程:

(1) $e^z-z+xy=3$,在点 $(2,1,0)$ 处;

(2) $z=\arctan\dfrac{x}{y}$,在点 $\left(1,1,\dfrac{\pi}{4}\right)$ 处;

(3) $z=y+\ln\dfrac{x}{z}$,在点 $(1,1,1)$ 处.

5. 求曲面 $x^2+4y^2+z^2=36$ 的切平面,使它平行于平面 $x+y-z=0$.

6. 求旋转椭球面 $3x^2+y^2+z^2=16$ 上点 $(-1,-2,3)$ 处的切平面与 xOy 面的夹角的余弦.

7. 在椭球面 $\dfrac{x^2}{a^2}+\dfrac{y^2}{b^2}+\dfrac{z^2}{c^2}=1$ 上求点 M_0,使该点的法线与坐标轴成等角.

8. 设直线 $L:\begin{cases} x+y+b=0 \\ x+ay-z-3=0 \end{cases}$ 在平面 π 上,而平面 π 与曲面 $z=x^2+y^2$ 相切于点 $(1,-2,5)$,求 a,b 的值.

9. 试证曲面 $\sqrt{x}+\sqrt{y}+\sqrt{z}=\sqrt{a}\,(a>0)$ 上任何点处的切平面在各坐标轴上的截距之和等于 a.

10. 证明曲面 $xyz=a^3\,(a>0)$ 的切平面与坐标轴围成的四面体的体积是一常数,并写出此常数.

11. 求球面 $x^2+y^2+z^2=14$ 与椭球面 $3x^2+y^2+z^2=16$ 在点 $(-1,-2,3)$ 处的交角(两曲面在交点处的切平面的交角定义为两曲面的交角).

12. 设 $F(u,v)$ 具有连续偏导数,证明曲面 $F(cx-az,cy-bz)=0$ 的切平面平行于一定直线,其中 a,b,c 为常数.

第七节　方向导数与梯度

本节讨论多元函数微分学在物理方面的应用. 我们将介绍两个有很强物理背景的概念:方向导数与梯度. 它们在测量学、热学、电学以及力学等领域有着广泛的应用.

一、方向导数

我们知道,函数 $z=f(x,y)$ 在点 (x_0,y_0) 处的两个偏导数 $f_x(x_0,y_0)$ 和 $f_y(x_0,y_0)$ 分别刻画了函数 $f(x,y)$ 在该点处沿 x 轴和 y 轴方向的变化率. 然而在许多问题中还要讨论函数值在一点处沿任一方向的变化率. 比如讨论热量在空间流动的问题时,就需要确定温度在各个方向上的变化率;气象学中需要研究大气温度、气压沿某些方向的变化率. 因此,我们有必要来讨论函数沿任一指定方向的变化率问题,即方向导数.

1. 方向导数的定义

定义 1 设函数 $z = f(x,y)$ 在点 $P_0(x_0, y_0)$ 的某一邻域 $U(P_0)$ 内有定义,自点 P_0 引射线 l,设 x 轴正向到射线的转角为 α,并设 $P(x_0 + \Delta x, y_0 + \Delta y)$ 为邻域 $U(P_0)$ 内且在 l 上的另一点(见图 7 – 10),则有

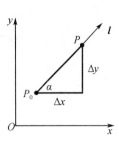

图 7 – 10

$$P \in U(P_0), \quad |P_0 P| = \rho = \sqrt{(\Delta x)^2 + (\Delta y)^2}$$
$$\Delta z = f(x_0 + \Delta x, y_0 + \Delta y) - f(x_0, y_0)$$

若比值

$$\frac{\Delta z}{\rho} = \frac{f(x_0 + \Delta x, y_0 + \Delta y) - f(x_0, y_0)}{\rho}$$

当 P 沿着 l 趋向于 P_0(即 $\rho \to 0^+$)时的极限存在,称此极限值为函数 $f(x,y)$ 在点 $P_0(x_0, y_0)$ 沿方向 l 的方向导数,记作 $\left. \dfrac{\partial f}{\partial l} \right|_{P_0}$,即

$$\left. \frac{\partial f}{\partial l} \right|_{P_0} = \lim_{\rho \to 0^+} \frac{f(x_0 + \Delta x, y_0 + \Delta y) - f(x_0, y_0)}{\rho} \qquad (7 - 27)$$

若设 $e_l = (\cos \alpha, \cos \beta)$ 是与 l 同方向的单位向量,其中 α, β 为 l 方向的方向角,即有

$$\Delta x = \rho \cos \alpha, \Delta y = \rho \cos \beta$$

所以式(7 – 27)可表示为

$$\left. \frac{\partial f}{\partial l} \right|_{P_0} = \lim_{\rho \to 0^+} \frac{f(x_0 + \rho \cos \alpha, y_0 + \rho \cos \beta) - f(x_0, y_0)}{\rho}$$

函数 $f(x,y)$ 在点 P_0 沿 x 轴正向 $e_l = i(\cos \alpha = 1, \cos \beta = 0)$ 的方向导数为

$$\left. \frac{\partial f}{\partial l} \right|_{P_0} = \left. \frac{\partial f}{\partial x} \right|_{P_0}$$

沿 x 轴负向 $e_l = -i(\cos \alpha = -1, \cos \beta = 0)$ 的方向导数为

$$\left. \frac{\partial f}{\partial l} \right|_{P_0} = - \left. \frac{\partial f}{\partial x} \right|_{P_0}$$

同理,沿 y 轴正向与负向的方向导数为

$$\left. \frac{\partial f}{\partial l} \right|_{P_0} = \left. \frac{\partial f}{\partial y} \right|_{P_0} \text{ 与 } \left. \frac{\partial f}{\partial l} \right|_{P_0} = - \left. \frac{\partial f}{\partial y} \right|_{P_0}$$

2. 方向导数存在的条件(充分条件)及计算

定理 1 若 $z = f(x,y)$ 在点 $P_0(x_0, y_0)$ 可微分,则函数在该点沿着任一方向 l 的方向导数都存在,且有

$$\left.\frac{\partial f}{\partial \boldsymbol{l}}\right|_{P_0} = \left.\frac{\partial f}{\partial x}\right|_{P_0} \cdot \cos \alpha + \left.\frac{\partial f}{\partial y}\right|_{P_0} \cdot \cos \beta$$

其中，$\cos \alpha, \cos \beta$ 为 $\boldsymbol{l}$ 的方向余弦.

证明 据 $z = f(x,y)$ 在点 $P_0(x_0, y_0)$ 可微分，有

$$f(x_0 + \Delta x, y_0 + \Delta y) - f(x_0, y_0) = \left.\frac{\partial f}{\partial x}\right|_{P_0} \cdot \Delta x + \left.\frac{\partial f}{\partial y}\right|_{P_0} \cdot \Delta y + o(\rho)$$

$$\begin{aligned}
\left.\frac{\partial f}{\partial \boldsymbol{l}}\right|_{P_0} &= \lim_{\rho \to 0^+} \frac{f(x_0 + \Delta x, y_0 + \Delta y) - f(x_0, y_0)}{\rho} \\
&= \left.\frac{\partial f}{\partial x}\right|_{P_0} \cdot \cos \alpha + \left.\frac{\partial f}{\partial y}\right|_{P_0} \cdot \cos \beta
\end{aligned}$$

证毕.

对于三元函数 $f(x,y,z)$ 来说，它在空间一点 $P_0(x_0, y_0, z_0)$ 处沿方向 $\boldsymbol{l}$ 的方向导数可定义为

$$\left.\frac{\partial f}{\partial \boldsymbol{l}}\right|_{P_0} = \lim_{\rho \to 0^+} \frac{f(x_0 + \Delta x, y_0 + \Delta y, z_0 + \Delta z) - f(x_0, y_0, z_0)}{\rho}$$

其中，$\rho = \sqrt{(\Delta x)^2 + (\Delta y)^2 + (\Delta z)^2}$，设 $\boldsymbol{l}$ 方向的方向角分别为 α, β, γ，有 $\Delta x = \rho \cos \alpha$，$\Delta y = \rho \cos \beta$，$\Delta z = \rho \cos \gamma$.

当函数在此点可微时，那么函数在该点沿任意方向 $\boldsymbol{l}$ 的方向导数都存在，且有

$$\left.\frac{\partial f}{\partial \boldsymbol{l}}\right|_{P_0} = \left.\frac{\partial f}{\partial x}\right|_{P_0} \cdot \cos \alpha + \left.\frac{\partial f}{\partial y}\right|_{P_0} \cdot \cos \beta + \left.\frac{\partial f}{\partial z}\right|_{P_0} \cdot \cos \gamma$$

例1 求函数 $z = xe^{2y}$ 在点 $P(1,0)$ 处沿从点 $P(1,0)$ 到点 $Q(2,-1)$ 的方向的方向导数.

解 这里方向 $\boldsymbol{l}$ 为 $\overrightarrow{PQ} = \{1, -1\}$，$\cos \alpha = \dfrac{1}{\sqrt{2}}$，$\cos \beta = -\dfrac{1}{\sqrt{2}}$，$\dfrac{\partial z}{\partial x} = e^{2y}$，$\dfrac{\partial z}{\partial y} = 2xe^{2y}$，在点 $P(1,0)$ 处，有

$$\frac{\partial z}{\partial x} = 1, \quad \frac{\partial z}{\partial y} = 2$$

故

$$\left.\frac{\partial z}{\partial \boldsymbol{l}}\right|_{P_0} = 1 \times \frac{1}{\sqrt{2}} + 2 \times \left(-\frac{1}{\sqrt{2}}\right) = -\frac{1}{\sqrt{2}}$$

例2 求函数 $u = xy + yz + xz$ 在点 $P(1,1,1)$ 沿方向 $\boldsymbol{l} = \boldsymbol{i} + \boldsymbol{j} + \boldsymbol{k}$ 的方向导数.

解

$$\frac{\partial u}{\partial x} = (y+z)\big|_{(1,1,1)} = 2, \quad \frac{\partial u}{\partial y} = (x+z)\big|_{(1,1,1)} = 2$$

$$\frac{\partial u}{\partial z} = (x+y)\big|_{(1,1,1)} = 2, \quad \cos \alpha = \cos \beta = \cos \gamma = \frac{1}{\sqrt{3}}$$

$$\left.\frac{\partial u}{\partial \boldsymbol{l}}\right|_{P} = \frac{\partial u}{\partial x}\cos \alpha + \frac{\partial u}{\partial y}\cos \beta + \frac{\partial u}{\partial z}\cos \gamma = 2\sqrt{3}$$

例 3 设 $\boldsymbol{n}$ 是曲面 $2x^2 + 3y^2 + z^2 = 6$ 在点 $P(1,1,1)$ 处的指向外侧的法向量,求函数 $u = \dfrac{1}{z}\sqrt{6x^2 + 8y^2}$ 在此处沿方向 $\boldsymbol{n}$ 的方向导数.

解 令 $F(x,y,z) = 2x^2 + 3y^2 + z^2 - 6$,则

$$F_x|_P = 4x|_P = 4, \quad F_y|_P = 6y|_P = 6, \quad F_z|_P = 2z|_P = 2$$

$$\boldsymbol{n} = \{F_x, F_y, F_z\}|_P = \{4, 6, 2\}$$

$$|\boldsymbol{n}| = \sqrt{4^2 + 6^2 + 2^2} = 2\sqrt{14}$$

即

$$\cos\alpha = \frac{2}{\sqrt{14}}, \quad \cos\beta = \frac{3}{\sqrt{14}}, \quad \cos\gamma = \frac{1}{\sqrt{14}}$$

又

$$\left.\frac{\partial u}{\partial x}\right|_P = \frac{6x}{z\sqrt{6x^2 + 8y^2}}\Bigg|_P = \frac{6}{\sqrt{14}}, \quad \left.\frac{\partial u}{\partial y}\right|_P = \frac{8y}{z\sqrt{6x^2 + 8y^2}}\Bigg|_P = \frac{8}{\sqrt{14}}$$

$$\left.\frac{\partial u}{\partial z}\right|_P = -\frac{\sqrt{6x^2 + 8y^2}}{z^2}\Bigg|_P = -\sqrt{14}$$

所以

$$\left.\frac{\partial u}{\partial \boldsymbol{n}}\right|_P = \left(\frac{\partial u}{\partial x}\cos\alpha + \frac{\partial u}{\partial y}\cos\beta + \frac{\partial u}{\partial z}\cos\gamma\right)\Bigg|_P = \frac{11}{7}$$

值得注意的是,函数在某点的方向导数存在,但在此点的偏导数未必存在.

例如,$z = \sqrt{x^2 + y^2}$ 在 $(0,0)$ 点处沿 $\boldsymbol{l} = \boldsymbol{i}$ 方向的方向导数存在,即 $\left.\dfrac{\partial f}{\partial \boldsymbol{l}}\right|_{(0,0)} = 1$,而偏导数 $\left.\dfrac{\partial f}{\partial x}\right|_{(0,0)}$ 不存在.

二、梯度

函数在一点处沿某方向 $\boldsymbol{l}$ 的方向导数刻画了函数在该点处沿方向 $\boldsymbol{l}$ 的变化率. 当它为正数时,表示沿此方向函数值增加;当它为负数时,表示沿此方向函数值减少. 然而在许多实际问题里,往往还需要知道函数值在该点究竟沿哪一方向增加最快,也就是增长率最大,并且需要知道最大增长率是多少. 梯度概念正是从研究这样的问题抽象出来的.

1. 梯度的定义

定义 2 设函数 $z = f(x,y)$ 在平面区域 D 内具有一阶连续偏导数,那么对于任一点 $P(x,y) \in D$,都可以定义向量

$$\frac{\partial f}{\partial x}\boldsymbol{i} + \frac{\partial f}{\partial y}\boldsymbol{j}$$

并称此向量为函数 $z = f(x,y)$ 在点 $P(x,y)$ 的梯度,记作 $\mathbf{grad}\, f(x,y)$,即

$$\mathbf{grad}\, f(x,y) = \frac{\partial f}{\partial x}\boldsymbol{i} + \frac{\partial f}{\partial y}\boldsymbol{j}$$

2. 方向导数与梯度的关系

设 $\boldsymbol{e} = \cos\alpha\boldsymbol{i} + \cos\beta\boldsymbol{j}$ 是方向 l 上的单位向量，则

$$\frac{\partial f}{\partial l} = \frac{\partial f}{\partial x}\cos\alpha + \frac{\partial f}{\partial y}\cos\beta = \mathbf{grad}\, f(x,y)\cdot\boldsymbol{e}$$

$$= |\mathbf{grad}\, f(x,y)|\cdot\cos\left(\widehat{\mathbf{grad}\, f(x,y),\boldsymbol{e}}\right)$$

显然，当方向 l 与梯度方向一致时，$\cos\left(\widehat{\mathbf{grad}\, f(x,y),\boldsymbol{e}}\right) = 1$，从而 $\frac{\partial f}{\partial l}$ 达到最大值；也就是说，沿梯度方向的方向导数达到最大值，且最大值为梯度的模.

另一方面

$$\frac{f(x+\Delta x,y+\Delta y) - f(x,y)}{\rho} = \frac{\partial f}{\partial l} + \alpha \quad (\rho\to 0,\alpha\to 0)$$

$$f(x+\Delta x,y+\Delta y) - f(x,y) = \frac{\partial f}{\partial l}\cdot\rho + \alpha\cdot\rho$$

$$f(x+\Delta x,y+\Delta y) - f(x,y) \approx \frac{\partial f}{\partial l}\cdot\rho$$

这表明函数在点 $P(x,y)$ 增长最快的方向与方向导数达到最大的方向（梯度方向）是一致的.

3. 等值线及其他

二元函数 $z = f(x,y)$ 在几何上表示一个曲面，该曲面被平面 $z = c$ 所截得的曲线 L 的方程为

$$\begin{cases} z = f(x,y) \\ z = c \end{cases}$$

此曲线 L 在 xOy 面上的投影是一条平面曲线 L^*，它们在 xOy 平面上的方程为 $f(x,y) = c$（见图 7 – 11）.

对于曲线 L^* 上的所有点，函数的值都是 c，所以，我们称平面曲线 L^* 为函数 $z = f(x,y)$ 的等值线. 如地图上的等高线、天气预报图中的等温线都是等值线.

对方程 $f(x,y) = c$ 两边同时求全微分，得 $\frac{\partial f}{\partial x}\mathrm{d}x + \frac{\partial f}{\partial y}\mathrm{d}y = 0$，

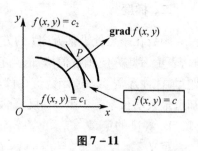

图 7 – 11

可改写为

$$\left(\frac{\partial f}{\partial x},\frac{\partial f}{\partial y}\right)\cdot(\mathrm{d}x,\mathrm{d}y) = (\mathbf{grad}\, f)\cdot(\mathrm{d}x\boldsymbol{i} + \mathrm{d}y\boldsymbol{j}) = 0$$

另外，曲线 $f(x,y) = c$ 在点 (x,y) 处的切线方程为

$$Y - y = \frac{\mathrm{d}y}{\mathrm{d}x}(X - x)$$

即

$$\frac{X - x}{\mathrm{d}x} = \frac{Y - y}{\mathrm{d}y}$$

由此得切线的方向向量为 $\mathrm{d}x\boldsymbol{i} + \mathrm{d}y\boldsymbol{j}$,且可知函数 $z = f(x,y)$ 在点 (x,y) 的梯度 $\mathbf{grad}\, f$ 垂直于等值线 $f(x,y) = c$ 在点 (x,y) 处的切线,因此梯度是等值线上点 (x,y) 处的法向量. 故梯度与等值线、方向导数有如下关系:函数 $z = f(x,y)$ 在点 (x,y) 处的梯度方向与过点 (x,y) 的等值线 $f(x,y) = c$ 在该点的法向量的一个方向相同,且从数值较低的等值线指向数值较高的等值线(见图 7 – 11),而梯度的模就是函数沿这个法线方向的方向导数.

上面讨论的梯度概念可以类似地推广到三元函数的情形.

设函数 $u = f(x,y,z)$ 在空间区域 G 内具有一阶连续偏导数,则对于任一点 $P(x,y,z) \in G$ 都可以定义一个向量 $\frac{\partial f}{\partial x}\boldsymbol{i} + \frac{\partial f}{\partial y}\boldsymbol{j} + \frac{\partial f}{\partial z}\boldsymbol{k}$,并称此向量为函数 $u = f(x,y,z)$ 在点 $P(x,y,z)$ 的梯度,记作

$$\mathbf{grad}\, f(x,y,z) = \frac{\partial f}{\partial x}\boldsymbol{i} + \frac{\partial f}{\partial y}\boldsymbol{j} + \frac{\partial f}{\partial z}\boldsymbol{k}$$

经过与二元函数完全类似的讨论可知,三元函数 $f(x,y,z)$ 在一点 $P(x,y,z)$ 的梯度是这样一个向量:它的方向是函数 $f(x,y,z)$ 在这点的方向导数取得最大值的方向,它的模就等于方向导数的最大值.

如果我们引进曲面 $f(x,y,z) = c$ 为函数 $f(x,y,z)$ 的等值面的概念,则可得函数 $f(x,y,z)$ 在一点 $P(x,y,z)$ 的梯度的方向就是等值面 $f(x,y,z) = c$ 在这点的法线方向,而梯度的模就是函数沿这个法线方向的方向导数.

4. 梯度的运算法则

设 $u, v, F(u)$ 都是可微函数,则:

(1) $\mathbf{grad}\, c = \boldsymbol{0}\,(c$ 为常数$)$;

(2) $\mathbf{grad}\, cu = c\, \mathbf{grad}\, u\,(c$ 为常数$)$;

(3) $\mathbf{grad}\,(u \pm v) = \mathbf{grad}\, u \pm \mathbf{grad}\, v$;

(4) $\mathbf{grad}\,(uv) = v\, \mathbf{grad}\, u + u\, \mathbf{grad}\, v$;

(5) $\mathbf{grad}\left(\dfrac{u}{v}\right) = \dfrac{v\, \mathbf{grad}\, u - u\, \mathbf{grad}\, v}{v^2}\,(v \neq 0)$;

(6) $\mathbf{grad}\, F(u) = F'(u)\, \mathbf{grad}\, u$.

(以上法则的证明请读者自行完成).

例 4 求函数 $u = x^2 + 2y^2 + 3z^2 + 3x - 2y$ 在点 $(1,1,2)$ 处的梯度.

解 由梯度公式得

$$\mathbf{grad}\, u(x,y,z) = \frac{\partial u}{\partial x}\mathbf{i} + \frac{\partial u}{\partial y}\mathbf{j} + \frac{\partial u}{\partial z}\mathbf{k} = (2x+3)\mathbf{i} + (4y-2)\mathbf{j} + 6z\mathbf{k}$$

故

$$\mathbf{grad}\, u(1,1,2) = 5\mathbf{i} + 2\mathbf{j} + 12\mathbf{k}$$

例 5 求 $\mathbf{grad}\, \dfrac{1}{x^2+y^2}$.

解 这里

$$f(x,y) = \frac{1}{x^2+y^2}$$

因为

$$\frac{\partial f}{\partial x} = -\frac{2x}{(x^2+y^2)^2}, \qquad \frac{\partial f}{\partial y} = -\frac{2y}{(x^2+y^2)^2}$$

所以

$$\mathbf{grad}\, \frac{1}{x^2+y^2} = -\frac{2x}{(x^2+y^2)^2}\mathbf{i} - \frac{2y}{(x^2+y^2)^2}\mathbf{j}$$

例 6 一块长方形金属板,四个顶点的坐标是 $(1,1),(5,1),(1,3),(5,3)$,在坐标原点处有一个火焰,它使金属板受热. 假定板上任意一点处的温度与该点到原点的距离成反比,在 $(3,2)$ 处有一只蚂蚁,问这只蚂蚁应沿什么方向爬行才能最快到达比较凉快的地点?

解 设板上任一点 (x,y) 处的温度 $T(x,y) = \dfrac{k}{\sqrt{x^2+y^2}}$,$k$ 是比例常数,有

$$\frac{\partial T}{\partial x} = -\frac{kx}{(x^2+y^2)^{\frac{3}{2}}}, \qquad \frac{\partial T}{\partial y} = -\frac{ky}{(x^2+y^2)^{\frac{3}{2}}}$$

则

$$\mathbf{grad}\, T\big|_{(3,2)} = \left\{ -\frac{kx}{(x^2+y^2)^{\frac{3}{2}}}, -\frac{ky}{(x^2+y^2)^{\frac{3}{2}}} \right\}\bigg|_{(3,2)} = \left\{ -\frac{3k}{13^{\frac{3}{2}}}, -\frac{2k}{13^{\frac{3}{2}}} \right\}$$

它的单位向量是 $\pm\left(\dfrac{3}{\sqrt{13}}\mathbf{i} + \dfrac{2}{\sqrt{13}}\mathbf{j} \right)$,由于火焰放置于坐标原点,所以 $\dfrac{3}{\sqrt{13}}\mathbf{i} + \dfrac{2}{\sqrt{13}}\mathbf{j}$ 所指的方向是由热变冷变化最剧烈的方向. 蚂蚁沿这个方向爬行才能最快到达较凉快的地点.

习题 7 – 7

1. 求函数 $z = x^2 + y^2$ 在点 $(1,2)$ 处沿从点 $(1,2)$ 到点 $(2,1)$ 的方向的方向导数.

2. 求函数 $u = \ln(x + \sqrt{y^2 + z^2})$ 在点 $A(1,0,1)$ 处沿点 A 指向点 $B(3,-2,2)$ 方向的方向导数.

3. 求函数 $z = 3x^4 + xy + y^3$ 在点 $M(1,2)$ 处与 Ox 轴的正向成 $\dfrac{3\pi}{4}$ 的方向上的方向导数.

4. 求函数 $u = \dfrac{x^2}{a^2} + \dfrac{y^2}{b^2} + \dfrac{z^2}{c^2}$ 在点 $M(x,y,z)$ 沿 $\mathbf{r} = x\mathbf{i} + y\mathbf{j} + z\mathbf{k}$ 方向的方向导数.

5. 求函数 $u = x^2 + y^2 + z^2$ 在点 $(3,5,4)$ 处沿 $2x^2 - y^2 + 2z^2 = 25$ 和 $x^2 - y^2 + z^2 = 0$ 的交线方向的变化率(沿两曲面交线的方向就是沿该两曲面交线的切线方向).

6. 设 $\boldsymbol{n}$ 是曲面 $2x^2 + 3y^2 + z^2 = 6$ 在点 $P(1,1,1)$ 处的指向外侧的法向量,求函数 $u = \dfrac{\sqrt{6x^2 + 8y^2}}{z}$ 在点 $P(1,1,1)$ 处沿方向 $\boldsymbol{n}$ 的方向导数.

7. 设 $f(x,y,z) = x^2 + 2y^2 + 3z^2 + xy + 3x - 2y - 6z$,求 $\mathbf{grad}\, f(0,0,0)$,$\mathbf{grad}\, f(1,1,1)$.

8. 求函数 $u = xy^2z$ 在点 $P_0(1,-1,2)$ 处变化最快的方向,并求沿这个方向的方向导数.

9. 求函数 $u = x^2 + y^2 - z^2$ 在点 $A(1,0,0)$ 及 $B(0,1,0)$ 两点梯度之间的夹角.

10. 设 $u = \boldsymbol{c} \cdot \mathbf{grad}\left(\arctan\dfrac{x}{y}\right)$,其中 $\boldsymbol{c} = \boldsymbol{i} + \boldsymbol{j}$,求 $\mathbf{grad}\, u$ 在点 $(1,1)$ 的值.

11. 求函数 $f(x,y,z) = x^2 + y^2 - z^2$ 在点 $M_0(\sqrt{2},\sqrt{2},\pi)$ 处沿曲线 $\Gamma: x = 2\cos t, y = 2\sin t, z = 4t$ 在点 M_0 处的切线方向的方向导数,及在点 M_0 处梯度方向的方向导数.

12. 求常数 a,b,c 的值,使 $f(x,y,z) = axy^2 + byz + cx^3z^2$ 在点 $(1,2,-1)$ 沿 Oz 轴正方向的方向导数有最大值 64.

第八节　多元函数极值及其求法

一、二元函数的极值

在许多工程、科技问题和管理科学及经济学中,常常需要求一个多元函数的最大值或最小值,它们统称为最值. 与一元函数相类似,多元函数的最值也与其极值密切相关,因此我们以二元函数为例来讨论多元函数的极值问题.

1. 二元函数极值定义

定义 1　设函数 $z = f(x,y)$ 在点 (x_0,y_0) 的某个邻域内有定义,若对该邻域内异于 (x_0,y_0) 的任何点 (x,y),都有不等式

$$f(x,y) < f(x_0,y_0)$$

成立,则称函数在点 (x_0,y_0) 取极大值,极大值为 $f(x_0,y_0)$,点 (x_0,y_0) 称为 $f(x,y)$ 的极大值点;若对该邻域内异于 (x_0,y_0) 的任何点 (x,y),都有不等式

$$f(x,y) > f(x_0,y_0)$$

成立,则称函数在点 (x_0,y_0) 取极小值,极小值为 $f(x_0,y_0)$,点 (x_0,y_0) 称为 $f(x,y)$ 的极小值点.

极大值与极小值统称为函数的极值,使函数取得极值的点称为极值点.

注意　二元函数的极值是一个局部概念,这一概念很容易推广至 n 元函数.

例 1　讨论下述函数在原点 $(0,0)$ 是否取得极值.

（1）$z = x^2 + y^2$;　　（2）$z = -\sqrt{x^2 + y^2}$;　　（3）$z = xy$.

解　$z = x^2 + y^2$ 是开口向上的旋转抛物面,在 $(0,0)$ 点取得极小值;

$z = -\sqrt{x^2 + y^2}$ 是开口向下的锥面,在 $(0,0)$ 点取得极大值;

$z = xy$ 是马鞍面,在 $(0,0)$ 点无极值.

2. 函数取得极值的必要条件

和一元函数一样,可以利用偏导数来讨论二元函数的极值.

定理 1　设函数 $z = f(x,y)$ 在点 (x_0, y_0) 存在偏导数且取得极值,则它在该点的偏导数必为零,即

$$f_x(x_0, y_0) = 0, f_y(x_0, y_0) = 0$$

证明　不妨设 $z = f(x,y)$ 在点 (x_0, y_0) 处有极大值,由极大值定义,点 (x_0, y_0) 的某一邻域内的一切点 (x,y) 适合不等式

$$f(x,y) < f(x_0, y_0)$$

特殊地,在该邻域内取 $y = y_0$,而 $x \neq x_0$ 的点,也应有不等式

$$f(x, y_0) < f(x_0, y_0)$$

成立,这表明一元函数 $z = f(x, y_0)$ 在 $x = x_0$ 处取得极大值,因而必有

$$f_x(x_0, y_0) = 0$$

同理可证

$$f_y(x_0, y_0) = 0$$

证毕.

凡是能使 $f_x(x,y) = 0, f_y(x,y) = 0$ 同时成立的点 (x_0, y_0),称为函数 $z = f(x,y)$ 的驻点.

定理 1 表明,偏导数存在的函数的极值点必为驻点,反过来,函数的驻点却不一定是极值点. 例如,$z = xy$ 在点 $(0,0)$ 不取得极值,但却是驻点. 这告诉我们,驻点仅仅是函数可能的极值点,要判断它是否真为极值点,需要另作判定.

偏导数 $f_x(x_0, y_0)$ 或 $f_y(x_0, y_0)$ 不存在的点 (x_0, y_0) 也可能是函数的极值点.

例如,$z = -\sqrt{x^2 + y^2}$ 在点 $(0,0)$ 有极大值,但

$$f_x(0,0) = \lim_{x \to 0} \frac{f(x,0) - f(0,0)}{x} = \lim_{x \to 0} \frac{|x|}{x}$$

不存在. 当然,$f_y(0,0)$ 也不存在.

3. 函数取得极值的充分条件

那么,怎样去判断一个驻点是否是极值点呢? 下面的定理回答了这个问题.

定理 2　设函数 $z = f(x,y)$ 在点 $P_0(x_0, y_0)$ 的某邻域内连续,且有一阶及二阶连续的偏导数,又 $f_x(x_0, y_0) = 0, f_y(x_0, y_0) = 0$,记

$$A = f_{xx}(x_0, y_0), B = f_{xy}(x_0, y_0), C = f_{yy}(x_0, y_0)$$

则 $f(x,y)$ 在 $P_0(x_0,y_0)$ 处是否取得极值的条件如下：

（1） $AC-B^2>0$ 时具有极值，且当 $A<0$ 时，$f(x,y)$ 在点 P_0 取极大值，当 $A>0$ 时，$f(x,y)$ 在点 P_0 取极小值；

（2） $AC-B^2<0$ 时，点 P_0 不是 $f(x,y)$ 的极值点；

（3） $AC-B^2=0$ 时，$f(x,y)$ 在点 P_0 可能有极值，也可能没有极值，需另作判定.

这个定理我们现在不进行证明（具体证明在本章第九节第二部分）.

利用定理1、定理2我们把具有二阶连续偏导数的函数 $z=f(x,y)$ 的极值的求法叙述如下：

第一步，解方程组 $f_x(x_0,y_0)=0$，$f_y(x_0,y_0)=0$，求得一切实数解，即可求得一切驻点；

第二步，对于每一个驻点 (x_0,y_0)，求出二阶偏导数 A,B 和 C；

第三步，定出 $AC-B^2$ 的符号，按定理2的结论判定 $f(x_0,y_0)$ 是不是极值，是极大值还是极小值.

例2　求函数 $f(x,y)=x^3-y^3+3x^2+3y^2-9x$ 的极值.

解　函数具有二阶连续偏导数，故可能的极值点只能在驻点中，先解方程组

$$\begin{cases} f_x=3x^2+6x-9=3(x-1)(x+3)=0 \\ f_y=-3y^2+6y=-3y(y-2)=0 \end{cases}$$

求出全部驻点为 $(1,0),(1,2),(-3,0),(-3,2)$，二阶偏导数

$$A=f_{xx}=6x+6, B=f_{xy}=0, C=f_{yy}=-6y+6$$

在点 $(1,0)$ 处，$AC-B^2=12\times6-0=72>0,A=12>0$，函数取得极小值 $f(1,0)=-5$；

在点 $(1,2)$ 处，$AC-B^2=12\times(-6)-0=-72<0$，函数不取得极值；

在点 $(-3,0)$ 处，$AC-B^2=(-12)\times6-0=-72<0$，函数不取得极值；

在点 $(-3,2)$ 处，$AC-B^2=(-12)\times(-6)-0=72>0,A=-12<0$，函数取得极大值 $f(-3,2)=31$.

二、连续二元函数的最值

1. 有界闭区域上连续函数的最值确定

如果二元函数 $f(x,y)$ 在有界闭区域 D 上连续，则 $f(x,y)$ 在 D 上必定取得最值. 使函数取得最值的点既可能在 D 的内部，也可能在 D 的边界上.

若函数在 D 的内部取得最值，那么这个最值也是函数的极值. 而函数取得极值的点是使 $f_x(x_0,y_0)=0$，$f_y(x_0,y_0)=0$ 的驻点或使 $f_x(x,y)$，$f_y(x,y)$ 不存在的点.

若函数在 D 的边界上取得最值，可根据 D 的边界方程，将 $f(x,y)$ 化成定义在某个闭区间上的一元函数，进而利用一元函数求最值的方法求出最值.

综合上述讨论，有界闭区域 D 上的连续函数 $f(x,y)$ 最值求法如下：

（1）求出在 D 的内部，使 f_x,f_y 同时为零的点及使 f_x 或 f_y 不存在的点；

（2）计算出 $f(x,y)$ 在 D 的内部的所有可能极值点处的函数值；

（3）求出 $f(x,y)$ 在 D 的边界上的最值；

（4）比较上述函数值的大小，最大者便是函数在 D 上的最大值，最小者便是函数在 D 上的最小值.

例3 求二元函数 $f(x,y) = x + xy - x^2 - y^2$ 在矩形区域 $D:0 \leqslant x \leqslant 1, 0 \leqslant y \leqslant 2$ 上的最值.

解 由 $\begin{cases} f_x = 1 + y - 2x = 0, \\ f_y = x - 2y = 0, \end{cases}$ 得驻点 $\left(\dfrac{2}{3}, \dfrac{1}{3}\right)$，有 $f\left(\dfrac{2}{3}, \dfrac{1}{3}\right) = \dfrac{1}{3}$.

在边界 $x = 0, 0 \leqslant y \leqslant 2$ 上，有

$$f(0,y) = -y^2 \text{ 且 } -4 \leqslant f(0,y) \leqslant 0$$

在边界 $y = 0, 0 \leqslant x \leqslant 1$ 上，$f(x,0) = x - x^2 = \dfrac{1}{4} - \left(x - \dfrac{1}{2}\right)^2$，则

$$0 \leqslant f(x,0) \leqslant \frac{1}{4}$$

在边界 $x = 1, 0 \leqslant y \leqslant 2$ 上，$f(1,y) = y - y^2 = \dfrac{1}{4} - (y - \dfrac{1}{2})^2$，则

$$-2 \leqslant f(1,y) \leqslant \frac{1}{4}$$

在边界 $y = 2, 0 \leqslant x \leqslant 1$ 上，$f(x,2) = 3x - x^2 - 4$，因 $f_x(x,2) = 3 - 2x > 0$，故 $f(x,2)$ 单调增加，从而 $-4 \leqslant f(x,2) \leqslant -2$.

比较上述讨论，有 $f\left(\dfrac{2}{3}, \dfrac{1}{3}\right) = \dfrac{1}{3}$ 为最大值，$f(0,2) = -4$ 为最小值.

2. 开区域 D 上函数的最值确定

求函数 $f(x,y)$ 在开区域 D 上的最值十分复杂. 但是，当遇到实际问题时，如果根据问题的性质可断定函数的最值一定在 D 上取得，而函数在 D 上又只有一个驻点，那么就可以肯定该驻点处的函数值就是函数在 D 上的最值.

例4 某厂要用铁板做成一个体积为 $2 \ m^3$ 的有盖长方体水箱，当长、宽、高各取怎样的尺寸时，才能用料最省？

解 设水箱的长为 x，宽为 y，高为 $\dfrac{2}{xy}$，单位为 m，则表面积为

$$A = 2\left(xy + y \cdot \frac{2}{xy} + x \cdot \frac{2}{xy}\right) = 2\left(xy + \frac{2}{x} + \frac{2}{y}\right), (x > 0, y > 0)$$

令

$$\begin{cases} A_x = 2\left(y - \dfrac{2}{x^2}\right) = 0 \\ A_y = 2\left(x - \dfrac{2}{y^2}\right) = 0 \end{cases}$$

解方程组得唯一驻点 $x = y = \sqrt[3]{2}$.

根据问题的实际背景,水箱所用材料面积的最小值一定存在,并在开区域 $D:x > 0,y > 0$ 内取得,又函数在 D 内只有唯一的驻点,因此,可断定当 $x = y = \sqrt[3]{2}$ 时,取得最小值.

这表明当水箱的长、宽、高分别为 $\sqrt[3]{2}$ m 时,所用材料最省,此时的最小表面积为 $6(\sqrt[3]{2})^2$ m².

三、条件极值与拉格朗日乘数法

前面所讨论的极值问题,对于函数的自变量,除了限制它在定义域内之外,再无其他的约束条件,因此我们称这类极值为无条件极值.

但是,在实际问题中,有时会遇到对函数的自变量还有附加限制条件的极值问题. 例如,求体积为 2 而表面积最小的长方体尺寸. 若设长方体的长、宽、高分别为 x,y,z,则其表面积为

$$A = 2(xy + yz + zx)$$

这里除了 $x > 0,y > 0,z > 0$ 外,还需满足限制条件 $xyz = 2$.

像这类自变量有附加条件的极值称为条件极值.

有些实际问题,可将条件极值化为无条件极值,如上例. 但对一些复杂的问题,条件极值很难化为无条件极值. 因此,我们有必要探讨求条件极值的一般方法.

1. 函数取得条件极值的必要条件

欲寻求函数

$$z = f(x,y) \tag{7 - 28}$$

在限制条件

$$\varphi(x,y) = 0 \tag{7 - 29}$$

下取得条件极值的条件.

函数若是在 $P_0(x_0,y_0)$ 处取得条件极值,那么它必满足方程(7 - 29),即

$$\varphi(x_0,y_0) = 0 \tag{7 - 30}$$

我们假定在 (x_0,y_0) 的某一邻域内 $f(x,y)$ 与 $\varphi(x,y)$ 均有连续的一阶偏导数,而 $\varphi_y(x_0,y_0) \neq 0$,由隐函数存在定理可知,方程(7 - 29)确定一个连续且具有连续导数的函数 $y = \psi(x)$,将之代入函数(7 - 28)有

$$z = f[x,\psi(x)] \tag{7 - 31}$$

这样,函数(7 - 28)在 $P_0(x_0,y_0)$ 取得条件极值,也就相当于函数(7 - 31)在 $x = x_0$ 处取得无条件极值.

由一元函数取得极值的必要条件有

$$\frac{\mathrm{d}z}{\mathrm{d}x}\bigg|_{x = x_0} = f_x(x_0,y_0) + f_y(x_0,y_0)\frac{\mathrm{d}y}{\mathrm{d}x}\bigg|_{x = x_0} = 0 \tag{7 - 32}$$

由方程(7 - 29)有

$$\frac{dy}{dx}\bigg|_{x=x_0} = -\frac{\varphi_x(x_0, y_0)}{\varphi_y(x_0, y_0)}$$

代入到式(7 - 32)有

$$f_x(x_0, y_0) - f_y(x_0, y_0) \cdot \frac{\varphi_x(x_0, y_0)}{\varphi_y(x_0, y_0)} = 0 \qquad (7 - 33)$$

由上面的讨论可知,式(7 - 30)与式(7 - 33)便是函数在点(x_0, y_0)取得条件极值的必要条件,只是这一式子的形式不够工整,不便于记忆,为此我们作适当的变形.

令

$$\frac{f_y(x_0, y_0)}{\varphi_y(x_0, y_2)} = -\lambda$$

有

$$\begin{cases} f_x(x_0, y_0) + \lambda\varphi_x(x_0, y_0) = 0 \\ f_y(x_0, y_0) + \lambda\varphi_y(x_0, y_0) = 0 \\ \varphi(x_0, y_0) = 0 \end{cases}$$

这三个式子恰好是函数

$$L(x, y, \lambda) = f(x, y) + \lambda\varphi(x, y)$$

的三个偏导数在点(x_0, y_0)的值.

2. 拉格朗日乘数法

要求函数$z = f(x, y)$在限制条件$\varphi(x, y) = 0$下的可能极值点,可先作拉格朗日函数

$$L(x, y, \lambda) = f(x, y) + \lambda\varphi(x, y)$$

再解方程组

$$\begin{cases} \dfrac{\partial L}{\partial x} = f_x(x, y) + \lambda\varphi_x(x, y) = 0 \\[2mm] \dfrac{\partial L}{\partial y} = f_y(x, y) + \lambda\varphi_y(x, y) = 0 \\[2mm] \dfrac{\partial L}{\partial \lambda} = \varphi(x, y) = 0 \end{cases}$$

求出x, y, λ,这样求出的点(x, y)就是函数$f(x, y)$在附加条件$\varphi(x, y) = 0$下的可能的条件极值点.

判定所求的可能极值点是否是极值点,往往可以根据实际问题本身的特点进行分析,在判断极值是极大或极小时,可将条件极值转化为无条件极值问题. 当拉格朗日函数有唯一驻点,并且实际问题存在最大(小)值时,该驻点就是最大(小)值点.

例5 将正数12分成三个正数x, y, z之和,使得$u = xyz$最大.

解 令$L(x, y, z, \lambda) = xyz + \lambda(x + y + z - 12)$,有

$$\begin{cases} L_x = yz + \lambda = 0 \\ L_y = xz + \lambda = 0 \\ L_z = xy + \lambda = 0 \\ L_\lambda = x + y + z - 12 = 0 \end{cases}$$

由前 3 个方程,得到

$$yz = xz = xy$$

即

$$x = y = z = 4$$

由问题的实际意义知 $u = 4 \times 4 \times 4 = 64$ 为所求.

拉格朗日乘数法可推广到自变量多于两个而限制条件多于一个的情形.

例如,求 $u = f(x, y, z, t)$ 在限制条件 $\varphi_1(x, y, z, t) = 0, \varphi_2(x, y, z, t) = 0$ 下的极值.

作拉格朗日函数

$$L(x, y, z, t, \lambda, \mu) = f(x, y, z, t) + \lambda \varphi_1(x, y, z, t) + \mu \varphi_2(x, y, z, t)$$

其中 λ, μ 均为参数,解方程组

$$L_x = 0, L_y = 0, L_z = 0, L_t = 0, L_\lambda = 0, L_\mu = 0$$

这样求出 (x, y, z, t) 就是可能的极值点的坐标.

例 6　抛物面 $x^2 + y^2 = z$ 被平面 $x + y + z = 1$ 截成一个椭圆,求这个椭圆到原点的最长与最短距离.

解　设 $M(x, y, z)$ 为椭圆上的任一点,它和原点间的距离为

$$d = \sqrt{x^2 + y^2 + z^2}$$

而问题实际上就是要求目标函数

$$f(x, y, z) = x^2 + y^2 + z^2$$

在条件 $x^2 + y^2 = z$ 及 $x + y + z = 1$ 下的最大、最小值问题.

应用拉格朗日乘数法,令

$$L(x, y, z, \lambda, \mu) = x^2 + y^2 + z^2 + \lambda(x^2 + y^2 - z) + \mu(x + y + z - 1)$$

对 L 求一阶偏导数,并令它们都等于 0,则有

$$\begin{cases} L_x = 2x + 2x\lambda + \mu = 0 \\ L_y = 2y + 2y\lambda + \mu = 0 \\ L_z = 2z - \lambda + \mu = 0 \\ L_\lambda = x^2 + y^2 - z = 0 \\ L_\mu = x + y + z - 1 = 0 \end{cases}$$

求解这个方程组得

$$\lambda = -3 \pm \frac{5}{3}\sqrt{3}, \mu = -7 \pm \frac{11}{3}\sqrt{3}, x = y = \frac{-1 \pm \sqrt{3}}{2}, z = 2 \mp \sqrt{3}$$

由于所求问题存在最大值与最小值,故由

$$f\left(\frac{-1\pm\sqrt{3}}{2},\frac{-1\pm\sqrt{3}}{2},2\mp\sqrt{3}\right)=9\mp5\sqrt{3}$$

椭圆到原点的最长距离为 $\sqrt{9+5\sqrt{3}}$,最短距离为 $\sqrt{9-5\sqrt{3}}$.

例7 某工厂生产两种商品的日产量分别为 x 和 y (单位:件),总成本函数 $C(x,y)=8x^2-xy+12y^2$ (单位:元),商品的限额为 $x+y=42$,求最小成本.

解 约束条件为 $\varphi(x,y)=x+y-42=0$.

设拉格朗日函数

$$L(x,y,\lambda)=8x^2-xy+12y^2+\lambda(x+y-42)$$

求其中对 x,y,λ 的一阶偏导数,并使之为零,得方程组

$$\begin{cases}L_x=16x-y+\lambda=0\\L_y=-x+24y+\lambda=0\\L_\lambda=x+y-42=0\end{cases}$$

解得

$$x=25(件),y=17(件)$$

故唯一驻点 $(25,17)$ 也是最小值点,它使成本最小,最小成本为

$$C(25,17)=8\times25^2-25\times17+12\times17^2=8\,043(元)$$

习题 7 - 8

1. 求下列函数的极值:

(1) $z=x^3+3xy^2-15x-12y$;

(2) $z=\sin x+\cos y+\cos(x-y)$, $\left(0\leqslant x,y\leqslant\dfrac{\pi}{2}\right)$;

(3) $z=x^2+xy+y^2-3ax-3by$;

(4) $z=\mathrm{e}^{-x^2-xy-y^2}(5x+7y-25)$.

2. 求函数 $z=xy$ 在满足附加条件 $x+y=1$ 下的极大值.

3. 求函数 $f(x,y)=x^2+y^2-xy-3y$ 在闭区域 $0\leqslant y\leqslant4-x,0\leqslant x\leqslant4$ 上的最大值与最小值.

4. 从斜边之长为 l 的一切直角三角形中,求有最大周长的直角三角形.

5. 求原点到曲面 $z^2=xy+x-y+4$ 的最短距离.

6. 在椭圆 $\dfrac{x^2}{4}+y^2=1$ 上求两点,使它们到直线 $x+y=4$ 的距离分别为最短和最长.

7. 有一宽为 24 cm 的长方形铁板,把它折起来做成一个断面为等腰梯形的水槽,问怎样

折法才能使断面面积最大.

8. 在平面 $\dfrac{x}{3}+\dfrac{y}{4}+\dfrac{z}{5}=1$ 和柱面 $x^2+y^2=1$ 的交线上求一点,使该点的坐标 z 取最大.

9. 在第一卦限内作椭球面 $\dfrac{x^2}{a^2}+\dfrac{y^2}{b^2}+\dfrac{z^2}{c^2}=1$ 的切平面,使该切平面与三坐标面所围成的四面体的体积最小,求这切平面的切点,并求此最小体积.

10. 设有一圆板占有平面闭区域 $\{(x,y)\mid x^2+y^2\leqslant 1\}$,该圆板被加热,以致在点 (x,y) 的温度是 $T=x^2+2y^2-x$,求该圆板的最热点和最冷点.

11. 设有一小山,取它的底面所在的平面为 xOy 坐标面,其底部所占的区域为 $D=\{(x,y)\mid x^2+y^2-xy\leqslant 75\}$,小山上的高度函数为 $h(x,y)=75-x^2-y^2+xy$.

(1) 设 $M(x_0,y_0)$ 为区域 D 上一点,问 $h(x,y)$ 在该点沿平面上什么方向的方向导数最大?

(2) 现欲利用此小山开展攀岩活动,为此需要在山脚寻找一上山坡度最大的点作为攀登的起点. 也就是说,要在 D 的边界线 $x^2+y^2-xy=75$ 上找出使问题(1)中的 $g(x,y)$ 达到最大值的点. 试确定攀登起点的位置.

第九节* 二元函数的泰勒公式

一、二元函数的泰勒公式

在《微积分教程(上册·第 2 版)》第三章中我们已经知道,若函数 $f(x)$ 在含有 x_0 的某个开区间 (a,b) 内具有直到 $(n+1)$ 阶的导数,则当 x 在 (a,b) 内时,有下面的 n 阶泰勒公式

$$f(x)=f(x_0)+f'(x_0)(x-x_0)+$$

$$\dfrac{f''(x_0)}{2!}(x-x_0)^2+\cdots+\dfrac{f^{(n)}(x_0)}{n!}(x-x_0)^n+$$

$$\dfrac{f^{(n+1)}(x_0+\theta(x-x_0))}{(n+1)!}(x-x_0)^{n+1}\quad(0<\theta<1)$$

成立. 利用一元函数的泰勒公式,我们可用 n 次多项式来近似表达函数 $f(x)$,且误差是当 $x\to x_0$ 时比 $(x-x_0)^n$ 高阶的无穷小. 对于多元函数来说,无论是为了理论的或实际计算的目的,也都有必要考虑用多个变量的多项式来近似表达一个给定的多元函数,并能具体地估算出误差的大小来. 今以二元函数为例,设 $z=f(x,y)$ 在点 (x_0,y_0) 的某一邻域内连续且有直到 $(n+1)$ 阶的连续偏导数,(x_0+h,y_0+k) 为此邻域内任一点,我们的问题就是要把函数 $f(x_0+h,y_0+k)$ 近似地表达为 $h=x-x_0$,$k=y-y_0$ 的 n 次多项式,而由此所产生的误差是当 $\rho=\sqrt{h^2+k^2}\to 0$ 时比 ρ^n 高阶的无穷小. 为了解决这个问题,就要把一元函数的泰勒中值定理推广到多元函数的情形.

定理1 设 $z = f(x, y)$ 在点 (x_0, y_0) 的某一邻域内连续且有直到 $(n+1)$ 阶的连续偏导数，$(x_0 + h, y_0 + k)$ 为此邻域内任一点，则有

$$f(x_0 + h, y_0 + k) = f(x_0, y_0) + \left(h\frac{\partial}{\partial x} + k\frac{\partial}{\partial y} \right) f(x_0, y_0) +$$

$$\frac{1}{2!}\left(h\frac{\partial}{\partial x} + k\frac{\partial}{\partial y} \right)^2 f(x_0, y_0) + \cdots + \frac{1}{n!}\left(h\frac{\partial}{\partial x} + k\frac{\partial}{\partial y} \right)^n f(x_0, y_0) +$$

$$\frac{1}{(n+1)!}\left(h\frac{\partial}{\partial x} + k\frac{\partial}{\partial y} \right)^{n+1} f(x_0 + \theta h, y_0 + \theta k) \quad (0 < \theta < 1)$$

其中记号 $\left(h\frac{\partial}{\partial x} + k\frac{\partial}{\partial y} \right) f(x_0, y_0)$ 表示 $h f_x(x_0, y_0) + k f_y(x_0, y_0)$，$\left(h\frac{\partial}{\partial x} + k\frac{\partial}{\partial y} \right)^2 f(x_0, y_0)$ 表示

$h^2 f_{xx}(x_0, y_0) + 2hk f_{xy}(x_0, y_0) + k^2 f_{yy}(x_0, y_0)$. 一般地，记号 $\left(h\frac{\partial}{\partial x} + k\frac{\partial}{\partial y} \right)^m f(x_0, y_0)$ 表示

$$\sum_{p=0}^{m} C_m^p h^p k^{m-p} \frac{\partial^m f}{\partial x^p \partial y^{m-p}} \bigg|_{(x_0, y_0)}.$$

证明 为了利用一元函数的泰勒公式来进行证明，我们引入函数

$$\Phi(t) = f(x_0 + ht, y_0 + kt) \quad (0 \leq t \leq 1)$$

显然 $\Phi(0) = f(x_0, y_0)$，$\Phi(1) = f(x_0 + h, y_0 + k)$. 由 $\Phi(t)$ 的定义及多元复合函数的求导法则，可得

$$\Phi'(t) = h f_x(x_0 + ht, y_0 + kt) + k f_y(x_0 + ht, y_0 + kt)$$

$$= \left(h\frac{\partial}{\partial x} + k\frac{\partial}{\partial y} \right) f(x_0 + ht, y_0 + kt)$$

$$\Phi''(t) = h^2 f_{xx}(x_0 + ht, y_0 + kt) + 2hk f_{xy}(x_0 + ht, y_0 + kt) +$$

$$k^2 f_{yy}(x_0 + ht, y_0 + kt)$$

$$= \left(h\frac{\partial}{\partial x} + k\frac{\partial}{\partial y} \right)^2 f(x_0 + ht, y_0 + kt)$$

$$\cdots$$

$$\Phi^{(n+1)}(t) = \sum_{p=0}^{n+1} C_{n+1}^p h^p k^{n+1-p} \frac{\partial^{n+1} f}{\partial x^p \partial y^{n+1-p}} \bigg|_{(x_0 + ht, y_0 + kt)}$$

$$= \left(h\frac{\partial}{\partial x} + k\frac{\partial}{\partial y} \right)^{n+1} f(x_0 + ht, y_0 + kt)$$

利用一元函数的麦克劳林公式，得

$$\Phi(1) = \Phi(0) + \Phi'(0) + \frac{1}{2!}\Phi''(0) + \cdots + \frac{1}{n!}\Phi^{(n)}(0) + \frac{1}{(n+1)!}\Phi^{(n+1)}(\theta) \quad (0 < \theta < 1)$$

将 $\Phi(0) = f(x_0, y_0)$，$\Phi(1) = f(x_0 + h, y_0 + k)$ 及上面求得的 $\Phi(t)$ 直到 n 阶导数在 $t = 0$ 的值，以及 $\Phi^{(n+1)}(t)$ 在 $t = \theta$ 的值代入上式，即得

$$f(x_0 + h, y_0 + k)$$

$$= f(x_0, y_0) + \left(h\frac{\partial}{\partial x} + k\frac{\partial}{\partial y} \right) f(x_0, y_0) + \frac{1}{2!}\left(h\frac{\partial}{\partial x} + k\frac{\partial}{\partial y} \right)^2 f(x_0, y_0) + \cdots +$$

$$\frac{1}{n!}\left(h\frac{\partial}{\partial x} + k\frac{\partial}{\partial y} \right)^n f(x_0, y_0) + R_n \tag{7-34}$$

其中

$$R_n = \frac{1}{(n+1)!}\left(h\frac{\partial}{\partial x} + k\frac{\partial}{\partial y} \right)^{n+1} f(x_0 + \theta h, y_0 + \theta k) \quad (0 < \theta < 1) \tag{7-35}$$

定理证毕.

公式(7-34)称为二元函数 $f(x,y)$ 在点 (x_0, y_0) 的 n 阶泰勒公式,而 R_n 的表达式(7-35)称为拉格朗日型余项.

由二元函数的泰勒公式可知,以式(7-34)右端 h 及 k 的 n 次多项式近似表达函数 $f(x_0 + h, y_0 + k)$ 时,其误差为 $|R_n|$. 由假设,函数的各 $(n+1)$ 阶偏导数都连续,故它们的绝对值在点 (x_0, y_0) 的某一邻域内都不超过某一正常数 M. 于是,有下面的误差估计式:

$$|R_n| \leq \frac{M}{(n+1)!}(|h| + |k|)^{n+1} = \frac{M}{(n+1)!}\rho^{n+1}(|\cos\alpha| + |\sin\alpha|)^{n+1}$$

$$\leq \frac{(\sqrt{2})^{n+1}}{(n+1)!}M\rho^{n+1} ① \tag{7-36}$$

其中 $\rho \approx \sqrt{h^2 + k^2}$.

由式(7-36)可知,误差 $|R_n|$ 是当 $\rho \to 0$ 时比 ρ^n 高阶的无穷小.

当 $n = 0$ 时,公式(7-34)成为

$$f(x_0 + h, y_0 + k) = f(x_0, y_0) + hf_x(x_0 + \theta h, y_0 + \theta k) + kf_y(x_0 + \theta h, y_0 + \theta k) \tag{7-37}$$

式(7-37)称为二元函数的拉格朗日中值公式. 由式(7-37)即可推得下述结论:

如果函数 $f(x,y)$ 的偏导数 $f_x(x,y)$, $f_y(x,y)$ 在某一区域内都恒等于零,则函数 $f(x,y)$ 在该区域内为一常数.

例1 求函数 $f(x,y) = \ln(1 + x + y)$ 在点 $(0,0)$ 的三阶泰勒公式.

解 因为

$$f_x(x,y) = f_y(x,y) = \frac{1}{1 + x + y}$$

$$f_{xx}(x,y) = f_{xy}(x,y) = f_{yy}(x,y) = -\frac{1}{(1 + x + y)^2}$$

---

① 令 $|\cos\alpha| = x$,则 $|\sin\alpha| - (1 - x^2)^{\frac{1}{2}}$, $|\cos\alpha| + |\sin\alpha| = x + \sqrt{1 - x^2}\varphi(x)$, $\varphi(x)$ 在 $[0,1]$ 上的最大值为 $\sqrt{2}$.

$$\frac{\partial^3 f}{\partial x^p \partial y^{3-p}} = \frac{2!}{(1+x+y)^3} \quad (p=0,1,2,3)$$

$$\frac{\partial^4 f}{\partial x^p \partial y^{4-p}} = -\frac{3!}{(1+x+y)^4} \quad (p=0,1,2,3,4)$$

所以

$$\left(h\frac{\partial}{\partial x} + k\frac{\partial}{\partial y}\right)f(0,0) = hf_x(0,0) + kf_y(0,0) = h+k$$

$$\left(h\frac{\partial}{\partial x} + k\frac{\partial}{\partial y}\right)^2 f(0,0) = h^2 f_{xx}(0,0) + 2hkf_{xy}(0,0) + k^2 f_{yy}(0,0)$$

$$= -(h+k)^2$$

$$\left(h\frac{\partial}{\partial x} + k\frac{\partial}{\partial y}\right)^3 f(0,0) = h^3 f_{xxx}(0,0) + 3h^2 k f_{xxy}(0,0) + 3hk^2 f_{xyy}(0,0) +$$

$$k^3 f_{yyy}(0,0) = 2(h+k)^3$$

又 $f(0,0)=0$，并将 $h=x,k=y$ 代入，由三阶泰勒公式便得

$$\ln(1+x+y) = x+y - \frac{1}{2}(x+y)^2 + \frac{1}{3}(x+y)^3 + R_3$$

其中

$$R_3 = \frac{1}{4!}\left[\left(h\frac{\partial}{\partial x} + k\frac{\partial}{\partial y}\right)^4 f(\theta h, \theta k)\right]_{h=x,k=y}$$

$$= -\frac{1}{4} \cdot \frac{(x+y)^4}{(1+\theta x+\theta y)^4} \quad (0<\theta<1)$$

二、极值充分条件的证明

现在来证明本章第八节中的定理2.

设函数 $z=f(x,y)$ 在点 $P_0(x_0,y_0)$ 的某邻域 $U_1(P_0)$ 内连续且有一阶及二阶连续偏导数，又 $f_x(x_0,y_0)=0, f_y(x_0,y_0)=0$.

依二元函数的泰勒公式，对于任一 $(x_0+h,y_0+k) \in U_1(P_0)$ 有

$$\Delta f = f(x_0+h,y_0+k) - f(x_0,y_0)$$

$$= \frac{1}{2}\left[h^2 f_{xx}(x_0+\theta h,y_0+\theta k) + 2hkf_{xy}(x_0+\theta h,y_0+\theta k) +\right.$$

$$\left. k^2 f_{yy}(x_0+\theta h,y_0+\theta k)\right] \quad (0<\theta<1) \tag{7-38}$$

（1）设 $AC-B^2>0$，即

$$f_{xx}(x_0,y_0)f_{yy}(x_0,y_0) - [f_{xy}(x_0,y_0)]^2 > 0 \tag{7-39}$$

因 $f(x,y)$ 的二阶偏导数在 $U_1(P_0)$ 内连续，由不等式（7-39）可知，存在点 P_0 的邻域 $U_2(P_0) \subset U_1(P_0)$，使得对任一 $(x_0+h,y_0+k) \in U_2(P_0)$ 有

$$f_{xx}(x_0 + \theta h, y_0 + \theta k) f_{yy}(x_0 + \theta h, y_0 + \theta k) - [f_{xy}(x_0 + \theta h, y_0 + \theta k)]^2 > 0 \quad (7-40)$$

为书写简便起见, $f_{xx}(x,y), f_{xy}(x,y), f_{yy}(x,y)$ 在点 $(x_0 + \theta h, y_0 + \theta k)$ 处的值依次为 $f_{xx}, f_{xy},$ f_{yy}. 由式 $(7-40)$ 可知, 当 $(x_0 + h, y_0 + k) \in U_2(P_0)$ 时, f_{xx} 及 f_{yy} 都不等于零且两者同号. 于是式 $(7-38)$ 可写成

$$\Delta f = \frac{1}{2f_{xx}} \left[(hf_{xx} + kf_{xy})^2 + k^2 (f_{xx}f_{yy} - f_{xy}^2) \right]$$

当 h, k 不同时为零且 $(x_0 + h, y_0 + k) \in U_2(P_0)$ 时, 上式右端方括号内的值为正, 所以 Δf 异于零且与 f_{xx} 同号. 又由 $f(x,y)$ 的二阶偏导数的连续性知 f_{xx} 与 A 同号, 因此 Δf 与 A 同号. 所以, 当 $A > 0$ 时 $f(x_0, y_0)$ 为极小值, 当 $A < 0$ 时 $f(x_0, y_0)$ 为极大值.

(2) 设 $AC - B^2 < 0$, 即

$$f_{xx}(x_0, y_0) f_{yy}(x_0, y_0) - [f_{xy}(x_0 + y_0)]^2 < 0 \quad\quad\quad (7-41)$$

先假定 $f_{xx}(x_0, f_0) = f_{yy}(x_0, y_0) = 0$, 于是由式 $(7-41)$ 可知这时 $f_{xy}(x_0, y_0) \neq 0$. 现在分别令 $k = h$ 及 $k = -h$, 则由式 $(7-38)$ 分别得

$$\Delta f = \frac{h^2}{2} [f_{xx}(x_0 + \theta_1 h, y_0 + \theta_1 h) + 2f_{xy}(x_0 + \theta_1 h, y_0 + \theta_1 h) +$$
$$f_{yy}(x_0 + \theta_1 h, y_0 + \theta_1 h)]$$

及

$$\Delta f = \frac{h^2}{2} [f_{xx}(x_0 + \theta_2 h, y_0 - \theta_2 h) - 2f_{xy}(x_0 + \theta_2 h, y_0 - \theta_2 h) +$$
$$f_{yy}(x_0 + \theta_2 h, y_0 - \theta_2 h)]$$

其中 $0 < \theta_1, \theta_2 < 1$. 当 $h \to 0$ 时, 以上两式中方括号内的式子分别趋于极限 $2f_{xy}(x_0, y_0)$ 及 $-2f_{xy}(x_0, y_0)$, 从而当 h 充分接近零时, 两式中方括号内的值有相反的符号, 因此 Δf 可取不同符号的值, 所以 $f(x_0, y_0)$ 不是极值.

再证 $f_{xx}(x_0, y_0)$ 和 $f_{yy}(x_0, y_0)$ 不同时为零的情形. 不妨假定 $f_{yy}(x_0, y_0) \neq 0$, 先取 $k = 0$, 于是由式 $(7-38)$ 得

$$\Delta f = \frac{1}{2} h^2 f_{xx}(x_0 + \theta h, y_0)$$

由此看出, 当 h 充分接近零时, Δf 与 $f_{xx}(x_0, y_0)$ 同号.

但如果取

$$h = -f_{xy}(x_0, y_0)s, k = f_{xx}(x_0, y_0)s \quad\quad\quad (7-42)$$

其中, s 是异于零但充分接近零的数, 则可发现, 当 $|s|$ 充分小时, Δf 与 $f_{xx}(x_0, y_0)$ 异号. 事实上, 式 $(7-38)$ 中将 h 及 k 用式 $(7-42)$ 给定的值代入, 得

$$\Delta f = \frac{1}{2} s^2 \{ [f_{xy}(x_0, y_0)]^2 f_{xx}(x_0 + \theta h, y_0 + \theta k) -$$
$$2f_{xy}(x_0, y_0) f_{xx}(x_0, y_0) f_{xy}(x_0 + \theta h, y_0 + \theta k) +$$

$$[f_{xx}(x_0,y_0)]^2 f_{yy}(x_0+\theta h,y_0+\theta k)\} \tag{7-43}$$

上式右端花括号内的式子当 $s\to 0$ 时趋于极限

$$f_{xx}(x_0,y_0)\{f_{xx}(x_0,y_0)f_{yy}(x_0,y_0)-[f_{xy}(x_0,y_0)]^2\}$$

由不等式(7-41)，上式花括号内的值为负，因此当 s 充分接近零时，式(7-43)右端(从而 Δf)与 $f_{xx}(x_0,y_0)$ 异号.

以上已经证得：在点 (x_0,y_0) 的任意邻域，Δf 可取不同符号的值，因此 $f(x_0,y_0)$ 不是极值.

(3)考查函数 $f(x,y)=x^2+y^4$ 及 $g(x,y)=x^2+y^3$ 容易验证，这两个函数都以 $(0,0)$ 为驻点，且在点 $(0,0)$ 处都满足 $AC-B^2=0$. 但 $f(x,y)$ 在点 $(0,0)$ 处有极小值，而 $g(x,y)$ 在点 $(0,0)$ 处却没有极值.

习题 7-9

1. 求函数 $f(x,y)=2x^2-xy-y^2-6x-3y+5$ 在点 $(1,-2)$ 的泰勒公式.

2. 求函数 $f(x,y)=e^x\ln(1+y)$ 在点 $(0,0)$ 的三阶泰勒公式.

3. 求函数 $f(x,y)=\sin x\sin y$ 在点 $\left(\dfrac{\pi}{4},\dfrac{\pi}{4}\right)$ 的二阶泰勒公式.

4. 利用函数 $f(x,y)=x^y$ 的三阶泰勒公式，计算 $1.1^{1.02}$ 的近似值.

5. 求函数 $f(x,y)=e^{x+y}$ 在点 $(0,0)$ 的 n 阶泰勒公式.

第八章　重　积　分

在本章中,我们将讨论多元函数的积分. 由于多元函数可以定义在平面、空间区域、曲线和曲面上,所以就产生了二重积分、三重积分、曲线积分和曲面积分的概念. 本章将介绍二重积分和三重积分的概念、计算方法和它们的简单应用.

第一节　二重积分的概念与性质

一、二重积分的概念

1. 曲顶柱体的体积

设有一立体,它的底是 xOy 面上的有界闭区域 D,它的侧面是以 D 的边界曲线为准线而母线平行于 z 轴的柱面,它的顶是曲面 $z = f(x,y)$,这里 $f(x,y) \geqslant 0$ 且在 D 上连续,这种立体称为曲顶柱体,如图 8-1 所示. 现在我们来讨论如何定义并计算曲顶柱体的体积 V.

仿照曲边梯形面积的计算方法,首先我们用一簇曲线网把 D 分成 n 个小闭区域

$$\Delta\sigma_1, \Delta\sigma_2, \cdots, \Delta\sigma_n$$

其中,$\Delta\sigma_i$ 表示第 i 个小闭区域,同时也表示第 i 个小闭区域的面积($i = 1, 2, \cdots, n$). 然后,以这些小闭区域的边界曲线为准线,作母线平行于 z 轴的柱面,这些柱面将原来的曲顶柱体分为 n 个细曲顶柱体(见图 8-2),其体积分别为 $\Delta V_1, \Delta V_2, \cdots, \Delta V_n$,任取一点 $(\xi_i, \eta_i) \in \Delta\sigma_i$,则 $f(\xi_i, \eta_i)\Delta\sigma_i$ 是以 $\Delta\sigma_i$ 为底,以 $f(\xi_i, \eta_i)$ 为高的平顶柱体的体积. 由于 $f(x,y)$ 连续,所以当小闭区域的直径很小时,对同一个小闭区域来说 $f(x,y)$ 变化很小,此时细曲顶柱体可近似看作平顶柱体,即

$$\Delta V_i \approx f(\xi_i, \eta_i)\Delta\sigma_i \quad (i = 1, 2, \cdots, n)$$

所以曲顶柱体的体积

$$V = \sum_{i=1}^{n} \Delta V_i \approx \sum_{i=1}^{n} f(\xi_i, \eta_i)\Delta\sigma_i$$

记 λ 为闭区域的 $\Delta\sigma_1, \Delta\sigma_2, \cdots, \Delta\sigma_n$ 直径的最大值(闭区域的直径为闭区域任意两点间距离的最大值),取上述和的极限,所得的极限便自然定义为所讨论的曲顶柱体的体积 V,即

$$V = \lim_{\lambda \to 0} \sum_{i=1}^{n} f(\xi_i, \eta_i)\Delta\sigma_i$$

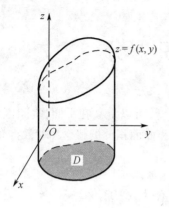

图 8 - 1

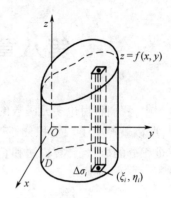

图 8 - 2

2. 平面薄片的质量

如图 8 - 3 所示,设有一平面薄片占有 xOy 面上的闭区域 D,它在点 (x,y) 处的面密度为 $\rho(x,y)$,这里 $\rho(x,y) > 0$ 且在 D 上连续,现在要计算该薄片的质量 M.

与求曲顶柱体体积的方法类似,用一簇曲线网把 D 分成 n 个小区域 $\Delta\sigma_1, \Delta\sigma_2, \cdots, \Delta\sigma_n$,把各小块的质量近似地看作均匀薄片的质量

$$\Delta m_i \approx \rho(\xi_i, \eta_i)\Delta\sigma_i \quad (i = 1, 2, \cdots, n)$$

平面薄片的质量的近似值为

$$M \approx \sum_{i=1}^{n} \rho(\xi_i, \eta_i)\Delta\sigma_i$$

将分割加细,取极限,便得到平面薄片的质量

$$M = \lim_{\lambda \to 0} \sum_{i=1}^{n} \rho(\xi_i, \eta_i)\Delta\sigma_i$$

其中,λ 是小区域的直径中的最大值.

从上面两个实际问题看出,所求量最后都归结为求同一形式和的极限. 由此我们抛开它们的实际意义,一般地研究这种和的极限,并抽象出二重积分的定义.

定义 1 设函数 $f(x,y)$ 在有界闭区域 D 上有界,用任意一簇曲线网将 D 分割成 n 个小的闭区域 $\Delta\sigma_1, \Delta\sigma_2, \cdots, \Delta\sigma_n$,其中 $\Delta\sigma_i$ 表示第 i 个小区域,同时也表示它的面积,在每个 $\Delta\sigma_i$ 上任取一点 (ξ_i, η_i),作和

$$\sum_{i=1}^{n} f(\xi_i, \eta_i)\Delta\sigma_i$$

如果各小闭区域的直径中的最大值 λ 趋于零,该和的极限总存在,则称此极限值为函数

$f(x,y)$ 在闭区域 D 上的二重积分,记作 $\iint\limits_{D} f(x,y)\mathrm{d}\sigma$,即

$$\iint\limits_{D} f(x,y)\mathrm{d}\sigma = \lim_{\lambda \to 0} \sum_{i=1}^{n} f(\xi_i,\eta_i)\Delta\sigma_i$$

其中,$f(x,y)$ 称为被积函数;$f(x,y)\mathrm{d}\sigma$ 称为被积表达式;$\mathrm{d}\sigma$ 称为面积元素(微元);x,y 称为积分变量;D 称为积分区域.

上述定义中对闭区域 D 的分割是任意的,如果我们用一簇分别平行于坐标轴的直线网来分割区域 D,那么除了包含边界点的一些小闭区域外(可以证明这些小区域上的对应项和的极限为零),其余的小闭区域都是矩形闭区域. 设矩形闭区域 $\Delta\sigma_i$ 的边长为 Δx_k 和 Δy_j,则 $\Delta\sigma_i = \Delta x_k \Delta y_j$. 因此,在直角坐标系中,有时也将面积元素 $\mathrm{d}\sigma$ 记作 $\mathrm{d}x\mathrm{d}y$,而将二重积分记作

$$\iint\limits_{D} f(x,y)\mathrm{d}\sigma = \iint\limits_{D} f(x,y)\mathrm{d}x\mathrm{d}y$$

其中,$\mathrm{d}x\mathrm{d}y$ 称为直角坐标系中的面积元素.

这里需要指出的是,如果 $f(x,y)$ 在有界闭区域 D 上连续,则定义中的二重积分必定存在. 以下无特殊情况说明,总是假定被积函数在积分区域上连续.

二、二重积分的几何意义

由定义可以得到二重积分有如下几何意义:

(1) 如果在 D 上 $f(x,y) \geq 0$,则二重积分 $\iint\limits_{D} f(x,y)\mathrm{d}\sigma$ 等于以区域 D 为底,以 $z = f(x,y)$ 为顶的曲顶柱体的体积.

(2) 如果在 D 上 $f(x,y) \leq 0$,则曲顶柱体在 xOy 面的下方,二重积分 $\iint\limits_{D} f(x,y)\mathrm{d}\sigma$ 等于此柱体的体积负值.

(3) 如果在 D 上一部分区域 $f(x,y) \geq 0$,一部分区域 $f(x,y) < 0$,则 $\iint\limits_{D} f(x,y)\mathrm{d}\sigma$ 为 xOy 面上方的柱体体积减去 xOy 面下方的柱体体积所得之差.

三、二重积分的性质

二重积分与定积分有相似的定义形式,因此,二重积分具有与定积分类似的性质.

性质 1 $\iint\limits_{D} [f(x,y) \pm g(x,y)]\mathrm{d}\sigma = \iint\limits_{D} f(x,y)\mathrm{d}\sigma \pm \iint\limits_{D} g(x,y)\mathrm{d}\sigma$.

性质 2 $\iint\limits_{D} kf(x,y)\mathrm{d}\sigma = k\iint\limits_{D} f(x,y)\mathrm{d}\sigma$ (k 为常数).

性质 3(二重积分积分区域可加性) 设闭区域 D 被一条曲线分为两个闭区域 D_1 与

D_2，则

$$\iint_D f(x,y)\mathrm{d}\sigma = \iint_{D_1} f(x,y)\mathrm{d}\sigma + \iint_{D_2} f(x,y)\mathrm{d}\sigma$$

性质 4 $\iint_D \mathrm{d}\sigma = \iint_D 1 \cdot \mathrm{d}\sigma =$ 区域 D 的面积. 此性质的几何意义是很明显的, 以 D 为底, 高为 1 的平顶柱体的体积在数值上就等于柱体的底面积, 即区域 D 的面积.

例如 $\iint_{D:x^2+y^2 \leqslant R^2} \mathrm{d}\sigma = \pi R^2$.

性质 5 如果在 D 上, $f(x,y) \leqslant g(x,y)$, 则

$$\iint_D f(x,y)\mathrm{d}\sigma \leqslant \iint_D g(x,y)\mathrm{d}\sigma$$

性质 6 $\left| \iint_D f(x,y)\mathrm{d}\sigma \right| \leqslant \iint_D |f(x,y)|\mathrm{d}\sigma.$

性质 7(二重积分的估值定理) 设 M,m 分别是 $f(x,y)$ 在闭区域 D 上的最大值和最小值, σ 为 D 的面积, 则有

$$m\sigma \leqslant \iint_D f(x,y)\mathrm{d}\sigma \leqslant M\sigma$$

性质 8(二重积分的中值定理) 设函数 $f(x,y)$ 在闭区域 D 上连续, σ 为 D 的面积, 则在 D 上至少存在一点 (ξ,η), 使得

$$\iint_D f(x,y)\mathrm{d}\sigma = f(\xi,\eta)\sigma$$

证明 由性质 7 得 $m \leqslant \dfrac{\iint_D f(x,y)\mathrm{d}\sigma}{\sigma} \leqslant M$, 因为 $f(x,y)$ 在闭区域 D 上连续, 所以由连续函数的介值定理, 存在一点 (ξ,η), 使得 $f(\xi,\eta) = \dfrac{1}{\sigma}\iint_D f(x,y)\mathrm{d}\sigma$, 即

$$\iint_D f(x,y)\mathrm{d}\sigma = f(\xi,\eta)\sigma$$

习题 8 – 1

1. 根据二重积分的性质, 比较下列积分的大小:

(1) $\iint_D \sin(xy)\mathrm{d}\sigma$ 与 $\iint_D xy\mathrm{d}\sigma$, 其中 D 为矩形闭区域 $0 \leqslant x \leqslant 1, 0 \leqslant y \leqslant 1$;

(2) $\iint_D (x+y)^2\mathrm{d}\sigma$ 与 $\iint_D (x+y)^3\mathrm{d}\sigma$, 其中 D 为 x 轴、y 轴及直线 $x+y=1$ 所围成的区域;

(3) $\iint\limits_{D}\ln\,(x+y)\mathrm{d}\sigma$ 与 $\iint\limits_{D}[\ln\,(x+y)]^2\mathrm{d}\sigma$，其中 D 为三角形闭区域，三角形的三个顶点分别为 $(1,0),(1,1),(2,0)$.

2. 利用二重积分的性质，估计下列积分值的范围：

(1) $I=\iint\limits_{D}\mathrm{e}^{x^2+y^2}\mathrm{d}\sigma$，其中 D 为矩形闭区域 $0\leqslant x\leqslant 1$，$-1\leqslant y\leqslant 1$；

(2) $I=\iint\limits_{D}(x^2+2y^2+1)\mathrm{d}\sigma$，其中 D 为 $x^2+y^2\leqslant 1$；

(3) $I=\iint\limits_{D}xy(1-x-y)\mathrm{d}\sigma$，其中 D 为 $0\leqslant x\leqslant 1,0\leqslant y\leqslant 1$.

3. 设 $f(x,y)$ 在 D 上连续，证明 $\lim\limits_{r\to 0^+}\dfrac{1}{\pi r^2}\iint\limits_{D}f(x,y)\mathrm{d}\sigma=f(x_0,y_0)$，其中

$$D=\{(x,y)\mid(x-x_0)^2+(y-y_0)^2\leqslant r^2\}$$

4. 证明：若函数 $f(x,y)$ 与 $g(x,y)$ 在有界闭区域 D 上都连续，且 $g(x,y)\geqslant 0$，则存在 $(\xi,\eta)\in D$，使得

$$\iint\limits_{D}f(x,y)g(x,y)\mathrm{d}\sigma=f(\xi,\eta)\iint\limits_{D}g(x,y)\mathrm{d}\sigma$$

第二节　二重积分的计算

按照二重积分的定义和性质计算二重积分，只能解决极少数被积函数和积分区域特别简单的积分，对多数积分并不可行. 在本节中介绍将二重积分化为累次积分(即两次定积分)的计算方法.

一、直角坐标系下二重积分的计算方法

二重积分的计算与积分区域边界曲线的形状有密切的关系，下面将积分区域分成几种情形讨论.

1. 积分区域 D 为 X–型区域

如果 $D:y_1(x)\leqslant y\leqslant y_2(x),a\leqslant x\leqslant b$，则 D 称为 X–型区域(见图 8–4)，其中 $y=y_1(x)$，$y=y_2(x)$ 在 $[a,b]$ 上连续. 所谓的 X–型区域从几何上看即为任意平行于 y 轴的直线穿过闭区域 D 的内部，与 D 的边界交点不超过两个(见图 8–4).

设闭区域 D 为 X–型区域，被积函数 $f(x,y)$ 在 D 上非负，则二重积分 $\iint\limits_{D}f(x,y)\mathrm{d}\sigma$ 等于以闭区域 D 为底，以 $z=f(x,y)$ 为顶的曲顶柱体的体积. 下面我们用定积分微元法计算此曲顶柱

体的体积.

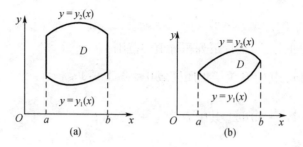

图 8 - 4

在 $[a,b]$ 内任意取定一点 x，过 x 点且平行 yOz 平面截曲顶柱体的截面是以区间 $[y_1(x),y_2(x)]$ 为底，以曲线 $z=f(x,y)$ 为曲边的曲边梯形（见图 8 - 5 阴影部分），此截面面积为

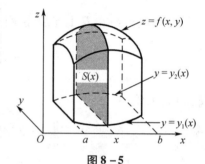

图 8 - 5

$$S(x) = \int_{y_1(x)}^{y_2(x)} f(x,y)\,\mathrm{d}y$$

利用平行截面面积已知的立体体积的计算方法，得此曲顶柱体的体积

$$V = \int_a^b S(x)\,\mathrm{d}x = \int_a^b \Big[\int_{y_1(x)}^{y_2(x)} f(x,y)\,\mathrm{d}y\Big]\mathrm{d}x$$

由此二重积分

$$\iint\limits_D f(x,y)\,\mathrm{d}\sigma = \int_a^b \Big[\int_{y_1(x)}^{y_2(x)} f(x,y)\,\mathrm{d}y\Big]\mathrm{d}x$$

上式右端称为先 y 后 x 的二次（累次）积分. 在计算时，先计算关于 y 的积分 $\int_{y_1(x)}^{y_2(x)} f(x,y)\,\mathrm{d}y$（将 x 看成常数，y 看成变量），然后再计算关于 x 的积分. 这种先 y 后 x 的积分通常记为

$$\int_a^b \mathrm{d}x \int_{y_1(x)}^{y_2(x)} f(x,y)\,\mathrm{d}y$$

所以二重积分化为二次积分的公式为

$$\iint\limits_D f(x,y)\,\mathrm{d}\sigma = \int_a^b \mathrm{d}x \int_{y_1(x)}^{y_2(x)} f(x,y)\,\mathrm{d}y \tag{8 - 1}$$

虽然推导上述公式时假定 $f(x,y)$ 在 D 上非负，但是按此方法不难证明上述公式并不受此条件限制.

2. 积分区域为 Y - 型区域

如果 $D:x_1(y)\leqslant x\leqslant x_2(y)$，$c\leqslant y\leqslant d$，则 D 称为 Y - 型区域（见图 8 - 6），其中 $x=x_1(y)$，

$x = x_2(y)$ 在 $[c,d]$ 上连续. 所谓的 Y - 型区域从几何上看即为任意平行于 x 轴的直线穿过闭区域 D 的内部,与 D 的边界交点不超过两个(见图 8 - 6).

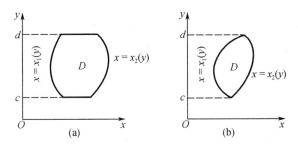

图 8 - 6

与推导 X - 型区域上二重积分的计算公式相似,得到 Y - 型区域上二重积分的计算公式为

$$\iint\limits_{D} f(x,y)\mathrm{d}\sigma = \int_c^d \mathrm{d}y \int_{x_1(y)}^{x_2(y)} f(x,y)\mathrm{d}x \tag{8 - 2}$$

上式右端称为先 x 后 y 的二次(累次)积分. 在计算时,先计算关于 x 的积分 $\int_{x_1(y)}^{x_2(y)} f(x,y)\mathrm{d}x$ (将 y 看成常数,x 看成变量),然后计算关于 y 的积分.

例 1 计算二重积分 $\iint\limits_{D}(x + y)\mathrm{d}\sigma$,其中 D 是直线 $x + y = 1$ 与两坐标轴所围成的部分.

解 先画出积分区域 D 的图形[见图 8 - 7(a)],显然 D 可以看成 X - 型区域.

区域 D 在 x 轴的投影区间为 $[0,1]$,即 x 的变化范围是 $[0,1]$ 区间,在 $[0,1]$ 内任意取定一个点 x,过点 x 作平行 y 轴的直线,该直线与区域 D 相交部分的线段的 y 值从 $y = 0$ 变化到 $y = 1 - x$,所以由公式(8 - 1)得到

$$\iint\limits_{D}(x + y)\mathrm{d}\sigma = \int_0^1 \mathrm{d}x \int_0^{1-x}(x + y)\mathrm{d}y = \int_0^1 \frac{1}{2}(x + y)^2 \bigg|_0^{1-x} \mathrm{d}x = \frac{1}{2}\int_0^1 (1 - x^2)\mathrm{d}x = \frac{1}{3}$$

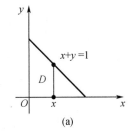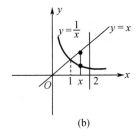

图 8 - 7

例2　计算二重积分 $\iint\limits_{D} \dfrac{x^2}{y^2}\mathrm{d}x\mathrm{d}y$，其中 D 是由双曲线 $y = \dfrac{1}{x}$ 及直线 $x = 2, y = x$ 所围成的区域.

解　先画出积分区域 D 的图形［见图 8 - 7(b)］，求出 D 的边界曲线交点坐标，将 D 看成 X - 型区域，则 D 在 x 轴投影区间为［1,2］，在［1,2］内任取一点 x，过点 x 作平行 y 轴的直线，则该直线在 D 内的部分从 $y = x^{-1}$ 变化到 $y = x$，所以

$$\iint\limits_{D} \frac{x^2}{y^2}\mathrm{d}x\mathrm{d}y = \int_1^2 \mathrm{d}x \int_{x^{-1}}^x \frac{x^2}{y^2}\mathrm{d}y = \int_1^2 \left[\frac{-x^2}{y} \right]_{x^{-1}}^x \mathrm{d}x = \int_1^2 (x^3 - x)\mathrm{d}x = \frac{9}{4}$$

例3　计算二重积分 $\iint\limits_{D} xy\mathrm{d}x\mathrm{d}y$，其中 D 是直线 $y = x - 2$ 与抛物线 $y^2 = x$ 所围成的有界闭区域.

解　先画出积分区域 D 的图形（见图 8 - 8）. D 既是 X - 型区域，又是 Y - 型区域，但若看成 X - 型区域，D 的下方边界有两种表达式，必须用积分区域可加性分成两个二重积分，这样计算比较烦琐. 下面将 D 看成 Y - 型区域计算.

区域 D 在 y 轴的投影区间为［-1,2］，即 y 的变化范围是［-1,2］，在［-1,2］内任意取定一个点 y，过点 y 作平行 x 轴的直线，该直线与区域 D 相交部分的线段的 x 值从 $x = y^2$ 变化到 $x = y + 2$，所以由公式(8 - 2)得到

$$\iint\limits_{D} xy\mathrm{d}x\mathrm{d}y = \int_{-1}^2 \mathrm{d}y \int_{y^2}^{y+2} xy\,\mathrm{d}x = \int_{-1}^2 \frac{1}{2}yx^2 \Big|_{y^2}^{y+2} \mathrm{d}y = \frac{1}{2}\int_{-1}^2 \left[y(y+2)^2 - y^5 \right]\mathrm{d}y$$

$$= \frac{1}{2}\left(\frac{1}{4}y^4 + \frac{4}{3}y^3 + 2y^2 - \frac{1}{6}y^6 \right)\Big|_{-1}^2$$

$$= \frac{45}{8}$$

以上我们讨论了 X - 型、Y - 型区域上二重积分的计算，但有些区域既不是 X - 型，也不是 Y - 型（见图 8 - 9），这时可以用积分区域的可加性将 D 分成几个区域分别计算.

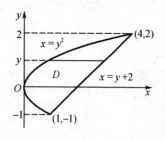

图 8 - 8

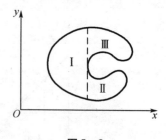

图 8 - 9

3. 直角坐标系下二次积分交换积分次序

有些区域既可以看成 X – 型,也可以看成 Y – 型,这样就可以得到两种不同次序的二次积分. 为了计算的方便,需要选择恰当的二次积分的积分次序.

例 4　计算积分 $I = \int_0^1 \mathrm{d}x \int_x^1 \mathrm{e}^{y^2} \mathrm{d}y$.

解　因为 e^{y^2} 关于 y 的原函数不是初等函数,所以积分 $\int_x^1 \mathrm{e}^{y^2} \mathrm{d}y$ 现在无法计算. 画出积分区域 D 的图形(见图 8 – 10),而将 D 看成 Y – 型区域(见图 8 – 11),则积分

$$I = \iint_D \mathrm{e}^{y^2} \mathrm{d}x\mathrm{d}y = \int_0^1 \mathrm{d}y \int_0^y \mathrm{e}^{y^2} \mathrm{d}x = \int_0^1 y\mathrm{e}^{y^2} \mathrm{d}y = \frac{1}{2}\mathrm{e}^{y^2} \Big|_0^1 = \frac{1}{2}(\mathrm{e} - 1)$$

例 5　交换积分 $I = \int_{-1}^0 \mathrm{d}x \int_0^1 f(x,y) \mathrm{d}y + \int_0^1 \mathrm{d}x \int_0^{\sqrt{1-x^2}} f(x,y) \mathrm{d}y$ 的积分次序.

解　画出积分区域 D 的图形(见图 8 – 12),将 D 看成 Y – 型区域,则积分

$$I = \int_0^1 \mathrm{d}y \int_{-1}^{\sqrt{1-y^2}} f(x,y) \mathrm{d}x$$

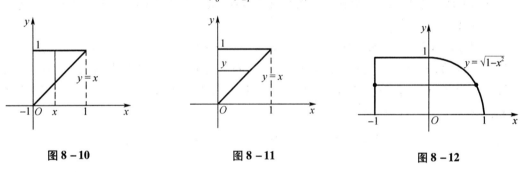

图 8 – 10　　　　　　　图 8 – 11　　　　　　　图 8 – 12

二、极坐标系下二重积分的计算方法

有些二重积分,积分区域的边界曲线(尤其是边界曲线表达式中含有 $x^2 + y^2$ 形式的)用极坐标方程来表示比较方便,且被积函数用极坐标变量 r,θ 表达比较简单,这时可以考虑利用极坐标来计算二重积分.

在极坐标系中,点的坐标记为 (r,θ). 方程 $r = r_0$($r_0 > 0$ 为常数)表示圆,方程 $\theta = \theta_0$ 表示射线. 用上述的圆和射线组成的网无限分割积分区域 D,面积元素 $\mathrm{d}\sigma$ 可视为小矩形的面积,小矩形的一边长为 $\mathrm{d}r$,另一边长按圆弧长计算为 $r\mathrm{d}\theta$(见图 8 – 13),由此得面积元素

$$\mathrm{d}\sigma = r\mathrm{d}r\mathrm{d}\theta$$

又由 $x = r\cos\theta, y = r\sin\theta$,得到将直角坐标系下的二重积分化为极坐标系下的二重积分公式

$$\iint_D f(x,y) \mathrm{d}\sigma = \iint_D f(r\cos\theta, r\sin\theta) r\mathrm{d}r\mathrm{d}\theta \qquad (8 – 3)$$

其中, $r\mathrm{d}r\mathrm{d}\theta$ 称为极坐标系下的面积元素.

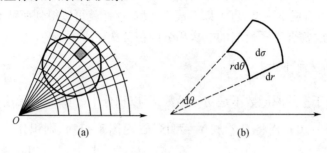

图 8 – 13

这就是将二重积分从直角坐标变为极坐标的变换公式. 公式(8 – 3)表明,将直角坐标系下的二重积分变换为极坐标系下的二重积分,只需将被积函数中的 x,y 分别换为 $r\cos\theta, r\sin\theta$,并将直角坐标系下的面积微元 $\mathrm{d}x\mathrm{d}y$ 换为极坐标系下的面积微元 $r\mathrm{d}r\mathrm{d}\theta$,此时积分区域 D 的边界曲线方程用 r,θ 表示.

利用前面讲过的二重积分化为二次积分的方法,极坐标系下的二重积分同样可以转化为二次积分来计算.

若积分区域 $D:r_1(\theta)\leqslant r\leqslant r_2(\theta),\alpha\leqslant\theta\leqslant\beta$(见图 8 – 14),先在区间 $[\alpha,\beta]$ 上任意取定一个 θ 值,对此 θ 值,积分区域上的点的极径 r 从 $r_1(\theta)$ 变化到 $r_2(\theta)$, θ 是在 $[\alpha,\beta]$ 上任意取定的(见图 8 – 15),所以可变化范围是区间 $[\alpha,\beta]$,其中 $r_1(\theta),r_2(\theta)$ 在区间 $[\alpha,\beta]$ 上连续. 则极坐标下二重积分化为二次积分公式为

$$\iint\limits_D f(x,y)\mathrm{d}\sigma = \int_\alpha^\beta \mathrm{d}\theta \int_{r_1(\theta)}^{r_2(\theta)} f(r\cos\theta, r\sin\theta)\, r\mathrm{d}r$$

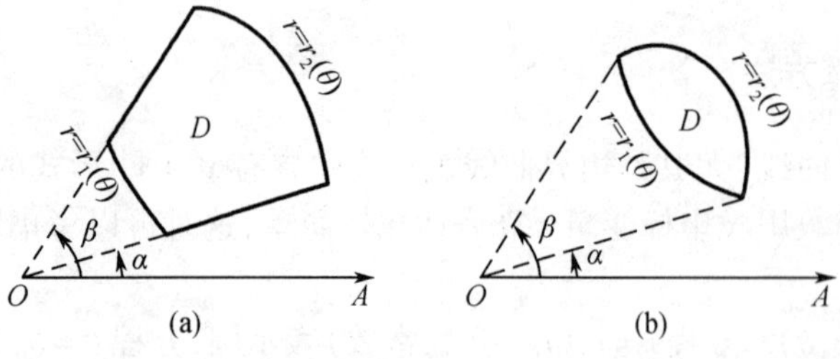

图 8 – 14 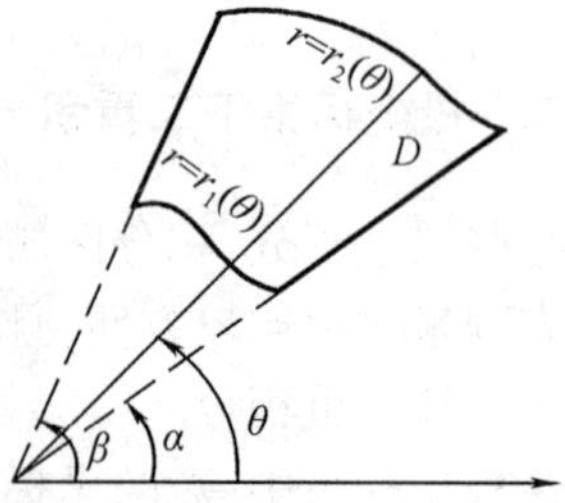　　　　　　　　　　　　　　　图 8 – 15

例6 计算 $\iint\limits_D \mathrm{e}^{-x^2-y^2}\mathrm{d}x\mathrm{d}y$,其中 $D:x^2+y^2\leqslant a^2$.

解 画出积分区域 D 的图形(见图 8 – 16). 将积分区域 D 的边界曲线 $x^2+y^2=a^2$ 化为极坐标方程 $r=a$. 从极点出发作射线穿过区域 D,则在区域 D 的线段的极径 r 的范围从 0 到 a,

极角 θ 的范围是从 0 到 2π, 于是

$$\iint\limits_{D} e^{-x^2-y^2}dxdy = \iint\limits_{D} e^{-r^2}rdrd\theta = \int_0^{2\pi}\left(\int_0^a e^{-r^2}rdr\right)d\theta = \int_0^{2\pi}\left(-\frac{1}{2}e^{-r^2}\right)\Big|_0^a d\theta$$

$$= \frac{1}{2}(1-e^{-a^2})\int_0^{2\pi}d\theta = \pi(1-e^{-a^2})$$

例 7 计算二重积分 $\iint\limits_{D} \sqrt{x^2+y^2}dxdy$, 其中 $D: x \leq x^2+y^2 \leq 2x$.

解 画出积分区域 D 图形 (见图 8-17). 将积分区域 D 的边界曲线 $x^2+y^2=2x$ 和 $x^2+y^2=x$ 分别化为极坐标方程 $r=2\cos\theta$ 和 $r=\cos\theta$. 从极点出发作射线穿过区域 D, 则在区域 D 的线段的极径 r 的范围从 $\cos\theta$ 到 $2\cos\theta$, 极角 θ 的范围是从 $-\frac{\pi}{2}$ 到 $\frac{\pi}{2}$. 所以二重积分

$$\iint\limits_{D} \sqrt{x^2+y^2}dxdy = \int_{-\frac{\pi}{2}}^{\frac{\pi}{2}}d\theta\int_{\cos\theta}^{2\cos\theta}r^2dr$$

$$= \int_{-\frac{\pi}{2}}^{\frac{\pi}{2}}\frac{7}{3}\cos^3\theta d\theta$$

$$= \frac{14}{3}\int_0^{\frac{\pi}{2}}\cos^3\theta d\theta = \frac{28}{9}$$

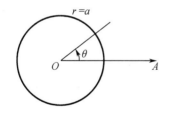

图 8-16

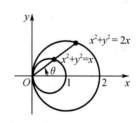

图 8-17

习题 8-2

1. 计算下列二重积分:

(1) $\iint\limits_{D}(x-y)d\sigma$, 其中 D 是由两条直线 $y=x, x=1$ 及 x 轴所围成的闭区域;

(2) $\iint\limits_{D}e^{|x|+|y|}d\sigma$, 其中 $D: |x|+|y| \leq 1$;

(3) $\iint\limits_{D}(x+1)y^2dxdy$, 其中 D 是由两条直线 $y=x, y=2$ 及双曲线 $xy=1$ 所围成的闭区域;

(4) $\iint\limits_{D} xy\mathrm{d}x\mathrm{d}y$，其中 D 是由抛物线 $y^2 = x$ 及直线 $y = x$ 所围成的闭区域.

2. 交换下列二次积分的积分次序：

(1) $\int_0^1 \mathrm{d}y \int_0^y f(x,y)\mathrm{d}x$；　　　　　(2) $\int_1^e \mathrm{d}x \int_0^{\ln x} f(x,y)\mathrm{d}y$；

(3) $\int_1^2 \mathrm{d}x \int_{2-x}^{\sqrt{2x-x^2}} f(x,y)\mathrm{d}y$；　　　(4) $\int_0^1 \mathrm{d}y \int_0^{2y} f(x,y)\mathrm{d}x + \int_1^3 \mathrm{d}y \int_0^{3-y} f(x,y)\mathrm{d}x$.

3. 画出积分区域 D 的图形，将二重积分 $\iint\limits_{D} f(x,y)\mathrm{d}\sigma$ 化为极坐标系下的二次积分，其中积分区域 D 为：

(1) $1 \leqslant x^2 + y^2 \leqslant 4$；　　　　(2) $x^2 + y^2 \leqslant 2y$；

(3) $0 \leqslant x \leqslant 1, 0 \leqslant y \leqslant 1$；　　　(4) $2x \leqslant x^2 + y^2 \leqslant 1$.

4. 将下列二次积分化为极坐标系下的二次积分，并计算积分值.

(1) $\int_0^{2a} \mathrm{d}x \int_0^{\sqrt{2ax-x^2}} (x^2 + y^2)\mathrm{d}y$；　　(2) $\int_0^a \mathrm{d}x \int_0^x \sqrt{x^2 + y^2}\mathrm{d}y$.

5. 计算下列二重积分：

(1) $\iint\limits_{D} \ln(1 + x^2 + y^2)\mathrm{d}x\mathrm{d}y$，其中 D 是由圆周 $x^2 + y^2 = 1$ 及两坐标轴所围成的在第一象限内的闭区域；

(2) $\iint\limits_{D} \arctan \frac{y}{x} \mathrm{d}\sigma$，其中 D 是由圆周 $x^2 + y^2 = 1$，$x^2 + y^2 = 9$ 及直线 $y = x, y = 0$ 所围成的在第一象限内的闭区域；

(3) $\iint\limits_{D} \sqrt{\dfrac{1 - x^2 - y^2}{1 + x^2 + y^2}}\mathrm{d}\sigma$，其中 D 为 $x^2 + y^2 \leqslant 1$；

(4) $\iint\limits_{D} \sqrt{x^2 + y^2}\mathrm{d}x\mathrm{d}y$，其中 D 为 $y \leqslant x^2 + y^2 \leqslant 2y$.

6. 利用极坐标系下的二重积分，求由双曲线 $xy = 1, xy = 2$ 和直线 $y = x, y = \sqrt{3}x$ 所围图形的面积.

第三节　三重积分的概念与计算方法

一、三重积分的概念

定积分是闭区间上和的极限，二重积分是平面闭区域上和的极限，所以自然地将这种和的极限推广到空间闭区域，即三重积分.

定义 1　设 $f(x,y,z)$ 是空间有界闭区域 Ω 上的有界函数,用一簇曲面将 Ω 任意地分划成 n 个小闭区域

$$\Delta v_1, \Delta v_2, \cdots, \Delta v_n$$

其中,Δv_i 表示第 i 个小闭区域,也表示它的体积. 在每个小闭区域 Δv_i 上任取一点 (ξ_i, η_i, ζ_i) $(i=1,2,\cdots,n)$,作乘积 $f(\xi_i, \eta_i, \zeta_i)\Delta v_i$,并作和 $\sum\limits_{i=1}^{n} f(\xi_i, \eta_i, \zeta_i)\Delta v_i$,以 λ 记这 n 个小区域直径的最大者,若极限 $\lim\limits_{\lambda \to 0} \sum\limits_{i=1}^{n} f(\xi_i, \eta_i, \zeta_i)\Delta v_i$ 存在,则称此极限值为函数 $f(x,y,z)$ 在区域 Ω 上的三重积分,记作 $\iiint\limits_{\Omega} f(x,y,z)\mathrm{d}v$,即

$$\iiint\limits_{\Omega} f(x,y,z)\mathrm{d}v = \lim\limits_{\lambda \to 0} \sum\limits_{i=1}^{n} f(\xi_i, \eta_i, \zeta_i)\Delta v_i$$

其中,$\mathrm{d}v$ 叫作体积元素. 自然地,体积元素在直角坐标系下也可记作 $\mathrm{d}x\mathrm{d}y\mathrm{d}z$.

当函数 $f(x,y,z)$ 在闭区域 Ω 上连续时,极限 $\lim\limits_{\lambda \to 0} \sum\limits_{i=1}^{n} f(\xi_i, \eta_i, \zeta_i)\Delta v_i$ 必定存在,因此 $f(x,y,z)$ 在闭区域 Ω 上的三重积分必定存在,以后也总假定 $f(x,y,z)$ 在闭区域 Ω 上是连续的.

三重积分的性质与二重积分类似,例如:

(1) $\iiint\limits_{\Omega} [c_1 f(x,y,z) \pm c_2 g(x,y,z)]\mathrm{d}v = c_1 \iiint\limits_{\Omega} f(x,y,z)\mathrm{d}v \pm c_2 \iiint\limits_{\Omega} g(x,y,z)\mathrm{d}v (c_1, c_2$ 为常数$)$;

(2) $\iiint\limits_{\Omega_1+\Omega_2} f(x,y,z)\mathrm{d}v = \iiint\limits_{\Omega_1} f(x,y,z)\mathrm{d}v + \iiint\limits_{\Omega_2} f(x,y,z)\mathrm{d}v$;

(3) $\iiint\limits_{\Omega} \mathrm{d}v = V$,其中 V 为立体 Ω 的体积.

如果 $f(x,y,z)$ 表示某物体在点 (x,y,z) 处的密度,Ω 是该物体所占有的空间闭区域,$f(x,y,z)$ 在 Ω 上连续,则 $\sum\limits_{i=1}^{n} f(\xi_i, \eta_i, \zeta_i) \cdot \Delta v_i$ 是该物体的质量 m 的近似值,当 $\lambda \to 0$ 时,该和的极限就是该物体的质量 m,所以

$$m = \lim\limits_{\lambda \to 0} \sum\limits_{i=1}^{n} f(\xi_i, \eta_i, \zeta_i) \cdot \Delta v_i = \iiint\limits_{\Omega} f(x,y,z)\mathrm{d}v$$

二、空间直角坐标系下三重积分的计算方法

计算三重积分的基本方法是将三重积分化为三次积分来计算,我们将论证利用不同坐标将三重积分化为三次积分的方法,现讨论利用直角坐标计算三重积分.

定理 1　设函数 $f(x,y,z)$ 在闭区域 Ω 上连续,Ω 是这样一个柱体:用平行于 z 轴的直线穿

过闭区域 Ω 的内部与闭区域 Ω 的表面（边界曲面）仅有两个交点（见图 8-18），且设 Ω 的上、下边界曲面分别为 $z=z_2(x,y)$，$z=z_1(x,y)$，Ω 在 xOy 面上的投影闭区域为 D，则

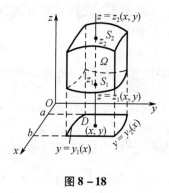

$$\iiint_\Omega f(x,y,z)\,dv = \iint_D \left[\int_{z_1(x,y)}^{z_2(x,y)} f(x,y,z)\,dz\right]dxdy \quad (8-4)$$

如果 $D: y_1(x) \leq y \leq y_2(x), a \leq x \leq b$，则

$$\iint_D\left[\int_{z_1(x,y)}^{z_2(x,y)} f(x,y,z)\,dz\right]d\sigma = \int_a^b dx \int_{y_1(x)}^{y_2(x)}\left[\int_{z_1(x,y)}^{z_2(x,y)} f(x,y,z)\,dz\right]dy$$

$$= \int_a^b dx \int_{y_1(x)}^{y_2(x)} dy \int_{z_1(x,y)}^{z_2(x,y)} f(x,y,z)\,dz$$

图 8-18

即

$$\iiint_\Omega f(x,y,z)\,dv = \int_a^b dx \int_{y_1(x)}^{y_2(x)} dy \int_{z_1(x,y)}^{z_2(x,y)} f(x,y,z)\,dz$$

同理，如果 $D: x_1(y) \leq x \leq x_2(y), c \leq y \leq d$，则

$$\iiint_\Omega f(x,y,z)\,dv = \int_c^d dy \int_{x_1(y)}^{x_2(y)} dx \int_{z_1(x,y)}^{z_2(x,y)} f(x,y,z)\,dz$$

证明方法与二重积分计算方法类似，所以在此略过.

例 1 计算三重积分 $\iiint_\Omega z\,dxdydz$，其中 Ω 为平面 $x+y+z=1$ 与三个坐标面所围成的区域.

解 画出积分区域 Ω 的图形（见图 8-19），显然 Ω 在 xOy 面上的投影区域为
$$D: 0 \leq y \leq 1-x, 0 \leq x \leq 1$$

在 D 中任取一点 (x,y)，过点 (x,y) 作平行 z 轴的直线与 Ω 上下曲面的交点竖坐标分别为 $z=1-x-y$ 和 $z=0$，即对 D 内任一点 (x,y)，z 的变化范围是 $[0, 1-x-y]$，所以

$$\iiint_\Omega z\,dxdydz = \int_0^1 dx \int_0^{1-x} dy \int_0^{1-x-y} z\,dz$$

$$= \int_0^1 dx \int_0^{1-x} \left(\frac{1}{2}z^2\right)\Big|_0^{1-x-y} dy$$

$$= \frac{1}{2}\int_0^1 dx \int_0^{1-x}(1-x-y)^2 dy$$

$$= \frac{1}{24}$$

上述求解三重积分的方法，也就是按式 $(8-4)$ 的顺序积分的方法，通常称为"先一后二"的方法. 我们计算三重积分也可以化为先计算一个二重积分，再计算一个定积分. 如果将空间区域 Ω 向 z 轴作投影得到投影区间 $[c,d]$，且 Ω 可以表示为
$$\Omega = \{(x,y,z) \mid (x,y) \in D_z, c_1 \leq z \leq c_2\}$$

其中, D_z 是竖坐标为 z 的平面截空间闭区域 Ω 所得到的一个平面闭区域(见图 8-20),则有

$$\iiint\limits_{\Omega} f(x,y,z)\mathrm{d}v = \int_{c_1}^{c_2}\mathrm{d}z\iint\limits_{D_z} f(x,y,z)\mathrm{d}x\mathrm{d}y \qquad (8-5)$$

上述求解三重积分的方法,也就是按式(8-5)的顺序积分的方法,通常称为"先二后一"的方法.

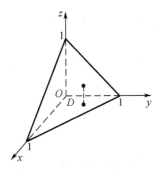

图 8-19

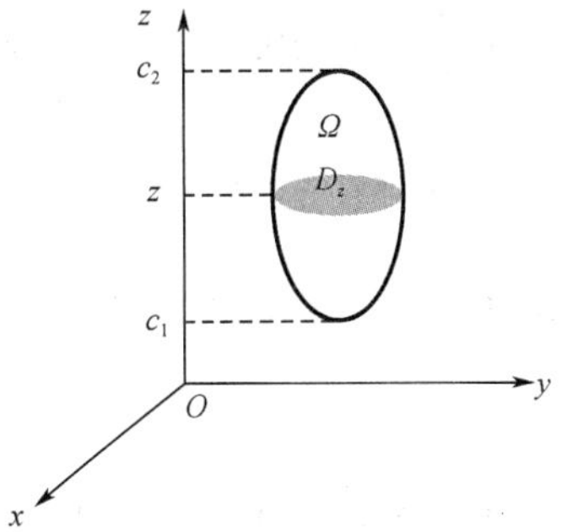

图 8-20

例 2 求椭球面 $\dfrac{x^2}{a^2} + \dfrac{y^2}{b^2} + \dfrac{z^2}{c^2} = 1$ 所围成的立体体积.

解 空间区域 Ω 可表示为 $\dfrac{x^2}{a^2} + \dfrac{y^2}{b^2} \leqslant 1 - \dfrac{z^2}{c^2}$, $-c \leqslant z \leqslant c$. 于是

$$V = \iiint\limits_{\Omega}\mathrm{d}x\mathrm{d}y\mathrm{d}z = \int_{-c}^{c}\mathrm{d}z\iint\limits_{D_z}\mathrm{d}x\mathrm{d}y = \pi ab\int_{-c}^{c}\left(1 - \dfrac{z^2}{c^2}\right)\mathrm{d}z = \dfrac{4}{3}\pi abc$$

例 3 利用"先二后一"法计算三重积分 $\iiint\limits_{\Omega} z\mathrm{d}x\mathrm{d}y\mathrm{d}z$, 其中 Ω 是由锥面 $z = \sqrt{x^2 + y^2}$ 及平面 $z = 4$ 所围成的闭区域.

解 空间区域 Ω 可表示为 $D_z: x^2 + y^2 \leqslant z^2, 0 \leqslant z \leqslant 4$. 于是

$$\iiint\limits_{\Omega} z\mathrm{d}x\mathrm{d}y\mathrm{d}z = \int_{0}^{4} z\mathrm{d}z\iint\limits_{D_z}\mathrm{d}x\mathrm{d}y = \pi\int_{0}^{4} z \cdot z^2\mathrm{d}z = 64\pi$$

习题 8-3

1. 化三重积分 $\iiint\limits_{\Omega} f(x,y,z)\mathrm{d}v$ 为三次积分,其中积分区域 Ω 分别为:

(1) 由曲面 $z = x^2 + 2y^2$ 及 $z = 2 - x^2$ 围成的闭区域;

(2) 由双曲抛物面 $z = xy$ 及平面 $x + y - 1 = 0$, $z = 0$ 围成的闭区域;

(3) 由 $x = 0$, $z = 0$, $z = 3$, $x + 2y = 4$ 及 $x^2 + y^2 = 16$ 围成的闭区域;

（4）由 $z = x^2 + y^2, x = 0, y = 0$ 及 $z = 1$ 所围的第一卦限的闭区域.

2. 计算 $\iiint\limits_{\Omega}(x + y + z)\mathrm{d}v$，其中 Ω 是由平面 $x + y + z = 1$ 与三坐标平面所围成.

3. 计算 $\iiint\limits_{\Omega}xz\mathrm{d}x\mathrm{d}y\mathrm{d}z$，其中 Ω 是由平面 $z = 0, z = y, y = 1$ 以及抛物柱面 $y = x^2$ 所围成.

4. 计算 $\iiint\limits_{\Omega}xy^2z^3\mathrm{d}x\mathrm{d}y\mathrm{d}z$，其中 Ω 是由曲面 $z = xy$，平面 $y = x, x = 1$ 以及 $z = 0$ 所围成.

5. 计算 $\iiint\limits_{\Omega}(x + y + z)^2\mathrm{d}x\mathrm{d}y\mathrm{d}z$，其中 Ω 为 $\dfrac{x^2}{a^2} + \dfrac{y^2}{b^2} + \dfrac{z^2}{c^2} \leqslant 1$.

6. 计算 $\iiint\limits_{\Omega}z^2\mathrm{d}x\mathrm{d}y\mathrm{d}z$，其中 Ω 为两个球 $x^2 + y^2 + z^2 \leqslant R^2$ 和 $x^2 + y^2 + z^2 \leqslant 2Rz\,(R > 0)$ 的公共部分.

7. 画出积分 $\int_{-1}^{1}\mathrm{d}x\int_{-\sqrt{1-x^2}}^{\sqrt{1-x^2}}\mathrm{d}y\int_{x^2+y^2}^{1}f(x,y,z)\mathrm{d}z$ 的积分区域 Ω 的图形，并写出先 x 后 y 再 z 次序的三次积分.

第四节　三重积分的柱面坐标和球面坐标计算方法

一、利用柱面坐标计算三重积分

设 $M(x,y,z)$ 为空间内一点，并设点 M 在 xOy 面上的投影为 $P(x,y)$（见图 8-21）. 如果将 $P(x,y)$ 用极坐标 r, θ 来表达，则 (r, θ, z) 称为点 M 的柱面坐标. 所以

$$\begin{cases} x = r\cos\theta \\ y = r\sin\theta \\ z = z \end{cases}$$

其中，$0 \leqslant r < +\infty; 0 \leqslant \theta \leqslant 2\pi; -\infty < z < +\infty.$

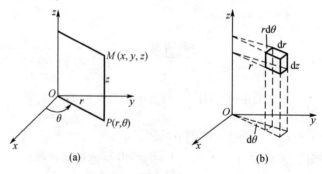

图 8-21

柱面坐标系中的三个坐标面为：

（1）r = 常数，表示以 z 轴为轴的圆柱面，其半径为 r；

（2）θ = 常数，表示过 z 轴的半平面；

（3）z = 常数，表示平行 xOy 面的平面.

因为极坐标变换下面积微元 $\mathrm{d}\sigma = r\mathrm{d}r\mathrm{d}\theta$，所以柱面坐标系中的体积微元 $\mathrm{d}v = r\mathrm{d}r\mathrm{d}\theta\mathrm{d}z$，所以

$$\iiint\limits_{\Omega} f(x,y,z)\mathrm{d}x\mathrm{d}y\mathrm{d}z = \iiint\limits_{\Omega} f(r\cos\theta, r\sin\theta, z)r\mathrm{d}r\mathrm{d}\theta\mathrm{d}z \qquad (8-6)$$

上式就是把直角坐标系下的三重积分变换为柱面坐标系下的三重积分公式. 公式（8-6）表明，把直角坐标系下的三重积分变换为柱面坐标系下的三重积分，只需将被积函数中的 x,y 分别换为 $r\cos\theta, r\sin\theta$，并将直角坐标系下的体积微元 $\mathrm{d}x\mathrm{d}y\mathrm{d}z$ 换为柱面坐标系下的体积微元 $r\mathrm{d}r\mathrm{d}\theta\mathrm{d}z$，此时积分区域 Ω 的边界曲面方程用 r,θ,z 表示. 要计算变量变换为柱面坐标后的三重积分，可将它化为对 z、对 r 及对 θ 的三次积分，积分限是根据 z,r,θ 在积分区域 Ω 中的变化范围来确定的，下面通过例子来说明.

例 1 利用柱面坐标计算三重积分 $\iiint\limits_{\Omega} z\mathrm{d}x\mathrm{d}y\mathrm{d}z$，其中 Ω 是由曲面 $z = x^2 + y^2$ 与平面 $z = 4$ 所围成的闭区域.

解 闭区域 Ω 在 xOy 面上的投影区域为 $D: 0 \leqslant \theta \leqslant 2\pi, 0 \leqslant r \leqslant 2$，在 D 内任取一点 (r,θ)，过 (r,θ) 作平行 z 轴的直线，则此直线在 Ω 内的 z 值范围是从 $z = r^2$ 到 $z = 4$，在柱面坐标系下 $\Omega: 0 \leqslant \theta \leqslant 2\pi, 0 \leqslant r \leqslant 2, r^2 \leqslant z \leqslant 4$，所以

$$\begin{aligned}
\iiint\limits_{\Omega} z\mathrm{d}x\mathrm{d}y\mathrm{d}z &= \iiint\limits_{\Omega} zr\mathrm{d}r\mathrm{d}\theta\mathrm{d}z = \int_0^{2\pi}\mathrm{d}\theta\int_0^2 r\mathrm{d}r\int_{r^2}^4 z\mathrm{d}z \\
&= \frac{1}{2}\int_0^{2\pi}\mathrm{d}\theta\int_0^2 r(16 - r^4)\mathrm{d}r \\
&= \frac{1}{2}\cdot 2\pi\left(8r^2 - \frac{1}{6}r^6\right)\Big|_0^2 = \frac{64}{3}\pi
\end{aligned}$$

例 2 计算三重积分 $\iiint\limits_{\Omega} \sqrt{x^2 + y^2}\mathrm{d}x\mathrm{d}y\mathrm{d}z$，其中 Ω 为圆锥面 $z = \sqrt{x^2 + y^2}$ 和平面 $z = 1$ 所围成的闭区域.

解 闭区域 Ω 在 xOy 面上的投影区域为 $D: 0 \leqslant \theta \leqslant 2\pi, 0 \leqslant r \leqslant 1$，在 D 内任取一点 (r,θ)，过 (r,θ) 作平行 z 轴的直线，则此直线在 Ω 内的 z 值范围是从 $z = r$ 到 $z = 1$，在柱面坐标系下 $\Omega: 0 \leqslant \theta \leqslant 2\pi, 0 \leqslant r \leqslant 1, r \leqslant z \leqslant 1$，所以

$$\iiint\limits_{\Omega} \sqrt{x^2 + y^2}\mathrm{d}x\mathrm{d}y\mathrm{d}z = \int_0^{2\pi}\mathrm{d}\theta\int_0^1 r\mathrm{d}r\int_r^1 r^2\mathrm{d}z = 2\pi\int_0^1 r^2(1 - r)\mathrm{d}r = \frac{\pi}{6}$$

三、利用球面坐标计算三重积分

设 $M(x,y,z)$ 为空间内一点，点 M 在 xOy 面上的投影点为 $P($ 见图 $8-22)$，则点 M 也可用这样三个有次序的数 r,φ,θ 来确定，其中 r 为原点 O 与点 M 间的距离，φ 为 $\overrightarrow{OM}$ 与 z 轴正向所夹的角，θ 为从 x 轴正向自 x 轴按逆时针方向转到有向线段 $\overrightarrow{OP}$ 的角，这样的三个数 r,φ,θ 称为点 M 的球面坐标，点 M 的直角坐标与球面坐标的关系为

$$\begin{cases} x = |\overrightarrow{OP}|\cos\theta = r\sin\varphi\cos\theta \\ y = |\overrightarrow{OP}|\sin\theta = r\sin\varphi\sin\theta \\ z = r\cos\varphi \end{cases}$$

这里 r,φ,θ 的变化范围为

$$0 \leqslant r < +\infty, 0 \leqslant \varphi \leqslant \pi, 0 \leqslant \theta \leqslant 2\pi$$

球面坐标系中的三个坐标面为：

（1）$r=$ 常数，表示以原点 O 为球心的球面，其半径为 r；

（2）$\varphi=$ 常数，表示以原点 O 为顶点、z 轴为轴、半顶角为 φ 的圆锥面；

（3）$\theta=$ 常数，表示过 z 轴的半平面.

在 Ω 内取一个由两个半径为 $r,r+dr$ 的原点为球心的球面和两个与 z 轴夹角为 $\varphi,\varphi+d\varphi$ 的圆锥面及两个转角为 $\theta,\theta+d\theta$ 过 z 轴的半平面所围成的小立体，这个小立体可以近似看作长方体，其棱长分别为 $dr,rd\varphi,r\sin\varphi d\theta($ 见图 $8-23)$，所以在球面坐标系下，体积微元

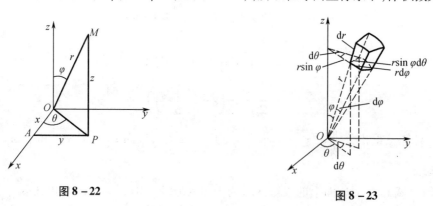

图 8-22   图 8-23

$$dv = r^2\sin\varphi dr d\varphi d\theta$$

所以直角坐标系下的三重积分变换为球面坐标系下的三重积分的公式为

$$\iiint\limits_{\Omega} f(x,y,z)dv = \iiint\limits_{\Omega} f(r\sin\varphi\cos\theta, r\sin\varphi\sin\theta, r\cos\varphi)r^2\sin\varphi dr d\varphi d\theta \qquad (8-7)$$

上式就是把直角坐标系下的三重积分变换为球面坐标系下的三重积分公式. 公式（8-7）

表明,把直角坐标系下的三重积分变换为球面坐标系下的三重积分,只需将被积函数中的 x, y, z 分别换为 $r\sin\varphi\cos\theta$, $r\sin\varphi\sin\theta$, $r\cos\varphi$,并将直角坐标系下的体积微元 $\mathrm{d}x\mathrm{d}y\mathrm{d}z$ 换为球面坐标系下的体积微元 $r^2\sin\varphi\mathrm{d}r\mathrm{d}\varphi\mathrm{d}\theta$,此时积分区域 Ω 的边界曲面方程用 r,φ,θ 表示. 要计算变量变换为球面坐标后的三重积分,可将它化为对 r、对 φ 及对 θ 的三次积分.

一般地,当 Ω 为球域或球域的一部分时,用球面坐标计算三重积分较为简单.

例3 计算 $I = \iiint\limits_{\Omega}(x^2+y^2)\mathrm{d}x\mathrm{d}y\mathrm{d}z$,其中 Ω 是锥面 $x^2+y^2=z^2$ 与平面 $z=a(a>0)$ 所围的立体.

解 (方法一)利用球面坐标,则平面方程为 $r=\dfrac{a}{\cos\varphi}$,锥面方程为 $\varphi=\dfrac{\pi}{4}$,有

$$\Omega:\quad 0\leqslant r\leqslant\frac{a}{\cos\varphi},\quad 0\leqslant\varphi\leqslant\frac{\pi}{4},\quad 0\leqslant\theta\leqslant2\pi$$

于是

$$
\begin{aligned}
I &= \iiint\limits_{\Omega}(x^2+y^2)\mathrm{d}x\mathrm{d}y\mathrm{d}z\\
&= \int_0^{2\pi}\mathrm{d}\theta\int_0^{\frac{\pi}{4}}\mathrm{d}\varphi\int_0^{\frac{a}{\cos\varphi}}r^4\sin^3\varphi\,\mathrm{d}r\\
&= 2\pi\int_0^{\frac{\pi}{4}}\sin^3\varphi\cdot\frac{1}{5}\left(\frac{a^5}{\cos^5\varphi}-0\right)\mathrm{d}\varphi\\
&= \frac{\pi}{10}a^5
\end{aligned}
$$

(方法二)利用柱面坐标 $\Omega:r\leqslant z\leqslant a,0\leqslant r\leqslant a,0\leqslant\theta\leqslant2\pi$,则

$$
I = \iiint\limits_{\Omega}(x^2+y^2)\mathrm{d}x\mathrm{d}y\mathrm{d}z = \int_0^{2\pi}\mathrm{d}\theta\int_0^a r\mathrm{d}r\int_r^a r^2\mathrm{d}z
$$

$$
= 2\pi\int_0^a r^3(a-r)\mathrm{d}r = 2\pi\left(a\cdot\frac{a^4}{4}-\frac{a^5}{5}\right)
$$

$$
= \frac{\pi}{10}a^5
$$

习题 8−4

1. 利用柱面坐标计算下列三重积分:

(1) $\iiint\limits_{\Omega}z\mathrm{d}v$,其中 Ω 是由曲面 $z=\sqrt{2-x^2-y^2}$ 和 $z=x^2+y^2$ 所围成的闭区域;

(2) $\iiint\limits_{\Omega}z\sqrt{x^2+y^2}\mathrm{d}v$,其中 Ω 是由 $x^2+y^2=2x$ 和平面 $z=0,z=a(a>0)$ 围成的立体的第一

象限部分.

2. 利用球面坐标计算下列三重积分:

(1) $\iiint\limits_{\Omega}(x^2 + y^2 + z^2)\mathrm{d}v$, 其中 Ω 是由球面 $x^2 + y^2 + z^2 = 1$ 所围成的闭区域;

(2) $\iiint\limits_{\Omega}z\mathrm{d}v$, 其中 Ω 由不等式 $z \geqslant \sqrt{x^2 + y^2}, x^2 + y^2 + z^2 \geqslant 1, x^2 + y^2 + z^2 \leqslant 16$ 所确定.

3. 选用适当的坐标计算下列三重积分:

(1) $\iiint\limits_{\Omega}(x^2 + y^2)^3\mathrm{d}x\mathrm{d}y\mathrm{d}z$, 其中 Ω 为 $x^2 + y^2 + z^2 \leqslant 1$;

(2) $\iiint\limits_{\Omega}z^2\mathrm{d}x\mathrm{d}y\mathrm{d}z$, 其中 Ω 是两球体 $x^2 + y^2 + z^2 \leqslant R^2$ 及 $x^2 + y^2 + z^2 \leqslant 2Rz$ 的公共部分;

(3) $\iiint\limits_{\Omega}(x^2 + y^2)\mathrm{d}x\mathrm{d}y\mathrm{d}z$, 其中 Ω 为 $a^2 \leqslant x^2 + y^2 + z^2 \leqslant R^2$;

(4) $\iiint\limits_{\Omega}\dfrac{z\ln(x^2 + y^2 + z^2 + 1)}{x^2 + y^2 + z^2 + 1}\mathrm{d}x\mathrm{d}y\mathrm{d}z$, 其中 Ω 为 $x^2 + y^2 + z^2 \leqslant 1(z \geqslant 0)$.

4. 利用三重积分求下列曲面所围立体的体积:

(1) $z = \sqrt{x^2 + y^2}$ 及 $z = x^2 + y^2$;

(2) $z = \sqrt{5 - x^2 - y^2}$ 及 $4z = x^2 + y^2$.

第五节　重积分的应用

本节我们将定积分应用中的微元法推广到重积分的应用中,利用重积分微元法讨论重积分在几何、物理上的一些应用.

一、空间立体的体积

例1　求由曲面 $z = x^2 + 2y^2$ 及 $z = 3 - 2x^2 - y^2$ 所围成的立体的体积.

解　$z = x^2 + 2y^2$ 和 $z = 3 - 2x^2 - y^2$ 的交线在 xOy 面的投影曲线为 $\begin{cases} x^2 + y^2 = 1 \\ z = 0 \end{cases}$, 则此立体在 xOy 面的投影区域为 $x^2 + y^2 \leqslant 1$.

在 D 上任取面积微元 $\mathrm{d}\sigma$, 则

$$3(1 - x^2 - y^2)\mathrm{d}\sigma$$

为体积微元(见图 8-24). 所以此立体的体积为

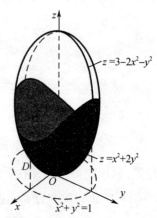

图 8-24

$$V = \iint\limits_{D} 3(1 - x^2 - y^2)\mathrm{d}\sigma = 3\int_0^{2\pi}\mathrm{d}\theta\int_0^1 r(1 - r^2)\mathrm{d}r = \frac{3}{2}\pi$$

例2　求由球面 $x^2 + y^2 + z^2 = 4a^2$ 与柱面 $x^2 + y^2 = 2ay$ 所围成的公共部分的立体体积.

解　由于所求体积在 xOy 平面上方的这一部分也关于 yOz 平面对称,因此,我们可以计算它在第一卦限的部分,然后再乘以4. 这一部分是上面覆盖着球面

$$z = \sqrt{4a^2 - x^2 - y^2}$$

并以半圆 $x = \sqrt{2ay - y^2}$ 作底的曲顶柱体. 所以

$$\frac{1}{4}V = \iint\limits_{D} \sqrt{4a^2 - x^2 - y^2}\mathrm{d}\sigma$$

化成极坐标

$$V = 4\int_0^{\frac{\pi}{2}}\int_0^{2a\sin\theta} \sqrt{4a^2 - r^2}\, r\mathrm{d}r\mathrm{d}\theta = 4\int_0^{\frac{\pi}{2}}\left[-\frac{(4a^2 - r^2)^{\frac{3}{2}}}{3}\right]_0^{2a\sin\theta}\mathrm{d}\theta$$

$$= \frac{32a^3}{3}\int_0^{\frac{\pi}{2}}(1 - \cos^3\theta)\mathrm{d}\theta = \frac{16}{9}a^3(3\pi - 4)$$

二、曲面的面积

设曲面 Σ 的方程为 $z = f(x,y)$, D 为曲面 Σ 在 xOy 面的投影区域,且设 $f(x,y)$ 在 D 上有连续的偏导数.

在闭区域 D 上任取一面积微元 $\mathrm{d}\sigma$,在 $\mathrm{d}\sigma$ 内取一点 (x,y),则点 (x,y) 在曲面 Σ 上的对应点为 $M(x,y,z)$,点 M 处曲面 Σ 的切平面记为 T. 以 $\mathrm{d}\sigma$ 的边界曲线为准线,作母线平行 z 轴的柱面(见图8-25),此柱面在曲面 Σ 上截下一小片曲面,在切平面 T 上截下一小片平面. 由于 $\mathrm{d}\sigma$ 的直径很小,切平面上这一小片平面的面积 $\mathrm{d}S$ 可以近似看成与对应的小曲面面积相等. 设点 M 处的法向量与 z 轴夹角为 γ,则

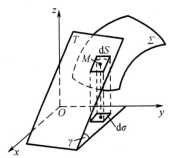

图8-25

$$\mathrm{d}\sigma = |\cos\gamma|\mathrm{d}S$$

$$|\cos\gamma| = \frac{1}{\sqrt{1 + f_x^2 + f_y^2}}$$

其中,γ 为法线与 z 轴的夹角.

因为点 M 处的法向量 $\boldsymbol{n} = \{-f_x, -f_y, 1\}$,所以曲面面积微元为

$$\mathrm{d}S = \frac{\mathrm{d}\sigma}{|\cos\gamma|} = \sqrt{1 + f_x^2 + f_y^2}\,\mathrm{d}\sigma$$

所以曲面 Σ 的面积 S 为

$$S = \iint\limits_{D} \sqrt{1 + f_x^2 + f_y^2}\, \mathrm{d}\sigma$$

若曲面方程是 $y = f(x,z)$ 或 $x = f(y,z)$，则可将曲面向 xOz 平面或 yOz 平面上投影，同样可得到与上式类似的公式.

例3 求两个直交圆柱面 $x^2 + y^2 = R^2$ 及 $x^2 + z^2 = R^2$ 所围成的立体的表面积.

解 由对称性，所求立体的表面积 S 为第一卦限部分立体上表面面积 S_1（垂直于 zOx 平面的那一片）的 16 倍，所以取 $z = \sqrt{R^2 - x^2}$，其在 xOy 面上的投影区域 D 为 $x^2 + y^2 \leqslant R^2$ 且 $x \geqslant 0, y \geqslant 0$（见图 8 – 26），则由

$$z_x = \frac{-x}{\sqrt{R^2 - x^2}}, z_y = 0$$

得

$$\sqrt{1 + z_x^2 + z_y^2} = \frac{R}{\sqrt{R^2 - x^2}}$$

因为上式在闭区域 D 上无界，所以取 $D_1: x^2 + y^2 \leqslant r^2$，且 $x \geqslant 0, y \geqslant 0 (0 < r < R)$，则

$$S_1 = \lim_{r \to R^-} \iint\limits_{D_1} \frac{R}{\sqrt{R^2 - x^2}}\, \mathrm{d}\sigma = \lim_{r \to R^-} \int_0^r \mathrm{d}x \int_0^{\sqrt{r^2 - x^2}} \frac{R}{\sqrt{R^2 - x^2}}\, \mathrm{d}y = R^2$$

所以 $S = 16S_1 = 16R^2$.

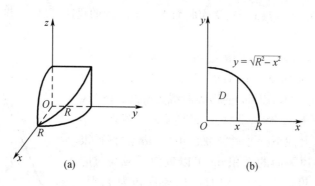

图 8 – 26

三、物体的质量

例4 设平面薄片所占的闭区域 $D: x^2 + y^2 \leqslant 2y$，且面密度 $\rho(x,y) = \sqrt{x^2 + y^2}$，求此平面薄片的质量.

解 画出区域 D 的图形（见图 8 – 27），在 D 上任取面积微元 $\mathrm{d}\sigma$，则此平面薄片的质量微元为 $\rho(x,y)\mathrm{d}\sigma = \sqrt{x^2 + y^2}\,\mathrm{d}\sigma$，所以平面薄片的质量

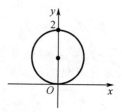

图 8 – 27

$$M = \iint_D \sqrt{x^2 + y^2}\,\mathrm{d}\sigma$$

$$= \int_0^\pi \mathrm{d}\theta \int_0^{2\sin\theta} r^2 \mathrm{d}r$$

$$= \frac{8}{3}\int_0^\pi \sin^3\theta\,\mathrm{d}\theta$$

$$= \frac{8}{3}\cdot 2\int_0^{\frac{\pi}{2}} \sin^3\theta\,\mathrm{d}\theta = \frac{32}{9}$$

例5　已知物体占有的空间区域 Ω 为由球面 $x^2 + y^2 + z^2 = 2az$ $(a>0)$ 和锥面 $z = \sqrt{x^2 + y^2}$ 所围成的含 z 轴的部分,其体密度函数 $\rho(x,y,z) = z$,求此物体的质量 M(见图 8-28).

解　利用球面坐标,则球面方程为 $r = 2a\cos\varphi$,锥面方程为 $\varphi = \dfrac{\pi}{4}$,有

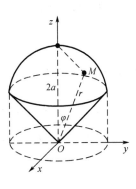

图 8-28

$$\Omega: 0 \leq r \leq 2a\cos\varphi,\ 0 \leq \varphi \leq \frac{\pi}{4},\ 0 \leq \theta \leq 2\pi$$

所以

$$M = \iiint_\Omega z\,\mathrm{d}v = \int_0^{2\pi}\mathrm{d}\theta\int_0^{\frac{\pi}{4}}\mathrm{d}\varphi\int_0^{2a\cos\varphi} r^3\sin\varphi\cos\varphi\,\mathrm{d}r$$

$$= 2\pi\int_0^{\frac{\pi}{4}}\frac{1}{4}r^4\sin\varphi\cos\varphi\ \bigg|_0^{2a\cos\varphi}\mathrm{d}\varphi$$

$$= 8\pi a^4\int_0^{\frac{\pi}{4}}\sin\varphi\cos^5\varphi\,\mathrm{d}\varphi = \frac{7}{6}\pi a^4$$

四、物体重心坐标的计算

先讨论平面薄片的重心. 设有一平面薄片,占有 xOy 面上的闭区域 D,面密度为 $\rho(x,y)$,假定 $\rho(x,y)$ 在 D 上连续,现求该薄片的重心坐标 $(\bar{x},\bar{y})$.

在闭区域 D 上任取一点 $P(x,y)$ 及包含点 $P(x,y)$ 的一直径很小的闭区域 $\mathrm{d}\sigma$(其面积也记为 $\mathrm{d}\sigma$),则平面薄片对 x 轴和对 y 轴的力矩(仅考虑大小)微元分别为

$$\mathrm{d}M_x = y\rho(x,y)\,\mathrm{d}\sigma,\quad \mathrm{d}M_y = x\rho(x,y)\,\mathrm{d}\sigma$$

平面薄片对 x 轴和对 y 轴的力矩分别为

$$M_x = \iint_D y\rho(x,y)\,\mathrm{d}\sigma,\quad M_y = \iint_D x\rho(x,y)\,\mathrm{d}\sigma$$

根据力学重心概念可知,平面薄片的各部分质量对坐标轴的力矩之和等于平面薄片总质量集中于重心处对坐标轴的力矩,设平面薄片的重心坐标为 $(\bar{x},\bar{y})$,平面薄片的质量为

M,则有

$$\bar{x} \cdot M = M_y , \bar{y} \cdot M = M_x$$

于是

$$\bar{x} = \frac{M_y}{M} = \frac{\iint\limits_{D} x\rho(x,y)\,\mathrm{d}\sigma}{\iint\limits_{D}\rho(x,y)\,\mathrm{d}\sigma}, \bar{y} = \frac{M_x}{M} = \frac{\iint\limits_{D} y\rho(x,y)\,\mathrm{d}\sigma}{\iint\limits_{D}\rho(x,y)\,\mathrm{d}\sigma}$$

特别地,如果薄片是均匀的,即面密度为常量,则

$$\bar{x} = \frac{1}{S}\iint\limits_{D} x\,\mathrm{d}\sigma, \ \bar{y} = \frac{1}{S}\iint\limits_{D} y\,\mathrm{d}\sigma$$

其中, $S = \iint\limits_{D}\mathrm{d}\sigma$ 为闭区域 D 的面积,这时薄片的重心称为该平面薄片所占平面图形的形心.

例6 求平面图形 $D:0 \leq y \leq \sqrt{x}, 0 \leq x \leq 1$ 的形心.

解 平面图形 D 的面积 $S = \int_0^1 \sqrt{x}\,\mathrm{d}x = \frac{2}{3}$, 所以

$$\bar{x} = \frac{1}{S}\iint\limits_{D} x\,\mathrm{d}\sigma = \frac{3}{2}\int_0^1\mathrm{d}x\int_0^{\sqrt{x}} x\,\mathrm{d}y = \frac{3}{2}\int_0^1 x^{\frac{3}{2}}\,\mathrm{d}x = \frac{3}{5}$$

$$\bar{y} = \frac{1}{S}\iint\limits_{D} y\,\mathrm{d}\sigma = \frac{3}{2}\int_0^1\mathrm{d}x\int_0^{\sqrt{x}} y\,\mathrm{d}y = \frac{3}{4}\int_0^1 x\,\mathrm{d}x = \frac{3}{8}$$

即此平面图形 D 的形心为 $\left(\frac{3}{5},\frac{3}{8}\right)$.

与二重积分类似,用微元法可以写出空间物体的重心公式

$$\bar{x} = \frac{1}{M}\iiint\limits_{\Omega} x\rho(x,y,z)\,\mathrm{d}v, \quad \bar{y} = \frac{1}{M}\iiint\limits_{\Omega} y\rho(x,y,z)\,\mathrm{d}v, \quad \bar{z} = \frac{1}{M}\iiint\limits_{\Omega} z\rho(x,y,z)\,\mathrm{d}v$$

其中, $\rho(x,y,z)$ 为体密度函数; $M = \iiint\limits_{\Omega}\rho(x,y,z)\,\mathrm{d}v$ 为物体的质量.

例7 球体 $x^2 + y^2 + z^2 \leq 2Rz$ 内,各点密度等于该点到原点距离的平方,求此球体的重心.

解 $\Omega: \ 0 \leq r \leq 2R\cos\varphi, \ 0 \leq \varphi \leq \frac{\pi}{2}, \ 0 \leq \theta \leq 2\pi$

$$M = \iiint\limits_{\Omega}\rho(x,y,z)\,\mathrm{d}v = \iiint\limits_{\Omega}(x^2+y^2+z^2)\,\mathrm{d}v$$

$$= \int_0^{2\pi}\mathrm{d}\theta\int_0^{\frac{\pi}{2}}\mathrm{d}\varphi\int_0^{2R\cos\varphi} r^2 \cdot r^2\sin\varphi\,\mathrm{d}r = \frac{64\pi R^5}{5}\int_0^{\frac{\pi}{2}}\cos^5\varphi\sin\varphi\,\mathrm{d}\varphi = \frac{32\pi R^5}{15}$$

$$\iiint\limits_{\Omega} z(x^2+y^2+z^2)\,\mathrm{d}v = \int_0^{2\pi}\mathrm{d}\theta\int_0^{\frac{\pi}{2}}\mathrm{d}\varphi\int_0^{2R\cos\varphi} r^3\cos\varphi \cdot r^2\sin\varphi\,\mathrm{d}r$$

$$= \frac{64\pi R^6}{3}\int_0^{\frac{\pi}{2}}\cos^7\varphi\sin\varphi\,\mathrm{d}\varphi = \frac{8\pi R^6}{3}$$

$$\bar{z} = \frac{\iiint\limits_{\Omega}z\rho\,\mathrm{d}v}{M} = \frac{5R}{4}$$

由对称性

$$\iiint\limits_{\Omega}x(x^2 + y^2 + z^2)\,\mathrm{d}v = \iiint\limits_{\Omega}y(x^2 + y^2 + z^2)\,\mathrm{d}v = 0$$

得 $\bar{x} = \bar{y} = 0$，故重心为 $\left(0,0,\dfrac{5R}{4}\right)$.

五、物体的转动惯量

首先考虑平面薄片的转动惯量. 设有一质量为 m 的质点，它到一已知轴 L 的垂直距离为 d，则由力学知道此质点对轴 L 的转动惯量 $I_L = md^2$. 下面求平面薄片对坐标轴的转动惯量.

设在 xOy 面上有一占有闭区域 D，面密度为连续函数 $\rho(x,y)$ 的平面薄片. 在 D 上任取一面积微元 $\mathrm{d}\sigma$，则 $\mathrm{d}\sigma$ 的质量可以近似看成 $\rho(x,y)\mathrm{d}\sigma$，所以对 x 轴、y 轴的转动惯量微元分别为

$$\mathrm{d}I_x = y^2\rho(x,y)\mathrm{d}\sigma, \quad \mathrm{d}I_y = x^2\rho(x,y)\mathrm{d}\sigma$$

所以此平面薄片对 x 轴、y 轴的转动惯量分别为

$$I_x = \iint\limits_{D}y^2\rho(x,y)\mathrm{d}\sigma, \quad I_y = \iint\limits_{D}x^2\rho(x,y)\mathrm{d}\sigma$$

例 8 求占有闭区域 $D:x^2 + y^2 \leqslant 2x, y \geqslant 0$ 的均匀半圆薄片（面密度 ρ 为常数）对 x 轴的转动惯量.

解 画出区域 D 的图形（见图 8 – 29），则半圆薄片对 x 轴的转动惯量为

$$I_x = \iint\limits_{D}y^2\rho\,\mathrm{d}\sigma$$

$$= \rho\int_0^{\frac{\pi}{2}}\mathrm{d}\theta\int_0^{2\cos\theta}r^3\sin^2\theta\,\mathrm{d}r$$

$$= \rho\int_0^{\frac{\pi}{2}}\frac{1}{4}r^4\sin^2\theta\Big|_0^{2\cos\theta}\mathrm{d}\theta$$

$$= 4\rho\int_0^{\frac{\pi}{2}}\cos^4\theta\sin^2\theta\,\mathrm{d}\theta$$

$$= 4\rho\left(\int_0^{\frac{\pi}{2}}\cos^4\theta\,\mathrm{d}\theta - \int_0^{\frac{\pi}{2}}\cos^6\theta\,\mathrm{d}\theta\right)$$

$$= 4\rho\left(\frac{3}{4}\cdot\frac{1}{2}\cdot\frac{\pi}{2} - \frac{5}{6}\cdot\frac{3}{4}\cdot\frac{1}{2}\cdot\frac{\pi}{2}\right)$$

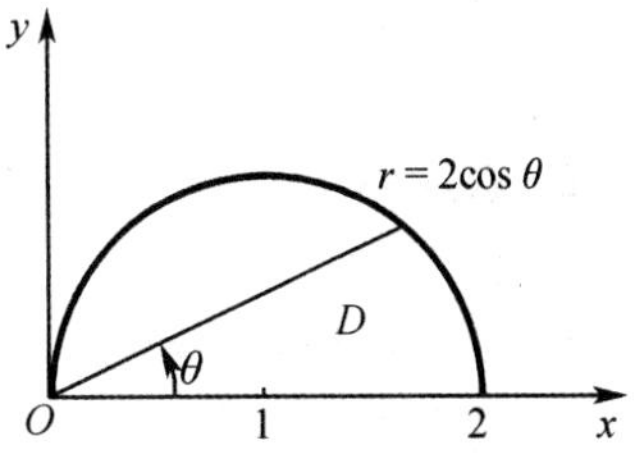

图 8 – 29

$$= \frac{1}{8}\rho\pi$$

类似地，占有空间有界闭区域 Ω、在点 (x,y,z) 处的密度为 $\rho(x,y,z)$（假定 $\rho(x,y,z)$ 在 Ω 上连续）的物体对于 x 轴，y 轴，z 轴和原点的转动惯量分别为

$$I_x = \iiint\limits_{\Omega} (y^2 + z^2) \rho(x,y,z) \,\mathrm{d}v$$

$$I_y = \iiint\limits_{\Omega} (z^2 + x^2) \rho(x,y,z) \,\mathrm{d}v$$

$$I_z = \iiint\limits_{\Omega} (x^2 + y^2) \rho(x,y,z) \,\mathrm{d}v$$

$$I_O = \iiint\limits_{\Omega} (x^2 + y^2 + z^2) \rho(x,y,z) \,\mathrm{d}v$$

例 9　求密度为 1 的均匀球体 $\Omega: x^2 + y^2 + z^2 \leqslant 1$ 对坐标轴的转动惯量.

解

$$I_x = \iiint\limits_{\Omega} (y^2 + z^2) \,\mathrm{d}v, \quad I_y = \iiint\limits_{\Omega} (z^2 + x^2) \,\mathrm{d}v, \quad I_z = \iiint\limits_{\Omega} (x^2 + y^2) \,\mathrm{d}v$$

由对称性得 $I_x = I_y = I_z = I$，所以

$$I = \frac{1}{3} (I_x + I_y + I_z)$$

$$= \frac{2}{3} \iiint\limits_{\Omega} (x^2 + y^2 + z^2) \,\mathrm{d}v = \frac{2}{3} \iiint\limits_{\Omega} r^4 \sin\varphi \,\mathrm{d}r \mathrm{d}\varphi \mathrm{d}\theta$$

$$= \frac{2}{3} \int_0^{2\pi} \mathrm{d}\theta \int_0^{\pi} \mathrm{d}\varphi \int_0^1 r^4 \sin\varphi \,\mathrm{d}r = \frac{8}{15}\pi$$

习题 8−5

1. 求平面 $x = 1, x = -1, y = 1, y = -1, z = 0$ 及 $x + y + z = 3$ 所围立体（含 z 轴部分）的体积.

2. 求球体 $x^2 + y^2 + z^2 \leqslant 4R^2$ 被圆柱面 $x^2 + y^2 = 2Rx(R > 0)$ 所截得的（含在圆柱面内部分）立体的体积.

3. 用二重积分求半径为 R 的球的表面积.

4. 设平面薄片在 xOy 面上占有闭区域 D，其中 D 由 $x + y = 2, y = x$ 和 x 轴所围，面密度函数 $\rho(x,y) = x^2 + y^2$，求此平面薄片的质量.

5. 设均匀平面薄片占有闭区域 D 如下，求此平面薄片的重心：

(1) $D: \dfrac{x^2}{a^2} + \dfrac{y^2}{b^2} \leqslant 1, y \geqslant 0$;

(2) $D:2ax \leqslant x^2 + y^2 \leqslant 2bx \ (0 < a < b)$.

6. 设均匀平面薄片(面密度为 1)所占闭区域 D 如下,求指定的转动惯量:

(1) D 为直线 $y = x$、$x^2 + y^2 = 1$ 及 x 轴所围成的第一象限部分,求 I_x,I_y;

(2) $D:|y| \leqslant x \leqslant 1$,直线 $L:x = 1$,求 I_L.

7. 球心在原点、半径为 R 的球体,其上任一点的密度大小与这点到球心的距离成正比,求此球体的质量.

8. 球体 $x^2 + y^2 + z^2 \leqslant R^2$ 内各点处的密度大小等于该点到点 $(R,0,0)$ 距离的平方,求此球体的重心.

9. 求半径为 R 高为 H 的均匀圆柱体(密度为 1)对于过中心而平行于母线的轴的转动惯量.

第六节　含参变量的积分

设函数 $f(x,y)$ 是在矩形(闭区域)$R = [a,b] \times [\alpha,\beta]$ 上的连续函数. 在 $[a,b]$ 上任意取定 x 的一个值,则 $f(x,y)$ 是变量 y 在 $[\alpha,\beta]$ 上的一个一元连续函数,从而积分

$$\int_\alpha^\beta f(x,y)\mathrm{d}y$$

存在,其积分值依赖于取定的 x 值. 当 x 的值改变时,一般来说这个积分的值也跟着改变. 这个积分确定一个定义在 $[a,b]$ 上的 x 的函数,我们把它记作 $\varphi(x)$,即

$$\varphi(x) = \int_\alpha^\beta f(x,y)\mathrm{d}y \qquad (a \leqslant x \leqslant b) \tag{8-8}$$

这里变量 x 在积分过程中是一个常量,通常称它为参变量,因此式(8-8)右端积分称为含参变量 x 的积分,这积分确定 x 的一个函数 $\varphi(x)$,下面讨论 $\varphi(x)$ 的一些性质.

定理 1　若函数 $f(x,y)$ 在矩形 $R = [a,b] \times [\alpha,\beta]$ 上连续,那么由式(8-8)确定的函数 $\varphi(x)$ 在 $[a,b]$ 上也连续.

证明　设 x 和 $x + \Delta x$ 是 $[a,b]$ 上的两点,则

$$\varphi(x + \Delta x) - \varphi(x) = \int_\alpha^\beta [f(x + \Delta x,y) - f(x,y)]\mathrm{d}y \tag{8-9}$$

由于 $f(x,y)$ 在闭区域 R 上连续,从而一致连续,因此对于任意取定的 $\varepsilon > 0$,存在 $\delta > 0$,使得对于 R 内的任意两点 (x_1,y_1) 及 (x_2,y_2),只要它们之间的距离小于 δ,即

$$\sqrt{(x_2 - x_1)^2 + (y_2 - y_1)^2} < \delta$$

就有

$$|f(x_2,y_2) - f(x_1,y_1)| < \varepsilon$$

因为点 $(x + \Delta x,y)$ 与 (x,y) 的距离等于 $|\Delta x|$,所以当 $|\Delta x| < \delta$ 时,就有

$$|f(x + \Delta x, y) - f(x, y)| < \varepsilon$$

于是由式（8-9）有

$$|\varphi(x + \Delta x) - \varphi(x)| \leqslant \int_\alpha^\beta |f(x + \Delta x, y) - f(x, y)| dy < \varepsilon(\beta - \alpha)$$

所以 $\varphi(x)$ 在 $[a, b]$ 上连续.

既然函数 $\varphi(x)$ 在 $[a, b]$ 上连续，那么它在 $[a, b]$ 上的积分存在，这个积分可以写为

$$\int_a^b \varphi(x) dx = \int_a^b \left[\int_\alpha^\beta f(x, y) dy \right] dx = \int_a^b dx \left[\int_\alpha^\beta f(x, y) dy \right]$$

右端积分是函数 $f(x, y)$ 先对 y 后对 x 的二次积分. 当 $f(x, y)$ 在矩形 R 上连续时，$f(x, y)$ 在 R 上的二重积分 $\iint\limits_R f(x, y) dx dy$ 是存在的，这个二重积分化为二次积分来计算时，如果先对 y 后对 x 积分，就是上面的这个二次积分. 但二重积分 $\iint\limits_R f(x, y) dx dy$ 也可化为先对 x 后对 y 的二次积分 $\int_\alpha^\beta \left[\int_a^b f(x, y) dx \right] dy$，因此有下面的定理2.

定理2 若函数 $f(x, y)$ 在矩形 $R = [a, b] \times [\alpha, \beta]$ 上连续，则

$$\int_a^b \left[\int_\alpha^\beta f(x, y) dy \right] dx = \int_\alpha^\beta \left[\int_a^b f(x, y) dx \right] dy \qquad (8-10)$$

上式也可写成

$$\int_a^b dx \int_\alpha^\beta f(x, y) dy = \int_\alpha^\beta dy \int_a^b f(x, y) dx$$

下面考虑由式（8-8）确定的函数 $\varphi(x)$ 的微分问题.

定理3 如果函数 $f(x, y)$ 及其偏导数 $\dfrac{\partial f(x, y)}{\partial x}$ 都在矩形 $R = [a, b] \times [\alpha, \beta]$ 上连续，那么由式（8-8）确定的函数 $\varphi(x)$ 在 $[a, b]$ 上可微分，并且

$$\varphi'(x) = \frac{d}{dx} \int_\alpha^\beta f(x, y) dy = \int_\alpha^\beta \frac{\partial f(x, y)}{\partial x} dy \qquad (8-11)$$

证明 因为 $\varphi'(x) = \lim\limits_{\Delta x \to 0} \dfrac{\varphi(x + \Delta x) - \varphi(x)}{\Delta x}$，为了求 $\varphi'(x)$，先利用公式（8-9）作出增量之比

$$\frac{\varphi(x + \Delta x) - \varphi(x)}{\Delta x} = \int_\alpha^\beta \frac{f(x + \Delta x, y) - f(x, y)}{\Delta x} dy \qquad (8-12)$$

由拉格朗日中值定理以及 $\dfrac{\partial f}{\partial x}$ 的一致连续性，我们有

$$\frac{f(x + \Delta x, y) - f(x, y)}{\Delta x} = \frac{\partial f(x + \theta \Delta x, y)}{\partial x} = \frac{\partial f(x, y)}{\partial x} + \eta(x, y, \Delta x) \qquad (8-13)$$

其中 $0 < \theta < 1$，$|\eta|$ 可小于任意给定的正数 ε，只要 $|\Delta x|$ 小于某个正数 δ，则有

$$\left| \int_{\alpha}^{\beta} \eta(x,y,\Delta x) \, \mathrm{d}y \right| < \int_{\alpha}^{\beta} \varepsilon \, \mathrm{d}y = \varepsilon(\beta - \alpha) \quad (\mid \Delta x \mid < \delta)$$

也就是说

$$\lim_{\Delta x \to 0} \int_{\alpha}^{\beta} \eta(x,y,\Delta x) \, \mathrm{d}y = 0$$

由式(8 – 12)及式(8 – 13)有

$$\frac{\varphi(x + \Delta x) - \varphi(x)}{\Delta x} = \int_{\alpha}^{\beta} \frac{\partial f(x,y)}{\partial x} \, \mathrm{d}y + \int_{\alpha}^{\beta} \eta(x,y,\Delta x) \, \mathrm{d}y$$

令 $\Delta x \to 0$ 取上式的极限,即得公式(8 – 11).

在式(8 – 8)中积分限 α 与 β 都是常数. 但在实际应用中还会遇到对于参变量 x 的不同的值积分限也不同的情形,这时积分限也是参变量 x 的函数. 这样,积分

$$\Phi(x) = \int_{\alpha(x)}^{\beta(x)} f(x,y) \, \mathrm{d}y \tag{8 – 14}$$

也是参变量 x 的函数. 下面我们考虑这种更为广泛的依赖于参变量的积分的某些性质.

定理 4 若函数 $f(x,y)$ 在矩形 $R = [a,b] \times [\alpha,\beta]$ 上连续,函数 $\alpha(x)$ 与 $\beta(x)$ 在区间 $[a,b]$ 上连续,并且

$$\alpha \leqslant \alpha(x) \leqslant \beta, \alpha \leqslant \beta(x) \leqslant \beta (a \leqslant x \leqslant b)$$

则由式(8 – 14)确定的函数 $\Phi(x)$ 在 $[a,b]$ 上也连续.

证明 设 x 和 $x + \Delta x$ 是 $[a,b]$ 上的两点,则

$$\Phi(x + \Delta x) - \Phi(x) = \int_{\alpha(x+\Delta x)}^{\beta(x+\Delta x)} f(x + \Delta x, y) \, \mathrm{d}y - \int_{\alpha(x)}^{\beta(x)} f(x,y) \, \mathrm{d}y$$

因为

$$\int_{\alpha(x+\Delta x)}^{\beta(x+\Delta x)} f(x + \Delta x, y) \, \mathrm{d}y$$

$$= \int_{\alpha(x+\Delta x)}^{\alpha(x)} f(x + \Delta x, y) \, \mathrm{d}y + \int_{\alpha(x)}^{\beta(x)} f(x + \Delta x, y) \, \mathrm{d}y + \int_{\beta(x)}^{\beta(x+\Delta x)} f(x + \Delta x, y) \, \mathrm{d}y$$

所以

$$\Phi(x + \Delta x) - \Phi(x) = \int_{\alpha(x+\Delta x)}^{\alpha(x)} f(x + \Delta x, y) \, \mathrm{d}y + \int_{\beta(x)}^{\beta(x+\Delta x)} f(x + \Delta x, y) \, \mathrm{d}y +$$

$$\int_{\alpha(x)}^{\beta(x)} [f(x + \Delta x, y) - f(x,y)] \, \mathrm{d}y \tag{8 – 15}$$

当 $\Delta x \to 0$ 时,上式右端最后一个积分的积分限不变,根据证明定理 1 同样的理由,这个积分趋于零,又

$$\left| \int_{\alpha(x+\Delta x)}^{\alpha(x)} f(x + \Delta x, y) \, \mathrm{d}y \right| \leqslant M \mid \alpha(x + \Delta x) - \alpha(x) \mid$$

$$\left| \int_{\beta(x)}^{\beta(x+\Delta x)} f(x + \Delta x, y) \, \mathrm{d}y \right| \leqslant M \mid \beta(x + \Delta x) - \beta(x) \mid$$

其中，M 是 $|f(x,y)|$ 在矩形 R 上的最大值．根据 $\alpha(x)$ 与 $\beta(x)$ 在 $[a,b]$ 上连续的假定，由以上两式可见，当 $\Delta x \to 0$ 时，式 $(8-15)$ 右端的前两个积分都趋于零．于是，当 $\Delta x \to 0$ 时，有

$$\Phi(x+\Delta x) - \Phi(x) \to 0 (a \leqslant x \leqslant b)$$

所以函数 $\Phi(x)$ 在 $[a,b]$ 上连续．

关于 $\Phi(x)$ 的微分，有下列定理．

定理 5　如果函数 $f(x,y)$ 及其偏导数 $\dfrac{\partial f(x,y)}{\partial x}$ 都在矩形 $R = [a,b] \times [\alpha,\beta]$ 上连续，函数 $\alpha(x)$ 与 $\beta(x)$ 都在区间 $[a,b]$ 上可微，并且

$$\alpha \leqslant \alpha(x) \leqslant \beta, \quad \alpha \leqslant \beta(x) \leqslant \beta \quad (a \leqslant x \leqslant b)$$

则由式 $(8-14)$ 确定的函数 $\Phi(x)$ 在 $[a,b]$ 上可微，并且

$$\Phi'(x) = \frac{\mathrm{d}}{\mathrm{d}x} \int_{\alpha(x)}^{\beta(x)} f(x,y)\mathrm{d}y = \int_{\alpha(x)}^{\beta(x)} \frac{\partial f(x,y)}{\partial x}\mathrm{d}y + f[x,\beta(x)]\beta'(x) - f[x,\alpha(x)]\alpha'(x)$$

$$(8-16)$$

证明　由式 $(8-15)$ 有

$$\frac{\Phi(x+\Delta x) - \Phi(x)}{\Delta x} = \int_{\alpha(x)}^{\beta(x)} \frac{f(x+\Delta x,y) - f(x,y)}{\Delta x}\mathrm{d}y +$$

$$\frac{1}{\Delta x}\int_{\beta(x)}^{\beta(x+\Delta x)} f(x+\Delta x,y)\mathrm{d}y - \frac{1}{\Delta x}\int_{\alpha(x)}^{\alpha(x+\Delta x)} f(x+\Delta x,y)\mathrm{d}y$$

$$(8-17)$$

当 $\Delta x \to 0$ 时，上式右端的第一个积分的积分限不变，根据证明定理 3 时同样的理由，有

$$\int_{\alpha(x)}^{\beta(x)} \frac{f(x+\Delta x,y) - f(x,y)}{\Delta x}\mathrm{d}y \to \int_{\alpha(x)}^{\beta(x)} \frac{\partial f(x,y)}{\partial x}\mathrm{d}y$$

对于式 $(8-17)$ 右端的第二项，应用积分中值定理得

$$\frac{1}{\Delta x}\int_{\beta(x)}^{\beta(x+\Delta x)} f(x+\Delta x,y)\mathrm{d}y = \frac{1}{\Delta x}[\beta(x+\Delta x) - \beta(x)]f(x+\Delta x,\eta)$$

其中，η 在 $\beta(x)$ 与 $\beta(x+\Delta x)$ 之间．当 $\Delta x \to 0$ 时

$$\frac{1}{\Delta x}[\beta(x+\Delta x) - \beta(x)] \to \beta'(x), \quad f(x+\Delta x,\eta) \to f[x,\beta(x)]$$

于是　　　　　　　$$\frac{1}{\Delta x}\int_{\beta(x)}^{\beta(x+\Delta x)} f(x+\Delta x,y)\mathrm{d}y \to f[x,\beta(x)]\beta'(x)$$

类似地可证，当 $\Delta x \to 0$ 时，有

$$\frac{1}{\Delta x}\int_{\alpha(x)}^{\alpha(x+\Delta x)} f(x+\Delta x,y)\mathrm{d}y \to f[x,\alpha(x)]\alpha'(x)$$

因此，令 $\Delta x \to 0$，取式 $(8-17)$ 的极限便得公式 $(8-16)$．

公式 $(8-16)$ 称为莱布尼兹公式．

例 1　设 $\Phi(x) = \int_x^{x^2} \dfrac{\sin(xy)}{y}\mathrm{d}y$，求 $\Phi'(x)$.

解　应用莱布尼兹公式得

$$\Phi'(x) = \int_x^{x^2} \cos(xy)\mathrm{d}y + \frac{\sin x^3}{x^2}2x - \frac{\sin x^2}{x}$$

$$= \frac{\sin(xy)}{x}\Big|_x^{x^2} + \frac{2\sin x^3}{x} - \frac{\sin x^2}{x}$$

$$= \frac{3\sin x^3 - 2\sin x^2}{x}$$

例 2　$I = \int_0^1 \dfrac{x^b - x^a}{\ln x}\mathrm{d}x \, (0 < a < b)$.

解　由于

$$\int_a^b x^y\mathrm{d}y = \frac{x^y}{\ln x}\Big|_a^b = \frac{x^b - x^a}{\ln x}$$

所以

$$I = \int_0^1 \mathrm{d}x \int_a^b x^y\mathrm{d}y$$

函数 $f(x,y) = x^y$ 在矩形 $R = [0,1] \times [a,b]$ 上连续，根据定理 2 交换积分顺序，得到

$$I = \int_0^1 \mathrm{d}x \int_a^b x^y\mathrm{d}y = \int_a^b \mathrm{d}y \int_0^1 x^y\mathrm{d}x = \int_a^b \left(\frac{x^{y+1}}{1+y}\Big|_0^1\right)\mathrm{d}y = \int_a^b \frac{1}{1+y}\mathrm{d}y = \ln\frac{1+b}{1+a}$$

例 3　计算定积分 $I = \int_0^1 \dfrac{\ln(1+x)}{1+x^2}\mathrm{d}x$.

解　考虑含参变量 α 的积分所确定的函数

$$\varphi(\alpha) = \int_0^1 \frac{\ln(1+\alpha x)}{1+x^2}\mathrm{d}x$$

显然，$\varphi(0) = 0, \varphi(1) = I$，根据公式 $(8-11)$ 得到

$$\varphi'(\alpha) = \int_0^1 \frac{x}{(1+\alpha x)(1+x^2)}\mathrm{d}x$$

把被积函数分解为部分分式，得到

$$\frac{x}{(1+\alpha x)(1+x^2)} = \frac{1}{1+\alpha^2}\left(\frac{-\alpha}{1+\alpha x} + \frac{x}{1+x^2} + \frac{\alpha}{1+x^2}\right)$$

于是

$$\varphi'(\alpha) = \frac{1}{1+\alpha^2}\left(\int_0^1 \frac{-\alpha\mathrm{d}x}{1+\alpha x} + \int_0^1 \frac{x\mathrm{d}x}{1+x^2} + \int_0^1 \frac{\alpha\mathrm{d}x}{1+x^2}\right)$$

$$= \frac{1}{1+\alpha^2}\left[-\ln(1+\alpha) + \frac{1}{2}\ln 2 + \alpha \cdot \frac{\pi}{4}\right]$$

上式在 $[0,1]$ 上对 α 积分,得到

$$\varphi(1) - \varphi(0) = -\int_0^1 \frac{\ln(1+\alpha)}{1+\alpha^2}d\alpha + \frac{1}{2}\ln 2\int_0^1 \frac{d\alpha}{1+\alpha^2} + \frac{\pi}{4}\int_0^1 \frac{\alpha}{1+\alpha^2}d\alpha$$

即

$$I = -I + \frac{\ln 2}{2}\cdot\frac{\pi}{4} + \frac{\pi}{4}\cdot\frac{\ln 2}{2} = -I + \frac{\pi}{4}\ln 2$$

从而 $I = \frac{\pi}{8}\ln 2$.

习题 8−6

1. 求下列含参变量的积分所确定的函数的极限:

(1) $\lim\limits_{x\to 0}\int_x^{1+x} \frac{dy}{1+x^2+y^2}$;　　　　　　(2) $\lim\limits_{x\to 0}\int_{-1}^1 \sqrt{x^2+y^2}\,dy$;

(3) $\lim\limits_{x\to 0}\int_0^2 y^2\cos(xy)\,dy$.

2. 求下列函数的导数:

(1) $\varphi(x) = \int_{\sin x}^{\cos x}(y^2\sin x - y^3)\,dy$;　　(2) $\varphi(x) = \int_0^x \frac{\ln(1+xy)}{y}\,dy$;

(3) $\varphi(x) = \int_{x^2}^{x^3}\arctan\frac{y}{x}\,dy$;　　　　(4) $\varphi(x) = \int_x^{x^2}e^{-xy^2}\,dy$.

3. 设 $F(x) = \int_0^x (x+y)f(y)\,dy$,其中 $f(y)$ 为可微分的函数,求 $F''(x)$.

4. 应用对参数的微分法,计算下列积分:

(1) $I = \int_0^{\frac{\pi}{2}}\ln\frac{1+a\cos x}{1-a\cos x}\cdot\frac{dx}{\cos x}$ ($|a|<1$);

(2) $I = \int_0^{\frac{\pi}{2}}\ln(\cos^2 x + a^2\sin^2 x)\,dx$ ($a>0$).

5. 计算下列积分:

(1) $\int_0^1 \frac{\arctan x}{x}\frac{dx}{\sqrt{1-x^2}}$;

(2) $\int_0^1 \sin\left(\ln\frac{1}{x}\right)\frac{x^b-x^a}{\ln x}dx$ ($0<a<b$).

第九章　曲线积分与曲面积分

定积分的积分域为数轴上的一个区间;二重积分和三重积分的积分域分别为平面内和空间内的一个有界闭区域.并且不难发现这些积分在概念本质上都相同,即求一个和式的极限.这一章将继续学习积分的概念,把积分的区域推广到一段曲线或一片曲面上,这就是本章要学习的曲线积分和曲面积分.

第一节　对弧长的曲线积分(第一型曲线积分)

一、对弧长的曲线积分的概念与性质

引例　求一条质量不均匀的物质曲线段的质量.

如果是一条质量均匀的物质曲线段,设其长度为 L,在曲线段上的任意一点线密度为常数 ρ,那么其质量为 ρL.

对于质量不均匀的物质曲线段,其线密度 $\rho(x,y)$ 是一个变量,那么如何求其质量? 用类似于求平面薄板的质量时的思想:分割→求和→取极限.

设曲线段是 xOy 面上的一段平面曲线段 L,端点为 A,B,在 L 上任一点 (x,y) 处的线密度为 $\rho(x,y)$,且为连续函数. 用 L 上的点 $M_1,M_2,\cdots,M_{n-1}$ 把 L 分成 n 个小段,如图 9 - 1 所示,设 Δs_i 表示第 i 段 $\overset{\frown}{M_{i-1}M_i}$ 的弧长,由于线密度是连续函数,若 Δs_i 很小,

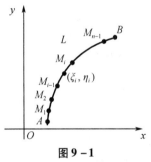

图 9 - 1

就可以把 Δs_i 近似看成是质量均匀的,其线密度就可以用 $\overset{\frown}{M_{i-1}M_i}$ 上的任意一点 (ξ_i,η_i) 的线密度 $\rho(\xi_i,\eta_i)$ 来代替,则该小段弧的质量近似为

$$\rho(\xi_i,\eta_i)\Delta s_i$$

于是,整个物质曲线段的质量的近似值为

$$M \approx \sum_{i=1}^{n}\rho(\xi_i,\eta_i)\Delta s_i$$

如果当 n 个小弧段的最大长度 $\lambda \to 0$ 时此式的极限存在,则整个物质曲线段的质量为

$$M = \lim_{\lambda \to 0}\sum_{i=1}^{n}\rho(\xi_i,\eta_i)\Delta s_i$$

这种"和式的极限"与定积分、二重积分和三重积分的定义是"同类"的，因此也应该称它为某种积分，但是它与我们前面学过积分的定义又是有区别的，因此我们引入一种新的积分.

定义1 设 L 为 xOy 面内的一条光滑曲线段，函数 $f(x,y)$ 在 L 上有界. 在 L 上任意插入一个点列 $M_1,M_2,\cdots,M_{n-1}$ 把 L 分成 n 个小段. 设第 i 个小段的长度为 Δs_i，在第 i 个小段上任意取一点 (ξ_i,η_i)，作乘积 $f(\xi_i,\eta_i)\Delta s_i(i=1,2,\cdots,n)$，并作和 $\sum\limits_{i=1}^{n} f(\xi_i,\eta_i)\Delta s_i$，如果当各小弧段长度的最大值 $\lambda \to 0$ 时，此和式极限总存在，则称此极限为函数 $f(x,y)$ 在曲线 L 上对弧长的曲线积分或第一型曲线积分，记作 $\int_L f(x,y)\,\mathrm{d}s$，即

$$\int_L f(x,y)\,\mathrm{d}s = \lim_{\lambda \to 0}\sum_{i=1}^{n} f(\xi_i,\eta_i)\Delta s_i$$

其中，$f(x,y)$ 称为被积函数；L 称为积分弧段；$\mathrm{d}s$ 称为弧长微元.

当 $f(x,y)$ 在光滑曲线段 L 上连续时，可以证实对弧长的曲线积分 $\int_L f(x,y)\,\mathrm{d}s$ 总是存在的. 以后不加特殊说明时我们总假定 $f(x,y)$ 在 L 上是连续的.

根据这个定义，引例中物质曲线段的线密度 $\rho(x,y)$ 在 L 上连续时，此曲线的质量就等于 $\rho(x,y)$ 对弧长的曲线积分，即

$$M = \int_L \rho(x,y)\,\mathrm{d}s$$

当被积函数 $f(x,y)=1$ 时，$\int_L \mathrm{d}s = l$，l 为曲线段 L 的弧长.

类似地，上述定义可以推广到积分弧段为空间曲线段 Γ 的情形，即函数 $f(x,y,z)$ 在曲线段 Γ 上对弧长的曲线积分为

$$\int_\Gamma f(x,y,z)\,\mathrm{d}s = \lim_{\lambda \to 0}\sum_{i=1}^{n} f(\xi_i,\eta_i,\zeta_i)\Delta s_i$$

其中，Δs_i 是将 Γ 任意分割成 n 个小弧段后的第 i 个小弧段的长度，并且 $(\xi_i,\eta_i,\zeta_i)(i=1,2,\cdots,n)$ 是在第 i 个小弧段上任取的一点，λ 是 n 个小弧段的长度的最大值.

关于积分符号的说明：① 当曲线段 L 为封闭曲线时，积分号可写成 $\oint_L$；② 当曲线段 L 的两个端点分别为 A,B 时，曲线段 L 也可以表示成 $\overset{\frown}{AB}$，则积分号也可写成 $\int_{\overset{\frown}{AB}}$.

由对弧长的曲线积分的定义可知，它有以下性质：

(1) $\int_L [f(x,y) \pm g(x,y)]\,\mathrm{d}s = \int_L f(x,y)\,\mathrm{d}s \pm \int_L g(x,y)\,\mathrm{d}s$；

(2) $\int_L kf(x,y)\,\mathrm{d}s = k\int_L f(x,y)\,\mathrm{d}s(k$ 为常数$)$；

（3）$\int_{\widehat{AB}} f(x,y)\mathrm{d}s = \int_{\widehat{BA}} f(x,y)\mathrm{d}s$，对弧长的曲线积分与积分路径的方向无关；

（4）$\int_L f(x,y)\mathrm{d}s = \int_{L_1} f(x,y)\mathrm{d}s + \int_{L_2} f(x,y)\mathrm{d}s$，其中 L 为 L_1 与 L_2 首尾相接而成，表示为 $L = L_1 + L_2$；

（5）设在 L 上有 $f(x,y) \leqslant g(x,y)$，则

$$\int_L f(x,y)\mathrm{d}s \leqslant \int_L g(x,y)\mathrm{d}s；$$

（6）$\left| \int_L f(x,y)\mathrm{d}s \right| \leqslant \int_L |f(x,y)|\mathrm{d}s.$

二、对弧长的曲线积分的计算方法

定理 1　设 $f(x,y)$ 在曲线段 L 上连续，L 的参数方程为

$$\begin{cases} x = \varphi(t) \\ y = \psi(t) \end{cases} (\alpha \leqslant t \leqslant \beta)$$

其中 $\varphi(t),\psi(t)$ 在 $[\alpha,\beta]$ 上具有一阶连续导数，且 $\varphi'^2(t) + \psi'^2(t) \neq 0$，则曲线积分 $\int_L f(x,y)\mathrm{d}s$ 存在，且

$$\int_L f(x,y)\mathrm{d}s = \int_\alpha^\beta f[\varphi(t),\psi(t)] \sqrt{\varphi'^2(t) + \psi'^2(t)}\,\mathrm{d}t$$

我们用定积分应用中的微元法来说明此公式的正确性. 设 $f(x,y) \geqslant 0$ 表示曲线 L 的线密度，则曲线 L 的质量 $M = \int_L f(x,y)\mathrm{d}s$. 另一方面用微元法来表示曲线 L 的质量，当曲线 L 的方程为 $x = \varphi(t)$，$y = \psi(t)$，$\alpha \leqslant t \leqslant \beta$ 时，曲线 L 的质量分布在对应参数 t 的取值范围为区间 $[\alpha,\beta]$ 上，任取小区间 $[t,t+\mathrm{d}t] \subset [\alpha,\beta]$，其对应小弧段长度 $\mathrm{d}s = \sqrt{\varphi'^2(t) + \psi'^2(t)}\,\mathrm{d}t$，对应的质量微元为

$$\mathrm{d}M = f[\varphi(t),\psi(t)] \sqrt{\varphi'^2(t) + \psi'^2(t)}\,\mathrm{d}t$$

由定积分应用中的微元法可知，质量 M 可表示为 $M = \int_\alpha^\beta f[\varphi(t),\psi(t)] \sqrt{\varphi'^2(t) + \psi'^2(t)}\,\mathrm{d}t$，则

$$M = \int_L f(x,y)\mathrm{d}s = \int_\alpha^\beta f[\varphi(t),\psi(t)] \sqrt{\varphi'^2(t) + \psi'^2(t)}\,\mathrm{d}t$$

这就是对弧长的曲线积分的计算公式.

说明　在公式中，$\mathrm{d}s$ 可以看成是在定积分应用中求曲线弧长时的弧长微元，即

$$\mathrm{d}s = \sqrt{(\mathrm{d}x)^2 + (\mathrm{d}y)^2} = \sqrt{\varphi'^2(t) + \psi'^2(t)}\,\mathrm{d}t$$

注意　公式中的定积分下限 α 一定要小于上限 β，由于小弧段的长度 Δs 总是正的，从而 $\Delta t > 0$，所以定积分的下限 α 一定小于上限 β.

对于曲线 L 所给的方程的不同形式,可有如下的对弧长的曲线积分的计算公式:

（1）如果曲线 L 方程为

$$y = y(x) \quad (a \leqslant x \leqslant b)$$

那么

$$\int_L f(x,y)\,\mathrm{d}s = \int_a^b f[x,y(x)]\sqrt{1 + y'^2(x)}\,\mathrm{d}x$$

（2）如果曲线 L 方程为

$$x = x(y) \quad (c \leqslant y \leqslant d)$$

那么

$$\int_L f(x,y)\,\mathrm{d}s = \int_c^d f[x(y),y]\sqrt{1 + x'^2(y)}\,\mathrm{d}y$$

（3）如果曲线 L 方程为极坐标系下的方程,即

$$r = r(\theta) \quad (\alpha \leqslant \theta \leqslant \beta)$$

那么

$$\int_L f(x,y)\,\mathrm{d}s = \int_\alpha^\beta f(r(\theta)\cos\theta, r(\theta)\sin\theta)\sqrt{r^2(\theta) + r'^2(\theta)}\,\mathrm{d}\theta$$

（4）如果积分弧段为空间曲线 Γ,其参数方程为

$$x = \varphi(t), y = \psi(t), z = \omega(t) \quad (\alpha \leqslant t \leqslant \beta)$$

那么

$$\int_\Gamma f(x,y,z)\,\mathrm{d}s = \int_\alpha^\beta f[\varphi(t),\psi(t),\omega(t)]\sqrt{\varphi'^2(t) + \psi'^2(t) + \omega'^2(t)}\,\mathrm{d}t$$

例1　计算 $\displaystyle\int_L \sqrt{y}\,\mathrm{d}s$,其中 L 是抛物线 $y = x^2$ 上点 $A(-1,1)$ 与点 $B(1,1)$ 之间的一段弧（见图 9 - 2）.

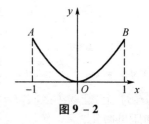

图 9 - 2

解　L 方程为:$y = x^2(-1 \leqslant x \leqslant 1)$,因此

$$\int_L \sqrt{y}\,\mathrm{d}s = \int_{-1}^1 \sqrt{x^2}\sqrt{1 + (x^2)'^2}\,\mathrm{d}x$$

$$= 2\int_0^1 x\sqrt{1 + 4x^2}\,\mathrm{d}x = \frac{1}{6}(1 + 4x^2)^{\frac{3}{2}}\Big|_0^1$$

$$= \frac{1}{6}(5\sqrt{5} - 1)$$

例2　计算 $\displaystyle\int_L (x+y)\,\mathrm{d}s$,其中 L 是以 $O(0,0), A(1,0), B(0,1)$ 为顶点的三角形的边界.

解　如图 9 - 3,把 L 分成三段,即

$$\overline{OA}: y = 0, 0 \leqslant x \leqslant 1, \mathrm{d}s = \mathrm{d}x;$$

$$\overline{AB}: y = 1 - x, 0 \leqslant x \leqslant 1;$$

$$\mathrm{d}s = \sqrt{1 + [(1-x)']^2}\,\mathrm{d}x = \sqrt{2}\,\mathrm{d}x;$$

$$\overline{OB}: x = 0, 0 \leqslant y \leqslant 1, \mathrm{d}s = \mathrm{d}y.$$

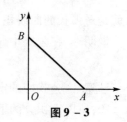

图 9 - 3

那么

$$\int_L (x + y) \mathrm{d}s = \int_{\overline{OA}} (x + y) \mathrm{d}s + \int_{\overline{AB}} (x + y) \mathrm{d}s + \int_{\overline{OB}} (x + y) \mathrm{d}s$$

$$= \int_0^1 x \mathrm{d}x + \sqrt{2} \int_0^1 [x + (1 - x)] \mathrm{d}x + \int_0^1 y \mathrm{d}y$$

$$= 1 + \sqrt{2}$$

例3 计算曲线积分 $\int_\Gamma (x^2 + y^2 + z^2) \mathrm{d}s$,其中 Γ 为螺旋线 $x = a\cos t, y = a\sin t, z = kt$ (k 为常数) 上相应于 $0 \leqslant t \leqslant 2\pi$ 的一段弧.

解 $\int_\Gamma (x^2 + y^2 + z^2) \mathrm{d}s$

$$= \int_0^{2\pi} [(a\cos t)^2 + (a\sin t)^2 + (kt)^2] \cdot \sqrt{(-a\sin t)^2 + (a\cos t)^2 + k^2} \mathrm{d}t$$

$$= \int_0^{2\pi} (a^2 + k^2 t^2) \sqrt{a^2 + k^2} \mathrm{d}t$$

$$= \sqrt{a^2 + k^2} \left(a^2 t + \frac{k^2}{3} t^3 \right) \Big|_0^{2\pi}$$

$$= \frac{2}{3} \pi \sqrt{a^2 + k^2} (3a^2 + 4\pi^2 k^2)$$

例4 计算曲线积分 $I = \int_L (2xy + 3x^2 + 4y^2) \mathrm{d}s$,其中 L 为椭圆 $\dfrac{x^2}{4} + \dfrac{y^2}{3} = 1, y \geqslant 0$ 的部分,设上半椭圆弧长为 l.

解 如图 9 - 4 所示,L 是关于 y 轴对称的,于是有

$$I = \int_L (2xy + 3x^2 + 4y^2) \mathrm{d}s$$

$$= 2 \int_L xy \mathrm{d}s + \int_L (3x^2 + 4y^2) \mathrm{d}s$$

$$= 0 + \int_L (3x^2 + 4y^2) \mathrm{d}s$$

$$= \int_L 12 \mathrm{d}s$$

$$= 12l$$

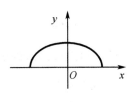

图 9 - 4

注 ① 由于 L 关于 $x = 0$(y 轴)对称,而被积函数 xy 是关于 x 的奇函数,则 $\int_L xy \mathrm{d}s = 0$. 事实上,把 L 分成

$$L_1 : \frac{x^2}{4} + \frac{y^2}{3} = 1, x \geqslant 0, \text{即 } y = \sqrt{3\left(1 - \frac{x^2}{4}\right)}, 0 \leqslant x \leqslant 2$$

$$L_2: \frac{x^2}{4} + \frac{y^2}{3} = 1, x < 0, \text{即 } y = \sqrt{3\left(1 - \frac{x^2}{4}\right)}, -2 \leq x < 0$$

则

$$ds = \sqrt{1 + y'^2} = \sqrt{\frac{16 - x^2}{16 - 4x^2}}$$

则

$$
\begin{aligned}
\int_L xy ds &= \int_{L_1} xy ds + \int_{L_2} xy ds \\
&= \int_0^2 x \sqrt{3\left(1 - \frac{x^2}{4}\right)} \cdot \sqrt{1 + y'^2} dx + \int_{-2}^0 x \sqrt{3\left(1 - \frac{x^2}{4}\right)} \cdot \sqrt{1 + y'^2} dx \\
&= \int_{-2}^2 x \sqrt{3\left(1 - \frac{x^2}{4}\right)} \cdot \sqrt{\frac{16 - x^2}{16 - 4x^2}} dx \\
&= 0
\end{aligned}
$$

如果 L 关于 $x = 0(y$ 轴$)$ 对称，而被积函数 $f(x, y)$ 是关于 x 的偶函数，则 $\int_L f(x, y) ds = 2\int_{L_1} f(x, y) ds$，其中 L_1 为曲线 L 上 $x \geq 0$ 的部分.

② 由于积分曲线 $L: \frac{x^2}{4} + \frac{y^2}{3} = 1, y \geq 0$，被积函数 $3x^2 + 4y^2$ 应满足 L 的方程，故 $3x^2 + 4y^2 = 12$，则

$$\int_L (3x^2 + 4y^2) ds = \int_L 12 ds = 12 \int_L ds = 12l$$

其中 l 为 L 的弧长.

三、对弧长的曲线积分在物理中的应用

与重积分类似，利用对弧长的曲线积分可以求曲线的质量，曲线的重心和转动惯量.

以平面曲线 L 为例，设 L 的线密度为 $\rho(x, y)$，则 L 的质量为

$$M = \int_L \rho(x, y) ds$$

L 的重心坐标分别为

$$\bar{x} = \frac{\int_L x \rho(x, y) ds}{\int_L \rho(x, y) ds}, \bar{y} = \frac{\int_L y \rho(x, y) ds}{\int_L \rho(x, y) ds}$$

L 对 x 轴，y 轴及坐标原点的转动惯量分别为

$$I_x = \int_L y^2 \rho(x, y) ds, I_y = \int_L x^2 \rho(x, y) ds, I_O = \int_L (x^2 + y^2) \rho(x, y) ds$$

例5 设一个半径为 R, 中心角为 2α 的圆弧 L(设线密度 $\rho = 1$).

(1) 求其重心坐标 $(\bar{x}, \bar{y})$;

(2) 求其对于它的对称轴的转动惯量 I.

解 如图 9 – 5 所示, 建立直角坐标系, 设 L 的参数方程为

$$x = R\cos\theta, y = R\sin\theta(-\alpha \le \theta \le \alpha)$$

$$\begin{aligned}
\mathrm{d}s &= \sqrt{x'^2 + y'^2}\,\mathrm{d}\theta \\
&= \sqrt{(-R\sin\theta)^2 + (R\cos\theta)^2}\,\mathrm{d}\theta \\
&= R\,\mathrm{d}\theta
\end{aligned}$$

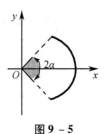

图 9 – 5

(1) 由对称性可知

$$\bar{y} = 0$$

$$M = \int_L \mathrm{d}s = \int_{-\alpha}^{\alpha} R\,\mathrm{d}\theta = 2R\alpha$$

$$\bar{x} = \frac{1}{M}\int_L x\,\mathrm{d}s = \frac{1}{2R\alpha}\int_{-\alpha}^{\alpha} R\cos\theta \cdot R\,\mathrm{d}\theta = \frac{R\sin\alpha}{\alpha}$$

于是 $(\bar{x}, \bar{y}) = \left(\dfrac{R\sin\alpha}{\alpha}, 0 \right)$.

$$\begin{aligned}
(2)\ I &= \int_L y^2\,\mathrm{d}s = \int_{-\alpha}^{\alpha} R^2\sin^2\theta R\,\mathrm{d}\theta = R^3\int_{-\alpha}^{\alpha}\sin^2\theta\,\mathrm{d}\theta = \frac{R^3}{2}\left(\theta - \frac{\sin 2\theta}{2}\right)\Bigg|_{-\alpha}^{\alpha} \\
&= \frac{R^3}{2}(2\alpha - \sin 2\alpha) = R^3(\alpha - \sin\alpha\cos\alpha)
\end{aligned}$$

习题 9 – 1

1. 计算 $\displaystyle\int_L y\,\mathrm{d}s$, 其中 L 为摆线 $x = a(t - \sin t), y = a(1 - \cos t)(0 \le t \le 2\pi)$ 的一拱.

2. 计算 $\displaystyle\int_L x\,\mathrm{d}s$, 其中 L 为直线 $y = x$ 与抛物线 $y = x^2$ 所围区域的边界.

3. 计算 $\displaystyle\int_L e^{\sqrt{x^2+y^2}}\,\mathrm{d}s$, 其中 L 为圆周 $x^2 + y^2 = a^2$, 直线 $y = x$ 及 x 轴在第一象限内所围成扇形区域的边界.

4. 计算 $\displaystyle\int_\Gamma x^2\,\mathrm{d}s$, 其中 Γ 为圆周 $\begin{cases} x^2 + y^2 + z^2 = a^2 \\ x + y + z = 0 \end{cases}$.

5. 计算 $\displaystyle\int_\Gamma \sqrt{2y^2 + z^2}\,\mathrm{d}s$, 其中 Γ 为圆周 $\begin{cases} x^2 + y^2 + z^2 = a^2 \\ x = y \end{cases}$.

6. 求曲线 $x = a, y = at, z = \dfrac{1}{2}at^2(0 \le t \le 1, a > 0)$ 的质量, 设其线密度为 $\rho = \sqrt{\dfrac{2z}{a}}$.

7. 求质量均匀的曲线 $x^2 + y^2 = 2y(y \le 1)$ 对 x 轴和 y 轴的转动惯量, 设其线密度为 $\rho = 1$.

第二节　对坐标的曲线积分（第二型曲线积分）

一、对坐标的曲线积分的概念与性质

引例　求变力作用于一质点沿曲线运动所做的功.

设一个质点在 xOy 面内沿光滑连续曲线 L 从点 A 移动到点 B. 在移动过程中，质点受到变力

$$\boldsymbol{F}(x,y) = P(x,y)\boldsymbol{i} + Q(x,y)\boldsymbol{j}$$

的作用，其中函数 $P(x,y)$，$Q(x,y)$ 在 L 上连续. 求在上述移动过程中变力 $\boldsymbol{F}(x,y)$ 对质点所做的功（见图 9 – 6）.

如果力 $\boldsymbol{F}$ 是常力，且质点沿直线从点 A 移动到点 B，那么常力 $\boldsymbol{F}$ 所做的功 W 等于两个向量 $\boldsymbol{F}$ 与 $\overrightarrow{AB}$ 的数量积，即

$$W = \boldsymbol{F} \cdot \overrightarrow{AB}$$

现在 $\boldsymbol{F}(x,y)$ 是变力，且质点沿曲线 L 移动，那么功 W 就不能直接按上述公式计算. 我们可以想到借助于第一节中求一条质量不均匀的物质曲线的质量的思想来处理这个问题，即分割 → 求和 → 取极限.

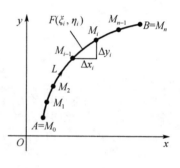

图 9 – 6

先在曲线 L 从点 A 到点 B 一段上插入点 $M_1(x_1,y_1)$，$M_2(x_2,y_2)$，$\cdots$，$M_{n-1}(x_{n-1},y_{n-1})$ 把 L 分成 n 个有向的小弧段，

取其中的一个有向小弧段 $\overset{\frown}{M_{i-1}M_i}$ 来分析：由于 $\overset{\frown}{M_{i-1}M_i}$ 光滑而且很短，可以用有向的直线段 $\overrightarrow{M_{i-1}M_i} = (\Delta x_i)\boldsymbol{i} + (\Delta y_i)\boldsymbol{j}$ 来近似代替它，其中 $\Delta x_i = x_i - x_{i-1}$，$\Delta y_i = y_i - y_{i-1}$. 又由于函数 $P(x,y)$，$Q(x,y)$ 在 L 上连续，可以用小弧段 $\overset{\frown}{M_{i-1}M_i}$ 上任意取定的一点 (ξ_i,η_i) 处的力

$$\boldsymbol{F}(\xi_i,\eta_i) = P(\xi_i,\eta_i)\boldsymbol{i} + Q(\xi_i,\eta_i)\boldsymbol{j}$$

来近似代替这小弧段上各点处的力. 这样代替之后，变力 $\boldsymbol{F}(x,y)$ 沿有向小弧段 $\overset{\frown}{M_{i-1}M_i}$ 所做的功 ΔW_i 可以认为近似地等于常力 $\boldsymbol{F}(\xi_i,\eta_i)$ 沿直线段 $\overrightarrow{M_{i-1}M_i}$ 所做的功：

$$\Delta W_i \approx \boldsymbol{F}(\xi_i,\eta_i) \cdot \overrightarrow{M_{i-1}M_i}$$

即

$$\Delta W_i \approx P(\xi_i,\eta_i)\Delta x_i + Q(\xi_i,\eta_i)\Delta y_i$$

于是

$$W = \sum_{i=1}^{n} \Delta W_i \approx \sum_{i=1}^{n} \left[P(\xi_i,\eta_i)\Delta x_i + Q(\xi_i,\eta_i)\Delta y_i \right]$$

用 λ 表示 n 个小弧段的最大长度，令 $\lambda \to 0$ 上述和取极限，所得到的极限就是变力 $\boldsymbol{F}$ 沿有

向曲线 L 对质点从点 A 移动到点 B 所做的功,即

$$W = \lim_{\lambda \to 0} \sum_{i=1}^{n} \left[P(\xi_i, \eta_i) \Delta x_i + Q(\xi_i, \eta_i) \Delta y_i \right]$$

这种和的极限在研究其它问题时也会遇到,那么引入下面的定义.

定义 1　设 L 为 xOy 面内从点 A 到点 B 的一条有向光滑曲线段,函数 $P(x,y), Q(x,y)$ 在 L 上有界. 在 L 上沿从 A 到 B 的方向任意插入一点列 $M_1(x_1, y_1), M_2(x_2, y_2), \cdots, M_{n-1}(x_{n-1}, y_{n-1})$ 把 L 分成 n 个有向小弧段 $\widehat{M_{i-1}M_i}(i = 1, 2, \cdots, n; M_0 = A; M_n = B)$. 设 $\Delta x_i = x_i - x_{i-1}, \Delta y_i = y_i - y_{i-1}$, 点 (ξ_i, η_i) 为弧段 $\widehat{M_{i-1}M_i}$ 上任意取定的点. 如果当各小弧段长度的最大值 $\lambda \to 0$ 时, $\lim_{\lambda \to 0} \sum_{i=1}^{n} P(\xi_i, \eta_i) \Delta x_i$ 总存在,则称此极限为函数 $P(x,y)$ 在有向曲线 L 上对坐标 x 的曲线积分,记作 $\int_L P(x,y) \mathrm{d}x$. 类似地,如果 $\lim_{\lambda \to 0} \sum_{i=1}^{n} Q(\xi_i, \eta_i) \Delta y_i$ 总存在,则称此极限为函数 $Q(x,y)$ 在有向曲线 L 上对坐标 y 的曲线积分,记作 $\int_L Q(x,y) \mathrm{d}y$. 即

$$\int_L P(x,y) \mathrm{d}x = \lim_{\lambda \to 0} \sum_{i=1}^{n} P(\xi_i, \eta_i) \Delta x_i$$

$$\int_L Q(x,y) \mathrm{d}y = \lim_{\lambda \to 0} \sum_{i=1}^{n} Q(\xi_i, \eta_i) \Delta y_i$$

其中, $P(x,y), Q(x,y)$ 称为被积函数; L 称为积分弧段.

以上两个积分也称为第二型曲线积分.

当 $P(x,y), Q(x,y)$ 在有向光滑曲线弧 L 上连续时,对坐标的曲线积分 $\int_L P(x,y) \mathrm{d}x$ 及 $\int_L Q(x,y) \mathrm{d}y$ 都存在. 以后我们总假定 $P(x,y), Q(x,y)$ 在 L 上连续.

上述定义可以类似地推广到积分弧段为空间有向曲线弧 Γ 的情形,即

$$\int_\Gamma P(x,y,z) \mathrm{d}x = \lim_{\lambda \to 0} \sum_{i=1}^{n} P(\xi_i, \eta_i, \zeta_i) \Delta x_i$$

$$\int_\Gamma Q(x,y,z) \mathrm{d}y = \lim_{\lambda \to 0} \sum_{i=1}^{n} Q(\xi_i, \eta_i, \zeta_i) \Delta y_i$$

$$\int_\Gamma R(x,y,z) \mathrm{d}z = \lim_{\lambda \to 0} \sum_{i=1}^{n} R(\xi_i, \eta_i, \zeta_i) \Delta z_i$$

实际应用中经常出现的是

$$\int_L P(x,y) \mathrm{d}x + \int_L Q(x,y) \mathrm{d}y$$

这种合并起来的组合形式,为简便起见,把上式写成

$$\int_L P(x,y)\,\mathrm{d}x + Q(x,y)\,\mathrm{d}y$$

那么引例中求变力所做的功可以表达成

$$W = \int_L P(x,y)\,\mathrm{d}x + Q(x,y)\,\mathrm{d}y$$

另一方面,引例中求质点在变力 $\boldsymbol{F}(x,y)$ 的作用下沿曲线 L 从点 A 运动到点 B, $\boldsymbol{F}(x,y)$ 所做的功,还可以用微元的思想来考虑. 设 $\boldsymbol{F}(x,y)$ 在 L 上连续,在 L 上取一有向微元 $\mathrm{d}\boldsymbol{s}$,方向与从 A 到 B 的方向一致. 点 (x,y) 是 $\mathrm{d}\boldsymbol{s}$ 上的任意一点,根据微元的思想,由于 $\mathrm{d}\boldsymbol{s}$ 取的充分小,在 $\mathrm{d}\boldsymbol{s}$ 上力 $\boldsymbol{F}(x,y)$ 看成不变,用 (x,y) 点处的 $\boldsymbol{F}(x,y)$ 来代替,且可以认为 $\mathrm{d}\boldsymbol{s}$ 是直的,且位于 (x,y) 点处的单位切向量 $\boldsymbol{T}$(从点 A 到点 B 方向一致) 所在的直线上,那么 $\boldsymbol{F}(x,y)$ 作用质点在 $\mathrm{d}\boldsymbol{s}$ 上所做的功为

$$\mathrm{d}W = \boldsymbol{F} \cdot \mathrm{d}\boldsymbol{s} = \boldsymbol{F} \cdot \boldsymbol{T}\mathrm{d}s$$

于是,质点在变力 $\boldsymbol{F}(x,y)$ 的作用下沿曲线 L 从点 A 运动到点 B, $\boldsymbol{F}(x,y)$ 所做的功为

$$W = \int_L \boldsymbol{F} \cdot \boldsymbol{T}\mathrm{d}s$$

设 $\boldsymbol{F}(x,y) = P(x,y)\boldsymbol{i} + Q(x,y)\boldsymbol{j}$,曲线 L 上由点 A 指向点 B 的单位切向量为 $\boldsymbol{T} = \{\cos\alpha, \cos\beta\}$,那么

$$W = \int_L \boldsymbol{F} \cdot \boldsymbol{T}\mathrm{d}s = \int_L \{P(x,y), Q(x,y)\} \cdot \{\cos\alpha, \cos\beta\}\,\mathrm{d}s$$

$$= \int_L \{P(x,y)\cos\alpha + Q(x,y)\cos\beta\}\,\mathrm{d}s$$

$$= \int_L P(x,y)\cos\alpha\,\mathrm{d}s + Q(x,y)\cos\beta\,\mathrm{d}s$$

其中 $\cos\alpha\,\mathrm{d}s = \mathrm{d}x, \cos\beta\,\mathrm{d}s = \mathrm{d}y$,于是也得到了

$$W = \int_L P(x,y)\,\mathrm{d}x + Q(x,y)\,\mathrm{d}y$$

这种对坐标的曲线积分的形式,从推导过程中还可以得到对坐标的曲线积分与对弧长的曲线积分之间的联系,即

$$\int_L P(x,y)\,\mathrm{d}x + Q(x,y)\,\mathrm{d}y = \int_L \{P(x,y)\cos\alpha + Q(x,y)\cos\beta\}\,\mathrm{d}s$$

其中, $\{\cos\alpha, \cos\beta\}$ 为曲线 L 上 (x,y) 点处由点 A 指向点 B 的单位切向量.

如果设 $\mathrm{d}\boldsymbol{s} = \{\mathrm{d}x, \mathrm{d}y\}$,那么对坐标的曲线积分还可以表示成向量的形式

$$\int_L P(x,y)\,\mathrm{d}x + Q(x,y)\,\mathrm{d}y = \int_L \boldsymbol{F} \cdot \mathrm{d}\boldsymbol{s}$$

推广到空间曲线,可以把

$$\int_\Gamma P(x,y,z)\,\mathrm{d}x + \int_\Gamma Q(x,y,z)\,\mathrm{d}y + \int_\Gamma R(x,y,z)\,\mathrm{d}z$$

简写成

$$\int_{\Gamma} P(x,y,z)\,\mathrm{d}x + Q(x,y,z)\,\mathrm{d}y + R(x,y,z)\,\mathrm{d}z$$

$$= \int_{\Gamma} \{ P(x,y,z)\cos\alpha + Q(x,y,z)\cos\beta + R(x,y,z)\cos\gamma \}\,\mathrm{d}s$$

$$= \int_{\Gamma} \boldsymbol{F} \cdot \boldsymbol{T}\,\mathrm{d}s = \int_{\Gamma} \boldsymbol{F} \cdot \mathrm{d}\boldsymbol{s}$$

其中，$\boldsymbol{F} = \{ P(x,y,z),Q(x,y,z),R(x,y,z) \}$，$\boldsymbol{T} = \{ \cos\alpha,\cos\beta,\cos\gamma \}$ 为曲线 Γ 的单位切向量，且方向与从 A 到 B 方向一致；$\mathrm{d}\boldsymbol{s} = \{ \mathrm{d}x,\mathrm{d}y,\mathrm{d}z \}$。

根据上述曲线积分的定义，对坐标的曲线积分有如下性质：

（1）如果把 L 分成 L_1 和 L_2，则

$$\int_{L} P\mathrm{d}x + Q\mathrm{d}y = \int_{L_1} P\mathrm{d}x + Q\mathrm{d}y + \int_{L_2} P\mathrm{d}x + Q\mathrm{d}y$$

可以推广到 L 由 $L_1,L_2,\cdots,L_k$ 组成的情形。

（2）设 L 是有向曲线段，$-L$ 是与 L 方向相反的有向曲线段，则

$$\int_{-L} P(x,y)\,\mathrm{d}x = -\int_{L} P(x,y)\,\mathrm{d}x$$

$$\int_{-L} Q(x,y)\,\mathrm{d}y = -\int_{L} Q(x,y)\,\mathrm{d}y$$

当积分弧段的方向改变时，对坐标的曲线积分要改变符号。因此，关于对坐标的曲线积分，我们必须注意积分弧段的方向。

注意 如果设有向曲线段 L 的起点为 A，终点为 B，那么对坐标的曲线积分也可表示为 $\int_{\overset{\frown}{AB}} P(x,y)\,\mathrm{d}x + Q(x,y)\,\mathrm{d}y$，且

$$\int_{\overset{\frown}{AB}} P(x,y)\,\mathrm{d}x + Q(x,y)\,\mathrm{d}y = -\int_{\overset{\frown}{BA}} P(x,y)\,\mathrm{d}x + Q(x,y)\,\mathrm{d}y$$

二、对坐标的曲线积分的计算方法

与对弧长的曲线积分的计算方法类似，都要转化成定积分计算。

定理 1 设曲线 L 的参数方程为

$$\begin{cases} x = \varphi(t) \\ y = \psi(t) \end{cases}$$

当参数 t 由 α 变到 β 时，对应 L 上的点由 A 运动到 B，$\varphi(t)$，$\psi(t)$ 在以 α 和 β 为端点的闭区间上具有一阶连续导数，且 $\varphi'^2(t) + \psi'^2(t) \neq 0$；又若函数 $P(x,y)$，$Q(x,y)$ 在 L 上连续，则曲线积分 $\int_{L} P(x,y)\,\mathrm{d}x + Q(x,y)\,\mathrm{d}y$ 存在，且

$$\int_{L} P(x,y)\,\mathrm{d}x + Q(x,y)\,\mathrm{d}y = \int_{\alpha}^{\beta} \{ P[\varphi(t),\psi(t)]\varphi'(t) + Q[\varphi(t),\psi(t)]\psi'(t) \}\,\mathrm{d}t$$

证明 由两类曲线积分之间的联系，把对坐标的曲线积分转化为对弧长的曲线积分。

$$\int_L P(x,y)\,\mathrm{d}x + Q(x,y)\,\mathrm{d}y = \int_L \{P(x,y)\cos\alpha + Q(x,y)\cos\beta\}\,\mathrm{d}s$$

其中，$\{\cos\alpha,\cos\beta\}$ 为曲线 L 的单位切向量，其方向与从点 A 到点 B 方向一致，对应曲线 L 方程的参数 t 从 α 变到 β，不妨设 $\alpha < \beta$. 由于曲线 L 的参数方程为 $\begin{cases} x = \varphi(t) \\ y = \psi(t) \end{cases}$，那么

$$\cos\alpha = \frac{\varphi'(t)}{\sqrt{\varphi'^2(t) + \psi'^2(t)}}, \quad \cos\beta = \frac{\psi'(t)}{\sqrt{\varphi'^2(t) + \psi'^2(t)}}$$

于是

$$\int_L P(x,y)\,\mathrm{d}x + Q(x,y)\,\mathrm{d}y$$

$$= \int_L \{P(x,y)\cos\alpha + Q(x,y)\cos\beta\}\,\mathrm{d}s$$

$$= \int_L \left\{P(x,y)\frac{\varphi'(t)}{\sqrt{\varphi'^2(t) + \psi'^2(t)}} + Q(x,y)\frac{\psi'(t)}{\sqrt{\varphi'^2(t) + \psi'^2(t)}}\right\}\,\mathrm{d}s$$

$$= \int_\alpha^\beta \left\{P(\varphi(t),\psi(t))\frac{\varphi'(t)}{\sqrt{\varphi'^2(t) + \psi'^2(t)}} + Q(\varphi(t),\psi(t))\frac{\psi'(t)}{\sqrt{\varphi'^2(t) + \psi'^2(t)}}\right\}\sqrt{\varphi'^2(t) + \psi'^2(t)}\,\mathrm{d}t$$

$$= \int_\alpha^\beta \{P[\varphi(t),\psi(t)]\varphi'(t) + Q[\varphi(t),\psi(t)]\psi'(t)\}\,\mathrm{d}t$$

如果对应曲线 L 的参数方程中的 t 由 α 变到 β 时，而 $\alpha > \beta$，那么 L 的单位切向量为 $\{\cos\alpha,\cos\beta\}$，而

$$\cos\alpha = -\frac{\varphi'(t)}{\sqrt{\varphi'^2(t) + \psi'^2(t)}}, \quad \cos\beta = -\frac{\psi'(t)}{\sqrt{\varphi'^2(t) + \psi'^2(t)}}$$

于是

$$\int_L P(x,y)\,\mathrm{d}x + Q(x,y)\,\mathrm{d}y$$

$$= \int_L \{P(x,y)\cos\alpha + Q(x,y)\cos\beta\}\,\mathrm{d}s$$

$$= -\int_L \left\{P(x,y)\frac{\varphi'(t)}{\sqrt{\varphi'^2(t) + \psi'^2(t)}} + Q(x,y)\frac{\psi'(t)}{\sqrt{\varphi'^2(t) + \psi'^2(t)}}\right\}\,\mathrm{d}s$$

$$= -\int_\beta^\alpha \left\{P(\varphi(t),\psi(t))\frac{\varphi'(t)}{\sqrt{\varphi'^2(t) + \psi'^2(t)}} + Q(\varphi(t),\psi(t))\frac{\psi'(t)}{\sqrt{\varphi'^2(t) + \psi'^2(t)}}\right\}\sqrt{\varphi'^2(t) + \psi'^2(t)}\,\mathrm{d}t$$

$$= \int_\alpha^\beta \{P[\varphi(t),\psi(t)]\varphi'(t) + Q[\varphi(t),\psi(t)]\psi'(t)\}\,\mathrm{d}t$$

此公式表明，计算对坐标的曲线积分 $\int_L P(x,y)\,\mathrm{d}x + Q(x,y)\,\mathrm{d}y$ 时，只要把 $x,y,\mathrm{d}x,\mathrm{d}y$ 依次换为 $\varphi(t),\psi(t),\varphi'(t)\mathrm{d}t,\psi'(t)\mathrm{d}t$，然后从 L 的起点所对应的参数值 α 到 L 的终点所对应的参数值 β 作定积分. 这里必须注意，下限 α 对应于 L 的起点，上限 β 对应于 L 的终点，α 不一定小于 β.

如果 L 由方程 $y = y(x)$ 给出,计算公式为

$$\int_L P(x,y)\mathrm{d}x + Q(x,y)\mathrm{d}y = \int_a^b \{P[x,y(x)] + Q[x,y(x)]y'(x)\}\mathrm{d}x$$

其中,L 的起点 $x = a$ 作为定积分下限;L 的终点 $x = b$ 作为定积分的上限.

如果 L 由方程 $x = x(y)$ 给出,计算公式为

$$\int_L P(x,y)\mathrm{d}x + Q(x,y)\mathrm{d}y = \int_c^d \{P[x(y),y]x'(y) + Q[x(y),y]\}\mathrm{d}y$$

其中,L 的起点 $y = c$ 作为定积分的下限;L 的终点 $y = d$ 作为定积分的上限.

如果积分弧段为空间曲线 Γ,其参数方程为

$$x = \varphi(t), y = \psi(t), z = \omega(t),\text{ 对应 } t \text{ 从 } \alpha \text{ 到 } \beta \text{ 的一段}$$

那么

$$\int_L P(x,y,z)\mathrm{d}x + Q(x,y,z)\mathrm{d}y + R(x,y,z)\mathrm{d}z$$

$$= \int_\alpha^\beta \{P[\varphi(t),\psi(t),\omega(t)]\varphi'(t) + Q[\varphi(t),\psi(t),\omega(t)]\psi'(t) + R[\varphi(t),\psi(t),\omega(t)]\omega'(t)\}\mathrm{d}t$$

其中,Γ 的起点 α 作为定积分的下限;终点 β 作为定积分的上限.

例1 计算 $\int_L xy\mathrm{d}x$,其中 L 为抛物线 $y^2 = x$ 上从点 $A(1, -1)$ 到点 $B(1,1)$ 的一段弧(见图 9 - 7).

解 将所求积分化为对 y 的定积分来计算. 由于 $x = y^2$,y 从 -1 变到 1. 因此

$$\int_L xy\mathrm{d}x = \int_{-1}^1 y^2 y(y^2)'\mathrm{d}y = 2\int_{-1}^1 y^4 \mathrm{d}y = 2\left(\frac{y^5}{5}\right)\Big|_{-1}^1 = \frac{4}{5}$$

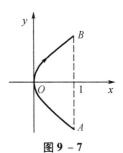

图 9 - 7

例2 计算 $\int_L y^2\mathrm{d}x$,其中 L 为(见图 9 - 8):

(1) 半径为 a,圆心为原点,按逆时针方向绕行的上半圆周;

(2) 从点 $A(a,0)$ 沿 x 轴到点 $B(-a,0)$ 的直线段.

解 (1) L 的参数方程为

$$x = a\cos\theta, y = a\sin\theta$$

参数 θ 从 0 到 π 的一段曲线弧. 因此

$$\int_L y^2\mathrm{d}x = \int_0^\pi a^2\sin^2\theta(-a\sin\theta)\mathrm{d}\theta$$

$$= a^3\int_0^\pi (1 - \cos^2\theta)\mathrm{d}(\cos\theta)$$

$$= a^3\left(\cos\theta - \frac{\cos^3\theta}{3}\right)\Big|_0^\pi = -\frac{4}{3}a^3$$

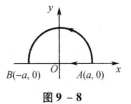

图 9 - 8

（2）L 的方程为 $y = 0, x$ 从 a 到 $-a$ 的一段. 所以 $\int_L y^2 \mathrm{d}x = \int_a^{-a} 0 \mathrm{d}x = 0.$

从例 2 看出，虽然两个曲线积分的被积函数相同，起点和终点也相同，但沿不同路径得出的值并不相等. 一般来说，对坐标的曲线积分的值不仅与起点和终点有关，还与积分路径有关. 但也有特殊的情况，如例 3.

例 3　计算 $\int_L 2xy\mathrm{d}x + x^2\mathrm{d}y$，其中 L 为（见图 9 – 9）：

（1）抛物线 $y = x^2$ 上从 $O(0,0)$ 到 $B(1,1)$ 的一段弧；

（2）抛物线 $x = y^2$ 上从 $O(0,0)$ 到 $B(1,1)$ 的一段弧；

（3）有向折线 OAB，这里 O, A, B 依次是点 $(0,0), (1,0), (1,1)$.

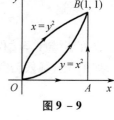

图 9 – 9

解　（1）化为对 x 的定积分. $L: y = x^2, x$ 从 0 到 1 的一段. 所以

$$\int_L 2xy\mathrm{d}x + x^2\mathrm{d}y = \int_0^1 (2x \cdot x^2 + x^2 \cdot 2x)\mathrm{d}x = 4\int_0^1 x^3 \mathrm{d}x = 1$$

（2）化为对 y 的定积分. $L: x = y^2, y$ 从 0 到 1 的一段. 所以

$$\int_L 2xy\mathrm{d}x + x^2\mathrm{d}y = \int_0^1 (2y^2 \cdot y \cdot 2y + y^4)\mathrm{d}y = 5\int_0^1 y^4 \mathrm{d}y = 1$$

（3）$\int_L 2xy\mathrm{d}x + x^2\mathrm{d}y = \int_{\overline{OA}} 2xy\mathrm{d}x + x^2\mathrm{d}y + \int_{\overline{AB}} 2xy\mathrm{d}x + x^2\mathrm{d}y$

$\overline{OA}: y = 0, x$ 从 0 到 1 的一段，所以

$$\int_{\overline{OA}} 2xy\mathrm{d}x + x^2\mathrm{d}y = \int_0^1 (2x \cdot 0 + x^2 \cdot 0)\mathrm{d}x = 0$$

$\overline{AB}: x = 1, y$ 从 0 到 1 的一段，所以

$$\int_{\overline{AB}} 2xy\mathrm{d}x + x^2\mathrm{d}y = \int_0^1 (2y \cdot 0 + 1)\mathrm{d}y = 1$$

从而

$$\int_L 2xy\mathrm{d}x + x^2\mathrm{d}y = 0 + 1 = 1$$

从例 3 看出，在起点和终点相同时，虽然沿不同路径，但是曲线积分的值是相等的. 下节我们将专门讨论什么情况下对坐标的曲线积分只与起点和终点有关，而与积分的路径无关.

例 4　计算 $\int_{\overline{AB}} \boldsymbol{A} \cdot \boldsymbol{T}\mathrm{d}s$，其中 $\boldsymbol{A} = \{x^3, 3zy^2, -x^2y\}, \overline{AB}$ 为点 $A(3,2,1)$ 到点 $B(0,0,0)$ 的直线段，$\boldsymbol{T}$ 为 $\overline{AB}$ 的单位方向向量.

解　直线段 $\overline{AB}$ 的方程是 $\dfrac{x}{3} = \dfrac{y}{2} = \dfrac{z}{1}$，化为参数方程得

$x = 3t, y = 2t, z = t, t$ 从 1 到 0 的一段. 设 $\boldsymbol{T} = \{\cos\alpha, \cos\beta, \cos\gamma\}$，所以

$$\int_{\overline{AB}} \boldsymbol{A} \cdot \boldsymbol{T} \mathrm{d}s = \int_{\overline{AB}} \{x^3, 3zy^2, -x^2y\} \cdot \{\cos\alpha, \cos\beta, \cos\gamma\} \mathrm{d}s$$

$$= \int_{\overline{AB}} (x^3\cos\alpha + 3zy^2\cos\beta - x^2y\cos\gamma) \mathrm{d}s$$

$$= \int_{\overline{AB}} x^3\mathrm{d}x + 3zy^2\mathrm{d}y - x^2y\mathrm{d}z$$

$$= \int_1^0 \left[(3t)^3 \cdot 3 + 3t(2t)^2 \cdot 2 - (3t)^2 \cdot 2t \right] \mathrm{d}t$$

$$= 87\int_1^0 t^3 \mathrm{d}t = -\frac{87}{4}$$

例 5 设 Γ 为曲线 $x = t, y = t^2, z = t^3$ 上相应于 t 从 0 到 1 的曲线弧. 把对坐标的曲线积分 $\int_\Gamma P\mathrm{d}x + Q\mathrm{d}y + R\mathrm{d}z$ 化成对弧长的曲线积分.

解 在曲线 Γ 上与 t 从 0 变到 1 方向一致的切向量为 $\{1, 2t, 3t^2\} = \{1, 2x, 3y\}$，相应的方向余弦分别为

$$\cos\alpha = \frac{1}{\sqrt{1 + 4x^2 + 9y^2}}, \quad \cos\beta = \frac{2x}{\sqrt{1 + 4x^2 + 9y^2}}, \quad \cos\gamma = \frac{3y}{\sqrt{1 + 4x^2 + 9y^2}}$$

则

$$\int_\Gamma P\mathrm{d}x + Q\mathrm{d}y + R\mathrm{d}z = \int_\Gamma (P\cos\alpha + Q\cos\beta + R\cos\gamma)\mathrm{d}s = \int_\Gamma \frac{P + 2xQ + 3yR}{\sqrt{1 + 4x^2 + 9y^2}}\mathrm{d}s$$

习题 9 - 2

1. 计算 $\int_L (x^2 + y^2)\mathrm{d}x$，其中 L 为抛物线 $y = x^2$ 上从点 $(0,0)$ 到点 $(2,4)$ 的一段弧.

2. 计算 $\int_L x\mathrm{d}y$，其中 L 是由坐标轴及直线 $\frac{x}{2} + \frac{y}{3} = 1$ 所构成的三角形边界，方向为逆时针方向.

3. 计算 $\oint_L xy\mathrm{d}x$，其中 L 为圆周 $(x - a)^2 + y^2 = a^2 (a > 0)$ 及 x 轴所围成的在第一象限内的区域的整个边界，方向为逆时针方向.

4. 计算 $\int_L (x + y)\mathrm{d}x + (x - y)\mathrm{d}y$，其中 L 为依逆时针方向绕椭圆 $\frac{x^2}{a^2} + \frac{y^2}{b^2} = 1$ 一周.

5. 计算 $\oint_L \frac{(x + y)\mathrm{d}x - (x - y)\mathrm{d}y}{x^2 + y^2}$，其中 L 为圆周 $x^2 + y^2 = a^2 (a > 0)$，方向为逆时针方向.

6. 计算 $\int_L \frac{\mathrm{d}x + \mathrm{d}y}{|x| + |y|}$，其中 L 为以 $A(1,0), B(0,1), C(-1,0), D(0,-1)$ 为顶点的正方形边界，取逆时针方向.

7. 计算 $\displaystyle\int_{\Gamma} x^2 \mathrm{d}x + z\mathrm{d}y - y\mathrm{d}z$，其中 $\Gamma: x = k\theta, y = a\cos\theta, z = a\sin\theta$ 上对应 θ 从 0 到 π 的一段弧.

8. 计算 $\displaystyle\oint_{\Gamma} \mathrm{d}x - \mathrm{d}y + y\mathrm{d}z$，其中 Γ 为有向折线 $ABCA$，这里的 A, B, C 依次为点 $(1,0,0), (0,1,0)$, $(0,0,1)$.

9. 计算 $\displaystyle\int_{\Gamma} (y-z)\mathrm{d}x + (z-x)\mathrm{d}y + (x-y)\mathrm{d}z$，其中 Γ 方程为 $\begin{cases} x^2 + y^2 = 1 \\ x + z = 1 \end{cases}$，从 x 轴正向看去为逆时针方向.

10. 计算 $\displaystyle\int_{L} (x+y)\mathrm{d}x + (y-x)\mathrm{d}y$，其中 L 是：

(1) 抛物线 $y^2 = x$ 上从点 $(1,1)$ 到点 $(4,2)$ 的一段弧；

(2) 从点 $(1,1)$ 到点 $(4,2)$ 的一段直线；

(3) 先沿直线从点 $(1,1)$ 到点 $(1,2)$，然后再沿直线到点 $(4,2)$ 的折线；

(4) 曲线 $x = 2t^2 + t + 1, y = t^2 + 1$ 上从点 $(1,1)$ 到点 $(4,2)$ 的一段弧.

11. 在椭圆 $x = a\cos t, y = b\sin t$ 上每一点 M 都有作用力 $\boldsymbol{F}$，大小等于从点 M 到椭圆中心的距离，而方向朝着椭圆中心，求质点 P 沿椭圆位于第一象限中的弧从点 $A(a,0)$ 移动到点 $B(0,b)$ 时，力 $\boldsymbol{F}$ 所做的功.

12. 求流速场 $\boldsymbol{V} = \{-y, x, c\}$（$c$ 为常数）沿圆周 $\Gamma: (x-2)^2 + y^2 = 1, z = 0$ 的曲线积分 $\displaystyle\oint_{\Gamma} \boldsymbol{V} \cdot \boldsymbol{T}\mathrm{d}s$，$\Gamma$ 的方向为从上往下看是顺时针方向.

13. 把对坐标的曲线积分 $\displaystyle\int_{L} P(x,y)\mathrm{d}x + Q(x,y)\mathrm{d}y$ 化成对弧长的曲线积分，其中 L 为：

(1) 在 xOy 面内沿直线从点 $(0,0)$ 到点 $(1,1)$；

(2) 沿抛物线 $y = x^2$ 从点 $(0,0)$ 到点 $(1,1)$；

(3) 沿上半圆周 $x^2 + y^2 = 2x$ 从点 $(0,0)$ 到点 $(1,1)$.

第三节　格林公式及其应用

一、单连通与复连通区域、平面区域边界曲线正向的规定

设平面区域 D，如果 D 内任一闭曲线的内部都属于 D，则称 D 为平面单连通区域（形象的可以看成是没有"洞"的区域），否则称为复连通区域（即有"洞"的区域），如图 9-10 所示. 设平面区域 D 的边界曲线 L，规定 L 的正向为：当观察者沿 L 的某个方向行走时，区域 D 始终在其左边，则规定这个方向为 L 的正向. 一般也可以这样理解：区域 D 的外边界曲线的正向为其逆时针方向，而区域 D 的内边界曲线的正向为其顺时针方向. 如图 9-11 所示，其中 L 的正向是逆

时针方向,而 l 的正向是顺时针方向.

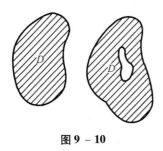

图 9 - 10

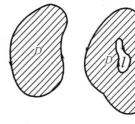

图 9 - 11

二、格林公式

格林公式建立了平面上的曲线积分与二重积分之间的联系.

定理 1 设闭区域 D 由分段光滑的曲线 L 围成,函数 $P(x,y),Q(x,y)$ 在 D 上具有一阶连续偏导数,则有

$$\oint_L P\mathrm{d}x + Q\mathrm{d}y = \iint_D \left(\frac{\partial Q}{\partial x} - \frac{\partial P}{\partial y} \right) \mathrm{d}x\mathrm{d}y$$

其中,L 是 D 的取正向的边界曲线.

此公式称为格林公式.

证明 (1)先考虑特殊的情况,设区域 D 既是 X – 型又是 Y – 型的,即任何穿过区域 D 内部且平行坐标轴的直线与 D 的边界曲线 L 的交点最多为两点,设:

$$D = \{ (x,y) \mid y_1(x) \leqslant y \leqslant y_2(x) , a \leqslant x \leqslant b \}$$
$$D = \{ (x,y) \mid x_1(y) \leqslant x \leqslant x_2(y) , c \leqslant y \leqslant d \}$$

如图 9 – 12 所示,设直线 $x = a, x = b, y = c, y = d$ 与区域 D 的边界 L 的切点分别为 A, B, E, F.

先把区域 D 看成是 X – 型的,又因为 $\dfrac{\partial P}{\partial y}$ 连续,所以由二重积分的计算法有

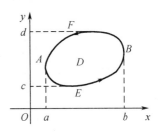

图 9 - 12

$$\iint_D \frac{\partial P}{\partial y}\mathrm{d}x\mathrm{d}y = \int_a^b \left[\int_{y_1(x)}^{y_2(x)} \frac{\partial P(x,y)}{\partial y}\mathrm{d}y \right]\mathrm{d}x$$
$$= \int_a^b \{ P[x,y_2(x)] - P[x,y_1(x)] \}\mathrm{d}x$$

另一方面,由对坐标的曲线积分的性质及计算法有

$$\oint_L P\mathrm{d}x = \int_{\overset{\frown}{AEB}} P\mathrm{d}x + \int_{\overset{\frown}{BFA}} P\mathrm{d}x = \int_a^b P[x,y_1(x)]\mathrm{d}x + \int_b^a P[x,y_2(x)]\mathrm{d}x$$
$$= \int_a^b \{ P[x,y_1(x)] - P[x,y_2(x)] \}\mathrm{d}x$$

因此

$$- \iint\limits_{D} \frac{\partial P}{\partial y} \mathrm{d}x \mathrm{d}y = \oint_{L} P \mathrm{d}x$$

再把区域 D 看成是 Y – 型的,类似地可证

$$\iint\limits_{D} \frac{\partial Q}{\partial x} \mathrm{d}x \mathrm{d}y = \oint_{L} Q \mathrm{d}y$$

由于 D 既是 X – 型又是 Y – 型的,所以

$$- \iint\limits_{D} \frac{\partial P}{\partial y} \mathrm{d}x \mathrm{d}y = \oint_{L} P \mathrm{d}x \ \ \text{与} \ \ \iint\limits_{D} \frac{\partial Q}{\partial x} \mathrm{d}x \mathrm{d}y = \oint_{L} Q \mathrm{d}y$$

同时成立,把这两个等式合并后即得公式

$$\oint_{L} P \mathrm{d}x + Q \mathrm{d}y = \iint\limits_{D} \left(\frac{\partial Q}{\partial x} - \frac{\partial P}{\partial y} \right) \mathrm{d}x \mathrm{d}y$$

（2）再考虑一般情形. 如果区域 D 不满足以上条件,那么可以在 D 内引几条辅助线把 D 分成有限个小闭区域,使得每个小闭区域都满足（1）中条件,然后在每个小闭区域上运用上述公式,例如,就图 9 – 13 所示的闭区域 D 来说,引进一条辅助线 AB,将 D 分为 D_1（由曲线 $\overset{\frown}{ANBA}$ 所围成区域）与 D_2（由曲线 $\overset{\frown}{ABMA}$ 所围成区域）两个部分. 对每个部分应用（1）中公式得

$$\iint\limits_{D_1} \left(\frac{\partial Q}{\partial x} - \frac{\partial P}{\partial y} \right) \mathrm{d}x \mathrm{d}y = \oint_{L_1} P \mathrm{d}x + Q \mathrm{d}y$$

$$\iint\limits_{D_2} \left(\frac{\partial Q}{\partial x} - \frac{\partial P}{\partial y} \right) \mathrm{d}x \mathrm{d}y = \oint_{L_2} P \mathrm{d}x + Q \mathrm{d}y$$

把这两个等式相加,沿辅助线上两次曲线积分方向相反,故积分值相互抵消,得

$$\iint\limits_{D} \left(\frac{\partial Q}{\partial x} - \frac{\partial P}{\partial y} \right) \mathrm{d}x \mathrm{d}y = \oint_{L} P \mathrm{d}x + Q \mathrm{d}y$$

对于复连通区域 D,如图 9 – 14 所示引入辅助线,仍能证出格林公式的成立. 注意:格林公式中,曲线积分应包括沿区域 D 的全部边界的曲线积分,且边界的方向对区域 D 来说都是正向.

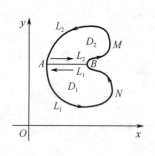

图 9 – 13

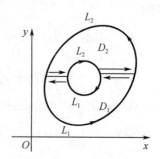

图 9 – 14

三、格林公式的应用

1. 计算曲线积分

例1 计算 $\oint_L (xy + 1)\mathrm{d}x + (x + y)^2\mathrm{d}y$，其中曲线 L 为连接点 $A(1,1)$，$B(2,2)$，$C(1,3)$ 的三角形边界线，取逆时针方向.

解 积分曲线 L 如图 $9 - 15$ 所示，其中 D 为 L 围成的三角形区域

$$P = xy + 1, \quad Q = (x + y)^2, \quad \frac{\partial Q}{\partial x} = 2(x + y), \quad \frac{\partial P}{\partial y} = x$$

则

$$\oint_L (xy + 1)\mathrm{d}x + (x + y)^2\mathrm{d}y = \iint_D \left(\frac{\partial Q}{\partial x} - \frac{\partial P}{\partial y} \right) \mathrm{d}x\mathrm{d}y = \iint_D (x + 2y)\mathrm{d}x\mathrm{d}y$$

$$= \int_1^2 \mathrm{d}x \int_x^{4-x} (x + 2y)\mathrm{d}y = \int_1^2 (16 - 4x - 2x^2)\mathrm{d}x = \frac{16}{3}$$

例2 计算 $\int_L (x + y)\mathrm{d}x - (x - y)\mathrm{d}y$，其中 L 是由 $A(a,0)$ 沿上半椭圆 $\dfrac{x^2}{a^2} + \dfrac{y^2}{b^2} = 1$，到 $B(-a,0)$ 的一段曲线段(见图 $9 - 16$).

解 由于 L 不是封闭曲线，不能直接应用格林公式，故补充直线 $\overline{BA}: y = 0$，x 从 $-a$ 到 a 的一段，构成封闭曲线上的曲线积分，可以运用格林公式来计算，那么

$$\int_L (x + y)\mathrm{d}x - (x - y)\mathrm{d}y$$

$$= \int_{L+\overline{BA}} (x + y)\mathrm{d}x - (x - y)\mathrm{d}y - \int_{\overline{BA}} (x + y)\mathrm{d}x - (x - y)\mathrm{d}y$$

$$= \iint_D (-1 - 1)\mathrm{d}x\mathrm{d}y - \int_{-a}^a x\mathrm{d}x = -ab\pi$$

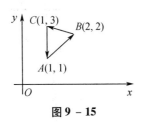

图 9 – 15

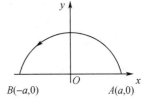

图 9 – 16

例3 计算 $\oint_L \dfrac{x\mathrm{d}y - y\mathrm{d}x}{x^2 + y^2}$，其中 L 为一条不自相交，分段光滑且不经过原点的连续闭曲线，L 的方向为逆时针方向.

解　令 $P = \dfrac{-y}{x^2 + y^2}, Q = \dfrac{x}{x^2 + y^2}$，则当 $x^2 + y^2 \neq 0$ 时，有

$$\frac{\partial Q}{\partial x} = \frac{y^2 - x^2}{(x^2 + y^2)^2} = \frac{\partial P}{\partial y}$$

设 L 所围成的闭区域为 D. 分两种情况讨论：

（1）当 $(0,0) \notin D$ 时，由格林公式便得

$$\oint_L \frac{x\mathrm{d}y - y\mathrm{d}x}{x^2 + y^2} = 0$$

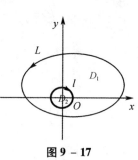

（2）当 $(0,0) \in D$ 时，由于 P, Q 在 $(0,0)$ 点一阶导数不连续，不满足格林公式的条件，不能直接用格林公式，选取适当小的 $\varepsilon > 0$，作位于 D 内的圆周 $l: x^2 + y^2 = \varepsilon^2$，取顺时针方向，$L$ 和 l 所围成的闭区域 D_1 满足格林公式的条件，在此（见图9 - 17）复连通区域 D_1 上可以直接应用格林公式，那么

$$\oint_L \frac{x\mathrm{d}y - y\mathrm{d}x}{x^2 + y^2} = \oint_{L+l} \frac{x\mathrm{d}y - y\mathrm{d}x}{x^2 + y^2} - \oint_l \frac{x\mathrm{d}y - y\mathrm{d}x}{x^2 + y^2}$$

图 9 - 17

$$= \iint_{D_1} 0 \mathrm{d}x\mathrm{d}y - \frac{1}{\varepsilon^2} \oint_l x\mathrm{d}y - y\mathrm{d}x$$

$$= 0 + \frac{1}{\varepsilon^2} \iint_{D_2} 2\mathrm{d}x\mathrm{d}y = \frac{1}{\varepsilon^2} 2\pi\varepsilon^2 = 2\pi$$

其中 D_2 为由 l 所包围的区域.

2. 计算二重积分

例4　计算 $\iint\limits_D \mathrm{e}^{-y^2} \mathrm{d}x\mathrm{d}y$，其中 D 是以 $O(0,0), A(1,1), B(0,1)$ 为顶点的三角形闭区域（见图9 - 18）.

解　令 $P = 0, Q = x\mathrm{e}^{-y^2}$，则

$$\frac{\partial Q}{\partial x} - \frac{\partial P}{\partial y} = \mathrm{e}^{-y^2}$$

由格林公式可得

$$\iint\limits_D \mathrm{e}^{-y^2} \mathrm{d}x\mathrm{d}y = \int_{\overline{OA}+\overline{AB}+\overline{BO}} x\mathrm{e}^{-y^2} \mathrm{d}y = \int_{\overline{OA}} x\mathrm{e}^{-y^2} \mathrm{d}y$$

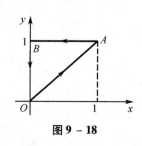

图 9 - 18

$$= \int_0^1 x\mathrm{e}^{-x^2} \mathrm{d}x = \frac{1}{2}(1 - \mathrm{e}^{-1})$$

3. 计算平面图形的面积

在格林公式中取 $P = -y, Q = x$，即得

$$2\iint\limits_{D} \mathrm{d}x\mathrm{d}y = \oint_{L} x\mathrm{d}y - y\mathrm{d}x$$

所以区域 D 的面积可以表示成

$$A = \iint\limits_{D} \mathrm{d}x\mathrm{d}y = \frac{1}{2}\oint_{L} x\mathrm{d}y - y\mathrm{d}x$$

然后利用对坐标的曲线积分的计算方法来计算.

例5　求椭圆 $x = a\cos\theta, y = b\sin\theta$ 所围成图形的面积 A.

解　$A = \dfrac{1}{2}\oint_{L} x\mathrm{d}y - y\mathrm{d}x = \dfrac{1}{2}\int_{0}^{2\pi}(ab\cos^2\theta + ab\sin^2\theta)\mathrm{d}\theta = \dfrac{1}{2}ab\int_{0}^{2\pi}\mathrm{d}\theta = \pi ab$

四、平面上对坐标的曲线积分与路径无关的条件

从上节例2,例3中可以看出对坐标的曲线积分值有的时候与积分路径有关,有的时候与积分路径无关. 那么在什么条件下与积分路径无关呢?为解决这个问题,先要明确什么是曲线积分 $\int_{L} P\mathrm{d}x + Q\mathrm{d}y$ 与路径无关.

定义1　设 G 是一个单连通区域, A, B 是 G 内的任意两点, L_1, L_2 是 G 内以 A 为起点, B 为终点的任意两条曲线, $P(x,y)$, $Q(x,y)$ 在区域 G 内具有一阶连续偏导数. 如果 $\int_{L_1} P\mathrm{d}x + Q\mathrm{d}y = \int_{L_2} P\mathrm{d}x + Q\mathrm{d}y$ 恒成立,则称曲线积分 $\int_{L} P\mathrm{d}x + Q\mathrm{d}y$ 在 G 内与路径无关,否则称曲线积分与路径有关.

如果曲线积分与路径无关,那么

$$\int_{L_1} P\mathrm{d}x + Q\mathrm{d}y = \int_{L_2} P\mathrm{d}x + Q\mathrm{d}y$$

如图 9 – 19,即

$$\int_{\overset{\frown}{AMB}} P\mathrm{d}x + Q\mathrm{d}y = \int_{\overset{\frown}{ANB}} P\mathrm{d}x + Q\mathrm{d}y = -\int_{\overset{\frown}{BNA}} P\mathrm{d}x + Q\mathrm{d}y$$

则

$$\int_{\overset{\frown}{AMB}} P\mathrm{d}x + Q\mathrm{d}y + \int_{\overset{\frown}{BNA}} P\mathrm{d}x + Q\mathrm{d}y = 0$$

从而

$$\oint_{\overset{\frown}{AMBNA}} P\mathrm{d}x + Q\mathrm{d}y = 0$$

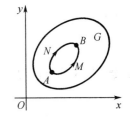

图 9 – 19

因此,在单连通区域 G 内由曲线积分与路径无关可得,在 G 内沿任意封闭曲线的曲线积分为零. 反之,如果在单连通区域 G 内沿任意闭曲线的曲线积分为零,也可得出在 G 内曲线积分与路径无关.

定理2　设 G 是一个单连通区域,函数 $P(x,y)$, $Q(x,y)$ 在 G 内具有一阶连续偏导数,则曲

线积分 $\int_L P\mathrm{d}x + Q\mathrm{d}y$ 在 G 内与路径无关(或沿 G 内任意闭曲线的曲线积分为零) 的充分必要条件是等式

$$\frac{\partial P}{\partial y} = \frac{\partial Q}{\partial x}$$

在 G 内恒成立.

证明 **充分性** 设在 G 内 $\dfrac{\partial P}{\partial y} = \dfrac{\partial Q}{\partial x}$ 恒成立,则在 G 内任取一条闭曲线 L,其包围的区域仍在 G 内,由格林公式得

$$\oint_L P\mathrm{d}x + Q\mathrm{d}y = \iint_D \left(\frac{\partial Q}{\partial x} - \frac{\partial P}{\partial y} \right)\mathrm{d}x\mathrm{d}y = 0$$

所以,曲线积分 $\int_L P\mathrm{d}x + Q\mathrm{d}y$ 在 G 内与路径无关.

必要性 已知沿 G 内任意闭曲线的曲线积分为零,即 $\oint_L P\mathrm{d}x + Q\mathrm{d}y = 0$,那么要证 $\dfrac{\partial P}{\partial y} = \dfrac{\partial Q}{\partial x}$ 在 G 内恒成立. 用反证法来证. 假设上述论断不成立,那么 G 内至少有一点 M_0,使

$$\left(\frac{\partial Q}{\partial x} - \frac{\partial P}{\partial y} \right)_{M_0} \neq 0$$

不妨假定, $\left(\dfrac{\partial Q}{\partial x} - \dfrac{\partial P}{\partial y} \right)_{M_0} = \eta > 0$. 由于 $\dfrac{\partial P}{\partial y}, \dfrac{\partial Q}{\partial x}$ 在 G 内连续,可以在 G 内取得一个以 M_0 为圆心,半径足够小的圆形闭区域 K,使得在 K 上恒有 $\dfrac{\partial Q}{\partial x} - \dfrac{\partial P}{\partial y} \geqslant \dfrac{\eta}{2}$. 于是由格林公式及二重积分的性质就有

$$\oint_r P\mathrm{d}x + Q\mathrm{d}y = \iint_K \left(\frac{\partial Q}{\partial x} - \frac{\partial P}{\partial y} \right)\mathrm{d}x\mathrm{d}y \geqslant \frac{\eta}{2} \cdot \sigma$$

这里 r 是 K 的正向边界曲线,σ 是 K 的面积. 因为 $\eta > 0, \sigma > 0$,从而

$$\oint_r P\mathrm{d}x + Q\mathrm{d}y > 0$$

这结果与沿 G 内任意闭曲线的曲线积分为零的假定相矛盾,所以假设不成立,即 $\dfrac{\partial P}{\partial y} = \dfrac{\partial Q}{\partial x}$ 在 G 内处处成立.

例 6 计算曲线积分 $\int_L \mathrm{e}^x \sin y\mathrm{d}x + \mathrm{e}^x \cos y\mathrm{d}y$,其中 L 是从 $O(0,0)$ 沿摆线 $\begin{cases} x = a(t - \sin t) \\ y = a(1 - \cos t) \end{cases}$ 到 $A(\pi a, 2a)$ 的曲线段.

解 $P(x,y) = \mathrm{e}^x \sin y, Q(x,y) = \mathrm{e}^x \cos y$,由于 $\dfrac{\partial P}{\partial y} = \dfrac{\partial Q}{\partial x} = \mathrm{e}^x \cos y$,所以积分与路径无关,于是可取从 $O(0,0)$ 到 $A(\pi a, 2a)$ 积分路径为沿 $\overline{OB} + \overline{BA}$ 的折线,其中,$\overline{OB}: y = 0, x$ 从 0 到 πa

的一段，$\overline{BA}:x = \pi a, y$ 从 0 到 $2a$ 的一段，如图 9-20 所示，那么

$$\int_L e^x \sin y dx + e^x \cos y dy$$

$$= \int_{\overline{OB}} e^x \sin y dx + e^x \cos y dy + \int_{\overline{BA}} e^x \sin y dx + e^x \cos y dy$$

$$= 0 + \int_0^{2a} e^{\pi a} \cos y dy = e^{\pi a} \sin 2a$$

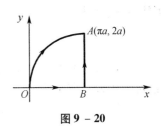

图 9-20

五、二元函数的全微分求积

如果已知 $P(x,y)dx + Q(x,y)dy$ 是某个二元函数 $u(x,y)$ 的全微分，那么根据已知的 $P(x,y)dx + Q(x,y)dy$ 形式来求"原函数"的运算称为全微分求积，称 $u(x,y)$ 为 $P(x,y)dx + Q(x,y)dy$ 的原函数. 我们所要讨论的是：

（1）函数 $P(x,y), Q(x,y)$ 满足什么条件时，表达式 $P(x,y)dx + Q(x,y)dy$ 才是某个二元函数 $u(x,y)$ 的全微分；

（2）若 $P(x,y)dx + Q(x,y)dy$ 是某个二元函数的全微分，那么如何来求这个二元函数.

定理 3　设开区域 G 是一个单连通区域，函数 $P(x,y), Q(x,y)$ 在 G 内具有一阶连续偏导数，则 $P(x,y)dx + Q(x,y)dy$ 在 G 内为某一函数 $u(x,y)$ 的全微分的充分必要条件是等式

$$\frac{\partial P}{\partial y} = \frac{\partial Q}{\partial x}$$

在 G 内恒成立.

证明　必要性　假设存在某一函数 $u(x,y)$，使得

$$du = P(x,y)dx + Q(x,y)dy$$

则必有

$$\frac{\partial u}{\partial x} = P(x,y), \frac{\partial u}{\partial y} = Q(x,y)$$

从而

$$\frac{\partial^2 u}{\partial x \partial y} = \frac{\partial P}{\partial y}, \frac{\partial^2 u}{\partial y \partial x} = \frac{\partial Q}{\partial x}$$

由于 P, Q 具有一阶连续偏导数，所以 $\frac{\partial^2 u}{\partial x \partial y}, \frac{\partial^2 u}{\partial y \partial x}$ 连续，因此 $\frac{\partial^2 u}{\partial x \partial y} = \frac{\partial^2 u}{\partial y \partial x}$，即 $\frac{\partial P}{\partial y} = \frac{\partial Q}{\partial x}$. 这就证明了 $\frac{\partial P}{\partial y} = \frac{\partial Q}{\partial x}$ 成立是必要的.

充分性　设已知 $\frac{\partial P}{\partial y} = \frac{\partial Q}{\partial x}$ 在 G 内恒成立，则由定理 2 可知，起点为 $M_0(x_0, y_0)$ 终点为 $M(x,y)$ 的曲线积分在区域 G 内与路径无关，于是可把从 M_0 到 M 的对坐标的曲线积分写作

$$\int_{(x_0, y_0)}^{(x,y)} P(x,y)dx + Q(x,y)dy$$

当起点 $M_0(x_0, y_0)$ 固定时这个积分的值取决于终点 $M(x,y)$，因此，它是 x, y 的函数，把这函数

记作 $u(x,y)$，即

$$u(x,y) = \int_{(x_0,y_0)}^{(x,y)} P(x,y)\mathrm{d}x + Q(x,y)\mathrm{d}y$$

下面来证明函数 $u(x,y)$ 的全微分就是 $P(x,y)\mathrm{d}x + Q(x,y)\mathrm{d}y$. 因为 $P(x,y)$，$Q(x,y)$ 都是连续的，因此只要证明

$$\frac{\partial u}{\partial x} = P(x,y),\frac{\partial u}{\partial y} = Q(x,y)$$

按偏导数的定义，有

$$\frac{\partial u}{\partial x} = \lim_{\Delta x \to 0} \frac{u(x+\Delta x,y) - u(x,y)}{\Delta x}$$

其中

$$u(x+\Delta x,y) = \int_{(x_0,y_0)}^{(x+\Delta x,y)} P(x,y)\mathrm{d}x + Q(x,y)\mathrm{d}y$$

由于这里的曲线积分与路径无关，可以取先从 $M_0(x_0,y_0)$ 到 $M(x,y)$，再沿平行于 x 轴的直线段从 $M(x,y)$ 到 $N(x+\Delta x,y)$ 作为上式右端曲线积分的路径（见图 9 – 21）.

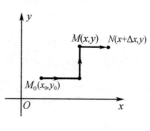

图 9 – 21

这样就有

$$u(x+\Delta x,y) = \int_{(x_0,y_0)}^{(x,y)} P(x,y)\mathrm{d}x + Q(x,y)\mathrm{d}y +$$
$$\int_{(x,y)}^{(x+\Delta x,y)} P(x,y)\mathrm{d}x + Q(x,y)\mathrm{d}y$$
$$= u(x,y) + \int_{(x,y)}^{(x+\Delta x,y)} P(x,y)\mathrm{d}x + Q(x,y)\mathrm{d}y$$

从而

$$u(x+\Delta x,y) - u(x,y) = \int_{(x,y)}^{(x+\Delta x,y)} P(x,y)\mathrm{d}x + Q(x,y)\mathrm{d}y$$

因为直线段 MN 的方程为 $y = $ 常数，按对坐标的曲线积分的计算法，上式成为

$$u(x+\Delta x,y) - u(x,y) = \int_x^{x+\Delta x} P(x,y)\mathrm{d}x$$

应用定积分中值定理，得

$$u(x+\Delta x,y) - u(x,y) = P(x+\theta\Delta x,y)\Delta x \quad (0 \leqslant \theta \leqslant 1)$$

上式两边除以 Δx，并令 $\Delta x \to 0$ 取极限. 由于 $P(x,y)$ 的偏导数在 G 内连续，$P(x,y)$ 本身也一定连续，于是得

$$\frac{\partial u}{\partial x} = \lim_{\Delta x \to 0} \frac{u(x+\Delta x,y) - u(x,y)}{\Delta x}$$
$$= \lim_{\Delta x \to 0} \frac{P(x+\theta\Delta x,y)\Delta x}{\Delta x}$$

$$= \lim_{\Delta x \to 0} P(x + \theta \Delta x, y)$$
$$= P(x, y)$$

同理可证$\dfrac{\partial u}{\partial y} = Q(x, y)$. 即当$\dfrac{\partial P}{\partial y} = \dfrac{\partial Q}{\partial x}$ 时 $P(x, y)\mathrm{d}x + Q(x, y)\mathrm{d}y$ 是 $u(x, y)$ 的全微分.

根据上述定理的证明过程我们可以得到当$\dfrac{\partial P}{\partial y} = \dfrac{\partial Q}{\partial x}$ 成立时, 求其原函数 $u(x, y)$ 的一种方法:

$$u(x, y) = \int_{(x_0, y_0)}^{(x, y)} P(x, y)\mathrm{d}x + Q(x, y)\mathrm{d}y$$

由于$\dfrac{\partial P}{\partial y} = \dfrac{\partial Q}{\partial x}$, 积分与路径无关, 所以可以选取与坐标轴平行的折线来计算曲线积分.

上面的形式与定积分变上限函数 $F(x) = \int_{x_0}^{x} f(x)\mathrm{d}x$ 有类似的性质, 即

$$\int_A^B P(x, y)\mathrm{d}x + Q(x, y)\mathrm{d}y = u(B) - u(A)$$

其中, A, B 是平面上的二维点坐标.

例7 验证: $\dfrac{x\mathrm{d}y - y\mathrm{d}x}{x^2 + y^2}$ 在右半平面$(x > 0)$ 内是某个函数的全微分, 并求出一个这样的函数.

解 $P = \dfrac{-y}{x^2 + y^2}, Q = \dfrac{x}{x^2 + y^2}, \dfrac{\partial P}{\partial y} = \dfrac{y^2 - x^2}{(x^2 + y^2)^2} = \dfrac{\partial Q}{\partial x}$

在右半平面内恒成立, 因此在右半平面内, $\dfrac{x\mathrm{d}y - y\mathrm{d}x}{x^2 + y^2}$ 是某个函数的全微分.

取积分路径如图 9 - 22 所示, 所求函数为

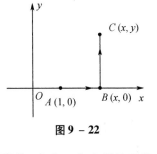

$$u(x, y) = \int_{(1,0)}^{(x,y)} \frac{x\mathrm{d}y - y\mathrm{d}x}{x^2 + y^2} = \int_{\overline{AB}} \frac{x\mathrm{d}y - y\mathrm{d}x}{x^2 + y^2} + \int_{\overline{BC}} \frac{x\mathrm{d}y - y\mathrm{d}x}{x^2 + y^2}$$

$$= 0 + \int_0^y \frac{x\mathrm{d}y}{x^2 + y^2} = \arctan \frac{y}{x} \Big|_0^y = \arctan \frac{y}{x}$$

图 9 - 22

例8 验证: 在整个 xOy 面内, $xy^2\mathrm{d}x + x^2y\mathrm{d}y$ 是某个函数的全微分, 求出一个这样的函数, 并利用原函数的性质求$\int_{(1,2)}^{(2,3)} xy^2\mathrm{d}x + x^2y\mathrm{d}y$.

解 $P = xy^2, Q = x^2y$, 且

$$\frac{\partial P}{\partial y} = 2xy = \frac{\partial Q}{\partial x}$$

在整个 xOy 面内恒成立, 因此在整个 xOy 面内 $xy^2\mathrm{d}x + x^2y\mathrm{d}y$ 是某个函数的全微分.

取积分路径如图 9 - 23 所示, 所求函数为

$$u(x,y) = \int_{(0,0)}^{(x,y)} xy^2 dx + x^2 y dy$$

$$= \int_{\overline{OA}} xy^2 dx + x^2 y dy + \int_{\overline{AB}} xy^2 dx + x^2 y dy$$

$$= 0 + \int_0^y x^2 y dy = x^2 \int_0^y y dy = \frac{x^2 y^2}{2}$$

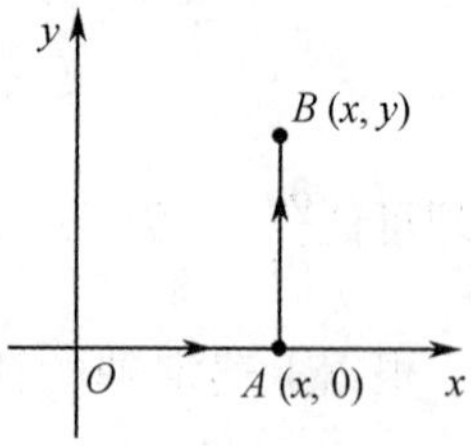

$$\int_{(1,2)}^{(2,3)} xy^2 dx + x^2 y dy = \frac{x^2 y^2}{2} \Big|_{(1,2)}^{(2,3)} = \frac{2^2 \cdot 3^2}{2} - \frac{1^2 \cdot 2^2}{2} = 16$$

图 9 - 23

综上定理可以得到如下四个等价的命题,即已知其中一个成立,那么其他三个命题一定成立.

设函数 $P(x,y), Q(x,y), \dfrac{\partial P}{\partial y}, \dfrac{\partial Q}{\partial x}$ 在单连通区域 D 内连续:

(1) $\dfrac{\partial P}{\partial y} = \dfrac{\partial Q}{\partial x}$ 在 D 内恒成立;

(2) $\oint_L P dx + Q dy = 0, L$ 是 D 内任意一条分段光滑的封闭曲线;

(3) $\int_{\overline{AB}} P dx + Q dy$ 只与起点和终点有关而与在 D 内的积分路径无关;

(4) $P(x,y) dx + Q(x,y) dy$ 在 D 内为某一函数 $u(x,y)$ 的全微分,且

$$u(x,y) = \int_{(x_0,y_0)}^{(x,y)} P(x,y) dx + Q(x,y) dy$$

(x_0, y_0) 是 D 内的一个定点, (x,y) 是 D 内的动点.

习题 9 - 3

1. 利用格林公式计算下列积分:

(1) $\oint_L (2x - y + 4) dx + (5y + 3x - 6) dy$, 其中 L 为三顶点分别为 $(0,0), (3,0)$ 和 $(3,2)$ 的三角形正向边界;

(2) $\oint_L (x^2 y \cos x + 2xy \sin x - y^2 e^x) dx + (x^2 \sin x - 2y e^x) dy$, 其中 L 为正向星形线 $x^{\frac{2}{3}} + y^{\frac{2}{3}} = a^{\frac{2}{3}} (a > 0)$;

(3) $\oint_L xy^2 dy - x^2 y dx$, 其中 L 为依逆时针方向绕圆周 $x^2 + y^2 = a^2$ 一周的路径;

(4) $\oint_L (x + y) dx + (y - x) dy$, 其中 L 为椭圆 $\dfrac{x^2}{a^2} + \dfrac{y^2}{b^2} = 1$ 取逆时针方向;

（5）$\displaystyle\int_{L}(2xy^{3}-y^{2}\cos x)\,\mathrm{d}x+(1-2y\sin x+3x^{2}y^{2})\,\mathrm{d}y$，其中 L 为在抛物线 $2x=\pi y^{2}$ 上由点 $(0,0)$ 到 $\left(\dfrac{\pi}{2},1\right)$ 的一段弧；

（6）$\displaystyle\int_{L}(x^{2}-y)\,\mathrm{d}x-(x+\sin^{2}y)\,\mathrm{d}y$，其中 L 是圆周 $y=\sqrt{2x-x^{2}}$ 上由点 $(0,0)$ 到点 $(1,1)$ 的一段弧；

（7）$\displaystyle\int_{\widehat{ANO}}(\mathrm{e}^{x}\sin y-my)\,\mathrm{d}x+(\mathrm{e}^{x}\cos y-m)\,\mathrm{d}y$，其中曲线 $\widehat{ANO}$ 是从点 $A(a,0)$ 到点 $O(0,0)$ 的上半圆 $y=\sqrt{ax-x^{2}}\ (a>0)$.

2. 计算曲线积分 $\displaystyle\oint_{L}\dfrac{y\mathrm{d}x-x\mathrm{d}y}{x^{2}+2y^{2}}$，其中 L 为不经过坐标原点的简单闭曲线，且方向为顺时针方向.

3. 利用曲线积分求椭圆 $9x^{2}+16y^{2}=144$ 所围成图形的面积.

4. 证明曲线积分 $\displaystyle\int_{(1,1)}^{(2,3)}(x+y)\,\mathrm{d}x+(x-y)\,\mathrm{d}y$ 在整个 xOy 面内与路径无关，并计算积分的值.

5. 设 $f(u)$ 有连续的一阶导数，证明：沿任意分段光滑闭曲线 L，曲线积分 $I=\displaystyle\int_{L}f(xy)(y\mathrm{d}x+x\mathrm{d}y)=0$.

6. 设在半平面 $x>0$ 中有力场 $\boldsymbol{F}=-\dfrac{k}{r^{3}}(x\boldsymbol{i}+y\boldsymbol{j})$，其中 k 为常数，$r=\sqrt{x^{2}+y^{2}}$. 证明：质点在此力场内移动时，力场所做的功与所取的路径无关，只与起点和终点有关.

7. 为了使曲线积分 $\displaystyle\int_{L}F(x,y)(y\mathrm{d}x+x\mathrm{d}y)$ 只与 L 的起点和终点有关，而与积分路径无关，则有连续偏导数的函数 $F(x,y)$ 应满足怎样的条件?

8. 验证下列各式在整个 xOy 平面内是某一函数 $u(x,y)$ 的全微分，并求出 $u(x,y)$：

（1）$4\sin x\sin 3y\cos x\mathrm{d}x-3\cos 3y\cos 2x\mathrm{d}y$；

（2）$(2x\cos y+y^{2}\cos x)\,\mathrm{d}x+(2y\sin x-x^{2}\sin y)\,\mathrm{d}y$.

9. 已知 $I=\displaystyle\oint_{L}y^{3}\mathrm{d}x+(3x-x^{3})\,\mathrm{d}y$，其中 L 为圆周 $x^{2}+y^{2}=R^{2}(R>0)$，方向为逆时针：

（1）当 R 为何值时，$I=0$；

（2）当 R 为何值时，I 取最大值.

第四节　对面积的曲面积分（第一型曲面积分）

一、对面积的曲面积分的概念与性质

对面积的曲面积分与对弧长的曲线积分的概念类似，对弧长的曲线积分的引例中是求一条物质曲线的质量，这里我们用类似的方法求空间一物质曲面片的质量. 把第一节引例中的曲线改为曲面，并相应地把线密度 $\rho(x,y)$ 改为面密度 $\rho(x,y,z)$，小段曲线的弧长 Δs_i 改为小块曲面的面积 ΔS_i，而第 i 小段曲线上的一点 (ξ_i,η_i) 改为第 i 小块曲面上的一点 (ξ_i,η_i,ζ_i)，并且在面密度 $\rho(x,y,z)$ 连续的前提下，所求的曲面质量为

$$M = \lim_{\lambda \to 0} \sum_{i=1}^{n} \rho(\xi_i,\eta_i,\zeta_i)\Delta S_i$$

其中，λ 表示 n 个小块曲面的直径的最大值.

这样的极限在研究其他实际问题时还会遇到. 抽去其具体意义，就得出了对面积的曲面积分的概念.

定义1　设曲面 Σ 是光滑的，函数 $f(x,y,z)$ 在 Σ 上有界. 把 Σ 任意分成 n 小块，设第 i 块为 ΔS_i（ΔS_i 同时也代表第 i 小块曲面的面积），设 (ξ_i,η_i,ζ_i) 是 ΔS_i 上任意取定的一点，作乘积 $f(\xi_i,\eta_i,\zeta_i)\Delta S_i(i = 1,2,\cdots,n)$，并作和 $\sum_{i=1}^{n} f(\xi_i,\eta_i,\zeta_i)\Delta S_i$. 如果当各小块曲面的直径的最大值 $\lambda \to 0$ 时，这和的极限 $\lim_{\lambda \to 0} \sum_{i=1}^{n} f(\xi_i,\eta_i,\zeta_i)\Delta S_i$ 总存在，则称此极限为函数 $f(x,y,z)$ 在曲面 Σ 上对面积的曲面积分或第一型曲面积分，记作 $\iint\limits_{\Sigma} f(x,y,z)\,\mathrm{d}S$，即

$$\iint\limits_{\Sigma} f(x,y,z)\,\mathrm{d}S = \lim_{\lambda \to 0} \sum_{i=1}^{n} f(\xi_i,\eta_i,\zeta_i)\Delta S_i$$

其中，$f(x,y,z)$ 称为被积函数；Σ 称为积分曲面；$\mathrm{d}S$ 称为面积微元.

当 $f(x,y,z)$ 在光滑曲面 Σ 上连续时，对面积的曲面积分 $\iint\limits_{\Sigma} f(x,y,z)\,\mathrm{d}S$ 是存在的. 以后总假定 $f(x,y,z)$ 在 Σ 上连续.

根据上述定义，当被积函数为曲面 Σ 的面密度 $\rho(x,y,z)$ 时，对面积的曲面积分表示 Σ 的质量，即

$$M = \iint\limits_{\Sigma} \rho(x,y,z)\,\mathrm{d}S$$

当 $f(x,y,z) = 1$ 时，$\iint\limits_{\Sigma}\mathrm{d}S$ 表示 Σ 的面积.

如果 Σ 是分片光滑的，我们规定函数在 Σ 上对面积的曲面积分等于函数在光滑的各片曲面上对面积的曲面积分之和. 例如，设 Σ 可分成两片光滑曲面 Σ_1 及 Σ_2（记作 $\Sigma = \Sigma_1 + \Sigma_2$），就规定

$$\iint\limits_{\Sigma} f(x,y,z)\,\mathrm{d}S = \iint\limits_{\Sigma_1 + \Sigma_2} f(x,y,z)\,\mathrm{d}S = \iint\limits_{\Sigma_1} f(x,y,z)\,\mathrm{d}S + \iint\limits_{\Sigma_2} f(x,y,z)\,\mathrm{d}S$$

如果 Σ 是封闭曲面，积分号可以表示为 $\oiint\limits_{\Sigma}$.

对面积的曲面积分与对弧长的曲线积分有相类似的性质，这里不再赘述.

二、对面积的曲面积分的计算方法

定理 1　设积分曲面 Σ 由方程 $z = z(x,y)$ 给出，Σ 在 xOy 面上的投影区域为 D_{xy}（见图 9 – 24），函数 $z = z(x,y)$ 在 D_{xy} 上具有连续偏导数，被积函数 $f(x,y,z)$ 在 Σ 上连续，则

$$\iint\limits_{\Sigma} f(x,y,z)\,\mathrm{d}S = \iint\limits_{D_{xy}} f[x,y,z(x,y)]\sqrt{1 + z_x^2(x,y) + z_y^2(x,y)}\,\mathrm{d}x\mathrm{d}y$$

注　可由微元的思想解释，空间曲面的面积微元 $\mathrm{d}S$ 与其投影在 xOy 面上的平面面积微元 $\mathrm{d}\sigma$ 的关系为

$$|\cos\gamma|\,\mathrm{d}S = \mathrm{d}\sigma$$

其中，$\cos\gamma$ 为曲面 Σ 的法向量关于 z 轴的方向余弦. 当 Σ 法向量为 $\pm\{-z_x(x,y),\ -z_y(x,y),1\}$ 时，

$$\cos\gamma = \frac{\pm 1}{\sqrt{1 + z_x^2(x,y) + z_y^2(x,y)}}$$

$$\mathrm{d}S = \frac{\mathrm{d}\sigma}{|\cos\gamma|} = \sqrt{1 + z_x^2(x,y) + z_y^2(x,y)}\,\mathrm{d}\sigma$$

$$= \sqrt{1 + z_x^2(x,y) + z_y^2(x,y)}\,\mathrm{d}x\mathrm{d}y$$

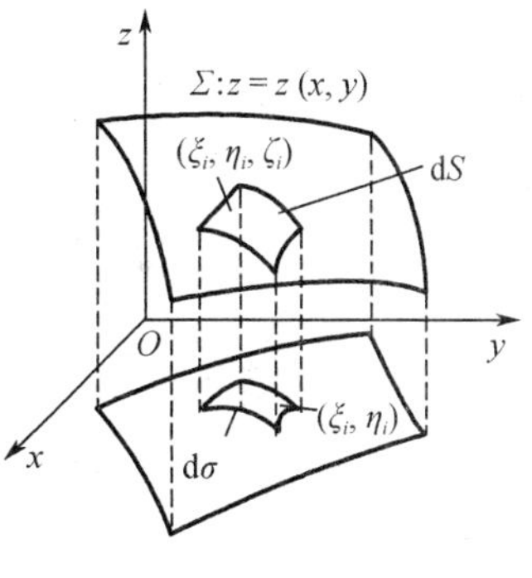

图 9 – 24

于是把对面积的曲面积分转化成 xOy 面上的二重积分计算.

如果积分曲面 Σ 的方程为 $x = x(y,z)$，可类似地把对面积的曲面积分化为 yOz 面上的二重积分，即

$$\iint\limits_{\Sigma} f(x,y,z)\,\mathrm{d}S = \iint\limits_{D_{yz}} f[x(y,z),y,z]\sqrt{1 + x_y^2(y,z) + x_z^2(y,z)}\,\mathrm{d}y\mathrm{d}z$$

如果积分曲面 Σ 的方程为 $y = y(x,z)$，对面积的曲面积分化为 xOz 面上的二重积分，即

$$\iint\limits_{\Sigma} f(x,y,z)\,\mathrm{d}S = \iint\limits_{D_{zx}} f[x,y(x,z),z]\sqrt{1 + y_x^2(x,z) + y_z^2(x,z)}\,\mathrm{d}x\mathrm{d}z$$

综上，对面积的曲面积分的计算可以简单的概括成"一投，二换，三代"，把 Σ 投影到适当的坐标平面上，把 $\mathrm{d}S$ 换成对应的坐标平面上的面积微元的表示形式，把 Σ 方程代入到被积

函数中.

注 在投影的过程中, 若 Σ 有投影重合的部分, 要把投影重合的原曲面 Σ 分成 Σ_1 和 Σ_2 再计算.

例 1 计算曲面积分 $\iint\limits_{\Sigma}\dfrac{\mathrm{d}S}{z}$, 其中 Σ 是球面 $x^2 + y^2 + z^2 = a^2$ 被平面 $z = h(0 < h < a)$ 截出的顶部(见图 9 - 25).

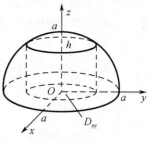

图 9 - 25

解 Σ 的方程为 $z = \sqrt{a^2 - x^2 - y^2}$, Σ 在 xOy 面上的投影区域 D_{xy} 为圆形闭区域: $x^2 + y^2 \leqslant a^2 - h^2$.

$$z_x = \frac{x}{\sqrt{a^2 - x^2 - y^2}}$$

$$z_y = \frac{y}{\sqrt{a^2 - x^2 - y^2}}$$

$$\sqrt{1 + z_x^2 + z_y^2} = \frac{a}{\sqrt{a^2 - x^2 - y^2}}$$

$$\iint\limits_{\Sigma}\frac{\mathrm{d}S}{z} = \iint\limits_{D_{xy}}\frac{1}{\sqrt{a^2 - x^2 - y^2}} \cdot \sqrt{1 + z_x^2 + z_y^2}\,\mathrm{d}x\mathrm{d}y = \iint\limits_{D_{xy}}\frac{a}{a^2 - x^2 - y^2}\mathrm{d}x\mathrm{d}y$$

$$= a\int_0^{2\pi}\mathrm{d}\theta\int_0^{\sqrt{a^2-h^2}}\frac{r\mathrm{d}r}{a^2 - r^2} = 2\pi a\left(-\frac{1}{2}\ln(a^2 - r^2)\right)\Big|_0^{\sqrt{a^2-h^2}} = 2\pi a\ln\frac{a}{h}$$

例 2 计算 $\oiint\limits_{\Sigma}xyz\mathrm{d}S$, 其中 Σ 是由坐标平面 $x = 0, y = 0, z = 0$ 及平面 $x + y + z = 1$ 所围成的四面体的整个表面(见图 9 - 26).

解 曲面 Σ 在平面 $x = 0, y = 0, z = 0$ 及 $x + y + z = 1$ 上的部分依次记为 $\Sigma_1, \Sigma_2, \Sigma_3, \Sigma_4$, 于是

$$\oiint\limits_{\Sigma}xyz\mathrm{d}S = \iint\limits_{\Sigma_1}xyz\mathrm{d}S + \iint\limits_{\Sigma_2}xyz\mathrm{d}S + \iint\limits_{\Sigma_3}xyz\mathrm{d}S + \iint\limits_{\Sigma_4}xyz\mathrm{d}S$$

由于在 $\Sigma_1, \Sigma_2, \Sigma_3$ 上, 被积函数 $f(x,y,z) = xyz$ 均为零, 所以

$$\iint\limits_{\Sigma_1}xyz\mathrm{d}S = \iint\limits_{\Sigma_2}xyz\mathrm{d}S = \iint\limits_{\Sigma_3}xyz\mathrm{d}S = 0$$

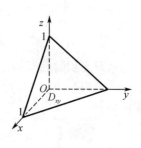

图 9 - 26

在 Σ_4 上, $z = 1 - x - y$, 所以

$$\sqrt{1 + z_x^2 + z_y^2} = \sqrt{1 + (-1)^2 + (-1)^2} = \sqrt{3}$$

从而

$$\oiint\limits_{\Sigma}xyz\mathrm{d}S = \iint\limits_{\Sigma_4}xyz\mathrm{d}S = \iint\limits_{D_{xy}}\sqrt{3}xy(1 - x - y)\mathrm{d}x\mathrm{d}y$$

其中, D_{xy} 是 Σ_4 在 xOy 面上的投影区域, 即由直线 $x = 0, y = 0$ 及 $x + y = 1$ 所围成的闭区域. 因此

$$\oiint\limits_{\Sigma} xyz\,dS = \sqrt{3} \int_0^1 x\,dx \int_0^{1-x} y(1 - x - y)\,dy$$

$$= \sqrt{3} \int_0^1 x \left[(1 - x) \frac{y^2}{2} - \frac{y^3}{3} \right] \Big|_0^{1-x} dx$$

$$= \sqrt{3} \int_0^1 x \cdot \frac{(1 - x)^3}{6} dx$$

$$= \frac{\sqrt{3}}{6} \int_0^1 (x - 3x^2 + 3x^3 - x^4)\,dx$$

$$= \frac{\sqrt{3}}{120}$$

例 3 计算 $\oiint\limits_{\Sigma} (x^2 + y^2 + z^2)\,dS$, 其中 Σ 为曲面 $z = \sqrt{x^2 + y^2}$ 与平面 $z = 1$ 所围成的立体的表面.

解 由于 Σ 在 xOy 面上的投影有重叠的部分, 所以先把 Σ 分成 $\Sigma_1 : z = \sqrt{x^2 + y^2}\,(0 \leqslant z \leqslant 1)$ 和 $\Sigma_2 : z = 1\,(x^2 + y^2 \leqslant 1)$ 两部分, 在 xOy 面上的投影均为 $D = \{(x,y) \mid x^2 + y^2 \leqslant 1\}$, 则

$$\oiint\limits_{\Sigma} (x^2 + y^2 + z^2)\,dS = \iint\limits_{\Sigma_1} (x^2 + y^2 + z^2)\,dS + \iint\limits_{\Sigma_2} (x^2 + y^2 + z^2)\,dS$$

$$= \iint\limits_{D} (x^2 + y^2 + x^2 + y^2) \sqrt{1 + \frac{x^2}{x^2 + y^2} + \frac{y^2}{x^2 + y^2}}\,dxdy + \iint\limits_{D} (x^2 + y^2 + 1)\,dxdy$$

$$= 2\sqrt{2} \iint\limits_{D} (x^2 + y^2)\,dxdy + \iint\limits_{D} (x^2 + y^2)\,dxdy + \iint\limits_{D} dxdy$$

$$= (2\sqrt{2} + 1) \iint\limits_{D} (x^2 + y^2)\,dxdy + \pi$$

$$= (2\sqrt{2} + 1) \int_0^{2\pi} d\theta \int_0^1 r^2 r\,dr + \pi$$

$$= (2\sqrt{2} + 1) \cdot 2\pi \cdot \frac{1}{4} + \pi$$

$$= \left(\sqrt{2} + \frac{3}{2} \right) \pi$$

对面积的曲面积分与对弧长的曲线积分有着相类似的物理应用, 可以计算曲面的质量, 曲面的重心及曲面的转动惯量, 把相应的计算公式中的对弧长的曲线积分换成对面积的曲面积分.

例 4 求质量均匀的曲面形物体 $\Sigma : x^2 + y^2 + z^2 = a^2, x \geqslant 0, y \geqslant 0, z \geqslant 0$ 的形心 (即质量均匀的物体的重心).

解　设形心坐标为 $(\bar{x},\bar{y},\bar{z})$，由对称性可知 $\bar{x} = \bar{y} = \bar{z}$. 所以只需求出

$$\bar{x} = \frac{\iint\limits_{\Sigma} x\,dS}{\iint\limits_{\Sigma} dS}$$

$$\iint\limits_{\Sigma} dS = \frac{1}{8} \cdot 4\pi a^2 = \frac{\pi a^2}{2}$$

曲面 $\Sigma: z = \sqrt{a^2 - x^2 - y^2}, x \geq 0, y \geq 0$. 在 xOy 面上的投影为 $D: x^2 + y^2 \leq a^2, x \geq 0, y \geq 0$，则

$$dS = \sqrt{1 + z_x^2 + z_y^2}\,dx\,dy$$

$$= \frac{a}{\sqrt{a^2 - x^2 - y^2}}\,dx\,dy$$

$$\iint\limits_{\Sigma} x\,dS = \iint\limits_{D} \frac{ax}{\sqrt{a^2 - x^2 - y^2}}\,dx\,dy = a\int_0^{\frac{\pi}{2}} d\theta \int_0^a \frac{r^2\cos\theta}{\sqrt{a^2 - r^2}}\,dr = \frac{\pi}{4}a^3$$

所以 $\bar{x} = \dfrac{a}{2}$，形心坐标为 $\left(\dfrac{a}{2}, \dfrac{a}{2}, \dfrac{a}{2}\right)$.

例 5　有一直圆柱面，其高为 h，底面圆半径为 r，在圆柱面上任意点处的面密度等于该点到一个底的圆心距离平方的倒数，求该圆柱面的质量.

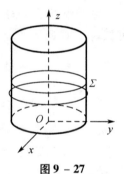

图 9 - 27

解　如图 9 - 27 建立直角坐标系，则圆柱面方程为 $x^2 + y^2 = r^2$，$0 \leq z \leq h$，其面密度函数为 $\rho(x,y,z) = \dfrac{1}{x^2 + y^2 + z^2}$，则圆柱面的质量

为 $M = \iint\limits_{\Sigma} \dfrac{1}{x^2 + y^2 + z^2}\,dS$.

用微元的思想计算，如图 9 - 27 取圆柱面上 $z = z$ 处的高为 dz 的圆环微元，其面积为 $dS = 2\pi r\,dz$，把上式积分化成对 z 的定积分，则

$$M = \iint\limits_{\Sigma} \frac{1}{x^2 + y^2 + z^2}\,dS = \int_0^h \frac{1}{r^2 + z^2}2\pi r\,dz = 2\pi\arctan\frac{h}{r}$$

习题 9 - 4

1. 计算曲面积分 $\iint\limits_{\Sigma} f(x,y,z)\,dS$，其中 Σ 为抛物面 $z = 2 - (x^2 + y^2)$ 在 xOy 面上方的部分，$f(x,y,z)$ 分别如下：

（1）$f(x,y,z) = 1$；

（2）$f(x,y,z) = x^2 + y^2$；

（3）$f(x,y,z) = 3z$.

2. 计算 $\iint\limits_{\Sigma} z^3 \mathrm{d}S$，其中 Σ 是半球面 $z = \sqrt{a^2 - x^2 - y^2}$ 在圆锥 $z = \sqrt{x^2 + y^2}$ 里面的部分.

3. 计算 $\iint\limits_{\Sigma} \dfrac{\mathrm{d}S}{(1 + x + y)^2}$，$\Sigma$ 为平面 $x + y + z = 1$ 及三个坐标平面所围成立体的表面.

4. 计算 $\iint\limits_{\Sigma} (x + y + z)\mathrm{d}S$，$\Sigma$ 为上半球面 $z = \sqrt{a^2 - x^2 - y^2}$.

5. 计算 $\iint\limits_{\Sigma} (xy + yz + zx)\mathrm{d}S$，$\Sigma$ 为锥面 $z = \sqrt{x^2 + y^2}$ 被柱面 $x^2 + y^2 = 2ax$ 所截得的有限部分.

6. 求抛物面 $z = \dfrac{1}{2}(x^2 + y^2)$ $(0 \leqslant z \leqslant 1)$ 的质量，其中面密度的大小为 $\rho = z$.

7. 设质量均匀的薄壳形状的抛物面 $z = \dfrac{3}{4} - (x^2 + y^2)$，$x^2 + y^2 \leqslant \dfrac{3}{4}$. 求此薄壳状物体的形心.

8. 求面密度为常数 ρ 的半球壳 $x^2 + y^2 + z^2 = a^2 (z \geqslant 0)$ 对于 z 轴的转动惯量.

第五节　对坐标的曲面积分（第二型曲面积分）

对坐标的曲面积分与对坐标的曲线积分一样，是有方向性的，是与选取曲面的哪一侧有关的，所以我们必须先对曲面的侧作出规定.

一、有向曲面及其在各坐标平面上的投影

本节中，我们所给的曲面都是双侧曲面，如图 9 - 28 所示. 所谓的双侧曲面是指在曲面上一侧的动点要运动到曲面的另一侧，则它必须经过曲面的边界线. 例如，当 xOy 面水平放置时，$z = z(x,y)$ 所表示的曲面就很直观地能分辨出上侧和下侧；对于封闭的曲面（如球面）存在着内侧和外侧等.

根据对坐标的曲面积分的需要，我们要对双侧曲面选定某一侧，这种选定了侧的双侧曲面就称为有向曲面. 对于一般光滑曲面上每一点的法向量的方向都有两种选择，且这两个方向相反，因此我们可以通过曲面上的法向量的指向来规定曲面的侧. 例如，对曲面 $z = z(x,y)$，如果取其法向量的指向向上，则就认定选取了曲面的上侧；对于封闭曲面，如果其法向量的指向向外，则意味着取定了曲面的外侧. 所以又可以把规定了法向量指向的曲面称为有向曲面.

设 Σ 是有向曲面. 在 Σ 上取一小块曲面 ΔS，把 ΔS 投影到 xOy 面上，投影区域的面积记为 $(\Delta\sigma)_{xy}$. 假定 ΔS 上各点处的法向量与 z 轴的夹角 γ 的余弦 $\cos\gamma$ 有相同的符号（即 $\cos\gamma$ 都是

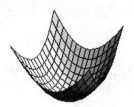

图 9 - 28

正的或都是负的). 我们规定 ΔS 在 xOy 面上的投影 $(\Delta S)_{xy}$ 为

$$(\Delta S)_{xy} = \begin{cases} (\Delta \sigma)_{xy}, & \cos \gamma > 0 \\ -(\Delta \sigma)_{xy}, & \cos \gamma < 0 \\ 0, & \cos \gamma \equiv 0 \end{cases}$$

其中 $\cos \gamma \equiv 0$ 即 ΔS 垂直于 xOy 面, 所以在 xOy 面上的投影 $(\Delta \sigma)_{xy} = 0$. ΔS 在 xOy 面上的投影 $(\Delta S)_{xy}$ 实际就是把 ΔS 在 xOy 面上的投影区域的面积附以一定的正负号, 其关系为

$$(\Delta S)_{xy} = \cos \gamma \cdot \Delta S$$

类似地可以定义 ΔS 在 yOz 面及 zOx 面上的投影

$$(\Delta S)_{yz} = \cos \alpha \cdot \Delta S \text{ 及} (\Delta S)_{zx} = \cos \beta \cdot \Delta S$$

二、对坐标的曲面积分的概念与性质

引例 求流向曲面指定侧的流量.

设稳定流动的不可压缩流体(假定密度为 1) 的速度场为

$$v(x,y,z) = P(x,y,z)i + Q(x,y,z)j + R(x,y,z)k$$

Σ 是速度场中的一片有向曲面, 函数 $P(x,y,z)$, $Q(x,y,z)$, $R(x,y,z)$ 都在 Σ 上连续, 求在单位时间内流向 Σ 指定侧的流体的质量, 即流量 Φ.

如果流体的流速为常量 v, 且流过平面上的一片面积为 A 的闭区域(见图 9 - 29), 又设该平面的单位法向量为 n, 那么在单位时间内流过这平面闭区域的流体组成一个底面积为 A, 斜高为 $|v|$ 的斜柱体.

当 $(v,n) < \dfrac{\pi}{2}$ 时, 这斜柱体的体积为

$$A|v|\cos \theta = Av \cdot n.$$

这也就是通过闭区域 A 流向 n 所指一侧的流量, $\Phi = Av \cdot n$;

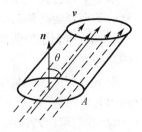

图 9 - 29

当 $(v,n) = \dfrac{\pi}{2}$ 时, 显然流体通过闭区域 A 流向 n 所指一侧的流量 Φ 为零, 而 $Av \cdot n = 0$, 故 $\Phi = Av \cdot n$;

当 $(v,n) > \dfrac{\pi}{2}$ 时, $Av \cdot n < 0$, 这时我们仍把 $Av \cdot n$ 称为流体通过闭区域 A 流向 n 所指一侧的流量, 它表示流体通过闭区域 A 实际上流向 $-n$ 所指一侧, 且流向 $-n$ 所指一侧的流量为 $-Av \cdot n$. 因此, 不论 v,n 的方向如何, 流体通过闭区域 A 流向 n 所指一侧的流量均为 $\varPhi = Av \cdot n$.

现在考虑流速 v 为变向量, 流过的区域为一片曲面, 因此所求流量不能直接用上述方法计算. 我们可以用在前几节中引出各类积分概念的例子中使用过的方法, 来解决这个问题, 即分割, 求和, 取极限. 我们也可以用微元的思想来解决(见图 9 – 30). 用 $\mathrm{d}S$ 表示曲面 $\varSigma$ 微元的面积, 由于曲面 $\varSigma$ 微元充分小, 可以把此曲面微元近似看成是平面, 用曲面 $\varSigma$ 微元上任意点 P 处的单位法向量 n 来代替此曲面微元的单位法向量, 在 $v(x,y,z)$ 连续的条件下, 用 P 处的流速 $v(x,y,z)$ 代替此曲面微元上各点处的流速. 那么

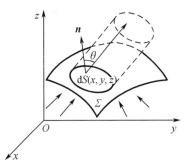

图 9 – 30

流体在单位时间内流过此曲面微元指定侧的流量为 $\mathrm{d}\varPhi$, 根据前面在特殊情况下的讨论, 有
$$\mathrm{d}\varPhi = v \cdot n\mathrm{d}S$$
等式两边同时取在 $\varSigma$ 上的对面积的曲面积分有
$$\varPhi = \iint\limits_{\varSigma} v \cdot n\mathrm{d}S$$
若 $v(x,y,z) = P(x,y,z)\boldsymbol{i} + Q(x,y,z)\boldsymbol{j} + R(x,y,z)\boldsymbol{k}, n = \cos \alpha\boldsymbol{i} + \cos \beta\boldsymbol{j} + \cos \gamma\boldsymbol{k}$, 则流量还可以表示为
$$\varPhi = \iint\limits_{\varSigma} (P\cos \alpha + Q\cos \beta + R\cos \gamma)\mathrm{d}S = \iint\limits_{\varSigma} P\cos \alpha\mathrm{d}S + Q\cos \beta\mathrm{d}S + R\cos \gamma\mathrm{d}S$$
根据有向曲面在各坐标平面上投影的规定, 记
$$\cos \alpha\mathrm{d}S = \mathrm{d}S_{yz} = \mathrm{d}y\mathrm{d}z$$
$$\cos \beta\mathrm{d}S = \mathrm{d}S_{zx} = \mathrm{d}z\mathrm{d}x$$
$$\cos \gamma\mathrm{d}S = \mathrm{d}S_{xy} = \mathrm{d}x\mathrm{d}y$$
于是, 流过 $\varSigma$ 指定侧的流量还可以表示为
$$\varPhi = \iint\limits_{\varSigma} P\mathrm{d}y\mathrm{d}z + Q\mathrm{d}z\mathrm{d}x + R\mathrm{d}x\mathrm{d}y$$
抽去它们的具体意义, 就得出下列对坐标的曲面积分的概念.

定义 1　设 $\varSigma$ 为光滑的有向曲面, 单位法向量为
$$n = \cos \alpha\boldsymbol{i} + \cos \beta\boldsymbol{j} + \cos \gamma\boldsymbol{k}$$
设向量函数
$$\boldsymbol{F}(x,y,z) = P(x,y,z)\boldsymbol{i} + Q(x,y,z)\boldsymbol{j} + R(x,y,z)\boldsymbol{k}$$

定义在 Σ 上且有界. 如果 $\iint\limits_{\Sigma}(P\cos\alpha + Q\cos\beta + R\cos\gamma)\,dS$ 存在,则记

$$\iint\limits_{\Sigma}P\cos\alpha\,dS = \iint\limits_{\Sigma}P\,dydz\,;\iint\limits_{\Sigma}Q\cos\beta\,dS = \iint\limits_{\Sigma}Q\,dzdx\,;\iint\limits_{\Sigma}R\cos\gamma\,dS = \iint\limits_{\Sigma}R\,dxdy$$

$\iint\limits_{\Sigma}P\,dydz, \iint\limits_{\Sigma}Q\,dzdx, \iint\limits_{\Sigma}R\,dxdy$ 分别称为对坐标 yz, zx, xy 的曲面积分,也称为第二型的曲面积分.

当 $P(x,y,z), Q(x,y,z), R(x,y,z)$ 在有向光滑曲面 Σ 上连续时,对坐标的曲面积分是存在的,以后总假定 P, Q, R 在 Σ 上连续.

引例中流向 Σ 指定测的流量 Φ 可以表示为这三个对坐标的曲面积分的组合形式,即

$$\Phi = \iint\limits_{\Sigma}P\,dydz + Q\,dzdx + R\,dxdy$$

我们还可以用向量的形式来表示这种组合的形式:

$$\iint\limits_{\Sigma}P\,dydz + Q\,dzdx + R\,dxdy = \iint\limits_{\Sigma}\boldsymbol{F}\cdot\boldsymbol{n}\,dS = \iint\limits_{\Sigma}\boldsymbol{F}\cdot d\boldsymbol{S}$$

其中,$\boldsymbol{n}\,dS = d\boldsymbol{S} = \{dydz, dzdx, dxdy\}\,;\boldsymbol{F} = \{P(x,y,z);Q(x,y,z),R(x,y,z)\}$.

如果 Σ 是分片光滑的有向曲面,我们规定函数在 Σ 上对坐标的曲面积分等于函数在各片光滑曲面上对坐标的曲面积分之和.

由定义可得,两类曲面积分之间的联系为

$$\iint\limits_{\Sigma}P\,dydz + Q\,dzdx + R\,dxdy = \iint\limits_{\Sigma}(P\cos\alpha + Q\cos\beta + R\cos\gamma)\,dS$$

其中,$\cos\alpha, \cos\beta, \cos\gamma$ 是有向曲面 Σ 上点 (x,y,z) 处的法向量的方向余弦.

对坐标的曲面积分具有与对坐标的曲线积分相类似的一些性质. 例如:

(1) 如果把 Σ 分成 Σ_1 和 Σ_2,表示 $\Sigma = \Sigma_1 + \Sigma_2$,其中 Σ_1, Σ_2 除公共的交线外,再无其他交点,则

$$\iint\limits_{\Sigma}P\,dydz + Q\,dzdx + R\,dxdy$$

$$= \iint\limits_{\Sigma_1}P\,dydz + Q\,dzdx + R\,dxdy + \iint\limits_{\Sigma_2}P\,dydz + Q\,dzdx + R\,dxdy.$$

可以推广到 Σ 分成 $\Sigma_1, \Sigma_2, \cdots, \Sigma_n$ 的情形.

(2) 设 Σ 是有向曲面,$-\Sigma$ 表示与 Σ 取相反侧的有向曲面,则

$$\iint\limits_{-\Sigma}P(x,y,z)\,dydz = -\iint\limits_{\Sigma}P(x,y,z)\,dydz$$

$$\iint\limits_{-\Sigma}Q(x,y,z)\,dzdx = -\iint\limits_{\Sigma}Q(x,y,z)\,dzdx$$

$$\iint_{-\Sigma} R(x,y,z)\,\mathrm{d}x\mathrm{d}y = -\iint_{\Sigma} R(x,y,z)\,\mathrm{d}x\mathrm{d}y$$

当积分曲面改变为相反侧时,对坐标的曲面积分要改变符号. 因此,关于对坐标的曲面积分,我们必须注意积分曲面所取的侧.

三、对坐标的曲面积分的计算方法

思想方法:把对坐标的曲面积分化为二重积分.

定理1　设积分曲面 Σ 的方程为 $z = z(x,y)$, Σ 在 xOy 面上的投影区域为 D_{xy}, 函数 $z = z(x,y)$ 在 D_{xy} 上具有一阶连续偏导数,被积函数 $R(x,y,z)$ 在 Σ 上连续. 则

$$\iint_{\Sigma} R(x,y,z)\,\mathrm{d}x\mathrm{d}y = \pm \iint_{D_{xy}} R(x,y,z(x,y))\,\mathrm{d}x\mathrm{d}y$$

其中,当 Σ 取上侧时,等式右端取" $+$ "号;当 Σ 取下侧时,等式右端取" $-$ "号.

证明　由于 Σ 上任意一点的法向量为 $\pm\{-z_x, -z_y, 1\}$,则

$$\cos\gamma = \pm\frac{1}{\sqrt{1 + z_x^2 + z_y^2}}$$

其中 γ 为曲面上任意一点的法向量与 z 轴正向的夹角.

当 Σ 取上侧时, $\cos\gamma = \dfrac{1}{\sqrt{1 + z_x^2 + z_y^2}}$,则

$$\iint_{\Sigma} R(x,y,z)\,\mathrm{d}x\mathrm{d}y = \iint_{\Sigma} R(x,y,z)\cos\gamma\,\mathrm{d}S$$

$$= \iint_{D_{xy}} R(x,y,z(x,y))\,\frac{1}{\sqrt{1 + z_x^2 + z_y^2}}\,\sqrt{1 + z_x^2 + z_y^2}\,\mathrm{d}x\mathrm{d}y$$

$$= \iint_{D_{xy}} R(x,y,z(x,y))\,\mathrm{d}x\mathrm{d}y$$

当 Σ 取下侧时, $\cos\gamma = -\dfrac{1}{\sqrt{1 + z_x^2 + z_y^2}}$,则

$$\iint_{\Sigma} R(x,y,z)\,\mathrm{d}x\mathrm{d}y = \iint_{\Sigma} R(x,y,z)\cos\gamma\,\mathrm{d}S$$

$$= \iint_{D_{xy}} R(x,y,z(x,y))\left(-\frac{1}{\sqrt{1 + z_x^2 + z_y^2}}\right)\sqrt{1 + z_x^2 + z_y^2}\,\mathrm{d}x\mathrm{d}y$$

$$= -\iint_{D_{xy}} R(x,y,z(x,y))\,\mathrm{d}x\mathrm{d}y$$

当 $\cos\gamma \equiv 0$ 时,说明 Σ 与 xOy 面垂直,则 $\displaystyle\iint_{\Sigma} R(x,y,z)\,\mathrm{d}x\mathrm{d}y = 0$.

计算过程可以简单的记为:"一投,二代,三定号",把曲面 Σ 投影到 xOy 面上,形成投影

区域 D_{xy}；把曲面方程 $z = z(x,y)$ 代入被积函数中替换 z；取曲面 Σ 上侧时公式中转化成的二重积分是取"+"号，取曲面 Σ 下侧时公式中转化成的二重积分是取"-"号.

类似地，如果 Σ 由 $x = x(y,z)$ 给出，则有

$$\iint\limits_{\Sigma} P(x,y,z)\,\mathrm{d}y\mathrm{d}z = \pm \iint\limits_{D_{zy}} P[x(y,z),y,z]\,\mathrm{d}y\mathrm{d}z$$

等式右端符号规定：如果积分曲面 Σ 是由方程 $x = x(y,z)$ 所给出的曲面前侧，即 $\cos\alpha > 0$，应取"+"号；反之，如果 Σ 取后侧，即 $\cos\alpha < 0$，应取"-"号.

如果 Σ 由 $y = y(z,x)$ 给出，则有

$$\iint\limits_{\Sigma} Q(x,y,z)\,\mathrm{d}z\mathrm{d}x = \pm \iint\limits_{D_{zy}} Q(x,y,z)\,\mathrm{d}z\mathrm{d}x$$

等式右端符号规定：如果积分曲面 Σ 是由方程 $y = y(z,x)$ 所给出的曲面右侧，即 $\cos\beta > 0$，应取"+"号；反之，如果 Σ 取左侧，即 $\cos\beta < 0$，应取"-"号.

例1 计算曲面积分 $\iint\limits_{\Sigma} x^2\mathrm{d}y\mathrm{d}z + y^2\mathrm{d}z\mathrm{d}x + z^2\mathrm{d}x\mathrm{d}y$，其中 Σ 是长方体 Ω 的整个表面的外侧，$\Omega = \{(x,y,z) \mid 0 \leqslant x \leqslant a, 0 \leqslant y \leqslant b, 0 \leqslant z \leqslant c\}$.

解 把有向曲面 Σ 分成以下六部分（见图 9 – 31）：

$\Sigma_1: z = c (0 \leqslant x \leqslant a, 0 \leqslant y \leqslant b)$ 的上侧；

$\Sigma_2: z = 0 (0 \leqslant x \leqslant a, 0 \leqslant y \leqslant b)$ 的下侧；

$\Sigma_3: x = a (0 \leqslant y \leqslant b, 0 \leqslant z \leqslant c)$ 的前侧；

$\Sigma_4: x = 0 (0 \leqslant y \leqslant b, 0 \leqslant z \leqslant c)$ 的后侧；

$\Sigma_5: y = b (0 \leqslant x \leqslant a, 0 \leqslant z \leqslant c)$ 的右侧；

$\Sigma_6: y = 0 (0 \leqslant x \leqslant a, 0 \leqslant z \leqslant c)$ 的左侧.

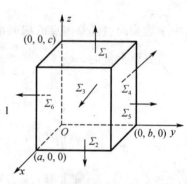

图 9 – 31

除 Σ_3，Σ_4 外，其余四片曲面在 yOz 面上的投影为零，因此

$$\iint\limits_{\Sigma} x^2\mathrm{d}y\mathrm{d}z = \iint\limits_{\Sigma_3} x^2\mathrm{d}y\mathrm{d}z + \iint\limits_{\Sigma_4} x^2\mathrm{d}y\mathrm{d}z$$

应用公式就有

$$\iint\limits_{\Sigma} x^2\mathrm{d}y\mathrm{d}z = \iint\limits_{D_{yz}} a^2\mathrm{d}y\mathrm{d}z - \iint\limits_{D_{yz}} 0^2\mathrm{d}y\mathrm{d}z = a^2bc.$$

类似地可得

$$\iint\limits_{\Sigma} y^2\mathrm{d}z\mathrm{d}x = b^2ac$$

$$\iint\limits_{\Sigma} z^2\mathrm{d}x\mathrm{d}y = c^2ab$$

于是，所求曲面积分

$$\iint\limits_{\Sigma} x^2 \mathrm{d}y\mathrm{d}z + y^2 \mathrm{d}z\mathrm{d}x + z^2 \mathrm{d}x\mathrm{d}y = a^2bc + b^2ac + c^2ab = (a + b + c)abc$$

例 2　计算曲面积分 $\iint\limits_{\Sigma} xyz\mathrm{d}x\mathrm{d}y$，其中 Σ 是球面 $x^2 + y^2 + z^2 = 1$ 外侧在 $x \geqslant 0, y \geqslant 0$ 的部分.

解　把 Σ 分为 Σ_1 和 Σ_2 两部分，如图 9 – 32 所示：

Σ_1 的方程为 $z = -\sqrt{1 - x^2 - y^2}, \Sigma_2$ 的方程为 $z = \sqrt{1 - x^2 - y^2}$，则

$$\iint\limits_{\Sigma} xyz\mathrm{d}x\mathrm{d}y = \iint\limits_{\Sigma_2} xyz\mathrm{d}x\mathrm{d}y + \iint\limits_{\Sigma_1} xyz\mathrm{d}x\mathrm{d}y$$

上式右端的第一个积分的积分曲面 Σ_2 取上侧，第二个积分的积分曲面 Σ_1 取下侧，因此分别应用公式，就有

$$\iint\limits_{\Sigma} xyz\mathrm{d}x\mathrm{d}y = \iint\limits_{D_{xy}} xy\sqrt{1 - x^2 - y^2}\mathrm{d}x\mathrm{d}y - \iint\limits_{D_{xy}} xy(-\sqrt{1 - x^2 - y^2})\mathrm{d}x\mathrm{d}y$$

$$= 2\iint\limits_{D_{xy}} xy\sqrt{1 - x^2 - y^2}\mathrm{d}x\mathrm{d}y$$

其中 D_{xy} 是 Σ_1 及 Σ_2 在 xOy 面上的投影区域，就是位于第一象限内的扇形 $x^2 + y^2 \leqslant 1(x \geqslant 0, y \geqslant 0)$. 利用极坐标计算这个二重积分如下：

$$2\iint\limits_{D_{xy}} xy\sqrt{1 - x^2 - y^2}\mathrm{d}x\mathrm{d}y = 2\iint\limits_{D_{xy}} r^2\sin\theta\cos\theta\sqrt{1 - r^2}\,r\mathrm{d}r\mathrm{d}\theta$$

$$= \int_0^{\frac{\pi}{2}}\sin 2\theta\mathrm{d}\theta\int_0^1 r^3\sqrt{1 - r^2}\,\mathrm{d}r = 1 \cdot \frac{2}{15} = \frac{2}{15}$$

从而 $\iint\limits_{\Sigma} xyz\mathrm{d}x\mathrm{d}y = \frac{2}{15}$.

例 3　计算曲面积分 $\iint\limits_{\Sigma} (z^2 + x)\mathrm{d}y\mathrm{d}z - z\mathrm{d}x\mathrm{d}y$，其中 Σ 是旋转抛物面

$z = \dfrac{1}{2}(x^2 + y^2)$ 介于平面 $z = 0$ 及 $z = 2$ 之间的部分的下侧.

解　如图 9 – 33 所示，根据两类曲面积分之间的联系公式，可得

$$\iint\limits_{\Sigma} (z^2 + x)\mathrm{d}y\mathrm{d}z = \iint\limits_{\Sigma} (z^2 + x)\cos\alpha\mathrm{d}S$$

$$= \iint\limits_{\Sigma} (z^2 + x)\frac{\cos\alpha}{\cos\gamma}\mathrm{d}x\mathrm{d}y$$

在曲面 Σ 上，有

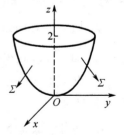

图 9 – 33

$$\cos \alpha = \frac{x}{\sqrt{1 + x^2 + y^2}}, \quad \cos \gamma = \frac{-1}{\sqrt{1 + x^2 + y^2}}$$

故

$$\iint_{\Sigma} (z^2 + x) dydz - zdxdy = \iint_{\Sigma} [(z^2 + x)(-x) - z] dxdy$$

再按对坐标的曲面积分的计算法，设 Σ 在 xOy 面的投影 $D_{xy} : x^2 + y^2 \le 4$，则

$$\iint_{\Sigma} (z^2 + x) dydz - zdxdy = -\iint_{D_{xy}} \left\{ \left[\frac{1}{4} (x^2 + y^2)^2 + x \right] \cdot (-x) - \frac{1}{2} (x^2 + y^2) \right\} dxdy$$

再注意到 $\iint_{D_{xy}} \frac{1}{4} x(x^2 + y^2)^2 dxdy = 0$，故

$$\iint_{\Sigma} (z^2 + x) dydz - zdxdy = \iint_{D_{xy}} \left[x^2 + \frac{1}{2} (x^2 + y^2) \right] dxdy$$

$$= \int_0^{2\pi} d\theta \int_0^2 \left(r^2 \cos^2\theta + \frac{1}{2} r^2 \right) rdr$$

$$= 8\pi$$

习题 9 - 5

1. 计算 $\iint_{\Sigma} x^2 y^2 zdxdy$，其中 Σ 是球面 $x^2 + y^2 + z^2 = R^2 (R > 0)$ 的下半部分的下侧.

2. 计算 $\oiint_{\Sigma} (x^2 + y^2 + z^2) dydz$，其中 Σ 是球面 $x^2 + y^2 + z^2 = R^2 (R > 0)$ 的外表面.

3. 计算 $\oiint_{\Sigma} xzdxdy + xydydz + yzdzdx$，其中 Σ 是平面 $x = 0, y = 0, z = 0, x + y + z = 1$ 围成区域的整个边界曲面的外侧.

4. $\iint_{\Sigma} (x^2 - yz) dxdy + xdydz + ydzdx$，其中 Σ 是柱面 $x^2 + y^2 = 1$ 被平面 $z = 0$ 及 $z = 3$ 所截得的第一卦限内的部分的前侧.

5. 设流速场 $v = ci + yj$，其中 c 为常数，求在单位时间内从球面 $x^2 + y^2 + z^2 = 4$ 的内部流出球面的流量.

6. 把对坐标的曲面积分 $\iint_{\Sigma} Pdydz + Qdzdx + Rdxdy$ 化成对面积的曲面积分，其中 Σ 是抛物面 $z = 8 - x^2 - y^2$ 在 xOy 面上方部分的上侧.

第六节 高斯公式、通量与散度

格林公式建立了平面闭曲线上的曲线积分和二重积分的联系,本节中的高斯公式建立了闭曲面上的曲面积分与三重积分之间的联系.

一、高斯公式

定理1 设分片光滑的空间闭曲面 Σ 所围成的空间闭区域为 Ω,函数 $P(x,y,z)$,$Q(x,y,z)$,$R(x,y,z)$ 在 Ω 上具有一阶连续偏导数,则有

$$\oiint\limits_{\Sigma} P\mathrm{d}y\mathrm{d}z + Q\mathrm{d}z\mathrm{d}x + R\mathrm{d}x\mathrm{d}y = \iiint\limits_{\Omega}\left(\frac{\partial P}{\partial x} + \frac{\partial Q}{\partial y} + \frac{\partial R}{\partial z}\right)\mathrm{d}v \qquad (9-1)$$

或

$$\oiint\limits_{\Sigma}(P\cos\alpha + Q\cos\beta + R\cos\gamma)\mathrm{d}S = \iiint\limits_{\Omega}\left(\frac{\partial P}{\partial x} + \frac{\partial Q}{\partial y} + \frac{\partial R}{\partial z}\right)\mathrm{d}v \qquad (9-2)$$

其中,Σ 是 Ω 的整个边界曲面的外侧;$\cos\alpha$,$\cos\beta$,$\cos\gamma$ 是 Σ 上点 (x,y,z) 处的法向量的方向余弦. 此公式称为高斯公式.

证明 设闭区域 Ω 在 xOy 面上的投影区域为 D_{xy}. 假定穿过 Ω 内部且平行于 z 轴的直线与 Ω 的边界曲面 Σ 的交点恰好是两个.

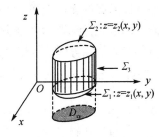

图 9 - 34

这样,可设 Σ 由 Σ_1,Σ_2 和 Σ_3 三部分组成(见图 9 - 34),其中 Σ_1 和 Σ_2 分别由方程 $z = z_1(x,y)$ 和 $z = z_2(x,y)$ 给定,并且 $z = z_1(x,y) \leqslant z = z_2(x,y)$.

这里,Σ_1 取下侧;Σ_2 取上侧;Σ_3 是以 D_{xy} 的边界曲线为准线而母线平行于 z 轴的柱面上的一部分,取外侧.

根据三重积分的计算法,有

$$\iiint\limits_{\Omega}\frac{\partial R}{\partial z}\mathrm{d}v = \iint\limits_{D_{xy}}\left(\int_{z_1(x,y)}^{z_2(x,y)}\frac{\partial R}{\partial z}\mathrm{d}z\right)\mathrm{d}x\mathrm{d}y = \iint\limits_{D_{xy}}\{R[x,y,z_2(x,y)] - R[x,y,z_1(x,y)]\}\mathrm{d}x\mathrm{d}y \qquad (9-3)$$

根据曲面积分的计算法,有

$$\iint\limits_{\Sigma_1}R(x,y,z)\mathrm{d}x\mathrm{d}y = -\iint\limits_{D_{xy}}R[x,y,z_1(x,y)]\mathrm{d}x\mathrm{d}y$$

$$\iint\limits_{\Sigma_2}R(x,y,z)\mathrm{d}x\mathrm{d}y = \iint\limits_{D_{xy}}R[x,y,z_2(x,y)]\mathrm{d}x\mathrm{d}y$$

因为 Σ_3 上任意一块曲面在 xOy 面上的投影为零,所以直接根据对坐标的曲面积分的定义可知

$$\iint\limits_{\Sigma_3} R(x,y,z)\,\mathrm{d}x\mathrm{d}y = 0$$

把以上三式相加,得

$$\iint\limits_{\Sigma} R(x,y,z)\,\mathrm{d}x\mathrm{d}y = \iint\limits_{D_{xy}} \{R[x,y,z_2(x,y)] - R[x,y,z_1(x,y)]\}\,\mathrm{d}x\mathrm{d}y \qquad (9-4)$$

比较式(9-3)和式(9-4),得

$$\iiint\limits_{\Omega} \frac{\partial R}{\partial z}\,\mathrm{d}v = \oiint\limits_{\Sigma} R(x,y,z)\,\mathrm{d}x\mathrm{d}y$$

如果穿过 Ω 内部且平行于 x 轴的直线以及平行于 y 轴的直线与 Ω 的边界曲面 Σ 的交点也都恰好是两个,那么类似地可得

$$\iiint\limits_{\Omega} \frac{\partial P}{\partial x}\,\mathrm{d}v = \oiint\limits_{\Sigma} P(x,y,z)\,\mathrm{d}y\mathrm{d}z$$

$$\iiint\limits_{\Omega} \frac{\partial Q}{\partial y}\,\mathrm{d}v = \oiint\limits_{\Sigma} Q(x,y,z)\,\mathrm{d}z\mathrm{d}x$$

把以上三式两端分别相加,即得高斯公式(9-1).

在上述证明中,我们对闭区域 Ω 作了这样的限制,即穿过 Ω 内部且平行于坐标轴的直线与 Ω 的边界曲面 Σ 的交点恰好是两点,如果 Ω 不满足这样的条件,可以引入几片辅助曲面把 Ω 分为成有限个闭区域,使得每个闭区域满足这样的限制条件,并注意到沿辅助曲面相反两侧的两个曲面积分的绝对值相等而符号相反,相加时正好抵消,因此公式对于其他的闭区域仍然是正确的.

例1 利用高斯公式计算曲面积分 $\oiint\limits_{\Sigma}(x-y)\mathrm{d}x\mathrm{d}y + (y-z)x\mathrm{d}y\mathrm{d}z$,其中 Σ 为柱面 $x^2 + y^2 = 1$ 及平面 $z = 0,z = 3$ 所围成的空间闭区域 Ω 的整个边界曲面的外侧(见图9-35).

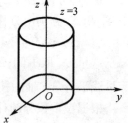

图9-35

解 $P = (y-z)x, Q = 0, R = x-y$

$$\frac{\partial P}{\partial x} = y-z, \frac{\partial Q}{\partial y} = 0, \frac{\partial R}{\partial z} = 0$$

利用高斯公式把所求曲面积分化为三重积分,再利用柱面坐标计算:

$$\oiint\limits_{\Sigma}(x-y)\mathrm{d}x\mathrm{d}y + (y-z)x\mathrm{d}y\mathrm{d}z$$

$$= \iiint\limits_{\Omega}(y-z)\mathrm{d}x\mathrm{d}y\mathrm{d}z = \int_0^{2\pi}\mathrm{d}\theta\int_0^1 r\mathrm{d}r\int_0^3 (r\sin\theta - z)\mathrm{d}z = -\frac{9\pi}{2}$$

例2 利用高斯公式计算曲面积分

$$\iint\limits_{\Sigma}(x^2\cos\alpha + y^2\cos\beta + z^2\cos\gamma)\mathrm{d}S$$

其中, Σ 为锥面 $z = \sqrt{x^2 + y^2}$ 介于平面 $z = 0$ 及 $z = h(h > 0)$ 之间的部分的下侧; $\cos\alpha, \cos\beta$, $\cos\gamma$ 是 Σ 在点 (x, y, z) 处的法向量的方向余弦.

解　曲面 Σ 不是封闭曲面, 不能直接利用高斯公式.

那么, 补充 $\Sigma_1 : z = h(x^2 + y^2 \leqslant h^2)$ 的上侧, 则

$$\iint\limits_{\Sigma} (x^2\cos\alpha + y^2\cos\beta + z^2\cos\gamma)\mathrm{d}S$$

$$= \oiint\limits_{\Sigma + \Sigma_1} (x^2\cos\alpha + y^2\cos\beta + z^2\cos\gamma)\mathrm{d}S - \iint\limits_{\Sigma_1} (x^2\cos\alpha + y^2\cos\beta + z^2\cos\gamma)\mathrm{d}S$$

由于 Σ 与 Σ_1 一起构成一个封闭曲面, 记它们围成的空间闭区域为 Ω, 利用高斯公式, 便得

$$\oiint\limits_{\Sigma + \Sigma_1} (x^2\cos\alpha + y^2\cos\beta + z^2\cos\gamma)\mathrm{d}S = 2\iiint\limits_{\Omega} (x + y + z)\mathrm{d}v$$

由于 Ω 关于 $x = 0, y = 0$ 对称, 故

$$上式三重积分 = 2\iiint\limits_{\Omega} z\mathrm{d}v = \iint\limits_{D_{xy}} (h^2 - x^2 - y^2)\mathrm{d}x\mathrm{d}y = \frac{1}{2}\pi h^4$$

其中 $D_{xy} = \{(x, y) \mid x^2 + y^2 \leqslant h^2\}$, 而 Σ_1 的方向余弦分别为 $\cos\alpha = 0, \cos\beta = 0, \cos\gamma = 1$, 则

$$\iint\limits_{\Sigma_1} (x^2\cos\alpha + y^2\cos\beta + z^2\cos\gamma)\mathrm{d}S = \iint\limits_{\Sigma_1} z^2\mathrm{d}S = \iint\limits_{D_{xy}} h^2\mathrm{d}x\mathrm{d}y = \pi h^4$$

因此

$$\iint\limits_{\Sigma} (x^2\cos\alpha + y^2\cos\beta + z^2\cos\gamma)\mathrm{d}S = \frac{1}{2}\pi h^4 - \pi h^4 = -\frac{1}{2}\pi h^4$$

注　当 Σ 不是封闭曲面时, 要把 Σ 补充成封闭的曲面后再利用高斯公式, 本着易于计算的原则, 一般补充的曲面为坐标平面或者是平行于坐标平面的平面, 根据高斯公式的要求, 要指出补充曲面的方向.

二、通量与散度

设稳定流动的不可压缩流体(假定密度为 1) 的速度场为

$$\boldsymbol{v}(x, y, z) = P(x, y, z)\boldsymbol{i} + Q(x, y, z)\boldsymbol{j} + R(x, y, z)\boldsymbol{k}$$

其中 P, Q, R 具有一阶连续偏导数, Σ 是速度场中一片有向曲面, 又 $\boldsymbol{n} = \cos\alpha\boldsymbol{i} + \cos\beta\boldsymbol{j} + \cos\gamma\boldsymbol{k}$ 是 Σ 在点 (x, y, z) 处的单位法向量, 根据对坐标的曲面积分的物理意义, 单位时间内流体经过 Σ 流向指定侧的流体总质量 Φ 可用曲面积分来表示:

$$\Phi = \oiint\limits_{\Sigma} P\mathrm{d}y\mathrm{d}z + Q\mathrm{d}z\mathrm{d}x + R\mathrm{d}x\mathrm{d}y = \oiint\limits_{\Sigma} (P\cos\alpha + Q\cos\beta + R\cos\gamma)\mathrm{d}S$$

$$= \oiint\limits_{\Sigma} \boldsymbol{v} \cdot \boldsymbol{n}\mathrm{d}S = \oiint\limits_{\Sigma} \boldsymbol{v}_n\mathrm{d}S$$

其中，$v_n = v \cdot n = P\cos\alpha + Q\cos\beta + R\cos\gamma$ 表示流体的速度向量 v 在有向曲面 Σ 的法向量上的投影.

在高斯公式

$$\oiint\limits_{\Sigma} P\mathrm{d}y\mathrm{d}z + Q\mathrm{d}z\mathrm{d}x + R\mathrm{d}x\mathrm{d}y = \iiint\limits_{\Omega} \left(\frac{\partial P}{\partial x} + \frac{\partial Q}{\partial y} + \frac{\partial R}{\partial z} \right)\mathrm{d}v$$

中，Σ 是闭区域 Ω 的边界曲面的外侧，那么公式左端可解释为单位时间内离开闭区域 Ω 的流体的总质量. 由于我们假定流体是不可压缩的，且流动是稳定的，因此在流体流出 Ω 的同时，Ω 内部必须有产生流体的"源头"产生出同样多的流体来进行补充. 所以高斯公式右端可解释为分布在 Ω 内的源头在单位时间内所产生的流体的总质量. 那么

$$\Phi = \oiint\limits_{\Sigma} P\mathrm{d}y\mathrm{d}z + Q\mathrm{d}z\mathrm{d}x + R\mathrm{d}x\mathrm{d}y = \oiint\limits_{\Sigma} v_n \mathrm{d}S = \iiint\limits_{\Omega} \left(\frac{\partial P}{\partial x} + \frac{\partial Q}{\partial y} + \frac{\partial R}{\partial z} \right)\mathrm{d}v$$

上式两端同时除以闭区域 Ω 的体积 V，得 Ω 内的源头在单位时间单位体积内所产生的流体的质量，即

$$\frac{1}{V}\oiint\limits_{\Sigma} v_n \mathrm{d}S = \frac{1}{V}\iiint\limits_{\Omega} \left(\frac{\partial P}{\partial x} + \frac{\partial Q}{\partial y} + \frac{\partial R}{\partial z} \right)\mathrm{d}v$$

在等号右侧应用积分中值定理，得

$$\frac{1}{V}\oiint\limits_{\Sigma} v_n \mathrm{d}S = \left(\frac{\partial P}{\partial x} + \frac{\partial Q}{\partial y} + \frac{\partial R}{\partial z} \right)\bigg|_{(\xi,\eta,\zeta)}$$

其中 (ξ,η,ζ) 是 Ω 内存在的某个点. 令 Ω 缩向一点 $M(x,y,z)$，取上式的极限，得

$$\lim_{\Omega\to M} \frac{1}{V}\oiint\limits_{\Sigma} v_n \mathrm{d}S = \frac{\partial P}{\partial x} + \frac{\partial Q}{\partial y} + \frac{\partial R}{\partial z}$$

上式右端称为速度向量 v 在点 M 的散度，记作 $\operatorname{div} v$，即

$$\operatorname{div} v = \frac{\partial P}{\partial x} + \frac{\partial Q}{\partial y} + \frac{\partial R}{\partial z}$$

$\operatorname{div} v$ 在这里可看作稳定流动的不可压缩流体在点 M 的源头强度 —— 在单位时间单位体积内所产生的流体质量. 如果 $\operatorname{div} v$ 为负，表示流体在点 M 处消失. 如果 $\operatorname{div} v = 0$ 表示在 M 处流体既不产生也不消失.

一般地，设某向量场为

$$F(x,y,z) = P(x,y,z)\mathbf{i} + Q(x,y,z)\mathbf{j} + R(x,y,z)\mathbf{k}$$

其中 P,Q,R 具有一阶连续偏导数，Σ 是场内的一片有向曲面，n 是 Σ 上点 (x,y,z) 处的单位法向量，则 $\iint\limits_{\Sigma} F \cdot n \mathrm{d}S$ 称作向量场 F 通过曲面 Σ 向着指定侧的通量（或流量）；而 $\frac{\partial P}{\partial x} + \frac{\partial Q}{\partial y} + \frac{\partial R}{\partial z}$ 称作向量场 F 的散度，记作 $\operatorname{div} F$，即

$$\operatorname{div} F = \frac{\partial P}{\partial x} + \frac{\partial Q}{\partial y} + \frac{\partial R}{\partial z}$$

高斯公式可写成

$$\oiint\limits_{\Sigma} \boldsymbol{F}_n \mathrm{d}S = \iiint\limits_{\Omega} \operatorname{div} \boldsymbol{F} \mathrm{d}v$$

其中 Σ 是空间闭区域 Ω 的边界曲面,而

$$\boldsymbol{F}_n = \boldsymbol{F} \cdot \boldsymbol{n} = P\cos \alpha + Q\cos \beta + R\cos \gamma$$

是向量 $\boldsymbol{F}$ 在曲面 Σ 的外侧法向量上的投影.

例 3 当点电荷 q 位于坐标原点时,求电场强度 $\boldsymbol{E} = \dfrac{q}{r^3}\boldsymbol{r}$ 的散度,这里 $\boldsymbol{r} = x\boldsymbol{i} + y\boldsymbol{j} + z\boldsymbol{k}$ 表示场中任意点的向径,而 $|\boldsymbol{r}| = r = \sqrt{x^2 + y^2 + z^2}$.

解 由题意得

$$\boldsymbol{E} = \frac{q}{r^3}\boldsymbol{r} = \frac{qx\boldsymbol{i} + qy\boldsymbol{j} + qz\boldsymbol{k}}{r^3}$$

$$\frac{\partial}{\partial x}\left(\frac{qx}{r^3}\right) = q\frac{r^3 - x(3r^2)\frac{1}{2r}(2x)}{r^6} = q\frac{r^2 - 3x^2}{r^5}$$

由对称性可知

$$\frac{\partial}{\partial y}\left(\frac{qy}{r^3}\right) = q\frac{r^2 - 3y^2}{r^5}, \frac{\partial}{\partial z}\left(\frac{qz}{r^3}\right) = q\frac{r^2 - 3z^2}{r^5}$$

所以

$$\operatorname{div} \boldsymbol{E} = \frac{\partial}{\partial x}\left(\frac{qx}{r^3}\right) + \frac{\partial}{\partial y}\left(\frac{qy}{r^3}\right) + \frac{\partial}{\partial z}\left(\frac{qz}{r^3}\right) = q\frac{3r^2 - 3(x^2 + y^2 + z^2)}{r^5} = 0$$

由此可知,除点电荷 q 所在的原点外,该电场强度的散度处处为 0.

习题 9 – 6

1. 计算 $\oiint\limits_{\Sigma} x^3 \mathrm{d}y\mathrm{d}z + y^3 \mathrm{d}z\mathrm{d}x + z^3 \mathrm{d}x\mathrm{d}y$,其中 Σ 为球面 $x^2 + y^2 + z^2 = a^2$ 的外侧.

2. 计算 $\oiint\limits_{\Sigma} x\mathrm{d}y\mathrm{d}z + y\mathrm{d}z\mathrm{d}x + z\mathrm{d}x\mathrm{d}y$,其中 Σ 为界于 $z = 0, z = 3$ 之间的圆柱体 $x^2 + y^2 \leqslant 9$ 的整个表面的外侧.

3. 利用高斯公式计算 $\iint\limits_{\Sigma}(x^2 - yz)\mathrm{d}y\mathrm{d}z + (y^2 - zx)\mathrm{d}z\mathrm{d}x + 2z\mathrm{d}x\mathrm{d}y$,其中 Σ 为锥面 $z = 1 - \sqrt{x^2 + y^2}\,(z \geqslant 0)$ 的上侧.

4. 利用高斯公式计算 $\iint\limits_{\Sigma}(x^2\cos \alpha + y^2\cos \beta + z^2\cos \gamma)\mathrm{d}S$,其中 Σ 为锥面 $x^2 + y^2 = z^2$ 介于平面 $z = 0$ 和 $z = h(h > 0)$ 之间部分的下侧,α, β, γ 为 Σ 上任意一点 (x, y, z) 处的法向量的方

向角.

5. 利用高斯公式计算曲面积分 $\iint\limits_{\Sigma}(8y+1)x\mathrm{d}y\mathrm{d}z+2(1-y^2)\mathrm{d}z\mathrm{d}x-4yz\mathrm{d}x\mathrm{d}y$，其中 Σ 是由曲线

$\begin{cases} z=\sqrt{y-1} \\ x=0 \end{cases}$ $(1\leqslant y\leqslant 3)$ 绕 y 轴旋转一周所成曲面，它的法向量与 y 轴正方向夹角恒大于 $\dfrac{\pi}{2}$.

6. 设函数 $f(u)$ 有一阶连续导数，计算曲面积分

$$I=\iint\limits_{\Sigma}xf(xy)\mathrm{d}y\mathrm{d}z-yf(xy)\mathrm{d}z\mathrm{d}x+\left(x^2z+y^2z+\frac{1}{3}z^3\right)\mathrm{d}x\mathrm{d}y$$

其中，Σ 是下半球面 $x^2+y^2+z^2=1(z\leqslant 0)$ 取上侧.

7. 计算向量 $\boldsymbol{A}=x\boldsymbol{i}+y\boldsymbol{j}+z\boldsymbol{k}$ 通过区域 $\Omega:0\leqslant x\leqslant 1,\ 0\leqslant y\leqslant 1,0\leqslant z\leqslant 1$ 的边界曲面流向外侧的通量.

8. 流体在空间流动，流体的密度 $\rho=1$，已知流速函数 $\boldsymbol{F}(x,y,z)=z\arctan y^2\boldsymbol{i}+z^3\ln(x^2+1)\boldsymbol{j}+z\boldsymbol{k}$，求流体在单位时间内流过曲面 Σ 的流量，其中 $\Sigma:x^2+y^2+z=2$ 位于平面 $z=1$ 的上方的那一块曲面（流向外侧）.

9. 求下列向量的散度

(1) $\boldsymbol{A}=(x^2+yz)\boldsymbol{i}+(y^2+xz)\boldsymbol{j}+(z^2+xy)\boldsymbol{k}$；

(2) $\boldsymbol{A}=\mathrm{e}^{xy}\boldsymbol{i}+\cos(xy)\boldsymbol{j}+\cos(xz^2)\boldsymbol{k}$.

10. 设函数 $u(x,y,z)$ 和 $v(x,y,z)$ 在闭区域 Ω 上具有一阶及二阶连续偏导数，证明：

$$\iiint\limits_{\Omega}v\Delta u\mathrm{d}x\mathrm{d}y\mathrm{d}z=\oiint\limits_{\Sigma}v\frac{\partial u}{\partial\boldsymbol{n}}\mathrm{d}S-\iiint\limits_{\Omega}\left(\frac{\partial v}{\partial x}\frac{\partial u}{\partial x}+\frac{\partial v}{\partial y}\frac{\partial u}{\partial y}+\frac{\partial v}{\partial z}\frac{\partial u}{\partial z}\right)\mathrm{d}x\mathrm{d}y\mathrm{d}z$$

其中，Σ 是闭区域 Ω 的整个边界曲面；$\dfrac{\partial u}{\partial\boldsymbol{n}}$ 为函数 $u(x,y,z)$ 沿曲面 Σ 的外法线方向的方向导数；

符号 $\Delta=\dfrac{\partial^2}{\partial x^2}+\dfrac{\partial^2}{\partial y^2}+\dfrac{\partial^2}{\partial z^2}$ 称为拉普拉斯算子. 这个公式称为格林第一公式.

11. 设 $u(x,y,z)$ 和 $v(x,y,z)$ 是两个定义在闭区域 Ω 上的具有连续二阶偏导数的函数，$\dfrac{\partial u}{\partial\boldsymbol{n}},\dfrac{\partial v}{\partial\boldsymbol{n}}$ 分别表示 $u(x,y,z)$ 和 $v(x,y,z)$ 沿 Σ 的外法线方向的方向导数. 求证：

$$\iiint\limits_{\Omega}(u\Delta v-v\Delta u)\mathrm{d}x\mathrm{d}y\mathrm{d}z=\oiint\limits_{\Sigma}\left(u\frac{\partial v}{\partial\boldsymbol{n}}-v\frac{\partial u}{\partial\boldsymbol{n}}\right)\mathrm{d}S$$

其中 Σ 是空间闭区间 Ω 的整个边界曲面. 这个公式称为格林第二公式.

第七节　斯托克斯公式、环流量与旋度

一、斯托克斯公式

斯托克斯公式建立了曲线积分和曲面积分的联系.

定理1　设 Γ 为分段光滑的空间有向闭曲线,Σ 是以 Γ 为边界的分片光滑的有向曲面,Γ 的正向与 Σ 的侧符合右手规则[①],函数 $P(x,y,z)$,$Q(x,y,z)$,$R(x,y,z)$ 在包含曲面 Σ 在内的一个空间区域内具有一阶连续偏导数,则有

$$\oint_\Gamma P\mathrm{d}x + Q\mathrm{d}y + R\mathrm{d}z = \iint_\Sigma \left(\frac{\partial R}{\partial y} - \frac{\partial Q}{\partial z}\right)\mathrm{d}y\mathrm{d}z + \left(\frac{\partial P}{\partial z} - \frac{\partial R}{\partial x}\right)\mathrm{d}z\mathrm{d}x + \left(\frac{\partial Q}{\partial x} - \frac{\partial P}{\partial y}\right)\mathrm{d}x\mathrm{d}y$$

此公式称为斯托克斯公式.

证明　假定 Σ 与平行于 z 轴的直线相交不多于一点,并设 $\Sigma:z = f(x,y)$ 取上侧,Σ 的正向边界曲线 Γ 在 xOy 面上的投影为平面有向曲线 C,C 所围成的闭区域为 D_{xy},如图 9－36 所示.

下面要证

$$\iint_\Sigma \frac{\partial P}{\partial z}\mathrm{d}z\mathrm{d}x - \frac{\partial P}{\partial y}\mathrm{d}x\mathrm{d}y = \int_\Gamma P(x,y,z)\mathrm{d}x,\text{其他项类似可以证明.}$$

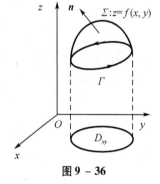

图 9－36

由两类曲面积分之间的联系得

$$\iint_\Sigma \frac{\partial P}{\partial z}\mathrm{d}z\mathrm{d}x - \frac{\partial P}{\partial y}\mathrm{d}x\mathrm{d}y = \iint_\Sigma \left(\frac{\partial P}{\partial z}\cos\beta - \frac{\partial P}{\partial y}\cos\gamma\right)\mathrm{d}S$$

由于 $\Sigma:z = f(x,y)$ 取上侧,所以曲面 Σ 的法向量 $\{-f_x, -f_y, 1\}$,其方向余弦为

$$\cos\alpha = \frac{-f_x}{\sqrt{1+f_x^2+f_y^2}},\cos\beta = \frac{-f_y}{\sqrt{1+f_x^2+f_y^2}},\cos\gamma = \frac{1}{\sqrt{1+f_x^2+f_y^2}}$$

因此 $\cos\beta = -f_y\cos\gamma$,把它代入上式得

$$\iint_\Sigma \frac{\partial P}{\partial z}\mathrm{d}z\mathrm{d}x - \frac{\partial P}{\partial y}\mathrm{d}x\mathrm{d}y = -\iint_\Sigma \left(\frac{\partial P}{\partial y} + \frac{\partial P}{\partial z}f_y\right)\cos\gamma\mathrm{d}S = -\iint_\Sigma \left(\frac{\partial P}{\partial y} + \frac{\partial P}{\partial z}f_y\right)\mathrm{d}x\mathrm{d}y$$

因为 $\dfrac{\partial}{\partial y}P[x,y,f(x,y)] = \dfrac{\partial P}{\partial y} + \dfrac{\partial P}{\partial z}\cdot f_y$,所以

$$\iint_\Sigma \frac{\partial P}{\partial z}\mathrm{d}z\mathrm{d}x - \frac{\partial P}{\partial y}\mathrm{d}x\mathrm{d}y = -\iint_{D_{xy}} \frac{\partial}{\partial y}P[x,y,f(x,y)]\mathrm{d}x\mathrm{d}y$$

根据格林公式

---

① 当右手除拇指外的四指依 Γ 方向绕行时,拇指所指的方向与 Σ 上法向量的指向相同,这时称 Γ 是有向曲面 Σ 的正向边界曲线.

$$-\iint\limits_{D_{xy}} \frac{\partial}{\partial y} P[x,y,f(x,y)]\,\mathrm{d}x\mathrm{d}y = \oint_C P[x,y,f(x,y)]\,\mathrm{d}x$$

于是

$$\iint\limits_{\Sigma} \frac{\partial P}{\partial z}\mathrm{d}z\mathrm{d}x - \frac{\partial P}{\partial y}\mathrm{d}x\mathrm{d}y = \oint_C P[x,y,f(x,y)]\,\mathrm{d}x = \oint_{\Gamma} P(x,y,z)\,\mathrm{d}x$$

如果 Σ 取下侧，Γ 也相应地改成相反的方向，那么上式两端同时改变符号，仍成立.

如果曲面与平行于 z 轴的直线的交点多于一个，则可作辅助曲线把曲面分成几部分，把上面公式相加. 因为沿辅助曲线而方向相反的两个曲线积分相加时正好抵消，所以对于这种曲面公式也成立.

同样可证

$$\iint\limits_{\Sigma} \frac{\partial Q}{\partial x}\mathrm{d}x\mathrm{d}y - \frac{\partial Q}{\partial z}\mathrm{d}y\mathrm{d}z = \oint_{\Gamma} Q\mathrm{d}y$$

$$\iint\limits_{\Sigma} \frac{\partial R}{\partial y}\mathrm{d}y\mathrm{d}z - \frac{\partial R}{\partial x}\mathrm{d}z\mathrm{d}x = \oint_{\Gamma} R\mathrm{d}z$$

把它们相加即可得到斯托克斯公式.

为了便于记忆，利用行列式把斯托克斯公式写成

$$\oint_{\Gamma} P\mathrm{d}x + Q\mathrm{d}y + R\mathrm{d}z = \iint\limits_{\Sigma} \begin{vmatrix} \mathrm{d}y\mathrm{d}z & \mathrm{d}z\mathrm{d}x & \mathrm{d}x\mathrm{d}y \\ \dfrac{\partial}{\partial x} & \dfrac{\partial}{\partial y} & \dfrac{\partial}{\partial z} \\ P & Q & R \end{vmatrix}$$

利用两类曲面积分之间的联系，可得斯托克斯公式的另一形式：

$$\oint_{\Gamma} P\mathrm{d}x + Q\mathrm{d}y + R\mathrm{d}z = \iint\limits_{\Sigma} \begin{vmatrix} \cos\alpha & \cos\beta & \cos\gamma \\ \dfrac{\partial}{\partial x} & \dfrac{\partial}{\partial y} & \dfrac{\partial}{\partial z} \\ P & Q & R \end{vmatrix} \mathrm{d}S$$

其中，$\boldsymbol{n} = \{\cos\alpha, \cos\beta, \cos\gamma\}$ 为有向曲面 Σ 的单位法向量.

如果 Σ 是 xOy 面上的一块平面闭区域，斯托克斯公式就变成格林公式. 因此，格林公式是斯托克斯公式的一个特殊情形.

例 1　利用斯托克斯公式计算曲线积分 $\oint_{\Gamma} z\mathrm{d}x + x\mathrm{d}y + y\mathrm{d}z$，其中 Γ 为平面 $x + y + z = 1$ 被三个坐标面所截成的三角形的整个边界，它的正向与这个三角形上侧的法向量之间符合右手规则（见图 9 - 37）.

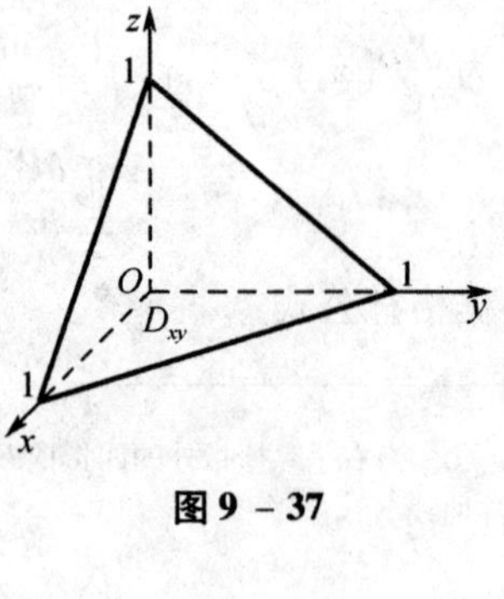

解　根据斯托克斯公式，取 $\Sigma: x + y + z = 1$ 在第一卦限的部分上侧，有

图 9 - 37

$$\oint_{\Gamma} z\mathrm{d}x + x\mathrm{d}y + y\mathrm{d}z = \iint_{\Sigma} \begin{vmatrix} \mathrm{d}y\mathrm{d}z & \mathrm{d}z\mathrm{d}x & \mathrm{d}x\mathrm{d}y \\ \dfrac{\partial}{\partial x} & \dfrac{\partial}{\partial y} & \dfrac{\partial}{\partial z} \\ z & x & y \end{vmatrix} = \iint_{\Sigma} \mathrm{d}y\mathrm{d}z + \mathrm{d}z\mathrm{d}x + \mathrm{d}x\mathrm{d}y$$

由于

$$\iint_{\Sigma} \mathrm{d}y\mathrm{d}z = \iint_{D_{yz}} \mathrm{d}\sigma = \frac{1}{2}, \iint_{\Sigma} \mathrm{d}z\mathrm{d}x = \iint_{D_{zx}} \mathrm{d}\sigma = \frac{1}{2}, \iint_{\Sigma} \mathrm{d}x\mathrm{d}y = \iint_{D_{xy}} \mathrm{d}\sigma = \frac{1}{2}$$

其中,D_{yz}, D_{zx}, D_{xy} 分别为 Σ 在 yOz, zOx, xOy 面上的投影区域. 因此

$$\oint_{\Gamma} z\mathrm{d}x + x\mathrm{d}y + y\mathrm{d}z = \frac{3}{2}$$

例 2　利用斯托克斯公式计算曲线积分

$$\oint_{L} (z - y)\mathrm{d}x + (x - z)\mathrm{d}y + (x - y)\mathrm{d}z$$

其中 L 是曲线 $\begin{cases} x^2 + y^2 = 1 \\ x - y + z = 2 \end{cases}$ 从 z 轴的正向看去 L 的方向是顺时针的(见图 9 – 38).

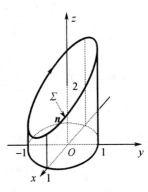

图 9 – 38

解　设 Σ 是平面 $x - y + z = 2$ 上以 L 为边界的有限部分,其法向量与 z 轴正向的夹角为钝角,Σ 在 xOy 平面上的投影区域为 $D_{xy} : x^2 + y^2 \leq 1$. $P = z - y, Q = x - z, R = x - y$. 则由斯托克斯公式

$$\oint_{L} (z - y)\mathrm{d}x + (x - z)\mathrm{d}y + (x - y)\mathrm{d}z$$

$$= \iint_{\Sigma} \begin{vmatrix} \mathrm{d}y\mathrm{d}z & \mathrm{d}z\mathrm{d}x & \mathrm{d}x\mathrm{d}y \\ \dfrac{\partial}{\partial x} & \dfrac{\partial}{\partial y} & \dfrac{\partial}{\partial z} \\ P & Q & R \end{vmatrix}$$

$$= \iint_{\Sigma} \begin{vmatrix} \mathrm{d}y\mathrm{d}z & \mathrm{d}z\mathrm{d}x & \mathrm{d}x\mathrm{d}y \\ \dfrac{\partial}{\partial x} & \dfrac{\partial}{\partial y} & \dfrac{\partial}{\partial z} \\ z - y & x - z & x - y \end{vmatrix}$$

$$= \iint_{\Sigma} 2\mathrm{d}x\mathrm{d}y = -2\iint_{D_{xy}} \mathrm{d}x\mathrm{d}y = -2\pi$$

二、环量与旋度

设斯托克斯公式中的有向曲面 Σ 上点 (x,y,z) 处的单位法向量为

$$\boldsymbol{n} = \cos\alpha\boldsymbol{i} + \cos\beta\boldsymbol{j} + \cos\gamma\boldsymbol{k}$$

而 Σ 的正向边界曲线 Γ 上点 (x,y,z) 处的单位切向量为

$$\boldsymbol{t} = \cos\lambda\boldsymbol{i} + \cos\mu\boldsymbol{j} + \cos\nu\boldsymbol{k}$$

则斯托克斯公式可用对面积的曲面积分及对弧长的曲线积分表示为

$$\iint_{\Sigma} \left[\left(\frac{\partial R}{\partial y} - \frac{\partial Q}{\partial z} \right)\cos\alpha + \left(\frac{\partial P}{\partial z} - \frac{\partial R}{\partial x} \right)\cos\beta + \left(\frac{\partial Q}{\partial x} - \frac{\partial P}{\partial y} \right)\cos\gamma \right]\mathrm{d}S$$

$$= \oint_{\Gamma} (P\cos\lambda + Q\cos\mu + R\cos\nu)\,\mathrm{d}s$$

设向量场

$$\boldsymbol{A}(x,y,z) = P(x,y,z)\boldsymbol{i} + Q(x,y,z)\boldsymbol{j} + R(x,y,z)\boldsymbol{k}$$

在各坐标轴上的投影分别为

$$\frac{\partial R}{\partial y} - \frac{\partial Q}{\partial z}, \frac{\partial P}{\partial z} - \frac{\partial R}{\partial x}, \frac{\partial Q}{\partial x} - \frac{\partial P}{\partial y}$$

由此构成的向量叫作向量场 $\boldsymbol{A}$ 的旋度，记作 $\mathbf{rot}\,\boldsymbol{A}$，即

$$\mathbf{rot}\,\boldsymbol{A} = \left(\frac{\partial R}{\partial y} - \frac{\partial Q}{\partial z} \right)\boldsymbol{i} + \left(\frac{\partial P}{\partial z} - \frac{\partial R}{\partial x} \right)\boldsymbol{j} + \left(\frac{\partial Q}{\partial x} - \frac{\partial P}{\partial y} \right)\boldsymbol{k}$$

现在，斯托克斯公式可写成向量的形式

$$\iint_{\Sigma} \mathbf{rot}\,\boldsymbol{A} \cdot \boldsymbol{n}\mathrm{d}S = \oint_{\Gamma} \boldsymbol{A} \cdot \boldsymbol{t}\mathrm{d}s$$

或

$$\iint_{\Sigma} (\mathbf{rot}\,\boldsymbol{A})_n \mathrm{d}S = \oint_{\Gamma} \boldsymbol{A}_t \mathrm{d}s$$

其中

$$(\mathbf{rot}\,\boldsymbol{A})_n = \mathbf{rot}\,\boldsymbol{A} \cdot \boldsymbol{n} = \left(\frac{\partial R}{\partial y} - \frac{\partial Q}{\partial z} \right)\cos\alpha + \left(\frac{\partial P}{\partial z} - \frac{\partial R}{\partial x} \right)\cos\beta + \left(\frac{\partial Q}{\partial x} - \frac{\partial P}{\partial y} \right)\cos\gamma$$

为 $\mathbf{rot}\,\boldsymbol{A}$ 在 Σ 的法向量上的投影，而

$$\boldsymbol{A}_t = \boldsymbol{A} \cdot \boldsymbol{t} = P\cos\lambda + Q\cos\mu + R\cos\nu$$

为向量 $\boldsymbol{A}$ 在 Γ 的切向量上的投影.

沿有向闭曲线 Γ 的曲线积分

$$\oint_{\Gamma} P\mathrm{d}x + Q\mathrm{d}y + R\mathrm{d}z = \oint_{\Gamma} \boldsymbol{A}_t \mathrm{d}s$$

叫作向量场 $\boldsymbol{A}$ 沿有向闭曲线 Γ 的环流量.

由于 $\oint_{\Gamma} A_t \mathrm{d}s = \iint_{\Sigma} (\mathrm{rot}\, A)_n \mathrm{d}S$, 则斯托克斯公式还可叙述为: 向量场 A 沿有向闭曲线 Γ 的环流量等于向量场 A 的旋度场通过 Γ 所张的曲面 Σ 的通量, 这里 Γ 的正向与 Σ 的侧应符合右手规则.

为了便于记忆, **rot A** 的表达式可利用行列式形式表示为

$$\mathrm{rot}\, A = \begin{vmatrix} i & j & k \\ \dfrac{\partial}{\partial x} & \dfrac{\partial}{\partial y} & \dfrac{\partial}{\partial z} \\ P & Q & R \end{vmatrix}$$

最后, 我们从力学角度来对 **rot A** 的含义作些解释.

设有刚体绕定轴 l 转动, 角速度为 $\boldsymbol{\omega}$, M 为刚体内任意一点. 设定轴 l 上任意一点 O 为坐标原点, 作空间直角坐标系, 使 z 轴与定轴 l 重合, 则 $\boldsymbol{\omega} = \omega k$, 而点 M 可用向量 $r = \overrightarrow{OM} = \{x, y, z\}$ 来确定. 由力学知道, 点 M 的线速度 v 可表示为

$$v = \boldsymbol{\omega} \times r$$

由此有

$$v = \begin{vmatrix} i & j & k \\ 0 & 0 & \omega \\ x & y & z \end{vmatrix} = \{-\omega y, \omega x, 0\}$$

而

$$\mathrm{rot}\, v = \begin{vmatrix} i & j & k \\ \dfrac{\partial}{\partial x} & \dfrac{\partial}{\partial y} & \dfrac{\partial}{\partial z} \\ -\omega y & \omega x & 0 \end{vmatrix} = \{0, 0, 2\omega\} = 2\boldsymbol{\omega}$$

从而速度场 v 的旋度与旋转角速度有关, 可见"旋度"这一名词的由来.

习题 9 – 7

1. 计算 $\oint_{\Gamma} (y - z)\mathrm{d}x + (z - x)\mathrm{d}y + (x - y)\mathrm{d}z$, 其中 Γ 为 $x^2 + y^2 = 1$, $x + z = 1$ 的交线, 从 x 轴正向看去为逆时针方向.

2. $\oint_{\Gamma} 3y\mathrm{d}x - xz\mathrm{d}y + yz^2\mathrm{d}z$, 其中 Γ 是圆周 $\begin{cases} x^2 + y^2 = 2z \\ z = 2 \end{cases}$, 从 Oz 轴正方向看去, Γ 取逆时针方向.

3. 利用斯托克斯公式计算曲线积分

$$I = \oint_{\Gamma}(y^2 - z^2)\mathrm{d}x + (z^2 - x^2)\mathrm{d}y + (x^2 - y^2)\mathrm{d}z$$

其中, Γ 是用平面 $x + y + z = \dfrac{3}{2}$ 截立方体 $0 \leq x \leq 1, 0 \leq y \leq 1, 0 \leq z \leq 1$ 的表面所得的截痕, 若从 Ox 轴的正向看去, 取逆时针方向.

4. 设向量场 $\boldsymbol{A} = \{y - z, z - x, x - y\}$, 计算向量场 $\boldsymbol{A}$ 关于曲线 Γ 的环流量, 其中 $\Gamma: \begin{cases} x^2 + y^2 = a^2 \\ \dfrac{x}{a} + \dfrac{z}{b} = 1 \end{cases} (a > 0, b > 0)$ 从 z 轴正向看去 Γ 取逆时针方向.

5. 计算 $\oint_{\Gamma} y\mathrm{d}x + z\mathrm{d}y + x\mathrm{d}z$, Γ 是圆周 $\begin{cases} x^2 + y^2 + z^2 = a^2 \\ x + y + z = 0 \end{cases}$, 从 Oz 轴正方向看去 Γ 取逆时针方向 $(a > 0)$.

6. 求下列向量场 $\boldsymbol{A}$ 的旋度:

(1) $\boldsymbol{A} = (2z - 3y)\boldsymbol{i} + (3x - z)\boldsymbol{j} + (y - 2x)\boldsymbol{k}$;

(2) $\boldsymbol{A} = (z + \sin y)\boldsymbol{i} - (z - x\cos y)\boldsymbol{j}$.

7. 求向量场 $\boldsymbol{A} = x^2\boldsymbol{i} - 2xy\boldsymbol{j} + z^2\boldsymbol{k}$ 在点 $M_0(1,1,2)$ 处的散度及旋度.

8. 设 $u = x^2 y + 2xy^2 - 3yz^2$, 求 $\mathbf{grad}\, u, \mathrm{div}\,(\mathbf{grad}\, u), \mathbf{rot}\,(\mathbf{grad}\, u)$.

第十章　无 穷 级 数

无穷级数是高等数学的一个重要工具,它是表示函数和研究函数性质以及进行数值计算的一种工具. 本章先讨论常数项级数,介绍无穷级数的一些基本内容,然后讨论函数项级数,着重讨论如何将函数展开成幂级数和三角级数的问题.

第一节　常数项级数的概念和性质

一、常数项级数的基本概念

人们认识事物在数量方面的特性,往往有一个由近似到精确的过程,在这个认识过程中,会遇到由有限个数量相加到无穷多个数量相加的问题.

例如,在古希腊人们惧怕无穷,试图用有限和来代替无穷和. 芝诺(Zeno of Elea,公元前490—公元前425)的二分法涉及把 1 分解成

$$\frac{1}{2} + \frac{1}{2^2} + \frac{1}{2^3} + \frac{1}{2^4} + \cdots$$

阿基米德(Archimedes,公元前287—公元前212)在他的《抛物线图形求积法》一书中,在求抛物线弓形面积的方法中使用了这种形式的和,并且求出了它的和. 中国古代的《庄子·天下》中的"一尺之棰,日取其半,万世不竭"含有极限的思想,棰长用数学形式表达出来也是这种形式的和,这种形式和的特点是项数无限的增加.

一般地,若给定一个数列 $u_1, u_2, \cdots, u_n, \cdots$,由它构成的表达式为

$$u_1 + u_2 + \cdots + u_n + \cdots \qquad\qquad (10-1)$$

称为常数项无穷级数,简称级数,记作 $\sum\limits_{n=1}^{\infty} u_n$,亦即

$$\sum_{n=1}^{\infty} u_n = u_1 + u_2 + \cdots + u_n + \cdots$$

其中,第 n 项 u_n 叫作级数的一般项或通项.

上述级数定义仅仅只是一个形式化的定义,它未明确无限多个数量相加的意义. 无限多个数量的相加并不能简单地认为是一项一项地累加起来. 因为,这一累加过程是无法完成的. 为给出级数中无限多个数量相加的数学定义,我们引入部分和概念.

级数(10-1)的前 n 项之和

$$s_n = u_1 + u_2 + \cdots + u_n \qquad\qquad (10-2)$$

称 s_n 为级数 $(10-1)$ 的部分和. 当 n 依次取 $1,2,3,\cdots$ 时,它们构成一个新数列 $\{s_n\}$,即

$$s_1 = u_1$$
$$s_2 = u_1 + u_2$$
$$s_3 = u_1 + u_2 + u_3$$
$$\cdots$$
$$s_n = u_1 + u_2 + u_3 + \cdots + u_n$$
$$\cdots$$

称此数列为级数 $(10-1)$ 的部分和数列. 显然,当 n 趋于无穷大时, s_n 的极限即表示级数 $(10-1)$.

下面我们根据部分和数列 $(10-2)$ 是否有极限,给出无穷级数 $(10-1)$ 收敛与发散的概念.

定义 1   如果级数 $\sum\limits_{n=1}^{\infty} u_n$ 的部分和数列 $\{s_n\}$ 有极限 s,即

$$\lim_{n\to\infty} s_n = s$$

则称无穷级数 $\sum\limits_{n=1}^{\infty} u_n$ 收敛,这时极限 s 叫作该级数的和,并记作

$$s = u_1 + u_2 + \cdots + u_n + \cdots$$

否则称级数 $\sum\limits_{n=1}^{\infty} u_n$ 发散. 这时就附给了级数 $(10-1)$ 数值的意义.

这样级数 $(10-1)$ 收敛问题就和数列 $(10-2)$ 的极限存在问题就等价了. 换句话说,研究无穷级数及其和不过是研究数列极限的一种新形式. 但是,读者在以后的学习或研究中可以看到,无论在确定极限本身存在的时候,或者在计算这个极限的时候,这种形式都显示着无法估计的优越性. 因此无穷级数成为了数学分析及其应用中的最重要的研究工具之一. 如任何一个数列 $\{x_n\}$ 极限存在问题都可以表示成如下级数的收敛问题.

$$x_1 + (x_2 - x_1) + (x_3 - x_2) + \cdots + (x_n - x_{n-1}) + \cdots$$

当级数 $(10-1)$ 收敛时,其部分和 s_n 是级数和 s 的近似值,它们之间的差值

$$r_n = s - s_n = u_{n+1} + u_{n+2} + \cdots + u_{n+k} + \cdots$$

叫作级数的余项. 因此,用 s_n 代替 s 所产生的误差就是这个余项的绝对值,即 $|r_n|$.

注   由级数定义发现,它对加法的规定是:依数列 u_n 的序号大小次序进行逐项累加. 因此,级数的敛散性与这种加法规定的方式有关.

例 1   判断下面级数的敛散性

$$1 + (-1) + 1 + (-1) + \cdots + (-1)^{n-1} + (-1)^n + \cdots$$

解   根据级数的敛散性定义,上述级数的部分和为

$$s_n = \begin{cases} 0, (n = 2k) \\ 1, (n = 2k - 1) \end{cases} \quad (\text{其中 } k \text{ 为正整数})$$

从而 s_n 无极限,故级数发散.

注 若每两项相加之后再各项相加,有

$$(1 - 1) + (1 - 1) + \cdots + [(-1)^{n-1} + (-1)^n] + \cdots$$
$$= 0 + 0 + \cdots + 0 + \cdots$$
$$= 0$$

显然,对同一个级数采取不同的求和方式,最后的结果可能是不一样的. 因此,级数是否收敛,取决于级数是否满足收敛的定义.

例2 无穷级数

$$\sum_{k=0}^{\infty} ax^k = a + ax + ax^2 + \cdots + ax^{k-1} + \cdots \quad (x \in \mathbf{R})$$

称为等比级数(几何级数),判断该级数的敛散性.

解 若 $|x| \neq 1$,则这个级数的部分和为

$$s_n = \sum_{k=0}^{n-1} ax^k = a + ax + ax^2 + \cdots + ax^{n-1} = \frac{a - ax^n}{1 - x}$$

(1) 当 $|x| < 1$ 时,$\lim\limits_{n \to \infty} ax^n = 0$,故 $\lim\limits_{n \to \infty} s_n = \frac{a}{1 - x}$,该级数收敛,且和为 $\frac{a}{1 - x}$;

(2) 当 $|x| > 1$ 时,$\lim\limits_{n \to \infty} ax^n = \infty$,从而 $\lim\limits_{n \to \infty} s_n = \infty$,该级数发散;

(3) 当 $x = 1$,则

$$s_n = \sum_{k=0}^{n-1} a \cdot 1^k = a + a + a + \cdots + a = n \cdot a$$

从而 $\lim\limits_{n \to \infty} s_n = \infty$,级数发散;

当 $x = -1$ 时,则

$$s_n = \sum_{k=0}^{n-1} (-1)^k \cdot a = a - a + a - a + \cdots + (-1)^{n-2}a + (-1)^{n-1}a$$
$$= \begin{cases} 0, (n = 2m) \\ a, (n = 2m + 1) \end{cases} \quad (\text{其中 } m \text{ 为正整数})$$

可见 $\lim\limits_{n \to \infty} s_n$ 不存在,从而级数发散. 综上,当 $|x| < 1$ 时,级数 $\sum\limits_{k=0}^{\infty} ax^k$ 收敛;当 $|x| \geqslant 1$ 时,级数 $\sum\limits_{k=0}^{\infty} ax^k$ 发散.

例3 判断下列级数的敛散性：

(1) $\displaystyle\sum_{n=1}^{\infty} \ln\left(1 + \frac{1}{n}\right)$；　　　　　　　　(2) $\displaystyle\sum_{n=1}^{\infty} \frac{1}{n(n+1)}$.

解 (1) 由于

$$s_n = \sum_{k=1}^{n} \ln\left(1 + \frac{1}{k}\right) = \sum_{k=1}^{n} \left[\ln(k+1) - \ln k\right]$$

$$= (\ln 2 - \ln 1) + (\ln 3 - \ln 2) + \cdots + \left[\ln(n+1) - \ln n\right]$$

$$= \ln(n+1)$$

从而

$$\lim_{n\to\infty} s_n = \lim_{n\to\infty} \ln(n+1) = +\infty$$

因此，级数 $\displaystyle\sum_{n=1}^{\infty} \ln\left(1 + \frac{1}{n}\right)$ 是发散的.

(2) 由于

$$s_n = \sum_{k=1}^{n} \frac{1}{k(k+1)} = \sum_{k=1}^{n} \left(\frac{1}{k} - \frac{1}{k+1}\right)$$

$$= \left(1 - \frac{1}{2}\right) + \left(\frac{1}{2} - \frac{1}{3}\right) + \left(\frac{1}{3} - \frac{1}{4}\right) + \cdots + \left(\frac{1}{n} - \frac{1}{n+1}\right)$$

$$= 1 - \frac{1}{n+1}$$

从而

$$\lim_{n\to\infty} s_n = \lim_{n\to\infty} \left(1 - \frac{1}{n+1}\right) = 1$$

因此，级数 $\displaystyle\sum_{n=1}^{\infty} \frac{1}{n(n+1)}$ 收敛.

二、无穷级数的基本性质

性质1 如果级数 $u_1 + u_2 + \cdots + u_n + \cdots$ 收敛于和 s，则它的各项同乘以一个常数 k 所得的级数 $ku_1 + ku_2 + \cdots + ku_n + \cdots$ 也收敛，且和为 ks.

证明 设 $\displaystyle\sum_{n=1}^{\infty} u_n$ 与 $\displaystyle\sum_{n=1}^{\infty} ku_n$ 的部分和分别为 s_n 和 t_n，则

$$t_n = ku_1 + ku_2 + \cdots + ku_n = k(u_1 + u_2 + \cdots + u_n) = ks_n$$

于是，$\displaystyle\lim_{n\to\infty} t_n = \lim_{n\to\infty} ks_n = k\lim_{n\to\infty} s_n = ks$. 故级数 $\displaystyle\sum_{n=1}^{\infty} ku_n$ 收敛且和为 ks.

由关系式 $t_n = ks_n$ 知，如果 s_n 没有极限，且 $k \neq 0$，那么 t_n 也没有极限. 因此，我们得到如下推论.

推论 1　级数的每一项同乘一个不为零的常数后,它的敛散性不变.

性质 2　设有级数 $u_1 + u_2 + \cdots + u_n + \cdots, v_1 + v_2 + \cdots + v_n + \cdots$ 分别收敛于 s 与 t,则级数

$$(u_1 \pm v_1) + (u_2 \pm v_2) + \cdots + (u_n \pm v_n) + \cdots$$

也收敛,且和为 $s \pm t$.

证明　设级数 $\sum\limits_{n=1}^{\infty} u_n, \sum\limits_{n=1}^{\infty} v_n$ 的部分和分别为 s_n 和 t_n,则部分和

$$
\begin{aligned}
z_n &= (u_1 \pm v_1) + (u_2 \pm v_2) + \cdots + (u_n \pm v_n) \\
&= (u_1 + u_2 + \cdots + u_n) \pm (v_1 + v_2 + \cdots + v_n) \\
&= s_n \pm t_n
\end{aligned}
$$

故 $\lim\limits_{n\to\infty} z_n = \lim\limits_{n\to\infty}(s_n \pm t_n) = \lim\limits_{n\to\infty} s_n \pm \lim\limits_{n\to\infty} t_n = s \pm t$. 这表明级数 $\sum\limits_{n=1}^{\infty}(u_n \pm v_n)$ 收敛且其和为 $s \pm t$.

据性质 2,我们可得到推论.

推论 2　若 $\sum\limits_{n=1}^{\infty} u_n$ 收敛,而 $\sum\limits_{n=1}^{\infty} v_n$ 发散,则 $\sum\limits_{n=1}^{\infty}(u_n \pm v_n)$ 必发散.

反证　假设 $\sum\limits_{n=1}^{\infty}(u_n \pm v_n)$ 收敛,则 $\sum\limits_{n=1}^{\infty}[(u_n \pm v_n) - u_n]$ 亦收敛,即 $\pm \sum\limits_{n=1}^{\infty} v_n$ 收敛,这与条件相矛盾.

性质 3　在级数中去掉、加上或改变有限项,不会影响级数的敛散性,不过在级数收敛时,这种操作一般来说会改变级数的和.

证明　不失一般性我们只需证明在级数的前面部分去掉、加上有限项,不会改变级数的敛散性.

设将级数 $u_1 + u_2 + \cdots + u_k + u_{k+1} + u_{k+2} + \cdots + u_{k+n} + \cdots$ 的前 k 项去掉,得到新级数 $u_{k+1} + u_{k+2} + \cdots + u_{k+n} + \cdots$,新级数的部分和为

$$t_n = u_{k+1} + u_{k+2} + \cdots + u_{k+n} = s_{k+n} - s_k$$

其中,s_{k+n} 是原级数前 $k+n$ 项的部分和;而 s_k 是原级数前 k 项之和(它是一个常数). 故当 $n \to \infty$ 时,t_n 与 s_{k+n} 具有相同的敛散性.当级数收敛时,其收敛的和有关系式 $t = s - s_k$,其中 $t = \lim\limits_{n\to\infty} t_n, s = \lim\limits_{n\to\infty} s_{k+n}, s_k = \sum\limits_{i=1}^{k} u_i$.

类似地,可以证明在级数的前面增加有限项,不会影响级数的敛散性.

性质 4　将收敛级数的项任意加括号之后所形成的新级数仍收敛于原级数的和.

证明　设有收敛级数 $s = u_1 + u_2 + \cdots + u_n + \cdots$,它按照某一规律加括号后所成的级数为

$$u_1 + (u_2 + u_3) + u_4 + (u_5 + u_6 + u_7 + u_8) + \cdots$$

用 t_m 表示这一新级数的前 m 项之和,它是由原级数中前 n 项之和 s_n 所构成的($m < n$),即有

$$t_1 = s_1, t_2 = s_3, t_3 = s_4, t_4 = s_8, \cdots, t_m = s_n, \cdots$$

显然,当 $m \to \infty$ 时,有 $n \to \infty$,因此 $\lim\limits_{m \to \infty} t_m = \lim s_n = s$.

注意　级数加括号与去括号之后所得新级数的敛散性较复杂,下列事实在以后会常用到:

（1）如果级数加括号之后所形成的级数发散,则原级数也一定发散. 显然,这是性质 4 的逆否命题;

（2）收敛的级数去括号之后所成级数不一定收敛.

例如,级数 $(1-1)+(1-1)+\cdots$ 收敛于零,但去括号之后所得级数

$$1-1+1-1+\cdots+(-1)^{n-1}+(-1)^n+\cdots$$

却是发散的. 这一事实也可以反过来陈述:级数加括号之后收敛,而它不一定就收敛.

三、级数收敛的充分和必要条件

了解了无穷级数收敛的基本概念和无穷级数的基本性质,那么如何判别一个级数的敛散性呢?下面的柯西审敛原理可以回答这个问题.

定理 1（柯西审敛原理）　级数 $\sum\limits_{n=1}^{\infty} u_n$ 收敛的充分必要条件是:对于任意给定的正数 ε,总存在自然数 N,当 $n > N$ 时,对于任意的自然数 p,都有

$$|u_{n+1}+u_{n+2}+\cdots+u_{n+p}| < \varepsilon$$

成立.

可是,在实际问题中利用这个条件通常是困难的,所以在级数理论中要建立许许多多的敛散性的判别法. 这些判别法不像柯西审敛原理那样有普遍性,它们只给出了充分条件,但它们是简单的而且综合起来可以解决实际的需要,这节之后我们专门来讲述这些判别法.

另外,对于级数 $\sum\limits_{n=1}^{\infty} u_n$,它的一般项 u_n 与部分和 $s_n = \sum\limits_{k=1}^{n} u_k$ 有关系式 $u_n = s_n - s_{n-1}$. 假设该级数收敛于和 s,则

$$\lim_{n \to \infty} u_n = \lim_{n \to \infty}(s_n - s_{n-1}) = \lim_{n \to \infty} s_n - \lim_{n \to \infty} s_{n-1}$$
$$= s - s = 0$$

于是,我们有如下级数收敛的必要条件.

定理 2　级数 $\sum\limits_{n=1}^{\infty} u_n$ 收敛的必要条件是 $\lim\limits_{n \to \infty} u_n = 0$.

当违反这一条件时,级数显然是发散的. 条件本身并不是级数收敛的充分条件,换句话说,即使在这一条件满足时,级数也可能发散.

反例　讨论调和级数 $1 + \dfrac{1}{2} + \dfrac{1}{3} + \cdots + \dfrac{1}{n} + \cdots$ 的敛散性.

这里,$\lim\limits_{n \to \infty} u_n = \lim\limits_{n \to \infty} \dfrac{1}{n} = 0$,即调和级数的一般项趋于零. 考虑由 $x=1$,$x=n+1$,$y=\dfrac{1}{x}$,

x 轴所围成的曲边梯形的面积与部分和构成的阶梯形面积的关系.

如部分和 $s_7 = 1 + \dfrac{1}{2} + \dfrac{1}{3} + \cdots + \dfrac{1}{7}$ 可看作图 10 - 1 所示梯形的面积,由此我们得到由

$x = 1, x = 7 + 1, y = \dfrac{1}{x}$, x 轴所围成的曲边梯形的面积与部分和构成的阶梯形面积的关系如图

10 - 2 和图 10 - 3 所示.

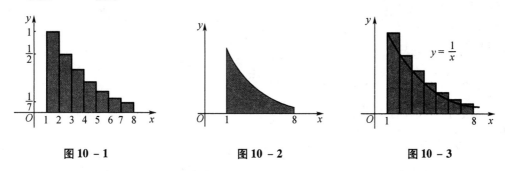

图 10 - 1　　　　　　　　图 10 - 2　　　　　　　　图 10 - 3

显然,一般情况下,数值上的关系如下式

$$s_n > \int_1^{n+1} \frac{1}{x}\mathrm{d}x = \ln x \,\Big|_1^{n+1} = \ln (n + 1)$$

当 $n \to \infty$ 时,$\ln (n + 1) \to + \infty$,从而,$s_n \to + \infty$. 因此,调和级数 $\displaystyle\sum_{n=1}^{\infty} \dfrac{1}{n}$ 发散.

习题 10 - 1

1. 写出下列级数的通项,并将其表示为 $\sum$ 形式:

(1) $\dfrac{2}{1} - \dfrac{3}{2} + \dfrac{4}{3} - \dfrac{5}{4} + \dfrac{6}{5} - \cdots$;

(2) $\dfrac{10}{2!} + \dfrac{10^2}{4!} + \dfrac{10^2}{6!} + \cdots$;

(3) $\dfrac{\sqrt{x}}{2} + \dfrac{x}{2 \cdot 4} + \dfrac{x\sqrt{x}}{2 \cdot 4 \cdot 6} + \dfrac{x^2}{2 \cdot 4 \cdot 6 \cdot 8} + \cdots$;

(4) $\dfrac{a^2}{3} - \dfrac{a^3}{5} + \dfrac{a^4}{7} - \dfrac{a^5}{9} + \cdots$;

(5) $\dfrac{1}{2} + \dfrac{1 \cdot 3}{2 \cdot 4} + \dfrac{1 \cdot 3 \cdot 5}{2 \cdot 4 \cdot 6} + \dfrac{1 \cdot 3 \cdot 5 \cdot 7}{2 \cdot 4 \cdot 6 \cdot 8} + \dfrac{1 \cdot 3 \cdot 5 \cdot 7 \cdot 9}{2 \cdot 4 \cdot 6 \cdot 8 \cdot 10} + \cdots$.

2. 根据级数收敛与发散的定义判定下列级数的敛散性：

(1) $\dfrac{1}{1 \cdot 3} + \dfrac{1}{3 \cdot 5} + \dfrac{1}{5 \cdot 7} + \cdots + \dfrac{1}{(2n-1)(2n+1)} + \cdots$；

(2) $\dfrac{1+4}{6} + \dfrac{3+8}{6^2} + \dfrac{3^2+16}{6^3} + \dfrac{3^3+32}{6^4} + \cdots$；

(3) $1 - \dfrac{1}{4} + \dfrac{1}{4^2} - \dfrac{1}{4^3} + \cdots$；

(4) $\displaystyle\sum_{n=1}^{\infty} (\sqrt{n+1} - \sqrt{n})$；

(5) $\sin \dfrac{\pi}{6} + \sin \dfrac{2\pi}{6} + \sin \dfrac{3\pi}{6} + \cdots + \sin \dfrac{n\pi}{6} + \cdots$.

3. 判定下列级数的敛散性：

(1) $-\dfrac{8}{9} + \dfrac{8^2}{9^2} - \dfrac{8^3}{9^3} + \cdots + (-1)^n \dfrac{8^n}{9^n} + \cdots$；

(2) $\left(\dfrac{1}{2} + \dfrac{1}{3}\right) + \left(\dfrac{1}{2^2} + \dfrac{1}{3^2}\right) + \left(\dfrac{1}{2^3} + \dfrac{1}{3^3}\right) + \cdots + \left(\dfrac{1}{2^n} + \dfrac{1}{3^n}\right) + \cdots$；

(3) $\displaystyle\sum_{n=1}^{\infty} \left(\dfrac{na}{n+1}\right)^n \ (a > 0)$；

(4) $\displaystyle\sum_{n=1}^{\infty} \dfrac{2 + (-1)^n}{2^n}$.

4* 利用柯西收敛定理判别下列级数的敛散性：

(1) $\displaystyle\sum_{n=1}^{\infty} \dfrac{1}{(3n+1)(3n+2)}$；　　　　(2) $\displaystyle\sum_{n=1}^{\infty} \dfrac{\sin n\pi}{2^n}$.

第二节　常数项级数的审敛法

一、正项级数及审敛法

一般的常数项级数，它的项有三种可能，即正数、负数和零. 每项都是非负的级数称为正项级数. 由于级数的敛散性常常归结为正项级数的敛散性问题，因此，正项级数的敛散性判定就显得十分重要.

设级数

$$\sum_{n=1}^{\infty} u_n = u_1 + u_2 + \cdots + u_n + \cdots \qquad (10-3)$$

是正项级数,即 $u_n \geq 0 (n = 1, 2, \cdots)$. 显然正向级数的部分和满足 $s_{n+1} = s_n + u_{n+1} \geq s_n$,即部分和数列 $\{s_n\}$ 是单调递增的. 由数列极限的单调有界定理,我们可直接得到正项级数理论中的基本定理.

定理 1(基本定理) 正项级数收敛的充分必要条件是它的部分和数列有界.

证明 显然,级数(10 - 3)的部分和数列

$$s_1 = u_1$$
$$s_2 = u_1 + u_2$$
$$s_3 = u_1 + u_2 + u_3$$
$$\cdots$$
$$s_n = u_1 + u_2 + \cdots + u_n$$
$$\cdots$$

是单调增加的,即 $s_1 \leq s_2 \leq s_3 \leq \cdots \leq s_n \leq \cdots$.

若数列 s_n 有上界 M,据单调有界数列必有极限的准则,级数(10 - 3)必收敛于和 s,且 $0 \leq s_n \leq s \leq M$.

反过来,如果级数(10 - 3)收敛于和 s,即 $\lim\limits_{n \to \infty} s_n = s$,据极限存在的数列必为有界数列的性质可知,部分和数列 s_n 是有界的.

例 1 讨论正项级数 $\sum\limits_{n=1}^{\infty} \dfrac{1}{n^2}$ 的敛散性.

解 $s_n = 1 + \dfrac{1}{2^2} + \dfrac{1}{3^2} + \cdots + \dfrac{1}{n^2} \leq 1 + \dfrac{1}{1 \cdot 2} + \dfrac{1}{2 \cdot 3} + \cdots + \dfrac{1}{(n-1)n}$

$$= 1 + \left(1 - \dfrac{1}{2}\right) + \cdots + \left(\dfrac{1}{n-1} - \dfrac{1}{n}\right)$$

$$= 2 - \dfrac{1}{n} < 2$$

即级数的部分和数列 $\{s_n\}$ 有上界,所以该正项级数收敛.

正项级数的敛散性的所有审敛法,归根到底都是根据这条定理得到的. 下面我们根据该定理给出如下正项级数的基本审敛法,即通过把敛散性未知的正项级数与一个敛散性已知的正项级数相比较来确定未知正项级数的敛散性. 下面就给出这种比较法的基础形式.

定理 2(比较审敛法) 给定两个正项级数 $\sum\limits_{n=1}^{\infty} u_n$ 和 $\sum\limits_{n=1}^{\infty} v_n$,若 $u_n \leq v_n$(从某个 N 之后,对所有的 n 都成立),而级数 $\sum\limits_{n=1}^{\infty} v_n$ 收敛,则级数 $\sum\limits_{n=1}^{\infty} u_n$ 亦收敛;反之,若级数 $\sum\limits_{n=1}^{\infty} u_n$ 发散,则级数 $\sum\limits_{n=1}^{\infty} v_n$ 亦发散. 其中敛散性已知的级数我们称为比较级数.

证明 设 $\sum\limits_{n=1}^{\infty} v_n$ 收敛于 t,由 $u_n \leq v_n$(从某个 N 之后,对所有的 n 都成立),不妨设 $u_n \leq v_n$

$(n = 1,2,\cdots)$，$\sum\limits_{n=1}^{\infty} u_n$ 的部分和 s_n 满足

$$s_n = u_1 + u_2 + \cdots + u_n \leq v_1 + v_2 + \cdots + v_n \leq t$$

即单调增加的部分和数列 s_n 有上界. 据基本定理知，$\sum\limits_{n=1}^{\infty} u_n$ 收敛.

反之，设 $\sum\limits_{n=1}^{\infty} u_n$ 发散，则级数 $\sum\limits_{n=1}^{\infty} v_n$ 必发散. 因为若级数 $\sum\limits_{n=1}^{\infty} v_n$ 收敛，由上面已证明的结论，将有级数 $\sum\limits_{n=1}^{\infty} u_n$ 收敛，与假设矛盾.

注意 由于改变级数前面的有限项不会影响级数的敛散性，定理证明过程不失一般性，所以定理的结论是成立的.

例2 讨论 p - 级数

$$\sum_{n=1}^{\infty} \frac{1}{n^p} = 1 + \frac{1}{2^p} + \frac{1}{3^p} + \cdots + \frac{1}{n^p} + \cdots \tag{10-4}$$

的敛散性，其中 $p > 0$.

解 若 $0 < p \leq 1$，则 $n^p \leq n$，有 $\frac{1}{n^p} \geq \frac{1}{n}$，而调和级数 $\sum\limits_{n=1}^{\infty} \frac{1}{n}$ 发散，由比较审敛法知级数 (10-4) 亦发散；

若 $p > 1$，对于 $n-1 \leq x \leq n(n \geq 2)$，有 $(n-1)^p \leq x^p \leq n^p$，从而 $\frac{1}{x^p} \geq \frac{1}{n^p}$，所以

$$\frac{1}{n^p} = \int_{n-1}^{n} \frac{dx}{n^p} \leq \int_{n-1}^{n} \frac{dx}{x^p} = \frac{1}{1-p} x^{1-p} \Big|_{n-1}^{n} = \frac{1}{p-1}\Big[\frac{1}{(n-1)^{p-1}} - \frac{1}{n^{p-1}}\Big]$$

考虑比较级数

$$\frac{1}{p-1} \sum_{n=2}^{\infty} \Big[\frac{1}{(n-1)^{p-1}} - \frac{1}{n^{p-1}}\Big] \tag{10-5}$$

级数(10-5)的部分和

$$s_n = \frac{1}{p-1} \sum_{k=2}^{n+1} \Big[\frac{1}{(k-1)^{p-1}} - \frac{1}{k^{p-1}}\Big]$$

$$= \frac{1}{p-1}\Big[1 - \frac{1}{(n+1)^{p-1}}\Big] \to \frac{1}{p-1} \quad (n \to \infty)$$

故级数(10-5)收敛，由比较审敛法知 $\sum\limits_{n=2}^{\infty} \frac{1}{n^p}$ 收敛，从而级数 (10-4) 亦收敛.

综上所述，我们得到：p - 级数(10-4)，当 $0 < p \leq 1$ 时发散；当 $p > 1$ 时收敛.

p - 级数作为一个敛散性已知的正项级数，常常被用作比较级数.

例3 证明级数 $\sum\limits_{n=1}^{\infty} \frac{1}{\sqrt{n(n+1)}}$ 是发散的.

证明　因为 $\dfrac{1}{\sqrt{n(n+1)}} > \dfrac{1}{n+1}$，由 p - 级数的敛散性知，$\displaystyle\sum_{n=1}^{\infty} \dfrac{1}{n+1}$ 发散，根据比较审敛法得出题中所给级数发散.

比较审敛法在使用时往往需要比较不等式，对有些问题来说不等式的比较本身就是一个难点，因此比较审敛法使用起来有时不是很方便. 下面我们给出比较审敛法的极限形式，极限形式在运用中显得更方便一些.

定理 3（比较审敛法的极限形式）　设 $\displaystyle\sum_{n=1}^{\infty} u_n$ 及 $\displaystyle\sum_{n=1}^{\infty} v_n$ 都是正项级数，如果

$$\lim_{n\to\infty} \frac{u_n}{v_n} = l \quad (0 < l < \infty)$$

则级数 $\displaystyle\sum_{n=1}^{\infty} u_n$ 与 $\displaystyle\sum_{n=1}^{\infty} v_n$ 同时收敛或同时发散.

证明　由极限的定义有，对 $\varepsilon = \dfrac{l}{2}$，存在着自然数 N，当 $n > N$ 时，有不等式

$$\left| \frac{u_n}{v_n} - l \right| < \frac{l}{2} \Leftrightarrow \frac{l}{2} < \frac{u_n}{v_n} < \frac{3l}{2} \Leftrightarrow \frac{l}{2} \cdot v_n < u_n < \frac{3l}{2} \cdot v_n$$

根据比较审敛法，即获得了要证的结论.

特别地，应用比较审敛法的极限形式我们可以得到若干更方便的判别法，若比较级数的一般项取 $v_n = \dfrac{1}{n^p}$，有如下常用的判别法.

推论 1　设 $\displaystyle\sum_{n=1}^{\infty} u_n$ 为正项级数，若 $\displaystyle\lim_{n\to\infty} n^p u_n = l(0 < l \leqslant \infty, p \leqslant 1)$，则 $\displaystyle\sum_{n=1}^{\infty} u_n$ 发散；若 $\displaystyle\lim_{n\to\infty} n^p u_n = l(0 \leqslant l < \infty, p > 1)$，则 $\displaystyle\sum_{n=1}^{\infty} u_n$ 收敛.

证明　若 $\displaystyle\lim_{n\to\infty} n^p u_n = \lim_{n\to\infty} \dfrac{u_n}{\frac{1}{n^p}} = l(0 < l < \infty)$，故 $\displaystyle\sum_{n=1}^{\infty} u_n$ 与 $\displaystyle\sum_{n=1}^{\infty} \dfrac{1}{n^p}$ 具有相同的收敛性，即

(1) 当 $p > 1$ 时，$\displaystyle\sum_{n=1}^{\infty} \dfrac{1}{n^p}$ 收敛，故 $\displaystyle\sum_{n=1}^{\infty} u_n$ 收敛；

(2) 当 $p \leqslant 1$ 时，$\displaystyle\sum_{n=1}^{\infty} \dfrac{1}{n^p}$ 发散，故 $\displaystyle\sum_{n=1}^{\infty} u_n$ 发散；

(3) 若 $\displaystyle\lim_{n\to\infty} n^p u_n = \infty (p \leqslant 1)$，则 $n^p u_n > 1(\exists N$，当 $n > N$ 时$)$，即 $u_n > \dfrac{1}{n^p}$，从而 $\displaystyle\sum_{n=1}^{\infty} u_n$ 发散；

(4) 若 $\displaystyle\lim_{n\to\infty} n^p u_n = 0(p > 1)$，则 $n^p u_n < 1(\exists N$，当 $n > N$ 时$)$，即 $u_n < \dfrac{1}{n^p}$，从而 $\displaystyle\sum_{n=1}^{\infty} u_n$ 收敛.

例4 判别级数的敛散性.

(1) $\sum_{n=1}^{\infty} \sin \dfrac{1}{n}$; (2) $\sum_{n=1}^{\infty} \ln\left(1+\dfrac{1}{n^2}\right)$.

解 (1) $\lim\limits_{n\to\infty} n \cdot \sin \dfrac{1}{n} \overset{t=\frac{1}{n}}{=\!=\!=} \lim\limits_{t\to 0} \dfrac{\sin t}{t} = 1$，故级数 $\sum\limits_{n=1}^{\infty} \sin \dfrac{1}{n}$ 发散；

(2) $\lim\limits_{n\to\infty} n^2 \cdot \ln\left(1+\dfrac{1}{n^2}\right) \overset{t=\frac{1}{n^2}}{=\!=\!=} \lim\limits_{t\to 0} \dfrac{\ln(1+t)}{t} = 1$，故级数 $\sum\limits_{n=1}^{\infty} \ln\left(1+\dfrac{1}{n^2}\right)$ 收敛.

若比较级数取为等比级数，则有如下定理.

定理4（比值审敛法） 若正项级数 $\sum\limits_{n=1}^{\infty} u_n$ 满足

$$\lim_{n\to\infty} \frac{u_{n+1}}{u_n} = \rho$$

则当 $\rho < 1$ 时，级数收敛；当 $\rho > 1$（也包括 $\rho = +\infty$）时，级数发散；当 $\rho = 1$ 时，级数的敛散性用该方法无法判断.

证明 当 $\rho < 1$ 时，可取一小的正数 ε，使得 $\rho + \varepsilon = r < 1$，据极限的定义，存在自然数 N，当 $n \geq N$ 时，有

$$\frac{u_{n+1}}{u_n} < \rho + \varepsilon = r, \quad u_{n+1} < r u_n$$

有

$$u_{N+1} < r u_N$$
$$u_{N+2} < r u_{N+1} < r^2 u_N$$
$$u_{N+3} < r u_{N+2} < r^2 u_{N+1} < r^3 u_N < \cdots$$

级数

$$u_{N+1} + u_{N+2} + u_{N+3} + \cdots$$

的各项小于收敛的等比级数

$$r u_N + r^2 u_N + r^3 u_N + \cdots \quad (0 < r < 1)$$

的对应项，故 $\sum\limits_{n=N+1}^{\infty} u_n$ 收敛，从而 $\sum\limits_{n=1}^{\infty} u_n$ 亦收敛；

当 $\rho > 1$ 时，存在充分小的正数 ε，使得 $\rho - \varepsilon > 1$，据极限定义，当 $n > N$ 时，有

$$\frac{u_{n+1}}{u_n} > \rho - \varepsilon > 1, \quad u_{n+1} > u_n$$

因此，当 $n > N$ 时，级数的一般项是逐渐增大的，它不趋向于零，由级数收敛的必要条件知，$\sum\limits_{n=1}^{\infty} u_n$ 发散.

当 $\rho = 1$ 时,级数可能收敛,也可能发散.

例如,对于 p – 级数 $\displaystyle\sum_{n=1}^{\infty} \frac{1}{n^p}$,不论 p 取何值,总有

$$\lim_{n\to\infty} \frac{u_{n+1}}{u_n} = \lim_{n\to\infty} \frac{\dfrac{1}{(n+1)^p}}{\dfrac{1}{n^p}} = \lim_{n\to\infty} \left(\frac{n}{n+1}\right)^p = 1$$

但是,级数在 $p > 1$ 时收敛,而当 $p \leqslant 1$ 时,它是发散.

定理 5(根值审敛法）　若正项级数 $\displaystyle\sum_{n=1}^{\infty} u_n$ 的一般项 u_n 的 n 次方根的极限等于 ρ,即

$$\lim_{n\to\infty} \sqrt[n]{u_n} = \rho$$

则当 $\rho < 1$ 时,级数收敛;当 $\rho > 1$(也包括 $\rho = +\infty$) 时,级数发散;当 $\rho = 1$ 时,级数的敛散性用该方法无法判断.

证明　当 $\rho < 1$ 时,可取一小的正数 ε,使得 $\rho + \varepsilon = r < 1$,据极限的定义,存在自然数 N,当 $n > N$ 时,有

$$\sqrt[n]{u_n} < \rho + \varepsilon = r, u_n < r^n$$

等比级数 $\displaystyle\sum_{n=N+1}^{\infty} r^n (0 < r < 1)$ 是收敛的,因此 $\displaystyle\sum_{n=N+1}^{\infty} u_n$ 亦收敛,故级数 $\displaystyle\sum_{n=1}^{\infty} u_n$ 收敛.

当 $\rho > 1$ 时,存在充分小的正数 ε,使得 $\rho - \varepsilon > 1$,据极限定义,当 $n > N$ 时,有

$$\sqrt[n]{u_n} > \rho - \varepsilon > 1, u_n > 1$$

因此,级数的一般项不趋向于零,由级数收敛的必要条件,$\displaystyle\sum_{n=1}^{\infty} u_n$ 发散.

当 $\rho = 1$ 时,级数可能收敛,也可能发散.

例如,级数 $\displaystyle\sum_{n=1}^{\infty} \frac{1}{n^2}$ 是收敛,级数 $\displaystyle\sum_{n=1}^{\infty} \frac{1}{n}$ 是发散的,而

$$\lim_{n\to\infty} \sqrt[n]{u_n} = \lim_{n\to\infty} \sqrt[n]{\frac{1}{n^2}} = \lim_{n\to\infty} \left(\frac{1}{\sqrt[n]{n}}\right)^2 = 1$$

对于比值审敛法与根值审敛法失效的情形($\rho = 1$),其级数的敛散性应另寻它法加以判定,通常是构造更精细的比较级数.

另外,我们指出所有利用比值审敛法对级数的敛散性能够得到答案的情况下,利用根值审敛法也可以得到答案,相反的断言是不正确的;在实际使用上,利用比值审敛法通常更简单些.

例 5　判定下列级数的敛散性:

(1) $\displaystyle\sum_{n=1}^{\infty} \frac{1}{n!}$;

（2）$1 + \dfrac{1}{2^2} + \dfrac{1}{3^3} + \dfrac{1}{4^4} + \cdots + \dfrac{1}{n^n} + \cdots$；

（3）$\displaystyle\sum_{n=1}^{\infty} \dfrac{1}{(2n-1) \cdot 2n}$.

解 （1）级数的一般项为 $u_n = \dfrac{1}{n!}$，则

$$\lim_{n \to \infty} \frac{u_{n+1}}{u_n} = \lim_{n \to \infty} \frac{n!}{(n+1)!} = \lim_{n \to \infty} \frac{1}{n+1} = 0 < 1$$

由比值审敛法知，级数是收敛的.

（2）级数的一般项为 $u_n = \dfrac{1}{n^n}$，则

$$\lim_{n \to \infty} \sqrt[n]{u_n} = \lim_{n \to \infty} \sqrt[n]{\frac{1}{n^n}} = \lim_{n \to \infty} \frac{1}{n} = 0 < 1$$

由根值审敛法知，级数是收敛的.

（3）级数的一般项为 $u_n = \dfrac{1}{(2n-1) \cdot 2n}$，而

$$\lim_{n \to \infty} \frac{u_{n+1}}{u_n} = \lim_{n \to \infty} \frac{(2n-1) \cdot 2n}{(2n+1) \cdot 2(n+1)} = 1, \quad \lim_{n \to \infty} \sqrt[n]{u_n} = \lim_{n \to \infty} \sqrt[n]{\frac{1}{(2n-1) \cdot 2n}} = 1$$

这表明，用比值审敛法或根值审敛法无法确定该级数的敛散性. 注意到 $2n > 2n - 1 \geqslant n$，有 $(2n-1) \cdot 2n > n^2$，从而 $\dfrac{1}{(2n-1) \cdot 2n} < \dfrac{1}{n^2}$，而级数 $\displaystyle\sum_{n=1}^{\infty} \dfrac{1}{n^2}$ 收敛，由比较判别法，级数收敛.

我们再讲一个判别法，它在形式上与所有上述的审敛法有所不同，它是建立在把级数跟积分相比较的观念上的.

设级数有下面的形式

$$\sum_{n=1}^{\infty} u_n \equiv \sum_{n=1}^{\infty} f(n) \tag{10-6}$$

其中，$f(n)$ 是当 $x = n$ 时所确定的某一函数 $f(x)$ 的值；假定这个函数是连续的正的单调递减函数. 考虑 $f(x)$ 的任何一个原函数 $F(x)$，因为它的导数 $F'(x) = f(x) > 0$，所以 $F(x)$ 与 x 同时增大. 因而，当 $x \to +\infty$ 时，$F(x)$ 一定趋于一有限的数或无穷大. 当 $F(x)$ 趋于一有限的数时，级数

$$\sum_{n=1}^{\infty} [F(n+1) - F(n)] \tag{10-7}$$

收敛，而当 $F(x)$ 趋于无穷时，级数（10-7）发散. 我们就把所考虑的级数（10-6）跟级数（10-7）相比较. 根据导数的性质，级数（10-7）的一般项可表示成下面的表达式

$$F(n+1) - F(n) = f(n+\theta) \quad (0 < \theta < 1)$$

于是由函数 $f(x)$ 的单调递减性

$$u_{n+1} = f(n+1) < F(n+1) - F(n) < f(n) = u_n$$

在级数(10-7)收敛的情形下,级数 $\sum\limits_{n=1}^{\infty} u_{n+1} \equiv \sum\limits_{n=1}^{\infty} f(n+1)$ 收敛,因为它的每一项小于级数(10-7)的相当项;也就是说,给定的级数(10-6)也收敛. 在级数(10-7)发散的情形下,给定的级数(10-6)也发散,因为它的每一项大于级数(10-7)的相当项. 这样,我们就得到下面的积分审敛法.

定理 6(积分审敛法) 函数 $f(x)$ 是连续的正的单调递减函数,$F(x)$ 是 $f(x)$ 的任何一个原函数,级数(10-6)的收敛或发散,取决于函数

$$F(x) = \int f(x)\mathrm{d}x$$

当 $x \to +\infty$ 时是否趋于某一个有限的数或趋于无穷,即当 $x \to +\infty$ 时,$F(x)$ 趋于某一个有限的数时,级数(10-6)收敛;当 $x \to +\infty$ 时,$F(x)$ 趋于无穷时,级数(10-6)发散.

另外,原函数 $F(x)$ 也可以取定积分的形式:

$$F(x) = \int_1^x f(t)\mathrm{d}t$$

于是,所讲到的级数(10-6)的收敛或发散,就要看积分 $\int_1^{+\infty} f(x)\mathrm{d}x$ 是否收敛而定.

在这种形式下,积分审敛法就可以有一个简单的几何解释. 如果把函数 $f(x)$ 用曲线描绘出来(见图10-4). 那么,积分 $F(x)$ 就表示限制在曲线下,x 轴上及两个纵坐标之间的图形的面积;积分 $F(+\infty)$ 在某种意义下,可以看作在曲线下向右无穷延伸的整个图形的面积的表达式. 另一方面,级数(10-6)的项 $u_1, u_2, \cdots, u_n, \cdots$ 表示在 $x = 1, 2, \cdots, n, \cdots$ 处纵坐标的大小;或者,表示底长为1,高度等于前述纵坐标的那些矩形的面积.

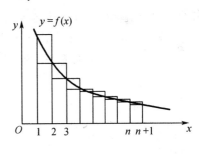

图 10-4

例 6 考查级数 $\sum\limits_{n=3}^{\infty} \dfrac{1}{n\ln^p n}(p > 0)$ 的敛散性.

解 设 $f(x) = x\ln^p x$,则 $f'(x) = \ln^{p-1}x(\ln x + p)$,$x$ 充分大时,对于任意的 p,$f'(x) > 0$,故可用积分判别法

$$I = \int_3^{\infty} \frac{\mathrm{d}x}{f(x)} = \int_3^{\infty} \frac{\mathrm{d}x}{x\ln^p x} \xlongequal{u=\ln x} \int_{\ln 3}^{\infty} \frac{\mathrm{d}u}{u^p}$$

当 $p > 1$ 时,广义积分 $\int_{\ln 3}^{\infty} \dfrac{\mathrm{d}u}{u^p}$ 收敛,故级数收敛;当 $0 < p \leqslant 1$ 时广义积分 $\int_{\ln 3}^{\infty} \dfrac{\mathrm{d}u}{u^p}$ 发散,故级数发散.

二、交错级数及其审敛法

常数项级数中除了我们之前研究的正项级数比较特殊之外,还有我们下面将要学习的交错级数. 所谓交错级数是这样的级数,它的项是正、负交错的,其形式如下

$$u_1 - u_2 + u_3 - u_4 + \cdots + (-1)^{n-1} u_n + \cdots \qquad (10-8)$$

或

$$-u_1 + u_2 - u_3 + u_4 - \cdots + (-1)^n u_n + \cdots$$

其中 $u_1, u_2, u_3, \cdots, u_n, \cdots$ 均为正数,下面我们给出交错级数敛散性的审敛法。

定理7(莱布尼兹审敛法)　如果交错级数(10-8)满足条件

(1) $u_n \geqslant u_{n+1} \quad (n=1,2,\cdots)$;

(2) $\lim\limits_{n \to \infty} u_n = 0$;

则交错级数(10-8)收敛,且其和 $s \leqslant u_1$,余项 r_n 的绝对值 $|r_n| \leqslant u_{n+1}$.

证明　先证 $\lim\limits_{n \to \infty} s_{2n}$ 存在,为此将式(10-8)的前 $2n$ 项的部分和 s_{2n} 写成如下两种形式

$$s_{2n} = (u_1 - u_2) + (u_3 - u_4) + \cdots + (u_{2n-1} - u_{2n})$$

及

$$s_{2n} = u_1 - (u_2 - u_3) - (u_4 - u_5) - \cdots - (u_{2n-2} - u_{2n-1}) - u_{2n}$$

由条件(1) $u_n \geqslant u_{n+1}(n=1,2,\cdots)$ 可知,所有括号内的差均非负,第一个表达式表明:数列 s_{2n} 是单调增加的;而第二个表达式表明: $s_{2n} < u_1$,数列 s_{2n} 有上界.

由单调有界数列必有极限准则,当 n 无限增大时, s_{2n} 趋向于某值 s,并且 $s \leqslant u_1$,即

$$\lim_{n \to \infty} s_{2n} = s \leqslant u_1$$

再证 $\lim\limits_{n \to \infty} s_{2n+1} = s$,因

$$s_{2n+1} = s_{2n} + u_{2n+1}$$

由条件(2) $\lim\limits_{n \to \infty} u_{2n+1} = 0$ 可知

$$\lim_{n \to \infty} s_{2n+1} = \lim_{n \to \infty} s_{2n} + \lim_{n \to \infty} u_{2n+1} = s + 0 = s$$

由于级数的偶数项之和与奇数项之和都趋向于同一极限,故级数(10-8)的部分和当 $n \to \infty$ 时具有极限 s. 这就证明了级数(10-8)收敛于 s,且 $s \leqslant u_1$.

最后证明 $|r_n| \leqslant u_{n+1}$,余项可以写成 $r_n = \pm(u_{n+1} - u_{n+2} + \cdots)$,其绝对值为

$$|r_n| = u_{n+1} - u_{n+2} + \cdots$$

此式的右端也是一个交错级数,它满足定理的两个条件,故其和应小于它的首项,即 $|r_n| \leqslant u_{n+1}$.

例 7　试证明交错级数

$$\sum_{n=1}^{\infty} (-1)^{n-1} \frac{1}{n} = 1 - \frac{1}{2} + \frac{1}{3} - \frac{1}{4} + \cdots + (-1)^{n-1} \frac{1}{n} + \cdots$$

是收敛的.

证明　级数的一般项有

$$u_n = \frac{1}{n} > \frac{1}{n+1} = u_{n+1}$$

且

$$\lim_{n \to \infty} u_n = \lim_{n \to \infty} \frac{1}{n} = 0$$

满足莱布尼兹定理,故此交错级数收敛,并且和 $s < 1$.

三、绝对收敛与条件收敛

现在来研究正负项任意出现的级数的敛散性问题. 因为柯西收敛原理在实际问题的应用中常常会变得困难. 所以,可以利用一些简单的方法来解决问题.

在前面看到,对于正项级数的敛散性,由于有许多方便使用的审敛法,大部分级数的敛散性可以比较容易确定. 因此,把任意项级数的敛散性问题转化成正项级数的敛散性问题就是很自然的了.

如果级数的项不全是正的,但从某处开始每一项均为正的,则可弃去级数的前面足够多的项后,级数就成为正项级数了,研究新生成的级数即可,因为他们具有相同的敛散性. 如果级数全是负的,或者从某一项开始每一项均为负,可以转化成上面所说的情形. 这样一来,级数中只有无穷多个正项和无穷多个负项的情形需要研究了,为此我们引出如下概念.

定义 1　设有级数

$$\sum_{n=1}^{\infty} u_n = u_1 + u_2 + \cdots + u_n + \cdots \tag{10-9}$$

其中, $u_n (n = 1, 2, \cdots)$ 为任意实数,该级数称为任意项级数.

下面,我们考虑级数(10-9)各项的绝对值所组成的正项级数

$$\sum_{n=1}^{\infty} |u_n| = |u_1| + |u_2| + \cdots + |u_n| + \cdots \tag{10-10}$$

的敛散性问题.

定义 2　如果级数 $\sum_{n=1}^{\infty} |u_n|$ 收敛,则称级数 $\sum_{n=1}^{\infty} u_n$ 绝对收敛;如果级数 $\sum_{n=1}^{\infty} |u_n|$ 发散,而级数 $\sum_{n=1}^{\infty} u_n$ 收敛,则称级数 $\sum_{n=1}^{\infty} u_n$ 条件收敛.

定理 8　如果级数 $\sum_{n=1}^{\infty} |u_n|$ 收敛,则级数 $\sum_{n=1}^{\infty} u_n$ 亦收敛.

证明　设级数 $\sum\limits_{n=1}^{\infty}|u_n|$ 收敛，令 $v_n=\dfrac{1}{2}(u_n+|u_n|)(n=1,2,\cdots)$，显然 $v_n\geqslant 0$ 且 $v_n\leqslant|u_n|$，

而 $\sum\limits_{n=1}^{\infty}|u_n|$ 收敛，由比较审敛法，正项级数 $\sum\limits_{n=1}^{\infty}v_n$ 收敛，从而 $\sum\limits_{n=1}^{\infty}2v_n$ 亦收敛，另外

$$u_n=2v_n-|u_n|$$

由级数性质，级数 $\sum\limits_{n=1}^{\infty}u_n=\sum\limits_{n=1}^{\infty}(2v_n-|u_n|)$ 收敛.

定理 8 将任意项级数的敛散性判定转化成正项级数的敛散性判定.

例8　判定任意项级数 $\sum\limits_{n=1}^{\infty}\dfrac{\sin(n\alpha)}{n^2}$ 的敛散性，α 为实数.

解　因

$$\left|\frac{\sin(n\alpha)}{n^2}\right|\leqslant\frac{1}{n^2}$$

而 $\sum\limits_{n=1}^{\infty}\dfrac{1}{n^2}$ 收敛，故

$$\sum_{n=1}^{\infty}\left|\frac{\sin(n\alpha)}{n^2}\right|$$

亦收敛，据定理 8，级数

$$\sum_{n=1}^{\infty}\frac{\sin(n\alpha)}{n^2}$$

绝对收敛.

例9　讨论级数 $\sum\limits_{n=1}^{\infty}(-1)^{n-1}\dfrac{1}{n}$ 的敛散性.

解　因调和级数 $\sum\limits_{n=1}^{\infty}\dfrac{1}{n}$ 发散，而交错级数 $\sum\limits_{n=1}^{\infty}(-1)^{n-1}\dfrac{1}{n}$ 满足莱布尼兹定理，故收敛，因此级数

$$\sum_{n=1}^{\infty}(-1)^{n-1}\frac{1}{n}$$

条件收敛.

习题 10－2

1. 用比较审敛法或极限形式的比较审敛法判定下列级数的敛散性.

(1) $\dfrac{1}{2\cdot 5}+\dfrac{1}{3\cdot 6}+\cdots+\dfrac{1}{(n+1)(n+4)}+\cdots$；

(2) $\displaystyle\sum_{n=1}^{\infty} \frac{1}{1+a^n}(a>0)$;　　　　(3) $\displaystyle\sum_{n=1}^{\infty} \left(\frac{na}{n+1}\right)^n,(a>0)$;

(4) $\displaystyle\sum_{n=1}^{\infty} \frac{1}{n\sqrt{n+1}}$;　　　　(5) $\displaystyle\sum_{n=1}^{\infty} \frac{1}{(4n+1)(3n+2)}$.

2. 用比值审敛法判定下列级数的敛散性.

(1) $\displaystyle\sum_{n=1}^{\infty} \frac{n^2}{3^n}$;　　　　(2) $\displaystyle\sum_{n=1}^{\infty} \frac{n^3}{7^n}$;

(3) $\displaystyle\sum_{n=1}^{\infty} \frac{2^n \cdot n!}{n^n}$;　　　　(4) $\displaystyle\sum_{n=1}^{\infty} \frac{3^n}{n \cdot 2^n}$;

(5) $\displaystyle\sum_{n=1}^{\infty} n\tan\frac{\pi}{2^{n+1}}$;　　　　(6) $\displaystyle\sum_{n=1}^{\infty} \frac{e^{2n+1}}{n!}$.

3. 用根值审敛法判定下列级数的敛散性.

(1) $\displaystyle\sum_{n=1}^{\infty} \frac{1}{[\ln(n+1)]^n}$;　　　　(2) $\displaystyle\sum_{n=1}^{\infty} \left(\frac{n-1}{2n+1}\right)^n$;

(3) $\displaystyle\sum_{n=1}^{\infty} \left(\frac{b}{a_n}\right)^n$,其中 $a_n \to a(n \to \infty)$,a_n,a,b 均为正数,且 $a \neq b$;

(4) $\displaystyle\sum_{n=1}^{\infty} \left(\frac{n}{3n-1}\right)^{2n-1}$;　　　　(5) $\displaystyle\sum_{n=1}^{\infty} \left(1+\frac{1}{n}\right)^{n^2}$.

4. 判定下列级数的敛散性.

(1) $\displaystyle\sum_{n=1}^{\infty} n\left(\frac{3}{4}\right)^n$;　　　　(2) $\displaystyle\sum_{n=1}^{\infty} \frac{n\cos^2\frac{n\pi}{3}}{2^n}$;

(3) $\displaystyle\sum_{n=1}^{\infty} \frac{1}{na+b}(a>0,b>0)$;　　　　(4) $\displaystyle\sum_{n=1}^{\infty} \frac{n^4}{n!}$;

(5) $\sqrt{2}+\sqrt{\frac{3}{2}}+\cdots+\sqrt{\frac{n+1}{n}}+\cdots$;　　(6) $\displaystyle\sum_{n=1}^{\infty} \frac{n}{(n+1)(n+2)}$.

5. 判定下列级数是否收敛,如果是收敛的,是绝对收敛还是条件收敛.

(1) $1-\frac{1}{\sqrt{2}}+\frac{1}{\sqrt{3}}-\frac{1}{\sqrt{4}}+\cdots$;　　　　(2) $\displaystyle\sum_{n=1}^{\infty} (-1)^{n-1}\frac{n}{3^{n-1}}$;

(3) $1-\frac{1}{3^2}+\frac{1}{5^2}-\frac{1}{7^2}+\cdots$;　　　　(4) $\frac{1}{3}\cdot\frac{1}{2}-\frac{1}{3}\cdot\frac{1}{2^2}+\frac{1}{3}\cdot\frac{1}{2^3}-\frac{1}{3}\cdot\frac{1}{2^4}+\cdots$;

(5) $\frac{1}{\ln 2}-\frac{1}{\ln 3}+\frac{1}{\ln 4}-\frac{1}{\ln 5}+\cdots$;　　(6) $\displaystyle\sum_{n=1}^{\infty} (-1)^n\frac{n}{2^n}$;

(7) $\displaystyle\sum_{n=1}^{\infty} \frac{n!2^n}{n^n}\cdot\sin\frac{n\pi}{5}$;　　　　(8) $\displaystyle\sum_{n=1}^{\infty} \frac{\sin na}{(\ln 3)^n}$.

(9) $\displaystyle\sum_{n=2}^{\infty} (-1)^n \sqrt{\dfrac{n(n+1)}{(n-1)(n+2)}}$.

第三节 幂 级 数

一、函数项级数的一般概念

定义 1 设定义在区间 I 上的函数列 $u_1(x), u_2(x), \cdots, u_n(x), \cdots$，由此函数列构成的表达式为

$$\sum_{n=1}^{\infty} u_n(x) = u_1(x) + u_2(x) + \cdots + u_n(x) + \cdots \qquad (10-11)$$

称为函数项级数.

对于确定的值 $x_0 \in I$，函数项级数式 $(10-11)$ 成为常数项级数

$$\sum_{n=1}^{\infty} u_n(x_0) = u_1(x_0) + u_2(x_0) + \cdots + u_n(x_0) + \cdots \qquad (10-12)$$

若级数 $(10-12)$ 收敛，则称点 x_0 是函数项级数 $(10-11)$ 的收敛点；若级数 $(10-12)$ 发散，则称点 x_0 是函数项级数 $(10-11)$ 的发散点，函数项级数所有收敛点的全体称为收敛域；函数项级数所有发散点的全体称为发散域.

对于函数项级数收敛域内任意一点 x，级数 $(10-12)$ 收敛，其和自然应依赖于 x 的取值，故其和应为 x 的函数，设为 $s(x)$. 通常称 $s(x)$ 为函数项级数的和函数. 它的定义域就是级数的收敛域，并记

$$s(x) = u_1(x) + u_2(x) + \cdots + u_n(x) + \cdots = \sum_{n=1}^{\infty} u_n(x)$$

若将函数项级数 $(10-11)$ 的前 n 项之和（即部分和）记作 $s_n(x)$，则在收敛域上有

$$\lim_{n \to \infty} s_n(x) = s(x)$$

把

$$r_n(x) = s(x) - s_n(x)$$

称为函数项级数的余项（这里 x 在收敛域上），则 $\displaystyle\lim_{n \to \infty} r_n(x) = 0$.

二、幂级数及其收敛性

函数项级数中最常见的一类级数是所谓幂级数，它的形式是

$$a_0 + a_1 x + a_2 x^2 + \cdots + a_n x^n + \cdots \qquad (10-13)$$

或

$$a_0 + a_1(x - x_0) + a_2(x - x_0)^2 + \cdots + a_n(x - x_0)^n + \cdots \qquad (10-14)$$

其中常数 $a_0, a_1, a_2, \cdots, a_n, \cdots$ 称为幂级数系数. 式(10 – 14)是幂级数的一般形式,作变量代换 $t = x - x_0$ 可以把它化为式(10 – 13)的形式.

因此,在下述讨论中,如不作特殊说明,我们用幂级数式(10 – 13)作为讨论的对象.

1. 幂级数的收敛域和发散域的结构

先看一个著名的例子,考察等比级数(显然也是幂级数)

$$1 + x + x^2 + \cdots + x^n + \cdots$$

的敛散性.

当 $|x| < 1$ 时,该级数收敛于和 $\dfrac{1}{1-x}$;当 $|x| \geqslant 1$ 时,该级数发散.

因此,该幂级数的收敛域是开区间 $(-1, 1)$,发散域是 $(-\infty, -1]$ 及 $[1, +\infty)$,如果在开区间 $(-1, 1)$ 内取值,则

$$s(x) = 1 + x + x^2 + \cdots + x^n + \cdots = \frac{1}{1-x}$$

由此例,我们观察到,这个幂级数的收敛域是一个区间. 事实上,这一结论对一般的幂级数也是成立的. 阿贝尔定理就论述了这个事实.

定理 1(阿贝尔定理) 若 $x = x_0(x_0 \neq 0)$ 时,幂级数 $\sum\limits_{n=0}^{\infty} a_n x^n$ 收敛,则满足不等式 $|x| < |x_0|$ 的一切 x 均使幂级数绝对收敛;若 $x = x_0(x_0 \neq 0)$ 时,幂级数 $\sum\limits_{n=0}^{\infty} a_n x^n$ 发散,则满足不等式 $|x| > |x_0|$ 的一切 x 均使幂级数发散.

证明 先设 $x = x_0(x_0 \neq 0)$ 是幂级数 $\sum\limits_{n=0}^{\infty} a_n x^n$ 的收敛点,即级数

$$a_0 + a_1 x_0 + a_2 x_0^2 + \cdots + a_n x_0^n + \cdots$$

收敛,则 $\lim\limits_{n \to \infty} a_n x_0^n = 0$. 于是存在一个正数 M,使得

$$|a_n x_0^n| \leqslant M \quad (n = 0, 1, 2, \cdots)$$

从而

$$|a_n x^n| = \left| a_n x_0^n \cdot \frac{x^n}{x_0^n} \right| = \left| a_n x_0^n \right| \cdot \left| \frac{x}{x_0} \right|^n \leqslant M \cdot \left| \frac{x}{x_0} \right|^n \quad (n = 0, 1, 2, \cdots)$$

当 $|x| < |x_0|$ 时,$\left| \dfrac{x}{x_0} \right| < 1$,等比级数 $\sum\limits_{n=0}^{\infty} M \cdot \left| \dfrac{x}{x_0} \right|^n$ 收敛,从而 $\sum\limits_{n=0}^{\infty} |a_n x^n|$ 收敛,故幂级数 $\sum\limits_{n=0}^{\infty} a_n x^n$ 绝对收敛.

定理 1 的第二部分可用反证法证明. 假设幂级数 $\sum\limits_{n=0}^{\infty} a_n x^n$ 当 $x = x_0(x_0 \neq 0)$ 时发散,而有一点 x_1 满足 $|x_1| > |x_0|$,使级数收敛. 而根据刚才证明的定理 1 的第一部分,级数当 $x =$

$x_0 (x_0 \neq 0)$ 时应收敛,这与定理 1 的条件相矛盾,故定理 1 的第二部分应成立.

阿贝尔定理揭示了幂级数的收敛域与发散域的结构,即对于幂级数 $\sum\limits_{n=0}^{\infty} a_n x^n$,若在 $x = x_0(x_0 \neq 0)$ 处收敛,则在开区间 $(-|x_0|, |x_0|)$ 之内,它亦收敛;若在 $x = x_0(x_0 \neq 0)$ 处发散,则在开区间 $(-|x_0|, |x_0|)$ 之外,它亦发散.

这表明,幂级数 $\sum\limits_{n=0}^{\infty} a_n x^n$ 的发散点不可能位于原点与收敛点之间. 于是,我们可以这样来寻找幂级数的收敛域与发散域.

设幂级数 $\sum\limits_{n=0}^{\infty} a_n x^n$ 在数轴上既有收敛点(不仅仅只是原点,原点肯定是一个收敛点),也有发散点.

(1) 如图 10 - 5 所示,从原点出发,沿数轴向右方搜寻,最初只遇到收敛点,然后就只遇到发散点,设这两部分的界点为 P,点 P 可能是收敛点,也可能是发散点;

(2) 如图 10 - 5 所示,从原点出发,沿数轴向左方搜寻,情形也是如此,也可找到一个界点 P',两个界点在原点的两侧,由定理 1 知,它们到原点的距离是一样的;

(3) 如图 10 - 5 所示,位于点 P' 与 P 之间的点,幂级数收敛;位于这两点之外的点,幂级数发散.

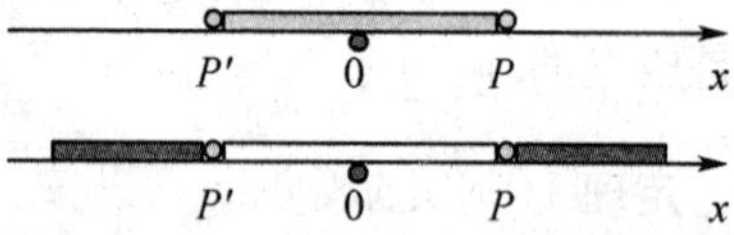

借助上述几何解释,我们就得到如下重要推论.

推论　如果幂级数 $\sum\limits_{n=0}^{\infty} a_n x^n$ 不是仅在一点收敛,也不是在整个数轴上都收敛,则必有一个确定的正数 R 存在,它具有下列性质:

(1) 当 $|x| < R$ 时,幂级数绝对收敛;

(2) 当 $|x| > R$ 时,幂级数发散;

(3) 当 $x = \pm R$ 时,幂级数可能收敛,也可能发散.

正数 R 称为幂级数的收敛半径,如图 10 - 6 所示.

特别地,如果幂级数只在 $x = 0$ 处收敛,则规定收敛半径 $R = 0$;如果幂级数对一切 x 都收敛,则规定收敛半径 $R = +\infty$.

图 10 - 5

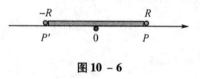

图 10 - 6

2. 幂级数的收敛半径的求法

定理 2　设有幂级数 $\sum\limits_{n=0}^{\infty} a_n x^n$,且 $\lim\limits_{n \to \infty} \left| \dfrac{a_{n+1}}{a_n} \right| = \rho$,如果:(1) $\rho \neq 0$,则收敛半径 $R = \dfrac{1}{\rho}$;

(2) $\rho = 0$,则收敛半径 $R = +\infty$;(3) $\rho = +\infty$,则收敛半径 $R = 0$.

证明　考察幂级数的各项取绝对值所成的级数

$$|a_0| + |a_1 x| + |a_2 x^2| + \cdots + |a_n x^n| + \cdots \tag{10-15}$$

该级数相邻两项之比为

$$\frac{|a_{n+1}x^{n+1}|}{|a_nx^n|} = \left|\frac{a_{n+1}}{a_n}\right| \cdot |x|$$

(1) 若 $\lim\limits_{n\to\infty}\left|\dfrac{a_{n+1}}{a_n}\right| = \rho(\rho \neq 0)$ 存在,据比值审敛法,当

$$\lim_{n\to\infty}\frac{|a_{n+1}x^{n+1}|}{|a_nx^n|} = \lim_{n\to\infty}\left|\frac{a_{n+1}}{a_n}\right| \cdot |x| = \rho|x| < 1$$

即 $|x| < \dfrac{1}{\rho}$ 时,级数(10 - 15) 收敛,从而原幂级数绝对收敛;

当 $\rho|x| > 1$,即 $|x| > \dfrac{1}{\rho}$ 时,级数(10 - 15) 从某个 n 开始,有 $|a_{n+1}x^{n+1}| > |a_nx^n|$,从而

$|a_nx^n|$ 不趋向于零,进而 a_nx^n 也不趋向于零,因此原幂级数发散. 于是,收敛半径 $R = \dfrac{1}{\rho}$;

(2) 若 $\rho = 0$,则对任何 x,有

$$\lim_{n\to\infty}\frac{|a_{n+1}x^{n+1}|}{|a_nx^n|} = \lim_{n\to\infty}\left|\frac{a_{n+1}}{a_n}\right| \cdot |x| = \rho|x| = 0$$

从而级数(10 - 15) 收敛,原幂级数绝对收敛,于是收敛半径 $R = +\infty$;

(3) 若 $\rho = +\infty$,则对任何 $x \neq 0$,有

$$\lim_{n\to\infty}\frac{|a_{n+1}x^{n+1}|}{|a_nx^n|} = \lim_{n\to\infty}\left|\frac{a_{n+1}}{a_n}\right| \cdot |x| = +\infty$$

依极限理论知,从某个 n 开始有

$$\frac{|a_{n+1}x^{n+1}|}{|a_nx^n|} > 1, \quad |a_{n+1}x^{n+1}| > |a_nx^n|$$

因此 $\lim\limits_{n\to\infty}|a_nx^n| \neq 0$,从而 $\lim\limits_{n\to\infty}a_nx^n \neq 0$,原幂级数发散. 于是,收敛半径 $R = 0$.

例1 求下列幂级数的收敛半径与收敛域:

(1) $x - \dfrac{x^2}{2} + \dfrac{x^3}{3} - \cdots + (-1)^{n-1}\dfrac{x^n}{n} + \cdots$;

(2) $\sum\limits_{n=1}^{\infty}\dfrac{2n-1}{2^n}x^{2n-2}$.

解 (1) 这里

$$\rho = \lim_{n\to\infty}\left|\frac{a_{n+1}}{a_n}\right| = \lim_{n\to\infty}\left|\frac{(-1)^n\dfrac{1}{n+1}}{(-1)^{n-1}\dfrac{1}{n}}\right| = \lim_{n\to\infty}\frac{n}{n+1} = 1$$

所以,$R = 1$. 在左端点 $x = -1$ 处,幂级数成为

$$-1 - \frac{1}{2} - \frac{1}{3} - \frac{1}{4} - \cdots - \frac{1}{n} - \cdots$$

它是调和级数乘以 -1 得到的级数,由调和级数发散知该级数发散;

在右端点 $x = 1$ 处,幂级数成为

$$1 - \frac{1}{2} + \frac{1}{3} - \frac{1}{4} + \cdots + (-1)^{n-1} \frac{1}{n} + \cdots$$

由莱布尼兹定理知该级数是收敛的,从而该级数的收敛域为 $(-1, 1]$.

（2）此幂级数缺少奇次幂项,可据比值审敛法的原理来求收敛半径

$$\lim_{n \to \infty} \left| \frac{u_{n+1}(x)}{u_n(x)} \right| = \lim_{n \to \infty} \left| \frac{\frac{2n+1}{2^{n+1}} x^{2n}}{\frac{2n-1}{2^n} x^{2n-2}} \right| = \lim_{n \to \infty} \frac{2n+1}{4n-2} |x|^2 = \frac{1}{2} |x|^2$$

当 $\frac{1}{2} |x|^2 < 1$,即 $|x| < \sqrt{2}$ 时,幂级数收敛;

当 $\frac{1}{2} |x|^2 > 1$,即 $|x| > \sqrt{2}$ 时,幂级数发散.

对于左端点 $x = -\sqrt{2}$,幂级数成为

$$\sum_{n=1}^{\infty} \frac{2n-1}{2^n} (-\sqrt{2})^{2n-2} = \sum_{n=1}^{\infty} \frac{2n-1}{2^n} \cdot 2^{n-1} = \sum_{n=1}^{\infty} \frac{2n-1}{2}$$

它是发散的;

对于右端点 $x = \sqrt{2}$,幂级数成为

$$\sum_{n=1}^{\infty} \frac{2n-1}{2^n} (\sqrt{2})^{2n-2} = \sum_{n=1}^{\infty} \frac{2n-1}{2^n} \cdot 2^{n-1} = \sum_{n=1}^{\infty} \frac{2n-1}{2}$$

它也是发散的,故该级数收敛域为 $(-\sqrt{2}, \sqrt{2})$.

例2 求函数项级数 $\sum_{n=1}^{\infty} n2^{2n} (1-x)^n x^n$ 的收敛域.

解 作变量替换 $t = (1-x)x$,则函数项级数变成了幂级数 $\sum_{n=1}^{\infty} n2^{2n} t^n$,因

$$\rho = \lim_{n \to \infty} \left| \frac{(n+1)2^{2(n+1)}}{n2^{2n}} \right| = \lim_{n \to \infty} \frac{4(n+1)}{n} = 4$$

故收敛半径为 $R = \frac{1}{4}$. 在左端点 $t = -\frac{1}{4}$,幂级数成为

$$\sum_{n=1}^{\infty} n2^{2n} \left(-\frac{1}{4} \right)^n = \sum_{n=1}^{\infty} (-1)^n n$$

它是发散的;

在右端点 $t = \dfrac{1}{4}$,幂级数成为

$$\sum_{n=1}^{\infty} n2^{2n}\left(\frac{1}{4}\right)^n = \sum_{n=1}^{\infty} n$$

它也是发散的.

故收敛域为 $-\dfrac{1}{4} < t < \dfrac{1}{4}$,即 $-\dfrac{1}{4} < (1-x)x < \dfrac{1}{4}$,亦即

$$x \in \left(\frac{1-\sqrt{2}}{2}, \frac{1+\sqrt{2}}{2}\right)\text{且 } x \neq \frac{1}{2}$$

三、幂级数的运算性质

对下述性质,我们均不予以证明.

性质 1　加、减运算:

设幂级数 $\sum\limits_{n=0}^{\infty} a_n x^n$ 及 $\sum\limits_{n=0}^{\infty} b_n x^n$ 的收敛区间分别为 $(-R_1, R_1)$ 与 $(-R_2, R_2)$,记 $R = \min\{R_1, R_2\}$,当 $|x| < R$ 时,有 $\sum\limits_{n=0}^{\infty} a_n x^n \pm \sum\limits_{n=0}^{\infty} b_n x^n = \sum\limits_{n=0}^{\infty} (a_n \pm b_n)x^n$.

性质 2　幂级数和函数的性质:

幂级数 $\sum\limits_{n=1}^{\infty} a_n x^n$ 的和函数 $s(x)$ 在收敛区间 $(-R, R)$ 内连续. 若幂级数在收敛区间的左端点 $x = -R$ 收敛,则其和函数 $s(x)$ 在 $x = -R$ 处右连续,且

$$\lim_{x \to -R+0} s(x) = \sum_{n=0}^{\infty} (-1)^n a_n R^n$$

若幂级数在收敛区间的右端点 $x = R$ 处收敛,则其和函数 $s(x)$ 在 $x = R$ 处左连续,且

$$\lim_{x \to R-0} s(x) = \sum_{n=0}^{\infty} a_n R^n$$

注　这一性质在求某些特殊的数项级数之和时,非常有用.

性质 3　逐项求导:

幂级数 $\sum\limits_{n=0}^{\infty} a_n x^n$ 的和函数 $s(x)$ 在收敛区间 $(-R, R)$ 内可导,且有逐项求导公式

$$s'(x) = \left(\sum_{n=0}^{\infty} a_n x^n\right)' = \sum_{n=0}^{\infty} (a_n x^n)' = \sum_{n=1}^{\infty} n \cdot a_n x^{n-1}$$

逐项求导后所得的幂级数和原级数有相同的收敛半径.

性质 4　逐项求积分:

幂级数 $\sum\limits_{n=0}^{\infty} a_n x^n$ 的和函数 $s(x)$ 在收敛区间 $(-R, R)$ 内可积,且有逐项积分公式

$$\int_0^x s(x)\,\mathrm{d}x = \int_0^x \left(\sum_{n=0}^{\infty} a_n x^n\right)\mathrm{d}x = \sum_{n=0}^{\infty} \int_0^x a_n x^n \mathrm{d}x = \sum_{n=0}^{\infty} \frac{a_n}{n+1} x^{n+1}$$

逐项积分后所得的幂级数和原级数有相同的收敛半径.

例3 求数项级数 $1 - \dfrac{1}{2} + \dfrac{1}{3} - \dfrac{1}{4} + \cdots + (-1)^{n-1}\dfrac{1}{n} + \cdots$ 之和.

解 因为下面幂级数在其收敛域内

$$1 + x + x^2 + \cdots + x^{n-1} + \cdots = \frac{1}{1-x} \quad (-1 < x < 1)$$

再由逐项积分的性质有

$$\int_0^x 1\,\mathrm{d}x + \int_0^x x\,\mathrm{d}x + \int_0^x x^2\,\mathrm{d}x + \cdots + \int_0^x x^{n-1}\,\mathrm{d}x + \cdots = \int_0^x \left(\sum_{n=0}^{\infty} x^n\right)\mathrm{d}x = \int_0^x \frac{1}{1-x}\mathrm{d}x$$

即

$$x + \frac{1}{2}x^2 + \frac{1}{3}x^3 + \cdots + \frac{1}{n}x^n + \cdots = -\ln(1-x) \quad (-1 < x < 1)$$

当 $x = -1$ 时,幂级数

$$x + \frac{1}{2}x^2 + \frac{1}{3}x^3 + \cdots + \frac{1}{n}x^n + \cdots$$

成为

$$(-1) + \frac{1}{2}(-1)^2 + \frac{1}{3}(-1)^3 + \cdots + \frac{1}{n}(-1)^n + \cdots$$

$$= -\left[1 - \frac{1}{2} + \frac{1}{3} - \cdots + (-1)^{n-1}\frac{1}{n} + \cdots\right]$$

是一收敛的交错级数.

当 $x = 1$ 时,幂级数成为

$$1 + \frac{1}{2} + \frac{1}{3} + \cdots + \frac{1}{n} + \cdots$$

是发散的调和级数. 故

$$x + \frac{1}{2}x^2 + \frac{1}{3}x^3 + \cdots + \frac{1}{n}x^n + \cdots = -\ln(1-x) \quad (-1 \leqslant x < 1)$$

且有

$$-\left[1 - \frac{1}{2} + \frac{1}{3} - \cdots + (-1)^{n-1}\frac{1}{n} + \cdots\right] = -\ln 2$$

即

$$1 - \frac{1}{2} + \frac{1}{3} - \cdots + (-1)^{n-1}\frac{1}{n} + \cdots = \ln 2$$

例 4 求 $\displaystyle\sum_{n=1}^{\infty}(-1)^{n+1}\frac{x^{n+1}}{n(n+1)}$ 的和函数.

解 求该幂级数的收敛半径,由

$$\rho = \lim_{n\to\infty}\left|\frac{a_{n+1}}{a_n}\right| = \lim_{n\to\infty}\left|\frac{(-1)^{n+2}\dfrac{1}{(n+1)(n+2)}}{(-1)^{n+1}\dfrac{1}{n(n+1)}}\right| = \lim_{n\to\infty}\frac{n}{n+2} = 1$$

得到 $R = 1$. 设

$$s(x) = \sum_{n=1}^{\infty}(-1)^{n+1}\frac{x^{n+1}}{n(n+1)} \quad (-1 < x < 1)$$

由逐项求导,有

$$s'(x) = \sum_{n=1}^{\infty}(-1)^{n+1}\frac{x^n}{n}$$

$$s''(x) = \sum_{n=1}^{\infty}(-1)^{n+1}x^{n-1} = 1 - x + x^2 - x^3 + \cdots = \frac{1}{1+x}$$

再对 $s''(x) = \dfrac{1}{1+x}$ 两边同时积分,有

$$\int_0^x s''(x)\,\mathrm{d}x = \int_0^x \frac{1}{1+x}\,\mathrm{d}x$$

即

$$s'(x) - s'(0) = \ln(1+x)$$

而

$$s'(0) = 0$$
$$s'(x) = \ln(1+x)$$

对上式再进行积分,有

$$\int_0^x s'(x)\,\mathrm{d}x = \int_0^x \ln(1+x)\,\mathrm{d}x$$

即

$$s(x) - s(0) = (1+x)\ln(1+x)\,\Big|_0^x - \int_0^x \mathrm{d}x$$

其中 $s(0) = 0$,从而当 $x \in (-1 < x < 1)$ 时,有

$$s(x) = (1+x)\ln(1+x) - x$$

当 $x = -1$ 时,幂级数成为

$$\sum_{n=1}^{\infty}(-1)^{n+1}\frac{(-1)^{n+1}}{n(n+1)} = \sum_{n=1}^{\infty}\frac{1}{n(n+1)}$$

是收敛的;

当 $x = 1$ 时，幂级数成为

$$\sum_{n=1}^{\infty} (-1)^{n+1} \frac{1^{n+1}}{n(n+1)} = \sum_{n=1}^{\infty} \frac{(-1)^{n+1}}{n(n+1)}$$

是收敛的.

因此，当 $x \in [-1, 1]$ 时，有

$$\sum_{n=1}^{\infty} (-1)^{n+1} \frac{x^{n+1}}{n(n+1)} = (1+x)\ln(1+x) - x$$

例5 求 $1 \cdot \dfrac{1}{2} + 2 \cdot \left(\dfrac{1}{2}\right)^2 + 3 \cdot \left(\dfrac{1}{2}\right)^3 + \cdots + n \cdot \left(\dfrac{1}{2}\right)^n + \cdots$ 的和.

解 考虑辅助幂级数

$$x + 2x^2 + 3x^3 + \cdots + nx^n + \cdots$$

$$\rho = \lim_{n \to \infty} \left| \frac{a_{n+1}}{a_n} \right| = \lim_{n \to \infty} \frac{n+1}{n} = 1$$

收敛半径 $R = 1$. 设 $s(x)$ 为该级数在 $(-1 < x < 1)$ 上的和函数，则

$$\begin{aligned}
s(x) &= x + 2x^2 + 3x^3 + \cdots + nx^n + \cdots \\
&= x(1 + 2x + 3x^2 + \cdots + nx^{n-1} + \cdots) \\
&= x(x + x^2 + x^3 + \cdots + x^n + \cdots)' \\
&= x\left(\frac{x}{1-x}\right)' = x \frac{1}{(1-x)^2}
\end{aligned}$$

故当 $-1 < x < 1$ 时，有

$$x + 2x^2 + 3x^3 + \cdots + nx^n + \cdots = \frac{x}{(1-x)^2}$$

令 $x = \dfrac{1}{2}$，得

$$\frac{1}{2} + \frac{2}{2^2} + \frac{3}{2^3} + \cdots + \frac{n}{2^n} + \cdots = \frac{\dfrac{1}{2}}{\left(1 - \dfrac{1}{2}\right)^2} = 2$$

习题 10 - 3

1. 求下列幂级数的收敛域.

(1) $x + 2x^2 + 3x^3 + \cdots + nx^n + \cdots$;

(2) $\displaystyle\sum_{n=1}^{\infty} \frac{x^n}{2 \cdot 4 \cdot 6 \cdot \cdots \cdot 2n}$;

(3) $\dfrac{2}{2}x + \dfrac{2^2}{5}x^2 + \dfrac{2^3}{10}x^3 + \cdots + \dfrac{2^n}{n^2+1}x^n + \cdots$;

(4) $1 - x + \dfrac{x^2}{2^2} + \cdots + (-1)^n \dfrac{x^n}{n^2} + \cdots$;

(5) $\displaystyle\sum_{n=1}^{\infty} \dfrac{(x-2)^n}{\sqrt{n}}$;

(6) $\displaystyle\sum_{n=1}^{\infty} \dfrac{3^n + (-2)^n}{n}(x+1)^n$.

2. 利用逐项求导或逐项积分,求下列级数在收敛区间上的和函数.

(1) $\displaystyle\sum_{n=1}^{\infty} \dfrac{n(n+1)}{2}x^{n-1}, |x| < 1$;

(2) $\displaystyle\sum_{n=1}^{\infty} \dfrac{1}{4n+1}x^{4n+1}, |x| < 1$;

(3) $\displaystyle\sum_{n=1}^{\infty} (-1)^{n-1} \dfrac{1}{2n-1}x^{2n-1}, |x| < 1$,并求 $\displaystyle\sum_{n=1}^{\infty} (-1)^{n-1} \dfrac{1}{2n-1}\left(\dfrac{3}{4}\right)^{2n-1}$.

(4) 求级数 $\dfrac{1}{1\cdot 3} + \dfrac{1}{2\cdot 3^2} + \dfrac{1}{3\cdot 3^3} + \cdots$ 的和.

第四节　函数展开成幂级数

幂级数不仅形式简单,而且有很多特殊的性质,这就启发我们:能否把一个函数表示为幂级数来进行研究. 为此,我们先来研究一些特殊幂级数,再寻找函数展开成幂级数的内在关系.

一、泰勒级数

我们已经学习了泰勒公式,在泰勒公式的基础上我们定义一个特殊的幂级数 —— 泰勒级数.

定义 1　如果 $f(x)$ 在 $x = x_0$ 处具有任意阶的导数,我们把级数

$$f(x_0) + \dfrac{f'(x_0)}{1!}(x - x_0) + \dfrac{f''(x_0)}{2!}(x - x_0)^2 + \cdots + \dfrac{f^{(n)}(x_0)}{n!}(x - x_0)^n + \cdots$$

$$(10-16)$$

称为函数 $f(x)$ 在 $x = x_0$ 处的泰勒级数. 它的前 $n+1$ 项部分和用 $s_{n+1}(x)$ 记之,即

$$s_{n+1}(x) = \sum_{k=0}^{n} \dfrac{f^{(k)}(x_0)}{k!}(x - x_0)^k$$

这里,$0! = 1, f^{(0)}(x_0) = f(x_0)$.

由泰勒公式,有

$$f(x) = s_{n+1}(x) + R_n(x)$$

这里 $R_n(x)$ 是拉格朗日余项,且

$$R_n(x) = \frac{f^{(n+1)}(\xi)}{(n+1)!}(x - x_0)^{n+1}$$

ξ 介于 x 与 x_0 之间.

由 $R_n(x) = f(x) - s_{n+1}(x)$,若有 $\lim\limits_{n \to \infty} R_n(x) = 0$,从而 $\lim\limits_{n \to \infty} s_{n+1}(x) = f(x)$. 因此,当 $\lim\limits_{n \to \infty} R_n(x) = 0$ 时,函数 $f(x)$ 的泰勒级数为

$$f(x_0) + \frac{f'(x_0)}{1!}(x - x_0) + \frac{f''(x_0)}{2!}(x - x_0)^2 + \cdots + \frac{f^{(n)}(x_0)}{n!}(x - x_0)^n + \cdots$$

是 $f(x)$ 的另一种精确的表达式,即

$$f(x) = f(x_0) + \frac{f'(x_0)}{1!}(x - x_0) + \frac{f''(x_0)}{2!}(x - x_0)^2 + \cdots + \frac{f^{(n)}(x_0)}{n!}(x - x_0)^n + \cdots$$

这时,我们称函数 $f(x)$ 在 $x = x_0$ 处可展开成泰勒级数. 特别地,当 $x_0 = 0$ 时,有

$$f(x) = f(0) + \frac{f'(0)}{1!}x + \frac{f''(0)}{2!}x^2 + \cdots + \frac{f^{(n)}(0)}{n!}x^n + \cdots$$

我们称函数 $f(x)$ 可展开成麦克劳林级数. 由此我们可获得下面的定理.

定理 1   如果 $f(x)$ 在 x_0 的某一邻域 $U(x_0)$ 内具有任意阶的导数,则 $f(x)$ 在该邻域内可展开成泰勒级数的充分必要条件是在该邻域内 $f(x)$ 的泰勒公式中的余项 $R_n(x)$ 当 $n \to \infty$ 时的极限为零,即

$$\lim\limits_{n \to \infty} R_n(x) = 0, x \in U(x_0)$$

由定理 1 可知,将一个函数进行幂级数展开,可以采用泰勒展开(或麦克劳林展开)的方法进行. 若函数可展成幂级数,即

$$f(x) = \sum_{n=0}^{\infty} a_n (x - x_0)^n$$

则该展开式是唯一的,因为通过对上式两边进行逐项求导可得到幂级数的系数 a_n,该系数是唯一的.

将函数 $f(x)$ 在 $x = x_0$ 处展开成泰勒级数,可通过变量替换 $t = x - x_0$,化归为函数 $f(x) = f(t + x_0) \triangleq F(t)$ 在 $t = 0$ 处的麦克劳林展开. 因此,我们着重讨论函数的麦克劳林展开.

二、函数展开成幂级数

将函数 $f(x)$ 在点 $x = 0$ 处展开成幂级数,其方法一般分为直接展开法和间接展开法.

1. 直接展开法

若函数 $f(x)$ 在 $x = 0$ 的某邻域内具有任意阶导数,则将函数展开成麦克劳林级数可按如下几步进行:

第一步 求出函数的各阶导数及在 $x = 0$ 处的函数值

$$f(0), f'(0), f''(0), \cdots, f^{(n)}(0), \cdots$$

第二步 写出麦克劳林级数

$$f(0) + \frac{f'(0)}{1!}x + \frac{f''(0)}{2!}x^2 + \cdots + \frac{f^{(n)}(0)}{n!}x^n + \cdots$$

并求其收敛半径 R.

第三步 考察当 $x \in (-R, R)$ 时,拉格朗日余项

$$R_n(x) = \frac{f^{(n+1)}(\theta \cdot x)}{(n+1)!}x^{n+1} \quad (0 < \theta < 1)$$

当 $n \to \infty$ 时,是否趋向于零. 若 $\lim\limits_{n \to \infty} R_n(x) = 0$,则第二步写出的级数就是函数的麦克劳林展开式;若 $\lim\limits_{n \to \infty} R_n(x) \neq 0$,则函数无法展开成麦克劳林级数.

例1 将函数 $f(x) = e^x$ 展开成麦克劳林级数.

解 因为 $f^{(n)}(x) = e^x$,$f^{(n)}(0) = 1 (n = 0, 1, 2, \cdots)$,于是得 $f(x)$ 的麦克劳林级数

$$1 + \frac{x}{1!} + \frac{x^2}{2!} + \cdots + \frac{x^n}{n!} + \cdots$$

而 $\rho = \lim\limits_{n \to \infty} \left| \frac{a_{n+1}}{a_n} \right| = \lim\limits_{n \to \infty} \left| \frac{\frac{1}{(n+1)!}}{\frac{1}{n!}} \right| = \lim\limits_{n \to \infty} \frac{1}{n+1} = 0$,故该级数的收敛半径 $R = +\infty$. 对于任意

$x \in (-\infty, +\infty)$,余项

$$|R_n(x)| = \left| \frac{e^{\theta \cdot x}}{(n+1)!} \cdot x^{n+1} \right| \leqslant e^{|x|} \cdot \frac{|x|^{n+1}}{(n+1)!} \quad (0 < \theta < 1)$$

这里 $e^{|x|}$ 是与 n 无关的有限数,由于级数

$$\sum_{n=1}^{\infty} \frac{|x|^{n+1}}{(n+1)!}$$

收敛,所以 $\lim\limits_{n \to \infty} \frac{|x|^{n+1}}{(n+1)!} = 0$,即 $\lim\limits_{n \to \infty} R_n(x) = 0$,故

$$e^x = 1 + \frac{x}{1!} + \frac{x^2}{2!} + \cdots + \frac{x^n}{n!} + \cdots \quad (-\infty < x < +\infty)$$

例2 $f(x) = \sin x$ 在 $x = 0$ 处展开成幂级数.

解 因为 $f^{(n)}(x) = \sin\left(x + n \cdot \frac{\pi}{2}\right) (n = 0, 1, 2, \cdots)$,所以

$$f^{(n)}(0) = \sin\left(n \cdot \frac{\pi}{2}\right) = \begin{cases} 0, & n = 0, 2, 4, \cdots \\ (-1)^{\frac{n-1}{2}}, & n = 1, 3, 5, \cdots \end{cases}$$

于是得 $f(x)$ 的麦克劳林级数

$$\frac{x}{1!} - \frac{x^3}{3!} + \frac{x^5}{5!} - \cdots + (-1)^{n-1}\frac{x^{2n-1}}{(2n-1)!} + \cdots$$

容易求出,它的收敛半径 $R = +\infty$. 对任意的 $x \in (-\infty, +\infty)$,有

$$|R_n(x)| = \left| \frac{\sin\left(\theta \cdot x + n \cdot \frac{\pi}{2}\right)}{(n+1)!} \cdot x^{n+1} \right| \leqslant \frac{|x|^{n+1}}{(n+1)!} \quad (0 < \theta < 1)$$

由例 1 可知, $\lim\limits_{n \to \infty} \frac{|x|^{n+1}}{(n+1)!} = 0$, 故 $\lim\limits_{n \to \infty} R_n(x) = 0$, 因此,我们得到展开式

$$\sin x = \frac{x}{1!} - \frac{x^3}{3!} + \frac{x^5}{5!} - \cdots + (-1)^{n-1}\frac{x^{2n-1}}{(2n-1)!} + \cdots \quad x \in (-\infty, +\infty)$$

2. 间接展开法

利用一些已知的函数展开式以及幂级数的运算性质(如加、减、逐项求导、逐项积分)将所给函数展开.

例3 将函数 $f(x) = \cos x$ 展开成 x 的幂级数.

解 对展开式

$$\sin x = \frac{x}{1!} - \frac{x^3}{3!} + \frac{x^5}{5!} - \cdots + (-1)^{n-1}\frac{x^{2n-1}}{(2n-1)!} + \cdots \quad x \in (-\infty, +\infty)$$

两边关于 x 逐项求导, 得

$$\cos x = 1 - \frac{x^2}{2!} + \frac{x^4}{4!} - \cdots + (-1)^{n-1}\frac{x^{2n-2}}{(2n-2)!} + \cdots \quad x \in (-\infty, +\infty)$$

例4 将函数 $f(x) = \ln(1+x)$ 展开成 x 的幂级数.

解 由于 $f'(x) = \frac{1}{1+x}$, 而

$$\frac{1}{1+x} = 1 - x + x^2 - x^3 + \cdots + (-1)^n x^n + \cdots \quad (-1 < x < 1)$$

将上式从 0 到 x 逐项积分得

$$\ln(1+x) = x - \frac{x^2}{2} + \frac{x^3}{3} - \cdots + (-1)^n \frac{x^{n+1}}{n+1} + \cdots$$

当 $x = 1$ 时,上式右端幂级数为

$$\sum_{n=0}^{\infty} (-1)^n \frac{1}{n+1} = 1 - \frac{1}{2} + \frac{1}{3} - \cdots + (-1)^n \frac{1}{n+1} + \cdots$$

收敛.

当 $x = -1$ 时,上式右端幂级数为

$$-\sum_{n=0}^{\infty} \frac{1}{n} = -\left(1 + \frac{1}{2} + \frac{1}{3} + \cdots + \frac{1}{n} + \cdots\right)$$

发散,故

$$\ln(1+x) = x - \frac{x^2}{2} + \frac{x^3}{3} - \cdots + (-1)^n \frac{x^{n+1}}{n+1} + \cdots \quad (-1 < x \leq 1)$$

下面,我们介绍十分重要的牛顿二项展开式.

例5 将函数 $f(x) = (1+x)^\alpha$ 展开成幂级数,其中 α 为任意实数.

解 由

$$f'(x) = \alpha(1+x)^{\alpha-1}$$

$$f''(x) = \alpha(\alpha-1)(1+x)^{\alpha-2}$$

$$\cdots$$

$$f^{(n)}(x) = \alpha(\alpha-1)\cdots(\alpha-n+1)(1+x)^{\alpha-n}$$

$$\cdots$$

于是

$$f(0) = 1, f'(0) = \alpha, f''(0) = \alpha(\alpha-1), \cdots, f^{(n)}(0) = \alpha(\alpha-1)\cdots(\alpha-n+1), \cdots$$

得到幂级数

$$1 + \frac{\alpha}{1!}x + \frac{\alpha(\alpha-1)}{2!}x^2 + \cdots + \frac{\alpha(\alpha-1)\cdots(\alpha-n+1)}{n!}x^n + \cdots$$

由于

$$\rho = \lim_{n\to\infty}\left|\frac{a_{n+1}}{a_n}\right| = \lim_{n\to\infty}\left|\frac{\alpha-n}{n+1}\right| = 1$$

因此,对任意实数 α,幂级数在 $(-1,1)$ 内收敛.

下面,我们证明该幂级数的和函数就是函数 $f(x) = (1+x)^\alpha$.

设上述幂级数在 $(-1,1)$ 内的和函数为 $F(x)$,即

$$F(x) = 1 + \frac{\alpha}{1!}x + \frac{\alpha(\alpha-1)}{2!}x^2 + \cdots + \frac{\alpha(\alpha-1)\cdots(\alpha-n+1)}{n!}x^n + \cdots$$

对上式进行逐项求导有

$$F'(x) = \frac{\alpha}{0!} + \frac{\alpha(\alpha-1)}{1!}x + \cdots + \frac{\alpha(\alpha-1)\cdots(\alpha-n+1)}{(n-1)!}x^{n-1} + \cdots$$

$$= \alpha\left[1 + \frac{(\alpha-1)}{1!}x + \cdots + \frac{(\alpha-1)\cdots(\alpha-n+1)}{(n-1)!}x^{n-1} + \cdots\right]$$

两边同乘以因子 $(1+x)$,有

$$(1+x)F'(x)$$

$$= \alpha\left[1 + \frac{(\alpha-1)}{1!}x + \frac{(\alpha-1)(\alpha-2)}{2!}x^2 + \cdots + \frac{(\alpha-1)\cdots(\alpha-n)}{n!}x^n + \cdots\right] +$$

$$\alpha\left[x + \frac{(\alpha-1)}{1!}x^2 + \cdots + \frac{(\alpha-1)\cdots(\alpha-n+1)}{(n-1)!}x^n + \cdots\right]$$

$$= \alpha \Big[1 + \frac{\alpha}{1!}x + \frac{\alpha(\alpha-1)}{2!}x^2 + \cdots + \frac{\alpha(\alpha-1)\cdots(\alpha-n+1)}{n!}x^n + \cdots \Big]$$

$$= \alpha F(x)$$

即

$$(1+x)F'(x) = \alpha F(x)$$

引入辅助函数

$$G(x) = \frac{F(x)}{(1+x)^\alpha}$$

$$G'(x) = \frac{(1+x)^\alpha F'(x) - \alpha(1+x)^{\alpha-1}F(x)}{(1+x)^{2\alpha}}$$

$$= \frac{(1+x)F'(x) - \alpha F(x)}{(1+x)^{\alpha+1}} = 0$$

从而 $G(x) \equiv c$（c 为常数），由于 $G(0) = 1$，故

$$\frac{F(x)}{(1+x)^\alpha} = G(x) \equiv 1$$

即

$$F(x) = (1+x)^\alpha$$

因此，在 $(-1,1)$ 内，我们有展开式

$$(1+x)^\alpha = 1 + \frac{\alpha}{1!}x + \frac{\alpha(\alpha-1)}{2!}x^2 + \cdots + \frac{\alpha(\alpha-1)\cdots(\alpha-n+1)}{n!}x^n + \cdots$$

称此式为牛顿二项展开式.

注 在区间端点 $x = \pm 1$ 处的敛散性，要看实数 α 的取值而定，这里，我们不再作进一步的介绍.

若引入广义组合记号 $\binom{\alpha}{n} = \dfrac{\alpha(\alpha-1)\cdots(\alpha-n+1)}{n!}$，牛顿二项展开式可简记成

$$(1+x)^\alpha = 1 + \sum_{n=1}^\infty \binom{\alpha}{n}x^n$$

最后，我们举一个将函数展开成 $(x-x_0)$ 的幂级数形式的例子.

例 6 数 $f(x) = \dfrac{1}{x^2+4x+3}$ 展开成 $(x-1)$ 的幂级数，并求出展开式成立的区间.

解 作变量替换 $t = x-1$，则 $x = t+1$，有

$$f(x) = \frac{1}{(x+3)(x+1)} \xrightarrow{x=t+1} \frac{1}{(t+4)(t+2)}$$

$$= \frac{1}{2(t+2)} - \frac{1}{2(t+4)} = \frac{1}{4\left(1+\dfrac{t}{2}\right)} - \frac{1}{8\left(1+\dfrac{t}{4}\right)}$$

而

$$\frac{1}{4\left(1 + \frac{t}{2}\right)} = \frac{1}{4} \sum_{n=0}^{\infty} (-1)^n \left(\frac{t}{2}\right)^n \quad \left(-1 < \frac{t}{2} < 1\right)$$

$$\frac{1}{8\left(1 + \frac{t}{4}\right)} = \frac{1}{8} \sum_{n=0}^{\infty} (-1)^n \left(\frac{t}{4}\right)^n \quad \left(-1 < \frac{t}{4} < 1\right)$$

于是

$$f(x) = \frac{1}{4} \sum_{n=0}^{\infty} (-1)^n \left(\frac{t}{2}\right)^n - \frac{1}{8} \sum_{n=0}^{\infty} (-1)^n \left(\frac{t}{4}\right)^n$$

$$= \sum_{n=0}^{\infty} (-1)^n \left(\frac{1}{2^{n+2}} - \frac{1}{2^{2n+3}}\right)(x-1)^n \quad (-2 < t < 2, -1 < x < 3)$$

习题 10 – 4

1. 求函数 $f(x) = \sin x$ 的泰勒级数,并验证它在整个数轴上收敛于这个函数.

2. 将下列函数展开成 x 的幂级数,并求出展开式成立的区间:

(1) $\operatorname{sh} x = \dfrac{e^x - e^{-x}}{2}$;　　　(2) a^x;　　　(3) $\sin \dfrac{x}{2}$;　　　(4) $\sin^2 x$;

(5) $\dfrac{x}{2 - x - x^2}$;　　　(6) $\ln(1 + x - 2x^2)$;　　　(7) $\arcsin x$.

3. 将下列函数展开成 $(x - 1)$ 的幂级数,并求出展开式成立的区间.

(1) $\sqrt{x^3}$;　　　(2) $\ln x$.

4. 将函数 $f(x) = \cos x$ 展开成 $\left(x + \dfrac{\pi}{3}\right)$ 的幂级数.

5. 将函数 $f(x) = \dfrac{1}{x}$ 展开成 $(x - 3)$ 的幂级数,并求出展开式成立的区间.

6. 将函数 $f(x) = \dfrac{1}{x^2 + 3x + 2}$ 展开成 $(x + 4)$ 的幂级数.

第五节　函数幂级数展开式的应用

一、近似计算

利用函数的幂级数展开式可以进行近似计算,即在展开式有效的区间上,函数值可以近似利用这个级数按精确度要求计算出来.

1. 一些近似计算中的术语

（1）误差不超过 10^{-k}

设 x^* 为精确值,而 x 为近似值,则 $|\delta| = |x - x^*|$ 表示 x 与 x^* 之间的绝对误差.

$$|\delta| \leqslant 10^{-k} \Leftrightarrow -0.\underbrace{00\cdots01}_{k位} \leqslant x - x^* \leqslant 0.\underbrace{00\cdots01}_{k位}$$

误差不超过 10^{-k}（$|\delta| = |x - x^*| \leqslant 10^{-k}$）意指,近似值 x 与精确值 x^* 之差在小数点后的 $k-1$ 位是完全一样的,仅在小数点后的第 k 位相差不超过一个单位.

例如,$x = 10.232, x^* = 10.231$,则

$$|x - x^*| = |10.232 - 10.231| = 0.001 \leqslant 10^{-3}$$

有时,也将误差不超过 10^{-k} 说成"精确到小数点后 k 位".

（2）截断误差

函数 $f(x)$ 用泰勒多项式

$$P_n(x) = f(0) + \frac{f'(0)}{1!}x + \frac{f''(0)}{2!}x^2 + \cdots + \frac{f^{(n)}(0)}{n!}x^n$$

来近似代替,则该数值计算方法的截断误差是

$$R_n(x) = f(x) - P_n(x) = \frac{f^{(n+1)}(\theta \cdot x)}{(n+1)!}x^{n+1} \quad (0 < \theta < 1)$$

（3）舍入误差

用计算机作数值计算,由于计算机的字长有限,原始数据在计算机上表示会产生误差,用这些近似表示的数据作计算,又可能造成新的误差,这种误差称为舍入误差.

例如,用 3.141 59 近似代替 π,产生的误差

$$\delta = \pi - 3.141\ 59 = 0.000\ 026$$

就是舍入误差.

2. 根式计算

例1 计算 $\sqrt{2}$ 的近似值（精确到小数点后第 4 位）.

$\sqrt{2}$ 是古希腊亚里士多德学派发现的不能用直尺作出来的数（即第一个无理数）,引发数学史上的第一次危机. 求根式的近似值,要选取一个函数的幂级数展开式,可选牛顿二项展开式

$$f(x) = (1 + x)^\alpha = 1 + \sum_{n=1}^{\infty} \frac{\alpha(\alpha-1)\cdots(\alpha-n+1)}{n!}x^n \quad (\alpha \text{ 为实数}, -1 < x < 1)$$

要利用此式,需要将 $\sqrt{2}$ 表示成 $A(1+x)^\alpha$ 的形式,通常当 $|x|$ 较小时,计算效果会较好.

$$\sqrt{2} = \frac{1.4}{\sqrt{\dfrac{1.96}{2}}} = \frac{1.4}{\sqrt{1 - \dfrac{0.04}{2}}} = 1.4 \times \left(1 - \frac{1}{50}\right)^{-\frac{1}{2}}$$

这里,对 $f(x)$ 可取 $x = -\dfrac{1}{50}, \alpha = -\dfrac{1}{2}$,则

$$\left(1 - \frac{1}{50}\right)^{-\frac{1}{2}} = 1 + \sum_{n=1}^{\infty} \frac{\left(-\dfrac{1}{2}\right)\left(-\dfrac{1}{2} - 1\right)\cdots\left(-\dfrac{1}{2} - n + 1\right)}{n!} \cdot \left(-\frac{1}{50}\right)^n$$

$$= 1 + \sum_{n=1}^{\infty} \frac{1 \cdot (1 + 2 \cdot 1)(1 + 2 \cdot 2)\cdots(1 + 2 \cdot n + 1)}{2^n \cdot n!} \cdot \left(\frac{1}{50}\right)^n$$

$$= 1 + \sum_{n=1}^{\infty} \frac{(2n-1)!!}{(2n)!!} \cdot \left(\frac{1}{50}\right)^n$$

解　利用二项展开式,有

$$\sqrt{2} = 1.4 \times \left(1 - \frac{1}{50}\right)^{-\frac{1}{2}}$$

$$= 1.4 \times \left(1 + \frac{1}{2} \cdot \frac{1}{50} + \frac{3}{8} \cdot \frac{1}{50^2} + \frac{5}{16} \cdot \frac{1}{50^3} + \frac{35}{128} \cdot \frac{1}{50^4} + \cdots\right)$$

如果我们截取前四项来作计算,则

$$\sqrt{2} \approx 1.4 \times \left(1 + \frac{1}{2} \cdot \frac{1}{50} + \frac{3}{8} \cdot \frac{1}{50^2} + \frac{5}{16} \cdot \frac{1}{50^3}\right)$$

$$\approx 1.4142$$

由于 $\left(\dfrac{1}{50}\right)^n$ 的系数 $\dfrac{(2n-1)!!}{(2n)!!}$ 是单调递减的,其截断误差可如下估计

$$r_3 < 1.4 \times \frac{35}{128} \times \left(\frac{1}{50^4} + \frac{1}{50^5} + \cdots\right)$$

$$= 1.4 \times \frac{35}{128} \times \frac{1}{50^4} \times \left(1 + \frac{1}{50} + \frac{1}{50^2} + \cdots\right)$$

$$= 1.4 \times \frac{35}{128} \times \frac{1}{50^4} \times \frac{1}{1 - \dfrac{1}{50}}$$

$$= \frac{1.4 \times 35}{128 \times 50^4 \times 49}$$

$$\approx 1.25 \times 10^{-9}$$

当然,$\sqrt{2}$ 表达式也可选其他形式,如用下式

$$\sqrt{2} = 1.4 \times \sqrt{\frac{2}{1.96}} = 1.4 \times \sqrt{1 + \frac{0.04}{1.96}} = 1.4 \times \left(1 + \frac{1}{49}\right)^{\frac{1}{2}}$$

来进行计算.

3. 对数的计算

例 2　计算 $\ln 2$ 的近似值（精确到小数点后第 4 位）.

解　我们已有展开式

$$\ln(1+x) = x - \frac{x^2}{2} + \frac{x^3}{3} - \frac{x^4}{4} + \cdots + (-1)^{n-1}\frac{x^n}{n} + \cdots \quad (-1 < x \leqslant 1)$$

且

$$\ln 2 = 1 - \frac{1}{2} + \frac{1}{3} - \frac{1}{4} + \cdots + (-1)^{n-1}\frac{1}{n} + \cdots$$

利用此数项级数来计算 $\ln 2$ 的近似值,理论上来说是可行的,其部分和 S_n 的截断误差为

$$|R_n| = |\ln 2 - S_n| = \left|(-1)^n \frac{1}{n+1} + (-1)^{n+1}\frac{1}{n+2} + \cdots\right|$$

$$= \left|\frac{1}{n+1} - \frac{1}{n+2} + \cdots\right| < \frac{1}{n+1}$$

欲使精度达到 10^{-4},需要的项数 n 应满足 $\frac{1}{n+1} < 10^{-4}$,即

$$n > 10^4 - 1 = 9\,999$$

亦即,n 应取到 10 000 项,这实在是太大了,这迫使我们去寻找计算 $\ln 2$ 更有效的方法. 将展开式

$$\ln(1+x) = x - \frac{x^2}{2} + \frac{x^3}{3} - \frac{x^4}{4} + \cdots + (-1)^{n-1}\frac{x^n}{n} + \cdots \quad (-1 < x \leqslant 1)$$

中的 x 换成 $-x$,得

$$\ln(1-x) = -x - \frac{x^2}{2} - \frac{x^3}{3} - \frac{x^4}{4} - \cdots - \frac{x^n}{n} - \cdots \quad (-1 \leqslant x < 1)$$

将以上两式相减,得到不含有偶次幂的展开式

$$\ln\frac{1+x}{1-x} = 2\left(\frac{x}{1} + \frac{x^3}{3} + \frac{x^5}{5} + \frac{x^7}{7}\cdots\right) \quad (-1 < x < 1)$$

令 $\frac{1+x}{1-x} = 2$,解出 $x = \frac{1}{3}$. 以 $x = \frac{1}{3}$ 代入得

$$\ln 2 = 2\left(\frac{1}{1}\cdot\frac{1}{3} + \frac{1}{3}\cdot\frac{1}{3^3} + \frac{1}{5}\cdot\frac{1}{3^5} + \frac{1}{7}\cdot\frac{1}{3^7} + \cdots\right)$$

当截断项取到第六项的时候已经满足了精确到小数点后四位的要求了. 由此可发现,计算速度会大大提高,近似值的精度有十分显著的改进,这种处理手段通常称作幂级数收敛的加速技术.

4. π 的计算

在小学数学学习中,我们就已接触到了圆周率 π,可对它的计算却从未真正做过,现在是我们了却这一夙愿的时候了. 由展开式

$$\frac{1}{1 + x^2} = 1 - x^2 + x^4 - \cdots + (-1)^{n-1} x^{2(n-1)} + \cdots \quad (-1 < x < 1)$$

两边积分,有

$$\arctan x = x - \frac{1}{3} x^3 + \frac{1}{5} x^5 - \cdots + (-1)^{n-1} \frac{1}{2n-1} x^{2n-1} + \cdots \quad (-1 \leqslant x \leqslant 1)$$

令 $x = \frac{1}{\sqrt{3}}$,则 $\arctan \frac{1}{\sqrt{3}} = \frac{\pi}{6}$,于是有

$$\frac{\pi}{6} = \frac{1}{\sqrt{3}} \Big[1 - \frac{1}{3} \cdot \frac{1}{3} + \frac{1}{5} \cdot \frac{1}{3^2} - \cdots + (-1)^{n-1} \frac{1}{2n-1} \cdot \frac{1}{3^{n-1}} + \cdots \Big]$$

利用此式可以进行计算,效果(速度与精度)也不错,只是需要 $\sqrt{3}$ 的值. 借助三角公式,作适当的变形,可构造出不需要计算 $\sqrt{3}$ 的表达式,如

$$\arctan x + \arctan y = \arctan \frac{x + y}{1 - xy}$$

令 $\frac{x + y}{1 - xy} = 1$(如取 $x = \frac{1}{2}, y = \frac{1}{3}$),有 $\frac{\pi}{4} = \arctan \frac{1}{2} + \arctan \frac{1}{3}$,从而

$$\frac{\pi}{4} = \Big[\frac{1}{1} \cdot \frac{1}{2} - \frac{1}{3} \cdot \frac{1}{2^3} + \frac{1}{5} \cdot \frac{1}{2^5} - \cdots + (-1)^{n-1} \frac{1}{2n-1} \cdot \frac{1}{2^{2n-1}} + \cdots \Big] +$$

$$\Big[\frac{1}{1} \cdot \frac{1}{3} - \frac{1}{3} \cdot \frac{1}{3^3} + \frac{1}{5} \cdot \frac{1}{3^5} - \cdots + (-1)^{n-1} \frac{1}{2n-1} \cdot \frac{1}{3^{2n-1}} + \cdots \Big]$$

据上式,我们可以根据要求的精度来获取截断项.

5. 定积分的近似计算

例 3 计算定积分

$$I = \int_0^1 \frac{\sin x}{x} \mathrm{d}x$$

的近似值,精确到 0.000 1.

解 因 $\lim\limits_{x \to 0} \frac{\sin x}{x} = 1$,所给积分不是广义积分,只需定义函数在 $x = 0$ 处的值为 1,则它在 $[0,1]$ 上便连续了. 展开被积函数,有

$$\frac{\sin x}{x} = 1 - \frac{x^2}{3!} + \frac{x^4}{5!} - \cdots + (-1)^{n-1} \frac{x^{2(n-1)}}{(2n-1)!} + \cdots \quad (-\infty < x < \infty)$$

在区间 $[0,1]$ 上对上式逐项积分,得

$$\int_0^1 \frac{\sin x}{x} \mathrm{d}x = 1 - \frac{1}{3 \cdot 3!} + \frac{1}{5 \cdot 5!} - \frac{1}{7 \cdot 7!} + \cdots + (-1)^{n-1} \frac{1}{(2n-1) \cdot (2n-1)!} + \cdots$$

因为第 4 项

$$\frac{1}{7 \cdot 7!} = \frac{1}{35\,280} < 2.9 \times 10^{-5}$$

所以可取前三项的和作为积分的近似值

$$\int_0^1 \frac{\sin x}{x} dx \approx 1 - \frac{1}{3 \cdot 3!} + \frac{1}{5 \cdot 5!} \approx 0.946\,1$$

例 4　求极限 $\lim\limits_{x \to +\infty} \left[x - x^2 \ln \left(1 + \frac{1}{x} \right) \right]$.

解　由

$$\ln(1+t) = t - \frac{1}{2}t^2 + \frac{1}{3}t^3 - \frac{1}{4}t^4 + \cdots \quad (|t| < 1)$$

有

$$\ln\left(1 + \frac{1}{x}\right) = \frac{1}{x} - \frac{1}{2}\left(\frac{1}{x}\right)^2 + \frac{1}{3}\left(\frac{1}{x}\right)^3 - \frac{1}{4}\left(\frac{1}{x}\right)^4 + \cdots \quad (x > 1)$$

所以

$$x - x^2\ln\left(1 + \frac{1}{x}\right) = \frac{1}{2} - \frac{1}{3x} + \frac{1}{4x^2} - \cdots$$

从而

$$\lim_{x \to +\infty}\left[x - x^2\ln\left(1 + \frac{1}{x}\right)\right] = \frac{1}{2}$$

二、欧拉公式

设有复数项级数为

$$(u_1 + iv_1) + (u_2 + iv_2) + \cdots + (u_n + iv_n) + \cdots \quad (10-17)$$

其中，$u_n, v_n (n = 1,2,\cdots)$ 为实常数. 如果实部所成的级数

$$u_1 + u_2 + \cdots + u_n + \cdots \quad (10-18)$$

收敛于和 u，且虚部所成的级数

$$v_1 + v_2 \cdots + v_n + \cdots \quad (10-19)$$

收敛于和 v，就说级数 $(10-17)$ 收敛且其和为 $u + iv$.

如果级数 $(10-17)$ 各项的模所构成的级数

$$\sqrt{u_1^2 + v_1^2} + \sqrt{u_2^2 + v_2^2} + \cdots + \sqrt{u_n^2 + v_n^2} + \cdots \quad (10-20)$$

收敛，由于

$$|u_n| \leqslant \sqrt{u_n^2 + v_n^2}, \ |v_n| \leqslant \sqrt{u_n^2 + v_n^2} \quad (n = 1,2,\cdots)$$

则级数 $(10-18)$、级数 $(10-19)$ 绝对收敛，从而级数 $(10-17)$ 收敛，这时就说级数 $(10-17)$ 绝对收敛.

考察复数项级数

$$1 + z + \frac{1}{2!}z^2 + \cdots + \frac{1}{n!}z^n + \cdots \quad (z = x + iy) \tag{10-21}$$

它的模所形成的级数

$$1 + (\sqrt{x^2 + y^2}) + \frac{1}{2!}(\sqrt{x^2 + y^2})^2 + \cdots + \frac{1}{n!}(\sqrt{x^2 + y^2})^n + \cdots$$

绝对收敛. 因此, 级数(10-21) 在整个复平面上是绝对收敛的.

在 x 轴上($z = x$), 它表示指数函数 e^x, 在整个复平面上我们用它来定义复变量指数函数, 记作 e^z, 于是定义为

$$e^z = 1 + z + \frac{1}{2!}z^2 + \cdots + \frac{1}{n!}z^n + \cdots \quad (|z| < \infty) \tag{10-22}$$

当 $x = 0$ 时, z 为纯虚数 iy, 式(10-22) 成为

$$e^{iy} = 1 + iy + \frac{1}{2!}(iy)^2 + \frac{1}{3!}(iy)^3 + \cdots + \frac{1}{n!}(iy)^n + \cdots$$

$$= 1 + iy - \frac{1}{2}y^2 - i\frac{1}{3!}y^3 + \frac{1}{4!}y^4 + i\frac{1}{5!}y^5 - \cdots$$

$$= \left(1 - \frac{1}{2!}y^2 + \frac{1}{4!}y^4 - \cdots\right) + i\left(y - \frac{1}{3!}y^3 + \frac{1}{5!}y^5 - \cdots\right)$$

$$= \cos y + i\sin y$$

把 y 换写为 x, 上式变为

$$e^{ix} = \cos x + i\sin x \tag{10-23}$$

这就是欧拉公式.

应用式(10-23), 复数 z 可以表示为指数形式

$$z = r(\cos \theta + i\sin \theta) = re^{i\theta} \tag{10-24}$$

其中, $r = |z|$ 是 z 的模, $\theta = \arg z$ 是 z 的辐角.

在式(10-23) 中把 x 换为 $-x$, 又有

$$e^{-ix} = \cos x - i\sin x$$

与式(10-23) 相加、相减, 得

$$\begin{cases} \cos x = \dfrac{e^{ix} + e^{-ix}}{2} \\ \sin x = \dfrac{e^{ix} - e^{-ix}}{2i} \end{cases} \tag{10-25}$$

式(10-25) 也叫作欧拉公式.

式(10-23) 与式(10-25) 揭示了三角函数与复变量指数函数之间的一种联系. 根据式(10-22), 并利用幂级数的乘法, 我们不难验证

$$e^{z_1 + z_2} = e^{z_1} \cdot e^{z_2}$$

特别地，取 z_1 为实数 x，z_2 为纯虚数 iy，则有

$$e^{x+iy} = e^x \cdot (\cos y + i\sin y)$$

这就是说，复变量指数函数 e^z 在 $z = x + iy$ 处的值是模为 e^x，辐角为 y 的复数.

习题 10 − 5

1. 利用函数的幂级数展开式求下列各数的近似值.

(1) $\ln 3$（误差不超过 $0.000\,1$）；   (2) $\sqrt{e}$（误差不超过 0.001）；

(3) $\sqrt[9]{522}$（误差不超过 $0.000\,01$）；   (4) $\cos 2°$（误差不超过 $0.000\,1$）.

2. 利用被积函数的幂级数展开式求下列定积分的近似值：

(1) $\displaystyle\int_0^{0.5} \frac{1}{1 + x^4}dx$（误差不超过 $0.000\,1$）；

(2) $\displaystyle\int_0^{0.5} \frac{\arctan x}{x}dx$（误差不超过 $0.000\,1$）.

3. 将函数 $e^x\cos x$ 展开成 x 的幂级数.

4. 求下列极限：

(1) $\displaystyle\lim_{x \to 0} \frac{1 - e^{x^2}}{1 - \cos x}$；

(2) $\displaystyle\lim_{x \to +\infty} x[\ln(x + 1) - \ln x]$

第六节　　傅里叶级数

在前面的内容中，我们看到了幂级数有着广泛的应用，最主要的是形式上可以把一个函数表示成无穷多幂函数的叠加，由于它要求函数在定义区间上要有任意阶导数，限制了它在实际工作中的应用. 在工程实践中，经常会遇到与周期函数有关的问题，它们往往不满足任意阶可导的条件. 18 世纪，一种特殊的三角级数被法国数学家傅里叶在研究偏微分方程的边值问题时提出. 这不但极大地推动了偏微分方程理论的发展，同时这种级数在现代数学、物理、工程及通信技术领域得到了很好的应用，这就是我们下面要研究的傅里叶级数.

一、三角级数与三角函数系的正交性

描述简谐振动的函数

$$y = A\sin(\omega t + \varphi)$$

就是一个以 $\dfrac{2\pi}{\omega}$ 为周期的正弦函数,其中 y 表示动点的位置,t 表示时间,A 为振幅,ω 为角频率,φ 为初相.

在实际问题中,还会遇到一些更复杂的周期函数,如电子技术中常用的周期为 T 的矩形波(见图 10 – 7).

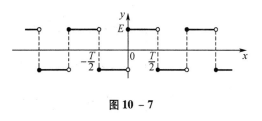

图 10 – 7

如何深入研究非正弦周期函数呢?联系到前面介绍过的用函数的幂级数展开式表示与讨论函数,我们也想将周期函数展开成由简单的周期函数例如三角函数组成的级数,具体来说,将周期为 $T = \dfrac{2\pi}{\omega}$ 的周期函数用一系列三角函数 $A_n \sin(n\omega t + \varphi_n)$ 组成的级数来表示,记为

$$f(t) = A_0 + \sum_{n=1}^{\infty} A_n \sin(n\omega t + \varphi_n) \qquad (10-26)$$

其中 $A_0, A_n, \varphi_n(n = 1, 2, 3, \cdots)$ 都是常数.

将周期函数按上述方式展开,它的物理意义是很明确的,就是把一个复杂的周期运动看成是许多不同频率的简谐振动的叠加,在电工学上这种展开称为谐波分析. 其中 A_0 称为 $f(t)$ 的直流分量,$A_1 \sin(\omega t + \varphi_1)$ 称为一次谐波(又叫基波),而 $A_2 \sin(2\omega t + \varphi_2)$,$A_3 \sin(3\omega t + \varphi_3)$,$\cdots$,依次称为二次谐波,三次谐波等. 为了讨论方便,我们将正弦函数 $A_n \sin(n\omega t + \varphi_n)$ 变形成为

$$A_n \sin(n\omega t + \varphi_n) = A_n \sin \varphi_n \cos n\omega t + A_n \cos \varphi_n \sin n\omega t$$

并且令 $\dfrac{a_0}{2} = A_0, a_n = A_n \sin \varphi_n, b_n = A_n \cos \varphi_n, \omega t = x$,则式(10 – 26)右端的级数就可以改写为

$$\frac{a_0}{2} + \sum_{n=1}^{\infty} (a_n \cos nx + b_n \sin nx) \qquad (10-27)$$

一般地,形如式(10 – 27)的级数叫作三角级数,其中 $a_0, a_n, b_n(n = 1, 2, 3, \cdots)$ 都是常数.

如同讨论幂级数时一样,我们必须讨论三角级数(10 – 27)的收敛问题,以及给定以 2π 为周期的周期函数能否展开成三角级数和如何展开成三角级数的问题. 下面我们首先介绍三角函数系的正交性.

定义 1 所谓三角函数系

$$1, \quad \cos x, \quad \sin x, \quad \cos 2x, \quad \sin 2x, \quad \cdots, \quad \cos nx, \quad \sin nx, \quad \cdots \qquad (10-28)$$

在区间 $[-\pi, \pi]$ 上正交,就是指在三角函数系(10 – 28)中任何两个不同函数乘积在区间 $[-\pi, \pi]$ 上的积分等于零,即

$$\int_{-\pi}^{\pi} \cos nx \mathrm{d}x = 0, \qquad (n = 1,2,3,\cdots)$$

$$\int_{-\pi}^{\pi} \sin nx \mathrm{d}x = 0, \qquad (n = 1,2,3,\cdots)$$

$$\int_{-\pi}^{\pi} \sin kx \cos nx \mathrm{d}x = 0, \qquad (k,n = 1,2,3,\cdots)$$

$$\int_{-\pi}^{\pi} \cos kx \cos nx \mathrm{d}x = 0, \qquad (k,n = 1,2,3,\cdots, k \neq n)$$

$$\int_{-\pi}^{\pi} \sin kx \sin nx \mathrm{d}x = 0, \qquad (n = 1,2,3,\cdots, k \neq n)$$

以上等式都可以通过计算定积分来验证,现将第四式验证如下,利用三角学中的积化和差公式

$$\cos kx \cos nx = \frac{1}{2}\big[\cos(k+n)x + \cos(k-n)x\big]$$

当 $k \neq n$ 时,有

$$\int_{-\pi}^{\pi} \cos kx \cos nx \mathrm{d}x = \frac{1}{2}\int_{-\pi}^{\pi}\big[\cos(k+n)x + \cos(k-n)x\big]\mathrm{d}x$$

$$= \frac{1}{2}\Big[\frac{\sin(k+n)x}{k+n} + \frac{\sin(k-n)x}{k-n}\Big]_{-\pi}^{\pi}$$

$$= 0 \quad (k,n = 1,2,3,\cdots)$$

在三角函数系$(10-28)$中,两个相同函数的乘积在区间$[-\pi,\pi]$上的积分不等于零,且有

$$\int_{-\pi}^{\pi} 1^2 \mathrm{d}x = 2\pi$$

$$\int_{-\pi}^{\pi} \sin^2 nx \mathrm{d}x = \pi \quad (n = 1,2,3,\cdots)$$

$$\int_{-\pi}^{\pi} \cos^2 nx \mathrm{d}x = \pi \quad (n = 1,2,3,\cdots)$$

其余等式请读者自行验证.

二、函数展开成傅里叶级数

设 $f(x)$ 是以 2π 为周期的周期函数,且能展开成三角级数

$$f(x) = \frac{a_0}{2} + \sum_{k=1}^{\infty}(a_k \cos kx + b_k \sin kx) \qquad (10-29)$$

我们自然要问,系数 a_0, a_k, b_k 与函数 $f(x)$ 之间存在怎样的关系?换句话说,如何利用 $f(x)$ 把 a_0, a_k, b_k 表达出来?为此,我们进一步假设级数$(10-29)$可以逐项积分.

先求 a_0,对式$(10-29)$从 $-\pi$ 到 π 逐项积分有

$$\int_{-\pi}^{\pi} f(x)\mathrm{d}x = \int_{-\pi}^{\pi}\frac{a_0}{2}\mathrm{d}x + \sum_{k=1}^{\infty}\Big[a_k\int_{-\pi}^{\pi}\cos kx \mathrm{d}x + b_k\int_{-\pi}^{\pi}\sin kx \mathrm{d}x\Big]$$

根据三角函数系(10-28)的正交性,等式右端除第一项外,其余各项均为零,故

$$\int_{-\pi}^{\pi} f(x) \mathrm{d}x = \frac{a_0}{2} \cdot 2\pi$$

于是得

$$a_0 = \frac{1}{\pi} \int_{-\pi}^{\pi} f(x) \mathrm{d}x$$

其次求 a_n,用 $\cos nx$ 乘式(10-29)两端,再从 $-\pi$ 到 π 逐项积分,我们得到

$$\int_{-\pi}^{\pi} f(x) \cos nx \mathrm{d}x = \frac{a_0}{2} \int_{-\pi}^{\pi} \cos nx \mathrm{d}x + \sum_{k=1}^{\infty} \left[a_k \int_{-\pi}^{\pi} \cos kx \cos nx \mathrm{d}x + b_k \int_{-\pi}^{\pi} \sin kx \cos nx \mathrm{d}x \right]$$

根据三角函数系(10-28)的正交性,等式右端除 $k=n$ 一项外,其余各项均为零,故

$$\int_{-\pi}^{\pi} f(x) \cos nx \mathrm{d}x = a_n \int_{-\pi}^{\pi} \cos^2 nx \mathrm{d}x = a_n \pi$$

于是得

$$a_n = \frac{1}{\pi} \int_{-\pi}^{\pi} f(x) \cos nx \mathrm{d}x \quad (n = 1, 2, 3, \cdots)$$

类似地,用 $\sin nx$ 乘式(10-29)的两端,再从 $-\pi$ 到 π 逐项积分,可得

$$b_n = \frac{1}{\pi} \int_{-\pi}^{\pi} f(x) \sin nx \mathrm{d}x \quad (n = 1, 2, 3, \cdots)$$

由于当 $n=0$ 时,a_n 的表达式正好为 a_0,因此,已得结果可以合并写成

$$a_n = \frac{1}{\pi} \int_{-\pi}^{\pi} f(x) \cos nx \mathrm{d}x \quad (n = 0, 1, 2, 3, \cdots)$$

$$b_n = \frac{1}{\pi} \int_{-\pi}^{\pi} f(x) \sin nx \mathrm{d}x \quad (n = 1, 2, 3, \cdots)$$

$$(10 - 30)$$

定义 2 如果公式(10-30)中的积分都存在,则系数 a_0, a_n, b_n 称为函数 $f(x)$ 的傅里叶系数,将这些系数代入式(10-29)右端,所得的三角级数

$$\frac{a_0}{2} + \sum_{n=1}^{\infty} (a_n \cos nx + b_n \sin nx) \qquad (10 - 31)$$

称为函数 $f(x)$ 的傅里叶级数.

一个定义在 $(-\infty, +\infty)$ 上周期为 2π 的函数 $f(x)$,如果它在一个周期上可积,则一定可以作出 $f(x)$ 的傅里叶级数(10-31),但傅里叶级数(10-31)不一定收敛,即使它收敛,其和函数也不一定是 $f(x)$,这就产生了一个问题:$f(x)$ 需满足怎样的条件,它的傅里叶级数(10-31)收敛,且收敛于 $f(x)$?换句话说,$f(x)$ 满足什么条件才能展开成傅里叶级数(10-31)?

下面我们叙述一个收敛定理,它给出了关于上述问题的一个重要结论.

定理 1(收敛定理) 设 $f(x)$ 是周期为 2π 的周期函数,如果它满足:

(1) 在一个周期内连续或只有有限个第一类间断点;

（2）在一个周期内至多有有限个极值点；

则 $f(x)$ 的傅里叶级数收敛，并且当 x 是 $f(x)$ 的连续点时，级数收敛于 $f(x)$；当 x 是 $f(x)$ 的间断点时，级数收敛于 $\frac{1}{2}[f(x-0)+f(x+0)]$，亦即

$$\frac{a_0}{2}+\sum_{n=1}^{\infty}(a_n\cos nx+b_n\sin nx)=\frac{1}{2}[f(x-0)+f(x+0)] \quad x\in(-\infty,+\infty)$$

收敛定理告诉我们，只要函数在 $[-\pi,\pi]$ 上至多有有限个第一类间断点，并且不作无限次振动，函数的傅里叶级数在连续点处就收敛于该点的函数值，在间断点处收敛于该点左右极限的算术平均值，可见，函数展开成傅里叶级数的条件比展开成幂级数的条件要低得多.

例 1 设 $f(x)$ 是以 2π 为周期的周期函数，它在 $[-\pi,\pi)$ 上的表达式为

$$f(x)=\begin{cases}-1, & -\pi\leqslant x<0 \\ 1, & 0\leqslant x<\pi\end{cases}$$

将 $f(x)$ 展开成傅里叶级数.

解 函数的图形如图 10-8 所示.

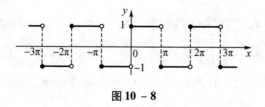

图 10-8

函数仅在 $x=k\pi(k=0,\pm1,\pm2,\cdots)$ 处是跳跃间断，满足收敛定理的条件，由收敛定理，$f(x)$ 的傅里叶级数收敛，并且当 $x=k\pi$ 时，级数收敛于

$$\frac{f(k\pi-0)+f(k\pi+0)}{2}=\frac{-1+1}{2}=0$$

当 $x\neq k\pi$ 时，级数收敛于 $f(x)$.

下面我们计算 $f(x)$ 的傅里叶级数的系数：

$$a_n=\frac{1}{\pi}\int_{-\pi}^{\pi}f(x)\cos nx\mathrm{d}x=\frac{1}{\pi}\int_{-\pi}^{0}(-1)\cos nx\mathrm{d}x+\frac{1}{\pi}\int_{0}^{\pi}1\cdot\cos nx\mathrm{d}x=0 \quad (n=0,1,2,\cdots)$$

$$b_n=\frac{1}{\pi}\int_{-\pi}^{\pi}f(x)\sin nx\mathrm{d}x=\frac{1}{\pi}\int_{-\pi}^{0}(-1)\sin nx\mathrm{d}x+\frac{1}{\pi}\int_{0}^{\pi}1\cdot\sin nx\mathrm{d}x$$

$$=\frac{1}{\pi}\left(\frac{\cos nx}{n}\right)\bigg|_{-\pi}^{0}+\frac{1}{\pi}\left(-\frac{\cos nx}{n}\right)\bigg|_{0}^{\pi}=\frac{1}{n\pi}(1-\cos n\pi-\cos n\pi+1)$$

$$=\frac{2}{n\pi}[1-(-1)^n] \quad (n=1,2,\cdots)$$

所以 $f(x)$ 的傅里叶级数展开式为

$$f(x) = \sum_{n=1}^{\infty} \frac{2}{n\pi} [1 - (-1)^n] \sin nx$$

$$= \frac{4}{\pi} \Big[\sin x + \frac{1}{3} \sin 3x + \cdots + \frac{1}{2k-1} \sin (2k-1)x + \cdots \Big]$$

$$(-\infty < x < +\infty; x \neq 0, \pm\pi, \pm 2\pi, \cdots)$$

例2 设 $f(x)$ 是周期为 2π 的周期函数,它在 $[-\pi, \pi)$ 上的表达式为

$$f(x) = \begin{cases} x, & -\pi \leq x < 0; \\ 0, & 0 \leq x < \pi \end{cases}$$

将 $f(x)$ 展开成傅里叶级数.

解 函数的图形如图 10 – 9 所示.

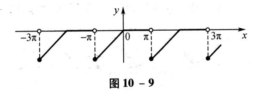

图 10 – 9

由图可知, $f(x)$ 满足收敛定理条件,在间断点 $x = (2k+1)\pi(k = 0, \pm 1, \cdots)$ 处, $f(x)$ 的傅里叶级数收敛于

$$\frac{f(\pi - 0) + f(-\pi + 0)}{2} = \frac{0 - \pi}{2} = -\frac{\pi}{2}$$

在连续点 $x(x \neq (2k+1)\pi)$ 处收敛于 $f(x)$.

计算傅里叶系数如下:

$$a_0 = \frac{1}{\pi} \int_{-\pi}^{\pi} f(x)\,\mathrm{d}x = \frac{1}{\pi} \int_{-\pi}^{0} x\,\mathrm{d}x = \frac{1}{\pi} \Big(\frac{x^2}{2} \Big) \Big|_{-\pi}^{0} = -\frac{\pi}{2}$$

$$a_n = \frac{1}{\pi} \int_{-\pi}^{\pi} f(x) \cos nx\,\mathrm{d}x = \frac{1}{\pi} \int_{-\pi}^{0} x \cos nx\,\mathrm{d}x = \frac{1}{\pi} \Big(\frac{x \sin nx}{n} + \frac{\cos nx}{n^2} \Big) \Big|_{-\pi}^{0}$$

$$= \frac{1}{n^2 \pi} (1 - \cos n\pi) = \frac{1}{n^2 \pi} \cdot [1 - (-1)^n] \quad (n = 1, 2, \cdots)$$

$$b_n = \frac{1}{\pi} \int_{-\pi}^{\pi} f(x) \sin nx\,\mathrm{d}x = \frac{1}{\pi} \int_{-\pi}^{0} x \sin nx\,\mathrm{d}x = \frac{1}{\pi} \Big(-\frac{x \cos nx}{n} + \frac{\sin nx}{n^2} \Big) \Big|_{-\pi}^{0}$$

$$= -\frac{\cos n\pi}{n} = \frac{(-1)^{n+1}}{n} \quad (n = 1, 2, \cdots)$$

$f(x)$ 的傅里叶级数展开式为

$$f(x) = -\frac{\pi}{4} + \sum_{n=1}^{\infty} \frac{1 - (-1)^n}{n^2 \pi} \cdot \cos nx + \frac{(-1)^{n+1}}{n} \cdot \sin nx$$

$$(-\infty < x < \infty, x \neq \pm\pi, \pm 3\pi, \cdots)$$

如果函数 $f(x)$ 仅仅只在 $[-\pi,\pi]$ 上有定义,并且满足收敛定理的条件,$f(x)$ 仍可以展开成傅里叶级数,做法如下:

(1) 在 $[-\pi,\pi)$ 或 $(-\pi,\pi]$ 外补充函数 $f(x)$ 的定义,使它被拓广成周期为 2π 的周期函数 $F(x)$,按这种方式拓广函数定义域的过程称为周期延拓;

(2) 将 $F(x)$ 展开成傅里叶级数;

(3) 限制 $x \in (-\pi,\pi)$,此时 $F(x) \equiv f(x)$,这样便得到 $f(x)$ 的傅里叶级数展开式. 根据收敛定理,该级数在区间端点 $x = \pm \pi$ 处收敛于 $\frac{1}{2}[f(\pi-0)+f(-\pi+0)]$.

例 3　将函数 $f(x) = \begin{cases} -x, & -\pi \leqslant x < 0; \\ x, & 0 \leqslant x \leqslant \pi \end{cases}$ 展开成傅里叶级数.

解　将 $f(x)$ 在 $(-\infty,\infty)$ 上以 2π 为周期作周期延拓,其函数图形如图 $10-10$ 所示.

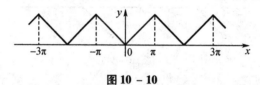

图 10 - 10

因此延拓后的周期函数在 $(-\infty,\infty)$ 上连续,故它的傅里叶级数在 $[-\pi,\pi]$ 上收敛于 $f(x)$.

计算傅里叶系数如下:

$$a_0 = \frac{1}{\pi}\int_{-\pi}^{\pi} f(x)\mathrm{d}x = \frac{1}{\pi}\int_{-\pi}^{0}(-x)\mathrm{d}x + \frac{1}{\pi}\int_{0}^{\pi}x\mathrm{d}x = \frac{1}{\pi}\left(-\frac{x^2}{2}\right)\Big|_{-\pi}^{0} + \frac{1}{\pi}\left(\frac{x^2}{2}\right)\Big|_{0}^{\pi} = \pi$$

$$a_n = \frac{1}{\pi}\int_{-\pi}^{\pi} f(x)\cos nx\mathrm{d}x = \frac{1}{\pi}\int_{-\pi}^{0}(-x)\cos nx\mathrm{d}x + \frac{1}{\pi}\int_{0}^{\pi}x\cos nx\mathrm{d}x$$

$$= -\frac{1}{\pi}\left(\frac{x\sin nx}{n} + \frac{\cos nx}{n^2}\right)\Big|_{-\pi}^{0} + \frac{1}{\pi}\left(\frac{x\sin nx}{n} + \frac{\cos nx}{n^2}\right)\Big|_{0}^{\pi} = \frac{2}{n^2\pi}(\cos n\pi - 1)$$

$$= \begin{cases} -\dfrac{4}{n^2\pi}, & n = 1,3,5,\cdots \\ 0, & n = 2,4,6,\cdots \end{cases}$$

$$b_n = \frac{1}{\pi}\int_{-\pi}^{\pi} f(x)\sin nx\mathrm{d}x = \frac{1}{\pi}\int_{-\pi}^{0}(-x)\sin nx\mathrm{d}x + \frac{1}{\pi}\int_{0}^{\pi}x\sin nx\mathrm{d}x$$

$$= -\frac{1}{\pi}\left(-\frac{x\cos nx}{n} + \frac{\sin x}{n^2}\right)\Big|_{-\pi}^{0} + \frac{1}{\pi}\left(-\frac{x\cos nx}{n} + \frac{\sin x}{n^2}\right)\Big|_{0}^{\pi} = 0 \quad (n = 1,2,3,\cdots)$$

故 $f(x)$ 的傅里叶级数展开式为

$$f(x) = \frac{\pi}{2} - \frac{4}{\pi}\left(\cos x + \frac{1}{3^2}\cos 3x + \frac{1}{5^2}\cos 5x + \cdots\right) \quad (-\pi \leqslant x \leqslant \pi)$$

利用这个展开式,我们可以导出一个著名的级数和.

令 $x = 0$, 有 $f(0) = 0$, 于是有

$$0 = \frac{\pi}{2} - \frac{4}{\pi}\left(1 + \frac{1}{3^2} + \frac{1}{5^2} + \cdots\right)$$

整理得

$$\frac{\pi^2}{8} = 1 + \frac{1}{3^2} + \frac{1}{5^2} + \cdots$$

若记

$$\sigma = 1 + \frac{1}{2^2} + \frac{1}{3^2} + \frac{1}{4^2} + \cdots, \tau = 1 - \frac{1}{2^2} + \frac{1}{3^2} - \frac{1}{4^2} + \cdots$$

$$\sigma_1 = 1 + \frac{1}{3^2} + \frac{1}{5^2} + \cdots, \sigma_2 = \frac{1}{2^2} + \frac{1}{4^2} + \frac{1}{6^2} + \cdots$$

而

$$\sigma_2 = \frac{1}{4} \cdot \left(1 + \frac{1}{2^2} + \frac{1}{3^2} + \cdots\right) = \frac{1}{4}\sigma, \sigma = \sigma_1 + \sigma_2 = \sigma_1 + \frac{1}{4}\sigma$$

故

$$\sigma = \frac{4}{3}\sigma_1 = \frac{4}{3} \cdot \frac{\pi^2}{8} = \frac{\pi^2}{6}$$

又

$$\tau = \sigma_1 - \sigma_2 = \sigma_1 - \frac{1}{4}\sigma$$

故

$$\tau = \frac{\pi^2}{8} - \frac{1}{4} \cdot \frac{\pi^2}{6} = \frac{\pi^2}{12}$$

习题 10 - 6

1. 下列周期函数 $f(x)$ 的周期为 2π, 试将 $f(x)$ 展开成傅里叶级数. $f(x)$ 在 $[-\pi, \pi)$ 上的表达式为:

(1) $f(x) = e^{2x}(-\pi \leqslant x \leqslant \pi)$;

(2) $f(x) = 3x^2 + 1(-\pi \leqslant x < \pi)$.

2. 将下列函数 $f(x)$ 展开成傅里叶级数.

(1) $f(x) = 2\sin\frac{x}{3}(-\pi \leqslant x < \pi)$;

(2) $f(x) = \begin{cases} bx, & -\pi \leqslant x < 0; \\ ax, & 0 \leqslant x \leqslant \pi. \end{cases}$

3. 设周期函数 $f(x)$ 的周期为 2π，证明 $f(x)$ 的傅里叶系数为：

$$a_n = \frac{1}{\pi}\int_0^{2\pi} f(x)\cos nx\,\mathrm{d}x \quad (n = 0,1,2,\cdots)$$

$$b_n = \frac{1}{\pi}\int_0^{2\pi} f(x)\sin nx\,\mathrm{d}x \quad (n = 1,2,3,\cdots)$$

4. 设 $f(x)$ 是周期为 2π 的周期函数，它在 $[-\pi,\pi)$ 上的表达式为

$$f(x) = \begin{cases} -\dfrac{\pi}{2}, & -\pi \leqslant x < -\dfrac{\pi}{2} \\[2mm] x, & -\dfrac{\pi}{2} \leqslant x < \dfrac{\pi}{2} \\[2mm] \dfrac{\pi}{2}, & \dfrac{\pi}{2} \leqslant x < \pi \end{cases}$$

将 $f(x)$ 展开成傅里叶级数.

第七节　正弦级数和余弦级数

一、奇函数偶函数的傅里叶级数

一般来说，一个函数的傅里叶级数既含有正弦项，又含有余弦项. 但是，有些函数的傅里叶级数只含有正弦项或只含有余弦项，究其原因，它与所给函数的奇偶性有关. 根据前一节求傅里叶级数的方法，我们得到如下结果.

定理1 以 2π 为周期的奇函数 $f(x)$ 展开成傅里叶级数时，它的傅里叶系数为

$$a_n = 0 \qquad\qquad (n = 0,1,2\cdots)$$

$$b_n = \frac{2}{\pi}\int_0^{\pi} f(x)\sin nx\,\mathrm{d}x \quad (n = 1,2,3\cdots)$$

而以 2π 为周期的偶函数 $f(x)$ 展开成傅里叶级数时，它的傅里叶系数为

$$a_n = \frac{2}{\pi}\int_0^{\pi} f(x)\cos nx\,\mathrm{d}x \qquad (n = 0,1,2\cdots)$$

$$b_n = 0 \qquad\qquad (n = 1,2,3\cdots)$$

证明 我们这里只证周期为 2π 的偶函数的情形，设 $f(x)$ 是以 2π 为周期的偶函数，则 $f(-x) = f(x)$，从而

$$a_n = \frac{1}{\pi}\int_{-\pi}^{\pi} f(x)\cos nx\,\mathrm{d}x = \frac{1}{\pi}\int_{-\pi}^{0} f(x)\cos nx\,\mathrm{d}x + \frac{1}{\pi}\int_{0}^{\pi} f(x)\cos nx\,\mathrm{d}x$$

$$= \frac{1}{\pi}\int_{\pi}^{0} f(-t)\cos n(-t)\,\mathrm{d}(-t) + \frac{1}{\pi}\int_{0}^{\pi} f(x)\cos nx\,\mathrm{d}x$$

$$= \frac{1}{\pi}\int_0^\pi f(t)\cos nt\,\mathrm{d}t + \frac{1}{\pi}\int_0^\pi f(x)\cos nx\,\mathrm{d}x = \frac{2}{\pi}\int_0^\pi f(x)\cos nx\,\mathrm{d}x \quad (n = 0,1,2,\cdots\cdots)$$

又因 $f(x)\sin nx$ 是 $[-\pi,\pi]$ 上的奇函数,故

$$b_n = \frac{1}{\pi}\int_{-\pi}^\pi f(x)\sin nx\,\mathrm{d}x = 0 \quad (n = 1,2,3,\cdots)$$

同理可证明周期为 2π 的奇函数的情形. 该定理告诉我们下面两点:

(1) 如果 $f(x)$ 为奇函数,那么它的傅里叶级数是只含有正弦项,不含常数项和余弦项的级数,称为正弦级数 $\displaystyle\sum_{n=1}^\infty b_n\sin nx$;

(2) 如果 $f(x)$ 为偶函数,那么它的傅里叶级数是只含有常数项和余弦项,不含正弦项的级数,称为余弦级数 $\dfrac{a_0}{2} + \displaystyle\sum_{n=1}^\infty a_n\cos nx$.

例 1 设 $f(x)$ 是周期为 2π 的周期函数,它在 $(-\pi,\pi]$ 上的表达式为 $f(x) = x$,将它展开成傅里叶级数.

解 函数的图形如图 10 – 11 所示.

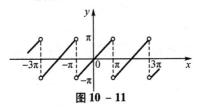

图 10 – 11

$f(x)$ 是周期为 2π 的奇函数,因此

$$a_n = 0 \quad (n = 0,1,2,\cdots)$$

$$b_n = \frac{2}{\pi}\cdot\int_0^\pi x\sin nx\,\mathrm{d}x = \frac{2}{\pi}\left(-\frac{x}{n}\cos nx\,\Big|_0^\pi + \frac{1}{n}\cdot\int_0^\pi \cos nx\,\mathrm{d}x\right)$$

$$= \frac{2}{\pi}\left(-\frac{\pi}{n}\cos n\pi + \frac{1}{n^2}\sin nx\,\Big|_0^\pi\right) = \frac{2}{\pi}\cdot\frac{(-1)^{n+1}\pi}{n} = (-1)^{n+1}\cdot\frac{2}{n} \quad (n = 1,2,\cdots)$$

$f(x)$ 在点 $x = \pm\pi,\ \pm 3\pi,\cdots$ 不连续,据收敛定理,$f(x)$ 的傅里叶展开式为

$$f(x) = \sum_{n=1}^\infty (-1)^{n+1}\frac{2}{n}\cdot\sin nx$$

$$= 2\cdot\left(\sin x - \frac{1}{2}\sin 2x + \frac{1}{3}\sin 3x - \cdots\right)$$

其中,$-\infty < x < +\infty$,但 $x \neq \pm\pi,\ \pm 3\pi,\cdots$.

二、函数展开成正弦级数或余弦级数

在实际应用中(如研究某种波动、热的传导、扩散问题),有时需要把定义在区间 $[0,\pi]$ 上

的函数$f(x)$展开成正弦级数或余弦级数.

根据前面的讨论结果,这类问题可按如下的方法解决:设$f(x)$是定义在区间$[0,\pi]$上且满足收敛定理条件的函数,我们在开区间$(-\pi,0)$补充函数$f(x)$的定义,得到在$(-\pi,\pi]$上定义的新函数$F(x)$,且使$F(x)$在$(-\pi,\pi)$上成为奇函数(或偶函数),这种定义$F(x)$的方式称为是对$f(x)$的奇延拓(或偶延拓).然后将延拓得到的$F(x)$以2π为周期进行周期延拓,得到周期函数$G(x)$,再将所得到的周期函数$G(x)$展开成傅里叶级数,则该级数必为正弦级数(或余弦级数).据$G(x)$的傅里叶展开式的成立区间,在区间$(0,\pi)$上$G(x)=F(x)=f(x)$,这样便得到了$f(x)$的正弦级数(或余弦级数).定义在其他区间上的$f(x)$也可以根据此方法进行正弦余弦级数展开.

例2 函数$f(x)=x+1(0\leqslant x\leqslant\pi)$分别展开成以$2\pi$为周期的正弦级数和余弦级数.

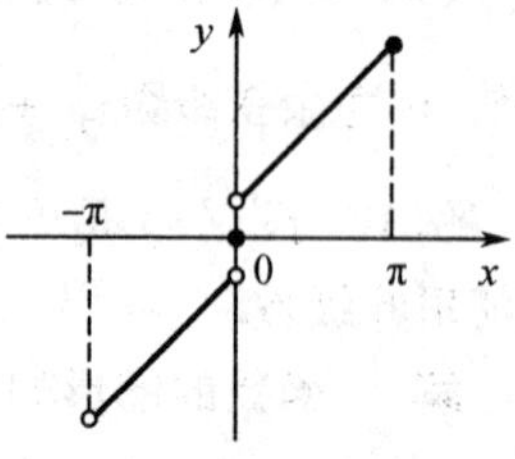

图10－12

解 先进行$f(x)$正弦级数展开,如图10－12所示,对$f(x)$进行奇延拓,得函数

$$F(x)=\begin{cases}x+1, & 0<x\leqslant\pi\\ 0, & x=0\\ -(-x+1), & -\pi<x<0\end{cases}$$

再对$F(x)$其进行周期延拓,则延拓得到的周期函数$G(x)$的傅里叶级数的系数如下

$$a_n=0\quad(n=0,1,2,\cdots)$$

$$\begin{aligned}b_n&=\frac{2}{\pi}\cdot\int_0^{\pi}(x+1)\sin nx\mathrm{d}x\\&=\frac{2}{\pi}\left(-\frac{x+1}{n}\cos nx\Big|_0^{\pi}+\frac{1}{n}\int_0^{\pi}\cos nx\mathrm{d}x\right)\\&=\frac{2}{\pi}\left(-\frac{\pi+1}{n}\cos n\pi+\frac{1}{n}+\frac{1}{n^2}\sin nx\Big|_0^{\pi}\right)\\&=\frac{2}{n\pi}[1-(\pi+1)(-1)^n]\quad(n=1,2,\cdots)\end{aligned}$$

则其傅里叶级数为$\sum\limits_{n=1}^{\infty}\frac{2}{n\pi}[1-(\pi+1)(-1)^n]\cdot\sin nx$,据收敛定理有,在$x=0$处,它收敛于

$$\frac{G(0-0)+G(0+0)}{2}=\frac{F(0-0)+F(0+0)}{2}=\frac{-1+1}{2}=0\neq f(0)$$

在$x=\pi$处,它收敛于

$$\begin{aligned}\frac{G(\pi-0)+G(\pi+0)}{2}&=\frac{F(\pi-0)+F(-\pi+0)}{2}\\&=\frac{(\pi+1)+(-\pi-1)}{2}=0\neq f(\pi)\end{aligned}$$

在 $0 < x < \pi$ 内,它收敛于 $f(x)$. 故 $f(x)$ 的傅里叶正弦级数展开式为

$$f(x) = x + 1 = \sum_{n=1}^{\infty} \frac{2}{n\pi}[1 - (\pi + 1)(-1)^n] \cdot \sin nx \quad (0 < x < \pi)$$

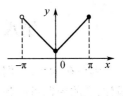

图 10 - 13

再进行 $f(x)$ 余弦级数展开,如图 $10-13$ 所示,对 $f(x)$ 进行偶延拓,可得函数

$$F(x) = \begin{cases} x + 1, & 0 \leqslant x \leqslant \pi \\ -x + 1, & -\pi < x < 0 \end{cases}$$

并对 $F(x)$ 进行周期延拓,则延拓得到的周期函数 $G(x)$ 的傅里叶级数的系数如下

$$b_n = 0 \quad (n = 1, 2, \cdots)$$

$$a_0 = \frac{2}{\pi}\int_0^\pi (x + 1)\mathrm{d}x = \pi + 2$$

$$a_n = \frac{2}{\pi}\int_0^\pi (x + 1)\cos nx\mathrm{d}x = \frac{2}{\pi}\left[\frac{x + 1}{n}\sin nx \Big|_0^\pi - \frac{1}{n}\int_0^\pi \sin nx\mathrm{d}x\right]$$

$$= \frac{2}{\pi}\left[\frac{1}{n^2}\cos nx\right]_0^\pi = \frac{2}{n^2\pi}[(-1)^n - 1] \quad (n = 1, 2, \cdots)$$

则其傅里叶级数为 $\dfrac{\pi + 2}{2} + \sum_{n=1}^{\infty} \dfrac{2}{n^2\pi}[(-1)^n - 1]\cos nx$,据收敛定理有,在 $x = \pi$ 处收敛于

$$\frac{G(\pi - 0) + G(\pi + 0)}{2} = \frac{(\pi + 1) + (\pi + 1)}{2} = \pi + 1 = f(\pi)$$

在 $0 \leqslant x < \pi$ 内,它收敛于 $f(x)$,故 $f(x)$ 的傅里叶余弦级数展开式为

$$f(x) = x + 1 = \frac{\pi + 2}{2} + \sum_{n=1}^{\infty} \frac{2}{n^2\pi}[(-1)^n - 1]\cos nx \quad (0 \leqslant x \leqslant \pi)$$

习题 10 - 7

1. 将函数 $f(x) = \dfrac{\pi - x}{2}(0 \leqslant x \leqslant \pi)$ 展开成以 2π 为周期的正弦级数.

2. 将函数 $f(x) = 2x^2(0 \leqslant x \leqslant \pi)$ 分别展开成以 2π 为周期的正弦级数和余弦级数.

3. 将函数 $f(x) = \cos\dfrac{x}{2}(-\pi \leqslant x \leqslant \pi)$ 展开成以 2π 为周期的傅里叶级数.

4. 设周期函数 $f(x)$ 的周期为 2π,证明:

(1) 如果 $f(x - \pi) = -f(x)$,则 $f(x)$ 的傅里叶系数 $a_0 = 0, a_{2k} = 0, b_{2k} = 0(k = 1, 2, \cdots)$;

(2) 如果 $f(x - \pi) = -f(x)$,则 $f(x)$ 的傅里叶系数 $a_{2k+1} = 0, b_{2k+1} = 0(k = 1, 2, \cdots)$.

第八节　周期为 $2l$ 的周期函数的傅里叶级数

到现在为止，我们所讨论的周期函数都是以 2π 为周期的. 但是在实际问题中遇到的周期函数，它的周期可能是 $2l$. 因此，对于周期为 $2l$ 的周期函数的傅里叶级数展开，根据已有的结论，借助变量替换，可得到下面定理.

定理 1　设周期为 $2l$ 的周期函数 $f(x)$ 满足收敛定理的条件，则它的傅里叶级数展开式为

$$f(x) = \frac{a_0}{2} + \sum_{n=1}^{\infty} a_n \cos \frac{n\pi x}{l} + b_n \sin \frac{n\pi x}{l}$$

其中系数的计算式为

$$a_n = \frac{1}{l} \int_{-l}^{l} f(x) \cos \frac{n\pi x}{l} \mathrm{d}x \quad (n = 0, 1, 2, \cdots)$$

$$b_n = \frac{1}{l} \int_{-l}^{l} f(x) \sin \frac{n\pi x}{l} \mathrm{d}x \quad (n = 1, 2, \cdots)$$

如果 $f(x)$ 为奇函数，则有

$$f(x) = \sum_{n=1}^{\infty} b_n \sin \frac{n\pi x}{l}$$

其中系数

$$b_n = \frac{2}{l} \int_{0}^{l} f(x) \sin \frac{n\pi x}{l} \mathrm{d}x \quad (n = 1, 2, \cdots)$$

如果 $f(x)$ 为偶函数，则有

$$f(x) = \frac{a_0}{2} + \sum_{n=1}^{\infty} a_n \cos \frac{n\pi x}{l}$$

其中系数

$$a_n = \frac{2}{l} \int_{0}^{l} f(x) \cos \frac{n\pi x}{l} \mathrm{d}x \quad (n = 0, 1, 2, \cdots)$$

证明　作变量替换 $z = \dfrac{\pi x}{l}$，当 $x \in [-l, l]$ 时，$z \in [-\pi, \pi]$，函数 $f(x)$ 可重新表示成 $f(x) = f\left(\dfrac{zl}{\pi}\right) \triangleq F(z)$，从而 $F(z)$ 是周期为 2π 的周期函数且满足收敛定理的条件，因此，$F(z)$ 可以展开成为傅里叶级数

$$F(z) = \frac{a_0}{2} + \sum_{n=1}^{\infty} a_n \cos nz + b_n \sin nz$$

其傅里叶系数的计算表达式为

$$a_n = \frac{1}{\pi}\int_{-\pi}^{\pi} F(z) \cdot \cos nz \mathrm{d}z \quad (n = 0,1,2,\cdots)$$

$$b_n = \frac{1}{\pi}\int_{-\pi}^{\pi} F(z) \cdot \sin nz \mathrm{d}z \quad (n = 1,2,\cdots)$$

由于 $z = \dfrac{\pi x}{l}, F(z) \equiv f(x)$，上式可分别改写成

$$f(x) = \frac{a_0}{2} + \sum_{n=1}^{\infty} a_n\cos\frac{n\pi x}{l} + b_n\sin\frac{n\pi x}{l}$$

$$a_n = \frac{1}{\pi}\int_{-\pi}^{\pi} F(z) \cdot \cos nz \mathrm{d}z = \frac{1}{\pi}\int_{-l}^{l} f(x) \cdot \cos\frac{n\pi x}{l}\mathrm{d}\left(\frac{\pi x}{l}\right)$$

$$= \frac{1}{l}\int_{-l}^{l} f(x) \cdot \cos\frac{n\pi x}{l}\mathrm{d}x \quad (n = 0,1,2,\cdots)$$

$$b_n = \frac{1}{\pi}\int_{-\pi}^{\pi} F(z) \cdot \sin nz \mathrm{d}z = \frac{1}{\pi}\int_{-l}^{l} f(x) \cdot \sin\frac{n\pi x}{l}\mathrm{d}\left(\frac{\pi x}{l}\right)$$

$$= \frac{1}{l}\int_{-l}^{l} f(x) \cdot \sin\frac{n\pi x}{l}\mathrm{d}x \quad (n = 0,1,2,\cdots)$$

类似地，可以证明定理的其余部分.

例1 设 $f(x)$ 是周期为 4 的周期函数，它在 $[-2,2)$ 上的表达式

$$f(x) = \begin{cases} 0, & -2 \leqslant x < 0 \\ 1, & 0 \leqslant x < 2 \end{cases}$$

将它展开成傅里叶级数.

解 $f(x)$ 的图像如图 $10-14$ 所示.

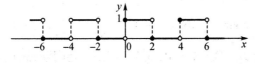

图 10 – 14

由定理知，其傅里叶系数为

$$a_0 = \frac{1}{2}\int_0^2 \mathrm{d}x = 1$$

$$a_n = \frac{1}{2}\int_0^2 \cos\frac{n\pi x}{2}\mathrm{d}x = \frac{1}{n\pi}\sin\frac{n\pi x}{2}\bigg|_0^2 = 0 \quad (n = 0,1,2,\cdots)$$

$$b_n = \frac{1}{2}\int_0^2 \sin\frac{n\pi x}{2}\mathrm{d}x = -\frac{1}{n\pi}\cos\frac{n\pi x}{2}\bigg|_0^2 = \frac{1}{n\pi}[1 - (-1)^n] \quad (n = 1,2,\cdots)$$

据收敛定理，$f(x)$ 的傅里叶级数收敛到

$$\frac{1}{2} + \sum_{n=1}^{\infty} \frac{1-(-1)^n}{n\pi} \cdot \sin\frac{n\pi x}{2} = \begin{cases} f(x), & x \neq \pm 2k(k=0,1,2,\cdots) \\ \dfrac{1}{2}, & x = 2k(k=0,1,2,\cdots) \end{cases}$$

因此，$f(x)$ 的傅里叶展开式为

$$f(x) = \frac{1}{2} + \frac{2}{\pi}\left(\sin\frac{\pi x}{2} + \frac{1}{3}\sin\frac{3\pi x}{2} + \frac{1}{5}\sin\frac{5\pi x}{2} + \cdots\right)$$

这里，$-\infty < x < +\infty$，$x \neq \pm 2k$，$k = 0,1,2,\cdots$.

例 2　将函数 $f(x) = x^2(0 \leqslant x \leqslant 2)$ 展开成正弦级数和余弦级数.

解　先对 $f(x)$ 进行正弦展开，对 $f(x)$ 作奇延拓，得到函数 $F(x)$，且

$$F(x) = \begin{cases} x^2, & 0 \leqslant x \leqslant 2 \\ -x^2, & -2 < x < 0 \end{cases}$$

再将 $F(x)$ 以 4 为周期进行周期延拓，便可获到一个以 4 为周期的周期函数，其图像如图 10 - 15 所示.

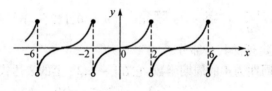

图 10 - 15

从而该周期函数的傅里叶系数为

$$a_n = 0 \quad (n = 0,1,2,\cdots)$$
$$b_n = \frac{2}{2}\int_0^2 x^2\sin\frac{n\pi x}{2}dx = (-1)^{n+1}\frac{8}{n\pi} + \frac{16}{n^3\pi^3}[(-1)^n - 1] \quad (n = 1,2,\cdots)$$

由于该周期函数在 $x = 2(2k+1)$，$k = 0, \pm 1, \pm 2, \cdots$ 处间断，故 $f(x)$ 的正弦级数展开式为

$$f(x) = \sum_{n=1}^{\infty}\left\{\frac{(-1)^{n+1}8}{n\pi} + \frac{16}{n^3\pi^3}[(-1)^n - 1]\right\}\sin\frac{n\pi x}{2} \quad (0 \leqslant x < 2)$$

再对 $f(x)$ 进行余弦展开，对 $f(x)$ 作偶延拓，得到函数 $F(x)$，且

$$F(x) = \begin{cases} x^2, & 0 \leqslant x \leqslant 2 \\ x^2, & -2 < x < 0 \end{cases}$$

将 $F(x)$ 以 4 为周期进行周期延拓，便可获得一个以 4 为周期的周期函数，其图像如图 10 - 16 所示.

从而该周期函数的傅里叶系数为

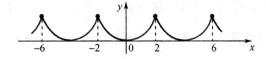

图 10 - 16

$$b_n = 0 \quad (n = 1, 2, \cdots)$$

$$a_0 = \frac{2}{2} \int_0^2 x^2 \mathrm{d}x = \frac{8}{3}$$

$$a_n = \frac{2}{2} \int_0^2 x^2 \cos\frac{n\pi x}{2}\mathrm{d}x = (-1)^n \frac{16}{n^2\pi^2} \quad (n = 0, 1, 2, \cdots)$$

由于函数在 $(-\infty, +\infty)$ 上连续,故 $f(x)$ 的余弦级数展开式为

$$f(x) = \frac{4}{3} + \sum_{n=1}^{\infty} (-1)^n \frac{16}{n^2\pi^2} \cdot \cos\frac{n\pi x}{2} \quad (0 \le x \le 2)$$

如果令 $x = 2$,得

$$4 = \frac{4}{3} + \sum_{n=1}^{\infty} \frac{16}{n^2\pi^2}$$

从而

$$\sum_{n=1}^{\infty} \frac{1}{n^2} = \frac{\pi^2}{6}$$

对定义在任意区间 $[a, b]$ 上的函数 $f(x)$,若它满足收敛定理所要求的条件,也可将它展开成傅里叶级数,其方法如下:作变量替换

$$z = \frac{\pi\left(x - \dfrac{b+a}{2}\right)}{\dfrac{b-a}{2}}$$

即

$$x = \frac{b+a}{2} + \frac{b-a}{2} \cdot \frac{z}{\pi}$$

当 $x \in [a, b]$ 时, $z \in [-\pi, \pi]$,将函数 $f(x)$ 改写成

$$f(x) = f\left(\frac{b+a}{2} + \frac{b-a}{2} \cdot \frac{z}{\pi}\right) \triangleq F(z)$$

则 $F(z)$ 是定义在 $[-\pi, \pi]$ 上且满足收敛定理条件的函数,从而可将其展开成傅里叶级数.

例3 将函数 $f(x) = 10 - x (5 < x < 15)$ 展开成傅里叶级数.

解 作变量替换 $z = \dfrac{\pi(x - 10)}{5}$,当 $5 < x < 15$ 时,则 $-\pi < z < \pi$,而

$$f(x) = f\left(10 + \frac{5z}{\pi}\right) = 10 - \left(10 + \frac{5z}{\pi}\right) = -\frac{5z}{\pi} \triangleq F(z)$$

将 $F(z)$ 以 2π 为周期进行周期延拓,可得到一个周期函数,其图像如图 $10-17$ 所示.

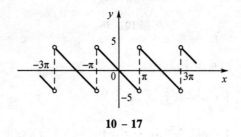

10 - 17

其傅里叶系数为

$$a_n = 0 \quad (n = 0, 1, 2, \cdots)$$

$$b_n = \frac{2}{\pi}\int_0^\pi \left(-\frac{5}{\pi} \cdot z\right)\sin nz \, dz = -\frac{10}{\pi^2}\int_0^\pi z \cdot \sin nz \, dz$$

$$= -\frac{10}{\pi^2}\left(-\frac{1}{n}z\cos nz \Big|_0^\pi + \frac{1}{n}\int_0^\pi \cos nz \, dz\right) = (-1)^n \frac{10}{n\pi}$$

$$(n = 1, 2, \cdots)$$

显然,点 $z = (2k+1)\pi \, k = 0, \pm 1, \pm 2, \cdots$ 是函数的间断点,函数在其他点均连续,故 $F(z)$ 的傅里叶级数展开式为

$$\sum_{n=1}^\infty (-1)^n \frac{10}{n\pi} \cdot \sin nz = F(z) = -\frac{5z}{\pi} \quad (-\pi < z < \pi)$$

将 $z = \frac{\pi(x-10)}{5}$ 代入上式,得

$$10 - x = \sum_{n=1}^\infty (-1)^n \frac{10}{n\pi} \cdot \sin \frac{n\pi(x-10)}{5} = \frac{10}{\pi}\sum_{n=1}^\infty \frac{(-1)^n}{n} \cdot \sin \frac{n\pi x}{5} \quad (5 < x < 15)$$

习题 10 - 8

1. 将下列各周期函数展开成傅里叶级数(下面给出函数在一个周期内的表达式).

(1) $f(x) = 1 - x^2 \left(-\frac{1}{2} \leqslant x < \frac{1}{2}\right)$;

(2) $f(x) = \begin{cases} x, & -1 \leqslant x < 0 \\ 1, & 0 \leqslant x < \frac{1}{2} \\ -1, & \frac{1}{2} \leqslant x < 1 \end{cases}$.

2. 将下列函数(1) 和(2) 分别展开成以 $2l$ 和 4 为周期的正弦级数和余弦级数.

(1) $f(x) = \begin{cases} x, & 0 \leqslant x < \dfrac{l}{2} \\ l - x, & \dfrac{l}{2} \leqslant x \leqslant l \end{cases}$;

(2) $f(x) = x^2 \quad (0 \leqslant x \leqslant 2)$.

3. 将下列函数(1) 和(2) 展开成以 2π 和 6 为周期的傅里叶级数.

(1) $f(x) = \begin{cases} x, & -\dfrac{\pi}{2} \leqslant x < \dfrac{\pi}{2} \\ \pi - x, & \dfrac{\pi}{2} \leqslant x \leqslant \dfrac{3\pi}{2} \end{cases}$;

(2) $f(x) = \begin{cases} 2x + 1, & -3 \leqslant x \leqslant 0 \\ x, & 0 < x \leqslant 3 \end{cases}$.

第十一章 微分方程

函数是反映客观事物内部联系在数量方面的一种关系,利用函数关系可以对客观事物的规律性进行研究.但在许多实际问题中,往往不能直接写出所需要的函数关系,而是根据问题所提供的条件,有时可以建立含有要找的函数及其导数间的关系式.这种联系着自变量、未知函数及其导数(或微分)的关系式,数学上称为微分方程,当然关系式中未知函数的导数或微分是不可缺少的.本章将介绍微分方程的一些基本概念和几种常用的微分方程的解法.

第一节 微分方程的基本概念

下面我们通过几个具体的例题来说明微分方程的基本概念.

例1 一曲线通过点$(3,1)$,且曲线上任一点$M(x,y)$处切线的斜率等于该点横坐标的平方,求该曲线的方程.

解 设所求曲线的方程为$y=y(x)$,根据导数的几何意义得

$$\frac{\mathrm{d}y}{\mathrm{d}x}=x^2$$

这是一个包含自变量和未知函数导数的关系式,两边积分得

$$y=\int x^2\mathrm{d}x=\frac{1}{3}x^3+C$$

再由曲线过点$(3,1)$得

$$1=\frac{1}{3}\times 3^3+C$$

从而$C=-8$,于是所求曲线的方程为

$$y=\frac{1}{3}x^3-8$$

例2 汽车以$20\ \mathrm{m/s}$的速度行驶在平直的公路上,突然急刹车时,汽车获得$-0.4\ \mathrm{m/s^2}$的加速度.问:开始刹车后,汽车需要多长时间才能停住? 如果需要汽车恰好停在某处,应在距离该处多远时开始刹车?

解 设汽车开始刹车后,t秒行驶了$s\ \mathrm{m}$.根据题意,函数$s=s(t)$应满足

$$\frac{\mathrm{d}^2s}{\mathrm{d}t^2}=-0.4$$

对上式两边积分一次,得

$$v = \frac{\mathrm{d}s}{\mathrm{d}t} = -0.4t + C_1$$

再积分一次,得

$$s = -0.2t^2 + C_1 t + C_2$$

这里 C_1, C_2 为任意常数.

再由 $t=0$ 时,$v=20$ 及 $t=0$ 时,$s=0$,得 $C_1 = 20, C_2 = 0$. 所以

$$v = \frac{\mathrm{d}s}{\mathrm{d}t} = -0.4t + 20$$

$$s = -0.2t^2 + 20t$$

当汽车停住时,$v=0$,得到 $t=50\ \mathrm{s}, s=500\ \mathrm{m}$,即汽车开始刹车后,由于惯性作用还要行驶 50 s 才能停住,欲使汽车恰好停在某处,应在距离该处 500 m 远时就开始刹车.

以上两个例子介绍了利用微分方程讨论问题的方法.下面介绍一些微分方程的基本概念.

定义 1 含有未知函数的导数或微分的方程,称为微分方程.

定义 2 未知函数是一元函数的微分方程,称为常微分方程;未知函数是多元函数的微分方程,称为偏微分方程.

例如,$\dfrac{\mathrm{d}y}{\mathrm{d}x} = 2xy, y'' + xy' + 4y = 0, y^{(4)} + x^3 y''' + xy' = 3x^2$ 都是常微分方程;$\dfrac{\partial^2 z}{\partial x^2} + \dfrac{\partial^2 z}{\partial y^2} = 0$ 是偏微分方程. 本课程只讨论常微分方程.

定义 3 微分方程中出现的未知函数导数的最高阶数,称为微分方程的阶.

例如,方程 $4xt^3 \mathrm{d}x - x^2 \mathrm{d}t = 0$ 是一阶微分方程,方程 $x^3 y'' + x^2 y' - 4xy = \mathrm{e}^x$ 是二阶微分方程,方程 $\dfrac{\mathrm{d}^3 z}{\mathrm{d}x^3} + \dfrac{\mathrm{d}z}{\mathrm{d}x} = x^2 z^2$ 是三阶微分方程.

一般地,n 阶微分方程可表示为 $F(x, y, y', \cdots, y^{(n-1)}, y^{(n)}) = 0$,其中 $y^{(n)}$ 是必须出现的,而其余的 $x, y, y', \cdots, y^{(n-1)}$ 可以不出现.

n 阶微分方程的另一种表示形式是从方程 $F(x, y, y', \cdots, y^{(n-1)}, y^{(n)}) = 0$ 中解出最高阶导数 $y^{(n)}$,得到

$$y^{(n)} = f(x, y, y', \cdots, y^{(n-1)})$$

以后我们讨论的微分方程都是已解出最高阶导数或能解出最高阶导数的方程.

一般地,由实际问题所建立的微分方程,常需要找出满足微分方程的函数,即微分方程的解.

定义 4 设函数 $y = \varphi(x)$ 在区间 I 上有 n 阶连续导数,如果在区间 I 上,有

$$F(x, \varphi(x), \varphi'(x), \cdots, \varphi^{(n-1)}(x), \varphi^{(n)}(x)) \equiv 0 \qquad (11-1)$$

则称函数 $y = \varphi(x)$ 为微分方程 $(11-1)$ 在区间 I 上的解.

例如,$y = \mathrm{e}^{4x}$ 是微分方程 $y' = 4y$ 的解;$y = \cos mx, y = \sin mx, y = C_1 \cos mx + C_2 \sin mx (C_1, C_2$

为任意常数）都是 $y'' + m^2 y = 0$ 的解.

如果微分方程中的解含有任意常数,且任意常数的个数与微分方程的阶数相同,这样的解称为微分方程的通解.

例如, $s = \dfrac{1}{2} g t^2 + C_1 t + C_2$ 是微分方程 $\dfrac{d^2 s}{dt^2} = g$ 的通解, $y = C_1 e^x + C_2 e^{2x}$ 是微分方程 $y'' - 3y' +$

$2y = 0$ 的通解.

通解中含有任意常数,其任意性反映了微分方程所描述的是这一类运动过程的一般规律. 当需要确定某一具体变化过程的规律时,需要给出确定这一具体变化过程的附加条件,根据附加条件可以确定通解中的任意常数.

微分方程中,用以确定通解中任意常数的附加条件,称为初始条件,利用初始条件确定通解中任意常数后得到的解,称为微分方程的特解.

例如, $y = \dfrac{1}{3} x^3 - 8$ 是例 1 的满足初始条件 $y\big|_{x=3} = 1$ 的特解; $s = -0.2 t^2 + 20t$ 是例 2 的满足初始条件 $s\big|_{t=0} = 0, s'\big|_{t=0} = 20$ 的特解.

求满足初始条件的特解这类问题,称为微分方程的初值问题. n 阶微分方程的初值问题,记作

$$\begin{cases} F(x, y, y', \cdots, y^{(n-1)}, y^{(n)}) = 0 \\ y\big|_{x=x_0} = y_0, y'\big|_{x=x_0} = y_0', \cdots, y^{n-1}\big|_{x=x_0} = y_0^{(n-1)} \end{cases}$$

微分方程的通解在几何上表示一族曲线,族中每一条曲线称为方程的一条积分曲线,它对应于方程的一个特解.

习题 11 - 1

1. 指出下列微分方程的阶数：

(1) $x(y')^2 - 2yy' + x = 0$；

(2) $x^2 y'' - xy' + y = 0$；

(3) $xy''' + 2y'' + x^2 y = 0$；

(4) $(7x - 6y)dx + (x + y)dy = 0$；

(5) $L\dfrac{d^2 Q}{dt^2} + R\dfrac{dQ}{dt} + \dfrac{Q}{C} = 0$；

(6) $\dfrac{d\rho}{d\theta} + \rho = \sin^2 \theta$.

2. 指出下列各题中的函数是否为所给微分方程的解：

(1) $xy' = 2y, y = 5x^2$；

(2) $y' + y = 0, y = 3\sin x - 4\cos x$；

(3) $y'' - 2y' + y = 0, y = x^2 e^x$；

(4) $y'' - (r_1 + r_2)y' + r_1 r_2 y = 0, y = C_1 e^{r_1 x} + C_2 e^{r_2 x}$.

3. 验证所给函数为给定微分方程的解:

(1) $(x-2y)y' = 2x - y, x^2 - xy + y^2 = C$;

(2) $(xy-x)y'' + xy'^2 + yy' - 2y' = 0, y = \ln(xy)$.

4. 确定函数关系式中所含的参数,使函数满足所给的初始条件:

(1) $x^2 - y^2 = C, y\mid_{x=0} = 5$;

(2) $y = (C_1 + C_2 x)e^{2x}, y\mid_{x=0} = 0, y'\mid_{x=0} = 1$;

(3) $y = C_1 \sin(x - C_2), y\mid_{x=\pi} = 1, y'\mid_{x=\pi} = 0$.

5. 写出由下列条件确定的曲线所满足的微分方程:

(1) 原点到曲线上任一点处切线的距离等于该切点的横坐标;

(2) 曲线上点 $P(x,y)$ 处的法线与 x 轴的交点为 Q,且线段 PQ 被 y 轴平分.

第二节 一阶微分方程

本节我们介绍几种常见的一阶微分方程 $F(x,y,y') = 0$ 的解法.

一、可分离变量微分方程

形如

$$g(y)\mathrm{d}y = f(x)\mathrm{d}x \tag{11-2}$$

的方程称为可分离变量微分方程. 对式(11-2)两边同时求积分,得

$$\int g(y)\mathrm{d}y = \int f(x)\mathrm{d}x + C$$

这就是式(11-2)的隐函数形式的通解,其中 C 为任意常数.

例1 求微分方程 $y' = \sqrt{y}$ 的通解.

解 此方程是可分离变量微分方程. 当 $y \neq 0$ 时,分离变量得

$$\frac{\mathrm{d}y}{\sqrt{y}} = \mathrm{d}x$$

两边同时积分,得

$$2\sqrt{y} = x + C$$

所以方程的通解为

$$y = \frac{1}{4}(x + C)^2$$

将 $y = 0$ 代入方程 $y' = \sqrt{y}$ 亦成立,可见 $y = 0$ 也是方程的解,但它不包含在通解中. 因为在通解中,无论任意常数 C 取何值,都得不到 $y = 0$,因此,这样的解称为微分方程的奇解,这表明方程的通解中,不一定含有方程的全部解.

例2 求微分方程 $\dfrac{dy}{dx} = 2xy$ 的通解.

解 此方程是可分离变量微分方程. 当 $y \neq 0$ 时, 分离变量得

$$\frac{dy}{y} = 2xdx$$

两边积分得

$$\ln |y| = x^2 + C_1$$

或

$$y = \pm e^{C_1} e^{x^2}$$

记 $C = \pm e^{C_1}$, 并注意到 $C = 0$ 对应于 $y = 0$ 也是方程的解, 所以方程的通解为

$$y = Ce^{x^2} \ (C \text{ 为任意常数})$$

以后遇到类似积分 $\displaystyle\int \dfrac{dy}{y}$ 的情况时, 可采用如下简单化的写法而不加说明. 如:

分离变量得

$$\frac{dy}{y} = 2xdx$$

两边积分得

$$\ln y = x^2 + C_1$$

故所求方程的通解为

$$y = Ce^{x^2} \ (C \text{ 为任意常数})$$

例3 一质量为 m 的质点, 以初速度 v_0 铅直地向上抛去, 空气阻力与速度的平方成正比(比例系数为 $K > 0$), 求质点到达最高点的时间.

解 设上升过程中质点在 t 时刻的速度为 $v(t)$, 同时, 质点在上升运动过程中受到重力和阻力的作用, 重力大小为 mg, 方向与速度 v 相反; 阻力大小为 Kv^2, 方向也与速度 v 相反, 从而质点在上升运动过程中, 所受外力为

$$F = -mg - Kv^2$$

根据牛顿第二定律, 得到 $v = v(t)$ 应满足关系式

$$m\frac{dv}{dt} = -mg - Kv^2$$

且初始条件为

$$v\big|_{t=0} = v_0$$

上式方程是可分离变量微分方程. 分离变量得

$$\frac{mdv}{mg + Kv^2} = -dt$$

两边积分得

$$\sqrt{\frac{m}{Kg}} \arctan \sqrt{\frac{K}{mg}} v = -t + C$$

其中, C 为任意常数.

把初始条件 $v\big|_{t=0} = v_0$ 代入上式, 得

$$C = \sqrt{\frac{m}{Kg}}\arctan\sqrt{\frac{K}{mg}}v_0$$

把 $C = \sqrt{\dfrac{m}{Kg}}\arctan\sqrt{\dfrac{K}{mg}}v_0$ 代入到 $\sqrt{\dfrac{m}{Kg}}\arctan\sqrt{\dfrac{K}{mg}}v = -t + C$，得到

$$\sqrt{\frac{m}{Kg}}\arctan\sqrt{\frac{K}{mg}}v = -t + \sqrt{\frac{m}{Kg}}\arctan\sqrt{\frac{K}{mg}}v_0$$

当质点到达最高点时 $v = 0$，因此质点到达最高点的时间为

$$t = \sqrt{\frac{m}{Kg}}\arctan\sqrt{\frac{K}{mg}}v_0$$

例 4* 有高为 1 m 的半球形容器，水从它的底部小孔流出，小孔横截面面积为 1 cm²，如图所示. 开始时容器内盛满了水，求水从小孔流出过程中容器内水面高度 h 随时间 t 变化的规律.

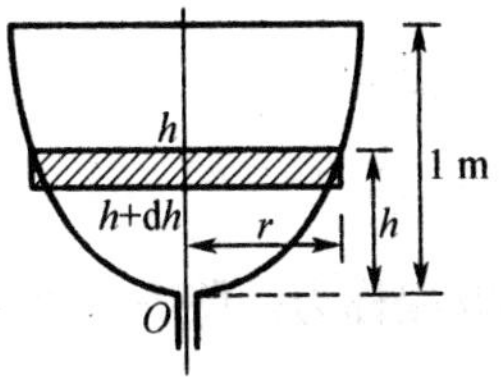

解 通过孔口横截面的水的体积 V 对时间 t 的变化率称为水从孔口流出的流量 Q. 由水力学定律知

$$Q = \frac{\mathrm{d}V}{\mathrm{d}t} = 0.62S\sqrt{2gh}$$

其中 0.62 为流量系数，S 为孔口截面面积，g 为重力加速度.

现在 $S = 1$ cm²，故

$$\mathrm{d}V = 0.62\sqrt{2gh}\,\mathrm{d}t$$

另一方面，设在微小时间间隔 $[t, t + \mathrm{d}t]$ 内，容器内水面的高度由 h 降至 $h + \mathrm{d}h(\mathrm{d}h < 0)$，则在该时间间隔内，从容器内流出水的体积为

$$\mathrm{d}V = -\pi r^2 \mathrm{d}h$$

其中 r 是时刻 t 的水面半径，右端加负号是由于 $\mathrm{d}h < 0$，而 $\mathrm{d}V > 0$ 的缘故. 而

$$r^2 = 100^2 - (100 - h)^2 = 200h - h^2$$

所以

$$\mathrm{d}V = -\pi(200h - h^2)\mathrm{d}h$$

因此得到

$$0.62\sqrt{2gh}\,\mathrm{d}t = -\pi(200h - h^2)\mathrm{d}h$$

上式两边分离变量，得

$$\mathrm{d}t = -\frac{\pi(200h - h^2)}{0.62\sqrt{2gh}}\mathrm{d}h$$

两边积分，得

$$t = -\frac{\pi}{0.62\sqrt{2g}}\left(\frac{400}{3}\times h^{\frac{3}{2}} - \frac{2}{5}\times h^{\frac{5}{2}}\right) + C$$

图 11-1

由题意 $h(t)$ 还满足初始条件: $h\big|_{t=0}=100$, 即有

$$0=-\frac{\pi}{0.62\sqrt{2g}}\left(\frac{400}{3}\times10^3-\frac{2}{5}\times10^5\right)+C$$

故

$$C=\frac{\pi}{0.62\sqrt{2g}}\left(\frac{400}{3}\times10^3-\frac{2}{5}\times10^5\right)$$

因此, 得到水从小孔流出过程中容器内水面高度 h 随时间 t 变化的规律为

$$t=\frac{\pi}{4.65\sqrt{2g}}\left(7\times10^5-10^3\times h^{\frac{3}{2}}+3h^{\frac{5}{2}}\right)$$

二、一阶齐次微分方程

形如

$$\frac{\mathrm{d}y}{\mathrm{d}x}=\varphi\left(\frac{y}{x}\right) \tag{11-3}$$

的方程称为一阶齐次微分方程.

解此方程时, 令 $u=\dfrac{y}{x}$, 则有 $y=xu$, u 是新的未知函数 $u(x)$. 式 $y=xu$ 两边对 x 求导, 有

$$\frac{\mathrm{d}y}{\mathrm{d}x}=u+x\frac{\mathrm{d}u}{\mathrm{d}x}$$

代入式 $(11-3)$, 得

$$u+x\frac{\mathrm{d}u}{\mathrm{d}x}=\varphi(u)$$

这是一个可分离变量微分方程. 当 $\varphi(u)-u\neq0$ 时, 分离变量得

$$\frac{\mathrm{d}u}{\varphi(u)-u}=\frac{\mathrm{d}x}{x}$$

两边同时积分, 得

$$\int\frac{\mathrm{d}u}{\varphi(u)-u}=\ln x+C$$

求出左端积分后, 再用 $\dfrac{y}{x}$ 代替 u, 便得到一阶齐次微分方程的通解.

例5 求方程 $(y^2-3x^2)\mathrm{d}x+2xy\mathrm{d}y=0$ 的通解.

解 方程可改写成

$$\frac{\mathrm{d}y}{\mathrm{d}x}=\frac{3x^2-y^2}{2xy}=\frac{3-\left(\dfrac{y}{x}\right)^2}{2\left(\dfrac{y}{x}\right)}$$

此方程是一阶齐次微分方程. 令 $u=\dfrac{y}{x}$, 则 $\dfrac{\mathrm{d}y}{\mathrm{d}x}=u+x\dfrac{\mathrm{d}u}{\mathrm{d}x}$, 于是原方程变为

$$u + x\frac{\mathrm{d}u}{\mathrm{d}x} = \frac{3 - u^2}{2u}$$

即

$$x\frac{\mathrm{d}u}{\mathrm{d}x} = \frac{3(1 - u^2)}{2u}$$

分离变量得

$$\frac{2u\mathrm{d}u}{3(1 - u^2)} = \frac{\mathrm{d}x}{x}$$

两边同时积分,得

$$\ln C - \ln(1 - u^2) = 3\ln x$$

即

$$x^3(1 - u^2) = C$$

再用 $\frac{y}{x}$ 代替 u,便得到一阶齐次微分方程的通解

$$x(x^2 - y^2) = C \quad (C \text{ 为任意常数})$$

例6　设河边点 O 的正对岸为点 A,河宽 $OA = h$,两岸为平行直线,水流速度为 a. 有一渡船从点 A 驶向点 O,渡船(在静水中)的行速为 $b(b > a)$,且渡船行驶方向始终朝着点 O,求渡船行驶的路线方程.

解　设水流速度为 $\boldsymbol{a}(|\boldsymbol{a}| = a)$,渡船的行速为 $\boldsymbol{b}(|\boldsymbol{b}| = b)$,则渡船实际运动的速度为 $\boldsymbol{v} = \boldsymbol{a} + \boldsymbol{b}$.

取 O 为坐标原点,河岸朝顺水方向为 x 轴,y 轴指向对岸. 设在时刻 t 渡船位于点 $P(x, y)$,则渡船行驶的速度为

$$\boldsymbol{v} = \{v_x, v_y\} = \left\{\frac{\mathrm{d}x}{\mathrm{d}t}, \frac{\mathrm{d}y}{\mathrm{d}t}\right\}$$

故有

$$\frac{\mathrm{d}x}{\mathrm{d}y} = \frac{v_x}{v_y}$$

现在 $\boldsymbol{a} = \{a, 0\}$,而 $\boldsymbol{b} = b\,\overrightarrow{PO}^0$,其中 $\overrightarrow{PO}^0$ 为与 $\overrightarrow{PO}$ 同方向的单位向量. 由 $\overrightarrow{PO} = -\{x, y\}$,故

$$\overrightarrow{PO}^0 = -\frac{1}{\sqrt{x^2 + y^2}}\{x, y\}$$

从而

$$\boldsymbol{v} = \boldsymbol{a} + \boldsymbol{b} = \left\{a - \frac{bx}{\sqrt{x^2 + y^2}}, -\frac{by}{\sqrt{x^2 + y^2}}\right\}$$

由此得到微分方程

$$\frac{\mathrm{d}x}{\mathrm{d}y} = \frac{v_x}{v_y} = -\frac{a\sqrt{x^2 + y^2}}{by} + \frac{x}{y}$$

即

$$\frac{\mathrm{d}x}{\mathrm{d}y} = \frac{v_x}{v_y} = -\frac{a}{b}\sqrt{\left(\frac{x}{y}\right)^2 + 1} + \frac{x}{y}$$

令 $u = \dfrac{x}{y}$，则$\dfrac{\mathrm{d}x}{\mathrm{d}y} = u + y\dfrac{\mathrm{d}u}{\mathrm{d}y}$，代入上面方程，得

$$y\frac{\mathrm{d}u}{\mathrm{d}y} = -\frac{a}{b}\sqrt{u^2 + 1}$$

分离变量得

$$\frac{\mathrm{d}u}{\sqrt{u^2 + 1}} = -\frac{a}{by}\mathrm{d}y$$

两边同时积分，得

$$\mathrm{arsh}\ u = -\frac{a}{b}(\ln y + \ln C) \quad (C \text{ 为任意常数})$$

即

$$u = \mathrm{sh}\ (\ln Cy)^{-\frac{a}{b}} = \frac{1}{2}\left[(Cy)^{-\frac{a}{b}} - (Cy)^{\frac{a}{b}}\right]$$

于是

$$x = \frac{y}{2}\left[(Cy)^{-\frac{a}{b}} - (Cy)^{\frac{a}{b}}\right] = \frac{1}{2C}\left[(Cy)^{1-\frac{a}{b}} - (Cy)^{1+\frac{a}{b}}\right]$$

将 $y = h$ 时，$x = 0$ 代入上式，得 $C = \dfrac{1}{h}$. 故渡船行驶的迹线方程为

$$x = \frac{h}{2}\left[\left(\frac{y}{h}\right)^{1-\frac{a}{b}} - \left(\frac{y}{h}\right)^{1+\frac{a}{b}}\right] \quad (0 \leqslant y \leqslant h)$$

例 7 求方程$\dfrac{\mathrm{d}y}{\mathrm{d}x} = \dfrac{x - y + 1}{x + y - 3}$的通解.

解 这不是一阶齐次微分方程. 解此方程时，令

$$\begin{cases} x = w + a \\ y = v + b \end{cases} \quad (a, b \text{ 为待定系数})$$

代入原方程，得

$$\frac{\mathrm{d}v}{\mathrm{d}w} = \frac{w - v + (1 + a - b)}{w + v + (a + b - 3)}$$

令 $\begin{cases} 1 + a - b = 0 \\ a + b - 3 = 0 \end{cases}$，解得 $a = 1, b = 2$. 于是原方程变为

$$\frac{\mathrm{d}v}{\mathrm{d}w} = \frac{w - v}{w + v} = \frac{1 - \dfrac{v}{w}}{1 + \dfrac{v}{w}}$$

这是一阶齐次微分方程. 令 $u = \dfrac{v}{w}$, 则 $\dfrac{\mathrm{d}v}{\mathrm{d}w} = u + w \dfrac{\mathrm{d}u}{\mathrm{d}w}$, 代入上式得

$$u + w \frac{\mathrm{d}u}{\mathrm{d}w} = \frac{1-u}{1+u}$$

整理得

$$w \frac{\mathrm{d}u}{\mathrm{d}w} = \frac{1-u}{1+u} - u = \frac{1-2u-u^2}{1+u}$$

分离变量得

$$\frac{1+u}{1-2u-u^2}\mathrm{d}u = \frac{\mathrm{d}w}{w}$$

两边同时积分,得

$$(1-2u-u^2)w^2 = C$$

所以原方程的通解为

$$\left[1 - \frac{2y-4}{x-1} - \left(\frac{y-2}{x-1} \right)^2 \right](x-1)^2 = C$$

即

$$x^2 - 2xy - y^2 + 2x + 6y = C \quad (C \text{ 为任意常数})$$

三、一阶线性微分方程

形如

$$\frac{\mathrm{d}y}{\mathrm{d}x} + P(x)y = Q(x) \tag{11-4}$$

的方程称为一阶线性微分方程,其中 $Q(x)$ 称为自由项. 当 $Q(x) \neq 0$ 时,方程称为一阶线性非齐次微分方程,当 $Q(x) \equiv 0$ 时,方程化为

$$\frac{\mathrm{d}y}{\mathrm{d}x} + P(x)y = 0 \tag{11-5}$$

称为一阶线性齐次微分方程. 式(11-5)是可分离变量微分方程,分离变量得

$$\frac{\mathrm{d}y}{y} = -P(x)\mathrm{d}x$$

两边同时积分,得

$$\ln y = -\int P(x)\mathrm{d}x + \ln C$$

即一阶线性齐次微分方程的通解为

$$y = Ce^{-\int P(x)\mathrm{d}x} (C \text{ 为任意常数})$$

下面我们来分析一下一阶线性非齐次微分方程的解大致具有什么形式,如何来求?

设 $y = y(x)$ 是一阶线性非齐次微分方程 $\dfrac{\mathrm{d}y}{\mathrm{d}x} + P(x)y = Q(x)$ 的解，则有

$$\frac{\mathrm{d}y}{y} = -P(x)\mathrm{d}x + \frac{Q(x)}{y}\mathrm{d}x$$

由于 y 是 x 的函数，$\dfrac{Q(x)}{y}$ 也是 x 的函数，上式两边积分得

$$\ln y = -\int P(x)\mathrm{d}x + \int \frac{Q(x)}{y}\mathrm{d}x$$

所以

$$y = \mathrm{e}^{\int \frac{Q(x)}{y}\mathrm{d}x} \cdot \mathrm{e}^{-\int P(x)\mathrm{d}x}$$

由于 $\mathrm{e}^{\int \frac{Q(x)}{y}\mathrm{d}x}$ 也是 x 的函数，记为 $C(x)$，于是 $y = C(x) \cdot \mathrm{e}^{-\int P(x)\mathrm{d}x}$，故一阶线性非齐次微分方程的解具有形式 $y = C(x) \cdot \mathrm{e}^{-\int P(x)\mathrm{d}x}$.

下面来求待定函数 $C(x)$. 将 $y = C(x) \cdot \mathrm{e}^{-\int P(x)\mathrm{d}x}$ 代入 $\dfrac{\mathrm{d}y}{\mathrm{d}x} + P(x)y = Q(x)$ 得

$$C'(x) \cdot \mathrm{e}^{-\int P(x)\mathrm{d}x} - P(x)C(x) \cdot \mathrm{e}^{-\int P(x)\mathrm{d}x} + P(x)C(x) \cdot \mathrm{e}^{-\int P(x)\mathrm{d}x} = Q(x)$$

即

$$C'(x) = Q(x) \cdot \mathrm{e}^{\int P(x)\mathrm{d}x}$$

两边积分得

$$C(x) = \int Q(x) \cdot \mathrm{e}^{\int P(x)\mathrm{d}x}\mathrm{d}x + C$$

其中 C 为任意常数，以上推导过程都是可逆的. 所以，一阶线性非齐次微分方程的通解为

$$y = \mathrm{e}^{-\int P(x)\mathrm{d}x} \cdot \left[\int Q(x) \cdot \mathrm{e}^{\int P(x)\mathrm{d}x}\mathrm{d}x + C \right]$$

综上所述，求一阶线性非齐次微分方程通解的步骤如下：

（1）求一阶线性齐次微分方程的通解 $y = C\mathrm{e}^{-\int P(x)\mathrm{d}x}$（$C$ 为任意常数）；

（2）将 $y = C(x) \cdot \mathrm{e}^{-\int P(x)\mathrm{d}x}$ 代入一阶线性非齐次微分方程，求出 $C(x)$；

（3）写出一阶线性非齐次微分方程的通解.

上述求一阶线性非齐次微分方程通解的方法称为常数变易法. 今后在求一阶线性非齐次微分方程通解时，可以直接使用通解公式.

例8　求方程 $y' + \dfrac{1}{x}y = \dfrac{\sin x}{x}$ 的通解.

解　此方程为一阶线性非齐次微分方程. $P(x) = \dfrac{1}{x}$，$Q(x) = \dfrac{\sin x}{x}$，则方程的通解为

$$y = e^{-\int P(x)\,dx} \cdot \left(\int Q(x) \cdot e^{\int P(x)\,dx}\,dx + C \right)$$

$$= e^{-\int \frac{1}{x}dx} \cdot \left(\int \frac{\sin x}{x} \cdot e^{\int \frac{1}{x}dx}\,dx + C \right)$$

$$= e^{-\ln x} \cdot \left(\int \frac{\sin x}{x} \cdot e^{\ln x}\,dx + C \right)$$

$$= \frac{1}{x} \cdot \left(\int \sin x\,dx + C \right)$$

$$= \frac{1}{x} \cdot \left(-\cos x + C \right)$$

例 9 求方程 $x\,dy - y\,dx = y^2 e^y\,dy$ 的通解.

解 方程变形为

$$\frac{dx}{dy} - \frac{1}{y}x = -ye^y$$

这是 y 为自变量，x 为未知函数的一阶线性非齐次微分方程.

$$P(y) = -\frac{1}{y}, Q(y) = -ye^y$$

则方程的通解为

$$x = e^{-\int P(y)\,dy} \cdot \left(\int Q(y) \cdot e^{\int P(y)\,dy}\,dy + C \right)$$

$$= e^{-\int -\frac{1}{y}dy} \cdot \left(\int -ye^y \cdot e^{\int -\frac{1}{y}dy}\,dy + C \right)$$

$$= e^{\ln y} \cdot \left(\int -ye^y \cdot e^{-\ln y}\,dy + C \right)$$

$$= y \cdot \left(\int -e^y\,dy + C \right)$$

$$= y \cdot \left(-e^y + C \right)$$

四、伯努利微分方程

形如

$$\frac{dy}{dx} + P(x)y = Q(x)y^n \quad (n \neq 0,1) \tag{11-6}$$

的方程称为伯努利微分方程. 当 $n = 0$ 或 $n = 1$ 时，这是线性微分方程. 对于伯努利微分方程可通过变量代换，化成线性微分方程.

事实上，对于式(11-6)，方程两边同时乘以 y^{-n}，得

$$y^{-n}\frac{dy}{dx} + P(x)y^{1-n} = Q(x)$$

容易看出

$$\frac{\mathrm{d}(y^{1-n})}{\mathrm{d}x} = (1-n)y^{-n}\frac{\mathrm{d}y}{\mathrm{d}x}$$

于是有

$$(1-n)y^{-n}\frac{\mathrm{d}y}{\mathrm{d}x} + (1-n)P(x)y^{1-n} = (1-n)Q(x)$$

令 $z = y^{1-n}$，z 是新的未知函数，代入上式，原方程化为

$$\frac{\mathrm{d}z}{\mathrm{d}x} + (1-n)P(x)z = (1-n)Q(x)$$

这是一个一阶线性微分方程.求出这个方程的通解后，以 y^{1-n} 替换 z，便得到了伯努利微分方程的通解.

例 10　求方程 $yy' + 2xy^2 - x = 0$ 的通解.

解　将方程变形为

$$y' + 2xy = xy^{-1}$$

这是 $n = -1$ 的伯努利方程.两边同时乘以 y，得

$$y\frac{\mathrm{d}y}{\mathrm{d}x} + 2xy^2 = x,\ \frac{1}{2}\frac{\mathrm{d}y^2}{\mathrm{d}x} + 2xy^2 = x$$

令 $z = y^2$，有 $\dfrac{\mathrm{d}z}{\mathrm{d}x} + 4xz = 2x$.所以

$$\begin{aligned}
z &= \mathrm{e}^{-\int 4x\mathrm{d}x}\left(\int 2x\mathrm{e}^{\int 4x\mathrm{d}x}\mathrm{d}x + C\right)\\
&= \mathrm{e}^{-2x^2}\left(\int 2x\mathrm{e}^{2x^2}\mathrm{d}x + C\right)\\
&= \mathrm{e}^{-2x^2}\left(\frac{1}{2}\mathrm{e}^{2x^2} + C\right)
\end{aligned}$$

将 $z = y^2$ 代入，得到原方程的通解

$$y^2 = \frac{1}{2} + C\mathrm{e}^{-2x^2}$$

例 11　求方程 $(y^3x^2 + xy)y' = 1$ 的通解.

解　方程变形为

$$\frac{\mathrm{d}x}{\mathrm{d}y} - yx = y^3x^2$$

这是以 y 为自变量，x 为未知函数的伯努利方程($n = 2$).方程两边除以 x^2，得

$$\frac{1}{x^2}\frac{\mathrm{d}x}{\mathrm{d}y} - y\frac{1}{x} = y^3,\ -\frac{\mathrm{d}}{\mathrm{d}y}\left(\frac{1}{x}\right) - y\frac{1}{x} = y^3$$

令 $z = \dfrac{1}{x}$，有 $\dfrac{\mathrm{d}z}{\mathrm{d}y} + yz = -y^3$.所以

$$z = e^{-\int y dy} \Big[\int (-y^3) e^{\int y dy} dy + C \Big]$$

$$= e^{-\frac{y^2}{2}} \Big[-y^2 e^{\frac{y^2}{2}} + 2e^{\frac{y^2}{2}} + C \Big]$$

$$= Ce^{-\frac{y^2}{2}} - y^2 + 2$$

将 $z = \dfrac{1}{x}$ 代入，得到原方程的通解

$$x \Big(Ce^{-\frac{y^2}{2}} - y^2 + 2 \Big) = 1$$

利用变量代换（因变量的变量代换或自变量的变量代换），将一个方程化为已知其求解步骤的方程，这也是解微分方程常用的方法.

例 12　求方程 $\dfrac{dy}{dx} = \dfrac{1}{x^2 + y^2 + 2xy}$ 的通解.

解　方程整理为

$$\frac{dy}{dx} = \frac{1}{(x+y)^2}$$

令 $x + y = u$，则有

$$1 + \frac{dy}{dx} = \frac{du}{dx}$$

将上式代入整理的方程，得

$$\frac{du}{dx} - 1 = \frac{1}{u^2}$$

这是一个可分离变量的微分方程，分离变量得

$$\frac{u^2}{1+u^2} du = dx$$

两边积分得

$$u - \arctan u = x + C$$

方程的通解为

$$y = \arctan(x+y) + C$$

例 13　求方程 $(x^2 y^2 + 1) dx + 2x^2 dy = 0$ 的通解.

解　令 $u = xy$，则 $du = y dx + x dy$，于是

$$x^2 dy = x du - xy dx = x du - u dx$$

则原方程化为

$$(u^2 + 1) dx + 2x du - 2u dx = 0$$

上式整理得

$$(u^2 - 2u + 1) dx = -2x du$$

分离变量得

$$\frac{-2}{(u-1)^2}\mathrm{d}u = \frac{\mathrm{d}x}{x}$$

两边积分得

$$\frac{2}{u-1} = \ln x - \ln C$$

即

$$x = C\mathrm{e}^{\frac{2}{u-1}}$$

方程的通解为

$$x = C\mathrm{e}^{\frac{2}{xy-1}}$$

五、全微分方程

若一阶微分方程

$$P(x,y)\mathrm{d}x + Q(x,y)\mathrm{d}y = 0 \tag{11-7}$$

的左端恰好是某一函数 $u = u(x,y)$ 的全微分，即

$$\mathrm{d}u(x,y) = P(x,y)\mathrm{d}x + Q(x,y)\mathrm{d}y$$

那么式(11-7)称为全微分方程. 此时

$$\frac{\partial u}{\partial x} = P(x,y), \frac{\partial u}{\partial y} = Q(x,y)$$

而式(11-7)即是

$$\mathrm{d}u(x,y) = 0$$

故全微分方程的通解为

$$u(x,y) = C$$

由第九章第三节可知，若 $P(x,y), Q(x,y)$ 在单连通域 G 内具有一阶连续偏导数，则 $P(x,y)\mathrm{d}x + Q(x,y)\mathrm{d}y$ 是某函数 $u = u(x,y)$ 的全微分的充分必要条件是

$$\frac{\partial P}{\partial y} = \frac{\partial Q}{\partial x}$$

在区域 G 恒成立，并且可用积分法求出 $u(x,y)$.

于是，全微分方程的通解为

$$u(x,y) = \int_{x_0}^{x} P(x,y_0)\mathrm{d}x + \int_{y_0}^{y} Q(x,y)\mathrm{d}y = C$$

其中，x_0, y_0 是在区域 G 内适当选定的点 $M_0(x_0,y_0)$ 的坐标.

此外，还可以利用不定积分来求 $u(x,y)$. 对 $\frac{\partial u}{\partial x} = P(x,y)$ 两边同时积分，把 y 暂看成常数，

得 $u(x,y) = \int P(x,y)\mathrm{d}x + \varphi(y)$，再将所得到的 $u(x,y)$ 两边对 y 求偏导数并等于 $Q(x,y)$，有

$$\frac{\partial}{\partial y}\Big[\int P(x,y)\,\mathrm{d}x\Big] + \varphi'(y) = Q(x,y)$$

从上式当中确定出 $\varphi'(y)$，再积分求得 $\varphi(y)$，从而确定出 $u(x,y)$.

例 14 求方程 $(x^2 - y)\mathrm{d}x - (x - y)\mathrm{d}y = 0$ 的通解.

解 $P(x,y) = x^2 - y$，$Q(x,y) = -(x - y)$，则

$$\frac{\partial P}{\partial y} = -1 = \frac{\partial Q}{\partial x}$$

因此，所求方程是全微分方程.

方法 1 取 $(x_0, y_0) = (0,0)$，则

$$u(x,y) = \int_0^x x^2\,\mathrm{d}x - \int_0^y (x - y)\,\mathrm{d}y = \frac{x^3}{3} + \frac{y^2}{2} - xy$$

所以，方程的通解为

$$\frac{x^3}{3} + \frac{y^2}{2} - xy = C$$

方法 2 将 $\dfrac{\partial u}{\partial x} = P(x,y) = x^2 - y$ 两边对 x 积分，得

$$u(x,y) = \frac{x^3}{3} - xy + \varphi(y)$$

上式两边对 y 求偏导数，又因为 $\dfrac{\partial u}{\partial y} = -x + y$，所以

$$-x + \varphi'(y) = -x + y$$

即

$$\varphi'(y) = y$$

两边对 y 积分，得

$$\varphi(y) = \frac{y^2}{2}\text{（任取一个原函数）}$$

所以

$$u(x,y) = \frac{x^3}{3} - xy + \frac{y^2}{2}$$

从而方程的通解为

$$\frac{x^3}{3} + \frac{y^2}{2} - xy = C$$

方法 3 将原方程重新组合，得

$$x^2\mathrm{d}x - (y\mathrm{d}x + x\mathrm{d}y) + y\mathrm{d}y = 0$$

即

$$d\left(\frac{x^3}{3}\right) - d(xy) + d\left(\frac{y^2}{2}\right) = 0$$

所以方程的通解

$$\frac{x^3}{3} - xy + \frac{y^2}{2} = C$$

此外，当 $\frac{\partial P}{\partial y} = \frac{\partial Q}{\partial x}$ 不成立时，方程 $P(x,y)\,dx + Q(x,y)\,dy = 0$ 不是全微分方程. 这时如果有一个适当的函数 $\mu(x,y)\,(\mu(x,y) \neq 0)$，使

$$\mu(x,y)P(x,y)\,dx + \mu(x,y)Q(x,y)\,dy = 0$$

成为全微分方程，则函数 $\mu(x,y)$ 称为方程 $P(x,y)\,dx + Q(x,y)\,dy = 0$ 的积分因子.

一般来说，积分因子是不容易求得的，但在简单情形下，可以凭观察得到.

例如，方程 $y\,dx - x\,dy = 0$ 不是全微分方程，但乘上 $\frac{1}{x^2}, \frac{1}{y^2}, \frac{1}{xy}, \frac{1}{x^2+y^2}$ 等积分因子就可以化为全微分方程. 于是

$$d\left(\frac{x}{y}\right) = \frac{y\,dx - x\,dy}{y^2} = 0，通解为 \frac{x}{y} = C$$

$$d\left(-\frac{y}{x}\right) = \frac{y\,dx - x\,dy}{x^2} = 0，通解为 -\frac{y}{x} = C$$

$$d\left(\ln\frac{x}{y}\right) = \frac{y\,dx - x\,dy}{xy} = 0，通解为 \ln\frac{x}{y} = C$$

$$d\left(\arctan\frac{x}{y}\right) = \frac{y\,dx - x\,dy}{x^2+y^2} = 0，通解为 \arctan\frac{x}{y} = C$$

只要将任意常数的形式加以变化，不难看出 $y\,dx - x\,dy = 0$ 的通解都可以写成

$$\frac{x}{y} = C$$

例 15 求方程 $(2xy^2 + y)\,dx + (x - 2x^2y)\,dy = 0$ 的通解.

解
$$\frac{\partial Q}{\partial x} = 1 - 4xy, \frac{\partial P}{\partial y} = 1 + 4xy$$

此方程不是全微分方程. 重新组合后，得

$$y\,dx + x\,dy + \left[y^2\,d(x^2) - x^2\,d(y^2)\right] = 0$$

以 $\frac{1}{x^2y^2}$ 为积分因子，得

$$\frac{y\,dx + x\,dy}{x^2y^2} + \frac{y^2\,d(x^2) - x^2\,d(y^2)}{x^2y^2} = 0$$

即

$$d\left(-\frac{1}{xy} \right) + d\left(\ln\frac{x^2}{y^2} \right) = 0$$

故方程通解为

$$-\frac{1}{xy} + \ln\frac{x^2}{y^2} = C$$

习题 11 - 2

1. 求下列可分离变量微分方程的通解：

（1）$xy' - y\ln y = 0$；

（2）$3x^2 + 5x - 5y' = 0$；

（3）$\sqrt{1-x^2}\,y' = \sqrt{1-y^2}$；

（4）$y' - xy' = a(y^2 + y')$；

（5）$\sec^2 x\tan y\,dx + \sec^2 y\tan x\,dy = 0$；

（6）$(e^{x+y} - e^x)dx + (e^{x+y} + e^y)dy = 0$；

（7）$\dfrac{dy}{dx} = 10^{x+y}$；

（8）$(y-1)^2\dfrac{dy}{dx} + x^3 = 0$；

（9）$\sin y\cos x\,dx + \cos y\sin x\,dy = 0$；

（10）$y\,dx + (x^2 - 4x)\,dy = 0$.

2. 求下列可分离变量微分方程满足所给初始条件的特解：

（1）$y' = e^{2x-y}, y\big|_{x=0} = 0$；

（2）$(1+e^x)yy' = e^x, y\big|_{x=1} = 1$；

（3）$\cos y\,dx + (1+e^{-x})\sin y\,dy = 0, y\big|_{x=0} = \dfrac{\pi}{4}$；

（4）$\dfrac{x}{1+y}dx - \dfrac{y}{1+x}dy = 0, y\big|_{x=0} = 1$；

（5）$(xy^2 + x)dx + (y - x^2 y)dy = 0, y\big|_{x=0} = 1$.

3. 求下列一阶齐次微分方程的通解：

（1）$xy' - y - \sqrt{y^2 - x^2} = 0$；

（2）$(x^2 + y^2)dx - 2xy\,dy = 0$；

（3）$\left(1 + 2e^{\frac{y}{x}}\right)dy + 2e^{\frac{y}{x}}\left(1 - \dfrac{y}{x}\right)dx = 0$；

（4）$(2\sqrt{st} - s)dt + t\,ds = 0$；

（5）$x\,dy = y(1 + \ln y - \ln x)dx$；

（6）$\left(x + y\cos\dfrac{y}{x}\right)dx - x\cos\dfrac{y}{x}dy = 0$；

（7）$3x^2 y\,dx - (x^3 + y^3)dy = 0$；

（8）$\left(1 + e^{-\frac{x}{y}}\right)y\,dx + (y - x)dy = 0$.

4. 求下列一阶线性微分方程的通解：

（1）$\dfrac{dy}{dx} + y = e^{-x}$；

（2）$\cos^2 x\dfrac{dy}{dx} + y = \tan x$；

（3）$(x^2 + 1)\dfrac{dy}{dx} + 2xy = 4x^2$；

（4）$y' + y\cos x = e^{-\sin x}$；

（5）$(x - 2xy - y^2)y' + y^2 = 0$；

（6）$\dfrac{d\rho}{d\theta} + 3\rho = 2$；

（7）$y\ln y\,dx + (x - \ln y)dy = 0$；

（8）$(x^2 - 1)y' + 2xy - \cos x = 0$；

（9） $\dfrac{dy}{dx} + y\dfrac{d\varphi(x)}{dx} = \varphi(x)\dfrac{d\varphi(x)}{dx}$，其中 $\varphi(x)$ 为已知的连续函数；

（10） $(y^2 - 6x)\dfrac{dy}{dx} + 2y = 0.$

5. 求下列一阶线性微分方程满足所给初始条件的特解：

（1） $\dfrac{dy}{dx} - y\tan x = \sec x, y\big|_{x=0} = 0$；

（2） $\dfrac{dy}{dx} + y\cot x = 5e^{\cos x}, y\big|_{x=\frac{\pi}{2}} = -4$；

（3） $\cos x\dfrac{dy}{dx} = y\sin x + \cos^2 x, y\big|_{x=\pi} = 1$；

（4） $xy' + y = x^2 + 3x + 2, y\big|_{x=1} = -\dfrac{1}{6}$；

（5） $\dfrac{dy}{dx} + \dfrac{2 - 3x^2}{x^3}y = 1, y\big|_{x=1} = 0$；

（6） $\dfrac{dy}{dx} + 3y = 8, y\big|_{x=2} = 2.$

6. 求下列伯努利微分方程的通解：

（1） $\dfrac{dy}{dx} + y = y^2(\cos x - \sin x)$；

（2） $\dfrac{dy}{dx} - 3xy = xy^2$；

（3） $\dfrac{dy}{dx} + \dfrac{1}{3}y = \dfrac{1}{3}(1 - 2x)y^4$；

（4） $\dfrac{dy}{dx} - y = xy^5$；

（5） $x dy - [y + xy^3(1 + \ln x)] dx = 0$；

（6） $y' + \dfrac{2}{x}y = 3x^2 y^{\frac{4}{3}}.$

7. 用适当的变换求下列微分方程的通解：

（1） $\dfrac{dy}{dx} = \dfrac{4}{(x+y)^2}$；

（2） $\dfrac{dy}{dx} = \dfrac{4}{x - y} + 1$；

（3） $xy' + y = y(\ln x + \ln y)$；

（4） $y(xy + 1)dx + x(1 + xy + x^2y^2)dy = 0$；

（5） $y' = y^2 + 2(\sin x - 1)y + \sin^2 x - 2\sin x - \cos x + 1$；

（6） $y'\cos y - \cos x\sin^2 y = \sin y.$

8. 判断下列方程中哪些是全微分方程，并求全微分方程的通解：

（1） $(2xy - 1)dx + x^2 dy = 0$；

（2） $(2x^3 - xy^2)dx + (2y^3 - x^2y)dy = 0$；

（3） $e^y dx + (xe^y - 2y)dy = 0$；

（4） $yx^{y-1}dx + x^y\ln x dy = 0$；

（5） $\sin(x + y)dx + [x\cos(x + y)](dx + dy) = 0$；

（6） $y(x - 2y)dx - x^2 dy = 0$；

（7） $(1 + e^{2\theta})d\rho + 2\rho e^{2\theta}d\theta = 0$；

（8） $(x^2 + y^2)dx + xy dy = 0$；

（9） $(xe^{by} + e^{ax})y' + e^{by} + ye^{ax} = 0 (a, b$ 为参数$)$；

（10） $(x\cos y + \cos x)y' - y\sin x + \sin y = 0.$

9. 用观察法求出下列方程的积分因子，并求其通解：

（1） $(x + y)(dx - dy) = dx + dy$；

（2） $y(1 + xy)dx - x dy = 0$；

（3） $(x^2 + y)dx - x dy = 0$；

（4） $(1 - x^2y)dx + x^2(y - x)dy = 0$；

（5） $y dx - x dy = 2xy dx - x^2 dy.$

10. 有一盛满水的圆锥形漏斗，高为 10 cm，顶角为 $60°$，漏斗下面有面积为 0.5 cm^2 的孔，求水从小孔流出过程中水面高度变化的规律及水流完的时间.

11. 镭的衰变有如下规律:镭衰变的速度与它的现存量 R 成正比,由经验材料得知,镭经过 1 600 年后,只剩余原始量 R_0 的一半. 试求镭的现存量 R 与时间 t 的函数关系.

12. 小船从河边点 O 处出发驶向对岸(两岸为平行直线). 设船速为 a,船行驶的方向始终与河岸垂直,又设河宽 h,河中任何一点处的水流速度与该点到两岸距离的乘积成正比(比例系数为 k),求小船的航行路线.

13. 求一曲线方程,该曲线通过原点,且它在点 (x,y) 处的切线斜率等于 $2x+y$.

14. 设有一质量为 m 的质点做直线运动,从速度等于零时刻起,有一个与运动方向一致、大小与时间成正比(比例系数为 k_1)的力作用于它,此外还受到一与速度成正比(比例系数为 k_2)的阻力作用,求质点运动的速度与时间的函数关系.

15. 验证 $\dfrac{1}{xy[f(xy)-g(xy)]}$ 是微分方程 $yf(xy)\mathrm{d}x+xg(xy)\mathrm{d}y=0$ 的积分因子,并求下列微分方程的通解:

(1) $y(x^2y^2+2)\mathrm{d}x+x(2-2x^2y^2)\mathrm{d}y=0$; 　　(2) $y(2xy+1)\mathrm{d}x+x(1+2xy-x^3y^3)\mathrm{d}y=0$.

16. 证明 $\dfrac{1}{x^2}f\left(\dfrac{y}{x}\right)$ 是微分方程 $x\mathrm{d}y-y\mathrm{d}x=0$ 的积分因子.

17. 设曲线积分 $\displaystyle\int_L yf(x)\mathrm{d}x+[2xf(x)-x^2]\mathrm{d}y$ 在右半平面 $(x>0)$ 内与路径无关,其中 $f(x)$ 可导,且 $f(1)=1$,求 $f(x)$.

18. 设 $f(x)$ 为可微函数,求方程 $f(x)=\mathrm{e}^x+\mathrm{e}^x\displaystyle\int_0^x [f(t)]^2\mathrm{d}t$ 的解.

19. 求满足 $y+y'=Q(x), y\big|_{x=0}=0$ 的连续解,其中 $Q(x)=\begin{cases}2, & 0\leqslant x\leqslant 1 \\ 0, & x>1\end{cases}$.

第三节　可降阶的高阶微分方程

二阶及二阶以上的微分方程,统称为高阶微分方程. 对于有些高阶微分方程可以通过变量代换将其化成较低阶的方程来求解.

下面介绍三种容易降阶的高阶微分方程的求解方法.

一、$y^{(n)}=f(x)$ 型的微分方程

此类方程的特点是:方程左端只有一项未知函数的高阶导数,方程右端仅含有自变量 x,因此,该类方程的解法只需方程两边连续积分 n 次,便可得到原方程的含有 n 个任意常数的通解.

例 1　求方程 $y''=x\mathrm{e}^x$ 的通解.

解
$$y'=\int x\mathrm{e}^x\,\mathrm{d}x+C_1=x\mathrm{e}^x-\mathrm{e}^x+C_1$$

$$y = \int (xe^x - e^x)\, dx + C_1 x + C_2 = xe^x - 2e^x + C_1 x + C_2$$

二、$y'' = f(x, y')$ 型的微分方程

此类方程的特点是：方程左端只有一项未知函数的二阶导数，方程右端不显含未知函数 y. 因此，该类方程可先通过变量代换将其降阶，然后再进行求解.

设 $y' = p(x)$，则 $y'' = \dfrac{dp}{dx} = p'$，于是原方程降阶为一阶微分方程

$$p' = f(x, p)$$

若从这一阶方程中求出其通解

$$p = \varphi(x, C_1)$$

即

$$y' = \varphi(x, C_1)$$

对上式两边积分，得到方程的通解

$$y = \int \varphi(x, C_1)\, dx + C_2$$

例2 求方程 $xy'' = y' \ln y'$ 的通解.

解 设 $y' = p$，$y'' = \dfrac{dp}{dx}$，方程化为

$$x \frac{dp}{dx} = p \ln p$$

分离变量，并两边积分得

$$\ln(\ln p) = \ln x + \ln C_1 \ \text{或} \ p = e^{C_1 x}$$

又得一阶方程

$$\frac{dy}{dx} = e^{C_1 x}$$

上式两边积分，得原方程的通解

$$y = \frac{1}{C_1} e^{C_1 x} + C_2$$

例3 设有一均匀、柔软的绳索，两端固定，绳索仅受重力的作用而下垂，试求绳索在平衡状态时是怎样的曲线？

解 设绳索的最低点为 A，取 y 轴为通过点 A 铅直向上，并取 x 轴水平向右，如图 11-2 所示，且 $|OA|$ 等于某个定值（这个定值将在以后说明）. 设绳索曲线的方程为 $y = y(x)$. 考虑绳索上点 A 到另一点 $M(x, y)$ 间的一段弧 $\overset{\frown}{AM}$，设其长为 s. 假定绳索的线密度为 ρ，则弧 $\overset{\frown}{AM}$ 的重力为

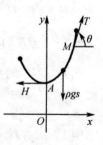

图 11-2

$\rho g s$. 由于绳索是柔软的,因而在点 A 处的张力沿水平的切线方向,其大小设为 H;在点 M 处的张力沿该点的切线方向,设其倾角为 θ,其大小为 T. 因作用于弧段 $\overset{\frown}{AM}$ 的外力相互平衡,把作用于弧 $\overset{\frown}{AM}$ 上的力沿铅直及水平两方向分解,得

$$T\sin\theta = \rho g s, \quad T\cos\theta = H$$

将此两式相除,得

$$\tan\theta = \frac{1}{a}s, \quad a = \frac{H}{\rho g}$$

由于 $\tan\theta = y'$,$s = \displaystyle\int_0^x \sqrt{1+y'^2}\,dx$,代入上式,得

$$y' = \frac{1}{a}\int_0^x \sqrt{1+y'^2}\,dx$$

上式两端对 x 求导,便得 $y = y(x)$ 满足的微分方程

$$y'' = \frac{1}{a}\sqrt{1+y'^2}$$

取原点 O 到点 A 的距离为定值 a,即 $|OA| = a$,那么,上面方程还需满足的初始条件为

$$y\big|_{x=0} = a, \quad y'\big|_{x=0} = 0$$

解方程时,设 $y' = p$,$y'' = \dfrac{dp}{dx}$,方程化为

$$p' = \frac{1}{a}\sqrt{1+p^2}$$

分离变量,并两边积分,得

$$\ln\left(p + \sqrt{1+p^2}\right) = \frac{x}{a} + C_1$$

将初始条件 $y'\big|_{x=0} = 0$ 代入上式,得 $C_1 = 0$,即

$$\ln\left(p + \sqrt{1+p^2}\right) = \frac{x}{a}$$

代回 $y' = p$ 得

$$y' = \frac{1}{2}\left(e^{\frac{x}{a}} + e^{-\frac{x}{a}}\right)$$

上式两边积分,得

$$y = \frac{a}{2}\left(e^{\frac{x}{a}} + e^{-\frac{x}{a}}\right) + C_2$$

将初始条件 $y\big|_{x=0} = a$ 代入上式,得 $C_2 = 0$,于是该绳索的形状可由曲线方程

$$y = \frac{a}{2}\left(e^{\frac{x}{a}} + e^{-\frac{x}{a}}\right)$$

来表示. 这曲线称为悬链线.

三、$y'' = f(y, y')$ 型的微分方程

此类方程的特点是：方程左端只有一项未知函数的二阶导数，方程右端不显含自变量 x. 因此，该类方程可通过变量代换将其降阶，然后再进行求解.

设 $y' = p(y)$，$p(y)$ 可看成是 y 为中间变量，x 为最终自变量的复合函数，则有

$$y'' = \frac{\mathrm{d}p}{\mathrm{d}x} = \frac{\mathrm{d}p}{\mathrm{d}y} \cdot \frac{\mathrm{d}y}{\mathrm{d}x} = p \frac{\mathrm{d}p}{\mathrm{d}y}$$

于是原方程降阶为一阶微分方程

$$p \frac{\mathrm{d}p}{\mathrm{d}y} = f(y, p)$$

若从这一阶方程中求出其通解

$$p = \varphi(y, C_1)$$

即

$$y' = \varphi(y, C_1)$$

对上式两边积分，得到方程的通解

$$\int \frac{\mathrm{d}y}{\varphi(y, C_1)} = x + C_2$$

例 4　求方程 $yy'' - y'^2 = 0$ 的通解.

解　令 $y' = p(y)$，则 $y'' = p\dfrac{\mathrm{d}p}{\mathrm{d}y}$，代入方程得

$$yp \frac{\mathrm{d}p}{\mathrm{d}y} - p^2 = 0$$

$$p\left(y \frac{\mathrm{d}p}{\mathrm{d}y} - p\right) = 0$$

即

$$p = 0 \ \text{或} \ y \frac{\mathrm{d}p}{\mathrm{d}y} = p$$

由 $p = 0$，得 $y = C$.

由 $y\dfrac{\mathrm{d}p}{\mathrm{d}y} = p$，分离变量得，$p = C_1 y$，即

$$\frac{\mathrm{d}y}{\mathrm{d}x} = C_1 y$$

解得

$$y = C_2 \mathrm{e}^{C_1 x}$$

上式是原方程的通解，它包含了解 $y = C$ 在内.

习题 11 – 3

1. 求下列微分方程的通解:

(1) $y'' = x + \sin x$;

(2) $y''' = x e^x$;

(3) $y'' = y' + x$;

(4) $y'' = 1 + (y')^2$;

(5) $y'' = \dfrac{1}{\sqrt{y}}$;

(6) $y^3 y'' - 1 = 0$;

(7) $y'' - (y')^3 = y'$;

(8) $xy'' + y' = 0$;

(9) $y'' + \dfrac{2}{1-y}(y')^2 = 0$;

(10) $2xy'y'' = (y')^2 + 1$.

2. 求下列微分方程满足所给初始条件的特解:

(1) $y''' = e^{ax}, y\big|_{x=1} = y'\big|_{x=1} = y''\big|_{x=1} = 0$;

(2) $y^3 y'' + 1 = 0, y\big|_{x=1} = 1, y'\big|_{x=1} = 0$;

(3) $y'' + (y')^2 = 1, y\big|_{x=0} = 0, y'\big|_{x=0} = 0$;

(4) $y'' - a(y')^2 = 0, y\big|_{x=0} = 0, y'\big|_{x=0} = -1$;

(5) $y'' = 3\sqrt{y}, y\big|_{x=0} = 1, y'\big|_{x=0} = 2$;

(6) $xy'' + x(y')^2 - y' = 0, y\big|_{x=2} = 2, y'\big|_{x=2} = 1$.

3. 求方程 $y'' + 2x(y')^2 = 0$ 的通过点 $M(0,1)$ 且在点 M 处与直线 $y = -\dfrac{1}{2}x + 1$ 相切的积分曲线.

4. 设有质量为 m 的物体,在空中由静止下落,如果空气的阻力为 $R = c^2 v^2$ (其中 c 为常数, v 为物体运动的速度),试求物体下落的距离 s 与时间 t 的函数关系.

第四节 线性微分方程解的结构

实际问题中,经常遇到高阶线性微分方程,形如

$$y^{(n)} + a_1(x)y^{(n-1)} + \cdots + a_{n-1}(x)y' + a_n(x)y = f(x) \tag{11-8}$$

称为 n 阶线性微分方程,其中 $a_i(x)(i=1,2,\cdots,n)$ 及 $f(x)$ 为已知函数. 所谓线性是指方程中未知函数 y 及其 $y', y'', \cdots, y^{(n)}$ 都是一次的.

当 $f(x)$ 不恒为零时,方程(11-8)称为 n 阶线性非齐次微分方程,而

$$y^{(n)} + a_1(x)y^{(n-1)} + \cdots + a_{n-1}(x)y' + a_n(x)y = 0$$

称为方程(11-8)所对应的 n 阶线性齐次方程.

在实际应用中,线性方程很重要.因此,需要对线性方程解的结构及其求解方法作深入研

究. 下面以二阶线性方程为例来讨论其解的一些性质,这些性质可以推广到 n 阶线性微分方程 (11 – 8).

一、二阶线性齐次微分方程通解的结构

二阶线性齐次微分方程的一般形式为

$$y'' + P(x)y' + Q(x)y = 0 \qquad\qquad (11 - 9)$$

定理 1　如果函数 $y_1(x)$ 与 $y_2(x)$ 是方程(11 –9)的两个解,那么

$$y = C_1y_1(x) + C_2y_2(x) \qquad\qquad (11 - 10)$$

也是方程(11 –9)的解,其中 C_1, C_2 是任意常数.

证　将式(11 –10)代入方程(11 –9)的左端,得

$$(C_1y''_1 + C_2y''_2) + P(x)(C_1y'_1 + C_2y'_2) + Q(x)(C_1y_1 + C_2y_2)$$
$$= C_1[y''_1 + P(x)y'_1 + Q(x)y_1] + C_2[y''_2 + P(x)y'_2 + Q(x)y_2]$$

由于 y_1, y_2 是方程(11 –9)的解,上式右端方括号中的表达式都恒等于零,因而整个式子恒等于零,所以式(11 –10)是方程(11 –9)的解.

二阶线性齐次微分方程解的这个性质表明它的解符合叠加原理.

注意到式(11 –10)中含有两个任意常数,那它是方程(11 –9)的通解吗? 一般来说,它不一定是通解.

例如,设 $y_1(x)$ 是方程(11 –9)的一个解,则 $y_2(x) = 2y_1(x)$ 也是方程(11 –9)的解. 而

$$y = C_1y_1(x) + C_2y_2(x) = C_1y_1(x) + 2C_2y_1(x) = (C_1 + 2C_2)y_1(x)$$

记 $C = C_1 + 2C_2$,上式可以写成 $y = Cy_1(x)$,只含有一个任意常数,这显然不是方程(11 –9)的通解. 那么在什么情况下,式(11 –10)才是方程(11 –9)的通解呢? 要解决这个问题,我们需要引入一个新的概念,即所谓函数的线性相关与线性无关.

定义 1　设 $y_1(x), y_2(x), \cdots, y_n(x)$ 为定义在区间 I 上的 n 个函数,如果存在 n 个不全为零的常数 $k_1, k_2, \cdots, k_n$,使得当 $x \in I$ 时有

$$k_1y_1(x) + k_2y_2(x) + \cdots + k_ny_n(x) \equiv 0$$

成立,那么称这 n 个函数在区间 I 上线性相关,否则称线性无关.

例如,函数 $1, \cos^2 x, \sin^2 x$ 在整个数轴上是线性相关的. 因为当 $k_1 = 1, k_2 = k_3 = -1$ 时,就有恒等式

$$1 - \cos^2 x - \sin^2 x \equiv 0.$$

又如,函数 $1, x, x^2$ 在任何区间 (a, b) 内是线性无关的. 因为如果 k_1, k_2, k_3 不全为零,那么在该区间内至多只有两个 x 值能使二次三项式

$$k_1 + k_2x + k_3x^2$$

为零;要使上式恒等于零,必须 k_1, k_2, k_3 全为零.

对于两个函数的情形,它们线性相关与否,只要看它们的比是否为常数:如果比是常数,那

么它们就线性相关;否则就线性无关.

定理2 如果函数 $y_1(x)$ 与 $y_2(x)$ 是方程(11-9)的两个线性无关的特解,那么

$$y = C_1 y_1(x) + C_2 y_2(x)$$

就是方程(11-9)的通解,其中 C_1,C_2 是任意常数.

定理2可以推广到 n 阶线性齐次微分方程.

推论1 如果 $y_1(x)$,$y_2(x)$,$\cdots$,$y_n(x)$ 是 n 阶线性齐次微分方程

$$y^{(n)} + a_1(x)y^{(n-1)} + \cdots + a_{n-1}(x)y' + a_n(x)y = 0$$

的 n 个线性无关的解,那么,此方程的通解为

$$y = C_1 y_1(x) + C_2 y_2(x) + \cdots + C_n y_n(x)$$

其中 C_1, C_2,$\cdots$,C_n 是任意常数.

下面讨论二阶线性非齐次微分方程

$$y'' + P(x)y' + Q(x)y = f(x) \tag{11-11}$$

通解的情况.

二、二阶线性非齐次微分方程通解的结构

定理3 设 $y^*(x)$ 是二阶线性非齐次微分方程(11-11)的一个特解,$Y(x)$ 是方程(11-11)所对应的线性齐次方程(11-9)的通解,那么

$$y = Y(x) + y^*(x) \tag{11-12}$$

是二阶线性非齐次微分方程(11-11)的通解.

证 把式(11-12)代入方程(11-11)的左端,得

$$(Y'' + y^{*''}) + P(x)(Y' + y^{*'}) + Q(x)(Y + y^*)$$
$$= [Y'' + P(x)Y' + Q(x)Y] + [y^{*''} + P(x)y^{*'} + Q(x)y^*]$$

由 Y 是方程(11-9)的解,y^* 是方程(11-11)的解知,上式第一个方括号内的表达式恒等于零,第二个方括号内的表达式恒等于 $f(x)$.因此,$y = Y + y^*$ 使方程(11-11)的两端恒等,即式(11-12)是方程(11-11)的解.

由于方程(11-11)所对应的线性齐次方程(11-9)的通解 $Y = C_1 y_1 + C_2 y_2$ 中含有两个任意常数,所以 $y = Y + y^*$ 中也含有两个任意常数,从而 $y = Y + y^*$ 就是二阶线性非齐次微分方程(11-11)的通解.

例如,方程 $y'' + y = x^2$ 所对应的齐次方程为 $y'' + y = 0$.容易看出 $y_1 = \sin x$,$y_2 = \cos x$ 是 $y'' + y = 0$ 的两个线性无关的解,所以 $Y = C_1 \cos x + C_2 \sin x$ 是 $y'' + y = 0$ 的通解;又容易验证 $y^* = x^2 - 2$ 是方程 $y'' + y = x^2$ 的一个特解,因此

$$y = C_1 \sin x + C_2 \cos x + x^2 - 2$$

是方程 $y'' + y = x^2$ 的通解.

二阶线性非齐次微分方程(11-11)的特解有时可用下述定理来帮助求出.

定理4 设二阶线性非齐次微分方程(11-11)的右端$f(x)$是几个函数之和,如

$$Y'' + P(x)y' + Q(x)y = f_1(x) + f_2(x) \tag{11-13}$$

而$y_1^*(x)$与$y_2^*(x)$分别是方程

$$y'' + P(x)y' + Q(x)y = f_1(x)$$

与

$$y'' + P(x)y' + Q(x)y = f_2(x)$$

的特解,那么$y_1^*(x) + y_2^*(x)$就是方程(11-13)的特解.

证明 将$y = y_1^*(x) + y_2^*(x)$代入方程(11-13)的左端,得

$$(y_1^{*''} + y_2^{*''}) + P(x)(y_1^{*'} + y_2^{*'}) + Q(x)(y_1^* + y_2^*)$$
$$= [y_1^{*''} + P(x)y_1^{*'} + Q(x)y_1^*] + [y_2^{*''} + P(x)y_2^{*'} + Q(x)y_2^*]$$
$$= f_1(x) + f_2(x)$$

因此,$y_1^*(x) + y_2^*(x)$是方程(11-13)的一个特解.

定理3和定理4也可类似地推广到n阶线性非齐次微分方程.

三、常数变易法

前面在求解一阶线性非齐次微分方程时,我们使用了常数变易法. 该方法也适用于高阶线性微分方程. 下面就以二阶线性微分方程来讨论.

设$Y(x) = C_1 y_1(x) + C_2 y_2(x)$($C_1, C_2$是任意常数)是二阶线性齐次微分方程(11-9)的通解. 常数变易法就是把Y中的常数C_1, C_2改为x的待定函数$v_1(x), v_2(x)$,使

$$y = v_1(x)y_1(x) + v_2(x)y_2(x) \tag{11-14}$$

成为非齐次微分方程(11-11)的一个特解.

一般来说,要确定两个未知函数$v_1(x), v_2(x)$需要两个条件,而式(11-14)只需满足关系式(11-11),因此可规定它们再满足一个关系式. 式(11-14)两边对x求导,得

$$y' = v_1'(x)y_1(x) + v_1(x)y_1'(x) + v_2'(x)y_2(x) + v_2(x)y_2'(x)$$

为计算简单,令

$$v_1'(x)y_1(x) + v_2'(x)y_2(x) = 0$$

这样,再求y''的表达式中就不含$v_1''(x), v_2''(x)$.

从而

$$y' = v_1(x)y_1'(x) + v_2(x)y_2'(x)$$

上式两边对x求导,得

$$y'' = v_1'(x)y_1'(x) + v_1(x)y_1''(x) + v_2'(x)y_2'(x) + v_2(x)y_2''(x)$$

把y, y', y''代入方程(11-11),整理得

$$v_1'y_1' + v_2'y_2' + (y_1'' + Py_1' + Qy_1)v_1 + (y_2'' + Py_2' + Qy_2)v_2 = f$$

由于y_1和y_2是方程(11-9)的解,故上式化为

$$v_1'y_1' + v_2'y_2' = f$$

于是得到两个未知函数 $v_1(x), v_2(x)$ 需要满足的条件

$$\begin{cases} v_1'(x)y_1(x) + v_2'(x)y_2(x) = 0 \\ v_1'(x)y_1'(x) + v_2'(x)y_2'(x) = f(x) \end{cases}$$

解此方程组,当 $\begin{vmatrix} y_1(x) & y_2(x) \\ y_1'(x) & y_2'(x) \end{vmatrix} \neq 0$ 时,得

$$\begin{cases} v_1'(x) = \dfrac{\begin{vmatrix} 0 & y_2(x) \\ f(x) & y_2'(x) \end{vmatrix}}{\begin{vmatrix} y_1(x) & y_2(x) \\ y_1'(x) & y_2'(x) \end{vmatrix}} \\[20pt] v_2'(x) = \dfrac{\begin{vmatrix} y_1(x) & 0 \\ y_1'(x) & f(x) \end{vmatrix}}{\begin{vmatrix} y_1(x) & y_2(x) \\ y_1'(x) & y_2'(x) \end{vmatrix}} \end{cases}$$

对上式两边积分,得

$$\begin{cases} v_1(x) = \displaystyle\int \dfrac{\begin{vmatrix} 0 & y_2(x) \\ f(x) & y_2'(x) \end{vmatrix}}{\begin{vmatrix} y_1(x) & y_2(x) \\ y_1'(x) & y_2'(x) \end{vmatrix}} \mathrm{d}x \\[20pt] v_2(x) = \displaystyle\int \dfrac{\begin{vmatrix} y_1(x) & 0 \\ y_1'(x) & f(x) \end{vmatrix}}{\begin{vmatrix} y_1(x) & y_2(x) \\ y_1'(x) & y_2'(x) \end{vmatrix}} \mathrm{d}x \end{cases}$$

因此,二阶线性非齐次微分方程(11 – 11)的通解为

$$y = C_1 y_1 + C_2 y_2 + y_1 \int \dfrac{\begin{vmatrix} 0 & y_2(x) \\ f(x) & y_2'(x) \end{vmatrix}}{\begin{vmatrix} y_1(x) & y_2(x) \\ y_1'(x) & y_2'(x) \end{vmatrix}} \mathrm{d}x + y_2 \int \dfrac{\begin{vmatrix} y_1(x) & 0 \\ y_1'(x) & f(x) \end{vmatrix}}{\begin{vmatrix} y_1(x) & y_2(x) \\ y_1'(x) & y_2'(x) \end{vmatrix}} \mathrm{d}x$$

例1 求 $y'' + y = \dfrac{1}{\cos x}$ 的通解.

解 观察知 $Y = C_1 \cos x + C_2 \sin x$ 是所求方程对应的齐次方程 $y'' + y = 0$ 的通解.

设所求方程的特解为 $y = v_1(x)\cos x + v_2(x)\sin x$,其中 $v_1(x), v_2(x)$ 为待定函数. 于是,两

个未知函数 $v_1(x),v_2(x)$ 需要满足的条件为

$$\begin{cases} v_1'(x)y_1(x)+v_2'(x)y_2(x)=0 \\ v_1'(x)y_1'(x)+v_2'(x)y_2'(x)=f(x) \end{cases}$$

得到方程组

$$\begin{cases} v_1'(x)\cos x+v_2'(x)\sin x=0 \\ -v_1'(x)\sin x+v_2'(x)\cos x=\dfrac{1}{\cos x} \end{cases}$$

解上述方程组得

$$v_1'(x)=-\tan x,\ v_2'(x)=1$$

上式积分得

$$v_1(x)=\ln|\cos x|,\ v_2(x)=x$$

于是所求方程的通解为

$$y=C_1\cos x+C_2\sin x+\cos x\ln|\cos x|+x\sin x$$

习题 11−4

1. 下列函数组在其定义区间内哪些是线性无关的：

(1) x,x^2；

(2) $x,2x$；

(3) $e^{2x},3e^{2x}$；

(4) e^{-x},e^x；

(5) $\cos 2x,\sin 2x$；

(6) e^{x^2},xe^{x^2}；

(7) $\sin 2x,\sin x\cos x$；

(8) $e^x\cos 2x,e^x\sin 2x$；

(9) $\ln x,x\ln x$；

(10) $e^{ax},e^{bx}(a\neq b)$.

2. 验证：

(1) $y_1=\cos\omega x,y_2=\sin\omega x$ 都是方程 $y''+\omega^2 y=0$ 的解，并写出该方程的通解.

(2) $y_1=e^{x^2},y_2=xe^{x^2}$ 都是方程 $y''-4xy'+(4x^2-2)y=0$ 的解，并写出该方程的通解.

3. 验证：

(1) $y=C_1e^x+C_2e^{2x}+\dfrac{1}{12}e^{5x}$ 是方程 $y''-3y'+2y=e^{5x}$ 的通解；

(2) $y=C_1\cos 3x+C_2\sin 3x+\dfrac{1}{32}(4x\cos x+\sin x)$ 是方程 $y''+9y=x\cos x$ 的通解；

(3) $y=C_1x^2+C_2x^2\ln x$ 是方程 $x^2y''-3xy'+4y=0$ 的通解；

(4) $y=C_1x^5+\dfrac{C_2}{x}-\dfrac{x^2}{9}\ln x$ 是方程 $x^2y''-3xy'-5y=x^2\ln x$ 的通解；

(5) $y=\dfrac{1}{x}(C_1e^x+C_2e^{-x})+\dfrac{e^x}{2}$ 是方程 $xy''+2y'-xy=e^x$ 的通解；

(6) $y = C_1 e^x + C_2 e^{-x} + C_3 \cos x + C_4 \sin x - x^2$ 是方程 $y^{(4)} - y = x^2$ 的通解.

4. 已知 $y_1(x) = e^x$ 是齐次线性方程 $(2x-1)y'' - (2x+1)y' + 2y = 0$ 的一个解,求此方程的通解.

5. 已知 $y_1(x) = x$ 是齐次线性方程 $x^2 y'' - 2xy' + 2y = 0$ 的一个解,求非齐次线性方程 $x^2 y'' - 2xy' + 2y = 2x^3$ 的通解.

6. 已知齐次线性方程 $y'' + y = 0$ 的通解为 $Y(x) = C_1 \cos x + C_2 \sin x$,求非齐次线性方程 $y'' + y = \sec x$ 的通解.

7. 已知齐次线性方程 $x^2 y'' - xy' + y = 0$ 的通解为 $Y(x) = C_1 x + C_2 x \ln |x|$,求非齐次线性方程 $x^2 y'' - xy' + y = x$ 的通解.

第五节　常系数线性齐次微分方程

n 阶线性微分方程
$$y^{(n)} + a_1 y^{(n-1)} + \cdots + a_{n-1} y' + a_n y = f(x) \quad (a_1, a_2, \cdots, a_n \text{ 为实常数})$$
称为 n 阶常系数线性微分方程,而
$$y^{(n)} + a_1 y^{(n-1)} + \cdots + a_{n-1} y' + a_n y = 0$$
称为 n 阶常系数线性齐次微分方程. 此方程的解法可归结为求解一个代数方程,下面以二阶常系数线性齐次微分方程为例来讨论此类方程的解法,高于二阶情形是类似的.

二阶常系数线性齐次微分方程的一般形式为
$$y'' + py' + qy = 0 \qquad\qquad (11-15)$$
其中 p, q 为实常数. 根据上一节的通解结构定理知,需要找到两个线性无关的特解. 注意到指数函数 $y = e^{rx}$ 和它的各阶导数只相差一个常数系数的特点,可以想象只要适当选取常数 r,就可使 $y = e^{rx}$ 满足方程 $(11-15)$.

将 $y = e^{rx}$ 求导,得 $y' = re^{rx}, y'' = r^2 e^{rx}$,把 y, y', y'' 代入方程 $(11-15)$ 得
$$(r^2 + pr + q)e^{rx} = 0$$
由于 $e^{rx} \neq 0$,所以
$$r^2 + pr + q = 0 \qquad\qquad (11-16)$$
由此可见,只要 r 满足代数方程 $(11-16)$,函数 $y = e^{rx}$ 就是方程 $(11-15)$ 的解. 于是把代数方程 $(11-16)$ 称为微分方程 $(11-15)$ 的特征方程.

特征方程 $(11-16)$ 是一个一元二次方程,其根由
$$r_{1,2} = \frac{-p \pm \sqrt{p^2 - 4q}}{2}$$
给出,并称 r_1, r_2 为特征方程 $(11-16)$ 的特征根.

下面根据特征根的不同情况,来求方程 $(11-15)$ 的通解.

1. 当 $p^2 - 4q > 0$ 时，特征根 r_1, r_2 是两个不相等实根：$r_1 \neq r_2$

由于 $r_1 \neq r_2$，则 $\mathrm{e}^{r_1 x}$ 与 $\mathrm{e}^{r_2 x}$ 是方程（11 - 15）的两个特解，且它们比不为常数，则方程（11 - 15）的通解为

$$y = C_1 \mathrm{e}^{r_1 x} + C_2 \mathrm{e}^{r_2 x}$$

2. 当 $p^2 - 4q = 0$ 时，特征根 r_1, r_2 是两个相等实根

由于 $r_1 = r_2$，只得到方程（11 - 15）的一个特解 $y_1 = \mathrm{e}^{r_1 x}$，还需求出方程（11 - 15）与 $y_1 = \mathrm{e}^{r_1 x}$ 线性无关的另一个特解 y_2.

设 $y_2 = u(x) \mathrm{e}^{r_1 x}$，对 y_2 求导得

$$y_2' = u'(x) \mathrm{e}^{r_1 x} + r_1 u(x) \mathrm{e}^{r_1 x}$$

$$y_2'' = u''(x) \mathrm{e}^{r_1 x} + 2r_1 u'(x) \mathrm{e}^{r_1 x} + r_1^2 u(x) \mathrm{e}^{r_1 x}$$

将 y_2, y_2', y_2'' 代入方程（11 - 15），整理得

$$u''(x) \mathrm{e}^{r_1 x} + (p + 2r_1) u'(x) \mathrm{e}^{r_1 x} + (r_1^2 + pr_1 + q) u(x) \mathrm{e}^{r_1 x} = 0$$

上式约去 $\mathrm{e}^{r_1 x}$，得

$$u''(x) + (p + 2r_1) u'(x) + (r_1^2 + pr_1 + q) u(x) = 0$$

由于 r_1 是特征方程（11 - 16）的二重根，因此

$$r_1^2 + pr_1 + q = 0, \quad p + 2r_1 = 0$$

于是 $u''(x) = 0$.

这里只是要找到一个满足 $u''(x) = 0$ 的特解，于是取 $u(x) = x$，由此，便得到了方程（11 - 15）的另一个特解

$$y_2 = x \mathrm{e}^{r_1 x}$$

从而方程（11 - 15）的通解为

$$y = (C_1 + C_2 x) \mathrm{e}^{r_1 x}$$

3. 当 $p^2 - 4q < 0$ 时，特征根 r_1, r_2 是一对共轭复根

设 $r_1 = \alpha + \mathrm{i}\beta, r_2 = \alpha - \mathrm{i}\beta$，则 $\mathrm{e}^{(\alpha + \mathrm{i}\beta)x}$ 与 $\mathrm{e}^{(\alpha - \mathrm{i}\beta)x}$ 是方程（11 - 15）的两个线性无关的特解. 但这种复数形式的解使用起来不方便，因此，利用欧拉公式 $\mathrm{e}^{\mathrm{i}\theta} = \cos\theta + \mathrm{i}\sin\theta$，有

$$y_1 = \mathrm{e}^{(\alpha + \mathrm{i}\beta)x} = \mathrm{e}^{\alpha x}(\cos\beta x + \mathrm{i}\sin\beta x)$$

$$y_2 = \mathrm{e}^{(\alpha - \mathrm{i}\beta)x} = \mathrm{e}^{\alpha x}(\cos\beta x - \mathrm{i}\sin\beta x)$$

由线性微分方程解的叠加原理，得

$$\bar{y}_1 = \frac{1}{2}(y_1 + y_2) = \mathrm{e}^{\alpha x}\cos\beta x$$

$$\bar{y}_2 = \frac{1}{2\mathrm{i}}(y_1 - y_2) = \mathrm{e}^{\alpha x}\sin\beta x$$

也是方程（11 - 15）的两个线性无关的特解. 从而微分方程（11 - 15）的通解为

$$y = \mathrm{e}^{\alpha x}(C_1 \cos \beta x + C_2 \sin \beta x)$$

综上所述,二阶常系数线性齐次微分方程(11 - 15)的通解情况见表 11 - 1.

表 11 - 1　通解情况

特征方程 $r^2 + pr + q = 0$ 的两个根 r_1, r_2	微分方程 $y'' + py' + qy = 0$ 的通解
两个不相等的实根 r_1, r_2	$y = C_1 \mathrm{e}^{r_1 x} + C_2 \mathrm{e}^{r_2 x}$
两个相等的实根 $r_1 = r_2$	$y = (C_1 + C_2 x)\mathrm{e}^{r_1 x}$
一对共轭复根 $r_{1,2} = \alpha \pm \mathrm{i}\beta$	$y = \mathrm{e}^{\alpha x}(C_1 \cos \beta x + C_2 \sin \beta x)$

例1　求方程 $y'' + 3y' + 2y = 0$ 的通解.

解　方程的特征方程为

$$r^2 + 3r + 2 = 0$$

特征根为 $r_1 = -1, r_2 = -2$. 所以方程的通解为

$$y = C_1 \mathrm{e}^{-x} + C_2 \mathrm{e}^{-2x} \quad (C_1, C_2 \text{ 为任意常数})$$

例2　求方程 $\dfrac{\mathrm{d}^2 s}{\mathrm{d}t^2} + 2\dfrac{\mathrm{d}s}{\mathrm{d}t} + s = 0$ 满足初始条件 $s\big|_{t=0} = 4, s'\big|_{t=0} = -2$ 的特解.

解　方程的特征方程为

$$r^2 + 2r + 1 = 0$$

特征根为 $r_{1,2} = -1$. 所以方程的通解为

$$s = (C_1 + C_2 t)\mathrm{e}^{-t} \quad (C_1, C_2 \text{为任意常数})$$

由初始条件 $s\big|_{t=0} = 4, s'\big|_{t=0} = -2$,得

$$C_1 = 4, C_2 = 2$$

故方程满足初始条件的特解为

$$s = (4 + 2t)\mathrm{e}^{-t}$$

例3　设圆柱形浮筒,直径为 0.5 m,铅直放在水中,当稍向下压后突然放开,浮筒在水中上下振动,周期为 2 s,求浮筒的质量.

解　取水面铅直向上方向为正,并设水的密度为 ρ,浮筒的直径为 D,浮筒的横截面积为 S,浮筒被压下的位移为 x. 此时浮筒所受的压力大小为 $-\rho g x S$,方向铅直向下. 当浮筒突然被放开,浮筒所受向上的合力大小为 $-\rho g x S$,方向铅直向上,于是浮筒将产生向上振动.

根据上述浮筒受力情况的分析,由牛顿第二定律,得

$$f = -\rho g x S = m\frac{\mathrm{d}^2 x}{\mathrm{d}t^2}$$

即

$$m\frac{\mathrm{d}^2 x}{\mathrm{d}t^2} + \rho g x S = 0$$

此方程为二阶常系数齐次线性微分方程，其特征方程为

$$mr^2 + \rho gS = 0$$

特征根为

$$r_{1,2} = \pm \sqrt{\frac{\rho gS}{m}}\,\mathrm{i}$$

所以方程的通解为

$$x = C_1 \cos\sqrt{\frac{\rho gS}{m}}\,t + C_2 \sin\sqrt{\frac{\rho gS}{m}}\,t = A\sin\left(\sqrt{\frac{\rho gS}{m}}\,t + \varphi\right)$$

振动的频率 $\omega = \sqrt{\dfrac{\rho gS}{m}}$，所以

$$T = \frac{2\pi}{\omega} = 2\pi\sqrt{\frac{m}{\rho gS}}$$

又已知 $T = 2$，故

$$2\pi\sqrt{\frac{m}{\rho gS}} = 2\,,\; \frac{m\pi^2}{\rho gS} = 1\,,\; m = \frac{\rho gS}{\pi^2}$$

而 $\rho = 1\,000 \text{ kg/m}^3$，$g = 9.8 \text{ m/s}^2$，$D = 0.5 \text{ m}$，所以

$$m = \frac{\rho gS}{\pi^2} = \frac{1\,000 \times 9.8 \times 0.5^2}{4\pi} = 195 \text{ kg}$$

关于二阶常系数线性齐次微分方程的求通解方法及通解形式，可直接推广到 n 阶常系数线性齐次微分方程上去.

考虑 n 阶常系数线性齐次微分方程

$$y^{(n)} + a_1 y^{(n-1)} + \cdots + a_{n-1} y' + a_n y = 0 \qquad (11-17)$$

其中，$a_1, a_2, \cdots, a_n$ 都是实常数. 方程 $(11-17)$ 的特征根方程为

$$r^n + a_1 r^{n-1} + \cdots + a_{n-1} r + a_n = 0$$

然后求出这个 n 次特征根方程的 n 个根（重根按重数计算），根据特征方程根的不同情况，可以按表 11-2 写出不同的根在通解中的对应项.

表 11-2　不同的根在通解中的对应项

特征方程的根	微分方程通解中的对应项
单实根 r	对应有一项：Ce^{rx}
一对单共轭复根 $r_{1,2} = \alpha \pm \mathrm{i}\beta$	对应有两项：$y = e^{\alpha x}(C_1 \cos\beta x + C_2 \sin\beta x)$
k 重实根 r	对应有 k 项：$y = e^{rx}(C_1 + C_2 x + \cdots + C_k x^{k-1})$
一对 k 重共轭复根 $r_{1,2} = \alpha \pm \mathrm{i}\beta$	对应有 $2k$ 项：$y = e^{\alpha x}\left[(C_1 + C_2 x + \cdots + C_k x^{k-1})\cos\beta x + (D_1 + D_2 x + \cdots + D_k x^{k-1})\sin\beta x\right]$

例4　求方程 $y^{(4)} - 2y''' + 5y'' = 0$ 的通解.

解　方程的特征方程为

$$r^4 - 2r^3 + 5r^2 = 0$$

特征根为 $r_{1,2} = 0, r_{3,4} = 1 \pm 2\mathrm{i}$. 所以方程的通解为

$$y = (C_1 + C_2 x) + \mathrm{e}^x (C_3 \cos 2x + C_4 \sin 2x)$$

其中, C_1, C_2, C_3, C_4 为任意常数.

例5　求方程 $y^{(5)} + y^{(4)} + 2y''' + 2y'' + y' + y = 0$ 的通解.

解　方程的特征方程为

$$r^5 + r^4 + 2r^3 + 2r^2 + r + 1 = 0$$

即

$$(r + 1)(r^2 + 1)^2 = 0$$

特征根为 $r_{1,2} = \mathrm{i}, r_{3,4} = -\mathrm{i}, r_5 = -1$. 所以方程的通解为

$$y = (C_1 + C_2 x) \cos x + (C_3 + C_4 x) \sin x + C_5 \mathrm{e}^{-x}$$

其中, C_1, C_2, C_3, C_4, C_5 为任意常数.

习题 11 - 5

1. 求下列微分方程的通解:

(1) $y'' + y' - 2y = 0$;

(2) $y'' - 4y' = 0$;

(3) $y'' + y = 0$;

(4) $y'' + 6y' + 13y = 0$;

(5) $4 \dfrac{\mathrm{d}^2 x}{\mathrm{d}t^2} - 20 \dfrac{\mathrm{d}x}{\mathrm{d}t} + 25x = 0$;

(6) $y'' - 4y' + 5y = 0$;

(7) $y^{(4)} - y = 0$;

(8) $y^{(4)} + 2y'' + y = 0$;

(9) $y^{(4)} - 2y''' + y'' = 0$;

(10) $y^{(4)} + 5y'' - 36y = 0$.

2. 求下列微分方程满足所给初始条件的特解:

(1) $y'' - 4y' + 3y = 0, y|_{x=0} = 6, y'|_{x=0} = 10$;

(2) $4y'' + 4y' + y = 0, y|_{x=0} = 2, y'|_{x=0} = 0$;

(3) $y'' - 3y' - 4y = 0, y|_{x=0} = 0, y'|_{x=0} = -5$;

(4) $y'' + 4y' + 29y = 0, y|_{x=0} = 0, y'|_{x=0} = 15$;

(5) $y'' + 25y = 0, y|_{x=0} = 2, y'|_{x=0} = 5$;

(6) $y'' - 4y' + 13y = 0, y|_{x=0} = 0, y'|_{x=0} = 3$.

3. 单位质量的质点在数轴上运动, 开始时质点在原点 O 处且速度为 v_0, 运动过程中, 受到一个力的作用, 这个力的大小与质点的距离成正比(比例系数为 $k_1 > 0$), 方向和初速一致. 且介质的阻力与速度成正比(比例系数为 $k_2 > 0$), 求反映质点运动规律的函数.

第六节　二阶常系数线性非齐次微分方程

二阶常系数线性非齐次微分方程的一般形式为

$$y'' + py' + qy = f(x) \tag{11-18}$$

其中 p,q 为实常数；$f(x)$ 是连续实函数.

由十一章第四节的定理 3 知，方程(11-18)的通解为其对应的齐次方程的通解加上方程 (11-18) 本身的一个特解. 由于二阶常系数线性齐次微分方程的通解求法在上一节中已得到解决，因此，这里只需讨论求方程(11-18)的一个特解的方法.

应该说，求方程(11-18)的一个特解可以使用常数变易法，但其计算太麻烦. 本节介绍当 $f(x)$ 取两种常见形式时用待定系数法来求特解的方法.

一、$f(x) = \mathrm{e}^{\lambda x} P_m(x)$ 型(式中 λ 是常数，$P_m(x)$ 是一个 m 次多项式)

由于多项式函数与指数函数乘积的导数仍是多项式函数与指数函数的乘积，因此，推测方程(11-18)应具有形如 $y^* = \mathrm{e}^{\lambda x} Q(x)$（$Q(x)$ 是待定多项式）的特解. 于是

$$y^{*\,\prime} = \mathrm{e}^{\lambda x} [\lambda Q(x) + Q'(x)]$$

$$y^{*\,\prime\prime} = \mathrm{e}^{\lambda x} [\lambda^2 Q(x) + 2\lambda Q'(x) + Q''(x)]$$

把 $y^*, y^{*\,\prime}, y^{*\,\prime\prime}$ 代入方程(11-18)，整理得

$$Q''(x) + (2\lambda + p)Q'(x) + (\lambda^2 + p\lambda + q)Q(x) = P_m(x) \tag{11-19}$$

1. 如果 λ 不是方程(11-18)所对应齐次方程的特征方程 $r^2 + pr + q = 0$ 的根，即 $\lambda^2 + p\lambda + q \neq 0$. 那么，要使式(11-19)两端恒等，$Q(x)$ 就应是一个 m 次多项式 $Q_m(x)$，故设

$$Q_m(x) = b_0 x^m + b_1 x^{m-1} + \cdots + b_{m-1} x + b_m$$

把上式代入式(11-19)，然后比较等式两端 x 同次幂的系数，可以得到以 $b_0, b_1, \cdots, b_m$ 为未知数的 $m+1$ 个方程联立的方程组. 解方程组就可确定 $m+1$ 个系数 $b_0, b_1, \cdots, b_m$，从而得到所求的特解 $y^* = \mathrm{e}^{\lambda x} Q_m(x)$.

2. 如果 λ 是特征方程 $r^2 + pr + q = 0$ 的单根，即 $\lambda^2 + p\lambda + q = 0$，但 $2\lambda + p \neq 0$. 那么，要使式(11-19)两端恒等，$Q'(x)$ 就应是一个 m 次多项式，此时可设

$$Q(x) = x Q_m(x) = x(b_0 x^m + b_1 x^{m-1} + \cdots + b_{m-1} x + b_m)$$

并可用同样的方法确定 $Q_m(x)$ 的系数 $b_0, b_1, \cdots, b_m$，从而得到所求的特解 $y^* = x \mathrm{e}^{\lambda x} Q_m(x)$.

3. 如果 λ 是特征方程 $r^2 + pr + q = 0$ 的重根，即 $\lambda^2 + p\lambda + q = 0$ 且 $2\lambda + p = 0$. 那么，要使式(11-19)两端恒等，$Q''(x)$ 就应是一个 m 次多项式，此时可设

$$Q(x) = x^2 Q_m(x) = x^2(b_0 x^m + b_1 x^{m-1} + \cdots + b_{m-1} x + b_m)$$

并可用同样的方法确定 $Q_m(x)$ 的系数 $b_0, b_1, \cdots, b_m$，从而得到所求的特解 $y^* = x^2 \mathrm{e}^{\lambda x} Q_m(x)$.

综上所述,当$f(x) = \mathrm{e}^{\lambda x}P_m(x)$时,方程(11-18)具有形如

$$y^* = x^k\mathrm{e}^{\lambda x}Q_m(x) \tag{11-20}$$

的特解,其中$Q_m(x)$是与$P_m(x)$同次(m次)的多项式,而k依据λ不是特征方程的根,是特征方程的单根或是特征方程的重根而依次取值为$0,1$或2.

上述结论可推广到n阶常系数线性非齐次微分方程,但要注意式(11-20)中的k是特征方程含根λ的重数(即若λ不是特征方程的根,k取为0;若λ是特征方程的s重根,k取为s).

例1 求方程$y'' + 4y' + 3y = x - 2$的通解.

解 方程所对应的齐次方程的特征方程为

$$r^2 + 4r + 3 = 0$$

特征根为$r_1 = -1, r_2 = -3$. 于是方程所对应的齐次方程的通解为

$$Y = C_1\mathrm{e}^{-x} + C_2\mathrm{e}^{-3x} \quad (C_1, C_2\text{ 为任意常数})$$

由$f(x) = x - 2$知:$\lambda = 0$不是特征方程的根,所以特解可设为

$$y^* = ax + b$$

将y^*代入所求方程,得

$$4a + 3(ax + b) = x - 2$$

于是得到

$$3a = 1, \quad 4a + 3b = -2$$

即

$$a = \frac{1}{3}, \quad b = -\frac{10}{9}$$

故

$$y^* = \frac{1}{3}x - \frac{10}{9}$$

因此所求方程的通解为

$$y = C_1\mathrm{e}^{-x} + C_2\mathrm{e}^{-3x} + \frac{1}{3}x - \frac{10}{9}$$

其中,C_1, C_2为任意常数.

例2 求方程$y'' - 5y' + 6y = x\mathrm{e}^{2x}$的通解.

解 方程所对应的齐次方程的特征方程为

$$r^2 - 5r + 6 = 0$$

特征根为$r_1 = 2, r_2 = 3$. 于是方程所对应的齐次方程的通解为

$$Y = C_1\mathrm{e}^{2x} + C_2\mathrm{e}^{3x} \quad (C_1, C_2\text{为任意常数})$$

由$f(x) = x\mathrm{e}^{2x}$知:$\lambda = 2$是特征方程的单根,所以特解可设为

$$y^* = x(ax + b)\mathrm{e}^{2x}$$

将 y^* 代入所求方程,得

$$-2ax + 2a - b = x$$

于是得到

$$-2a = 1, 2a - b = 0$$

即

$$a = -\frac{1}{2}, b = -1$$

故

$$y^* = x\left(-\frac{1}{2}x - 1\right)e^{2x}$$

因此所求方程的通解为

$$y = C_1 e^{2x} + C_2 e^{3x} + x\left(-\frac{1}{2}x - 1\right)e^{2x}$$

其中, C_1, C_2 为任意常数.

例3 一链条悬挂于钉子上,启动时一端离开钉子 8 m,另一端离开钉子 12 m,若不计钉子对链条所产生的摩擦力,求链条滑下来所需要的时间.

解 设在时刻 t 时,链条上较长的一段垂下 S m,且链条的线密度为 ρ,则向下拉链条下滑的作用力为

$$\boldsymbol{F} = S\rho g - (20 - S)\rho g = 2\rho g(S - 10)$$

由牛顿第二定律有

$$20\rho S'' = 2\rho g(S - 10)$$

即

$$S'' - \frac{g}{10}S = -g$$

上式为常系数线性非齐次微分方程,其对应的齐次方程的特征方程为

$$r^2 - \frac{g}{10} = 0$$

特征根为 $r_{1,2} = \pm\sqrt{\frac{g}{10}}$,于是方程所对应的齐次方程的通解为

$$S = C_1 e^{\sqrt{\frac{g}{10}}t} + C_2 e^{-\sqrt{\frac{g}{10}}t} \quad (C_1, C_2 \text{ 为任意常数})$$

由于自由项 $f(t) = -g$,所以特解可设为

$$S^* = A$$

将 $S^* = A$ 代入所得的微分方程,得

$$A = 10$$

因此,所求方程的通解为

$$S = C_1 e^{\sqrt{\frac{g}{10}}t} + C_2 e^{-\sqrt{\frac{g}{10}}t} + 10$$

其中，C_1，C_2 为任意常数.

由题意，上面方程还需满足的初始条件是

$$S \big|_{t=0} = 12, S' \big|_{t=0} = 0$$

代入方程，得

$$C_1 = C_2 = 1$$

于是有

$$S = e^{\sqrt{\frac{g}{10}}t} + e^{-\sqrt{\frac{g}{10}}t} + 10$$

即

$$t = \sqrt{\frac{g}{10}} \ln \left(\frac{S}{2} - 5 + \sqrt{\left(\frac{S}{2} - 5 \right)^2 - 1} \right)$$

当 $S = 20$ 时，即链条完全滑下来，所需要的时间为

$$t = \sqrt{\frac{g}{10}} \ln (5 + 2\sqrt{6}) \quad \text{s}$$

二、$f(x) = e^{\lambda x} [P_m(x) \cos \omega x + P_n(x) \sin \omega x]$ 型（式中 λ, ω 是常数，$P_m(x)$，$P_n(x)$ 分别为 m, n 次多项式）

当自由项 $f(x) = e^{\lambda x} [P_m(x) \cos \omega x + P_n(x) \sin \omega x]$ 时，应用欧拉公式可以把 $f(x)$ 化为

$$f(x) = e^{\lambda x} [P_m(x) \cos \omega x + P_n(x) \sin \omega x] = e^{\lambda x} \left[P_m(x) \frac{e^{i\omega x} + e^{-i\omega x}}{2} + P_n(x) \frac{e^{i\omega x} - e^{-i\omega x}}{2i} \right]$$

$$= \left(\frac{P_m(x)}{2} + \frac{P_n(x)}{2i} \right) e^{(\lambda + i\omega)x} + \left(\frac{P_m(x)}{2} - \frac{P_n(x)}{2i} \right) e^{(\lambda - i\omega)x}$$

$$= P(x) e^{(\lambda + i\omega)x} + \bar{P}(x) e^{(\lambda - i\omega)x}$$

其中

$$P(x) = \frac{P_m(x)}{2} + \frac{P_n(x)}{2i} = \frac{P_m(x)}{2} - \frac{P_n(x)}{2}i, \bar{P}(x) = \frac{P_m(x)}{2} - \frac{P_n(x)}{2i} = \frac{P_m(x)}{2} + \frac{P_n(x)}{2}i$$

是互成共轭的 l 次多项式（即它们对应项的系数是共轭复数），$l = \max\{m, n\}$.

由前面的结论，对于 $f(x)$ 中的第一项 $P(x) e^{(\lambda + i\omega)x}$，可求出一个 l 次多项式 $Q_l(x)$，使得 $y_1^* = x^k Q_l(x) e^{(\lambda + i\omega)x}$ 为方程

$$y'' + py' + qy = P(x) e^{(\lambda + i\omega)x}$$

的特解，其中 k 按 $\lambda \pm i\omega$ 不是特征方程的根或是特征方程的根分别取 0 或 1.

由于 $f(x)$ 中的第二项 $\bar{P}(x) e^{(\lambda - i\omega)x}$ 是与第一项 $P(x) e^{(\lambda + i\omega)x}$ 共轭的，所以 y_1^* 的共轭 $y_2^* = x^k \bar{Q}_l(x) e^{(\lambda - i\omega)x}$ 必然是方程

$$y'' + py' + qy = \overline{P}(x)\,\mathrm{e}^{(\lambda - \mathrm{i}\omega)x}$$

的特解，这里 $\overline{Q}_l(x)$ 表示与 $Q_l(x)$ 成共轭的 l 次多项式. 于是

$$y^* = x^k Q_l(x)\,\mathrm{e}^{(\lambda + \mathrm{i}\omega)x} + x^k \overline{Q}_l(x)\,\mathrm{e}^{(\lambda - \mathrm{i}\omega)x}$$

是方程

$$y'' + py' + qy = \mathrm{e}^{\lambda x}\big[\,P_m(x)\cos\,\omega x + P_n(x)\sin\,\omega x\,\big]$$

的特解，且特解可写为

$$y^* = x^k \mathrm{e}^{\lambda x}\big[\,Q_l(x)(\cos\,\omega x + \mathrm{i}\sin\,\omega x) + \overline{Q}_l(x)(\cos\,\omega x - \mathrm{i}\sin\,\omega x)\,\big]$$

由于括号内的两项是互成共轭的，相加后无虚部，所以可写成实函数形式

$$y^* = x^k \mathrm{e}^{\lambda x}\big[\,R_l^{(1)}(x)\cos\,\omega x + R_l^{(2)}(x)\sin\,\omega x\,\big].$$

综上所述，当 $f(x) = \mathrm{e}^{\lambda x}\big[\,P_m(x)\cos\,\omega x + P_n(x)\sin\,\omega x\,\big]$ 时，则方程（11 - 18）具有形如

$$y^* = x^k \mathrm{e}^{\lambda x}\big[\,R_l^{(1)}(x)\cos\,\omega x + R_l^{(2)}(x)\sin\,\omega x\,\big] \qquad (11 - 21)$$

的特解，其中 $R_l^{(1)}(x),\,R_l^{(2)}(x)$ 是 l 次多项式，$l = \max\{m, n\}$，而 k 按 $\lambda \pm \mathrm{i}\omega$ 不是特征方程的根或是特征方程的根分别取 0 或 1.

上述结论可推广到 n 阶常系数线性非齐次微分方程，但要注意式（11 - 21）中的 k 是特征方程含根 $\lambda \pm \mathrm{i}\omega$ 的重数.

例 4　求方程 $y'' - 2y' + 5y = \mathrm{e}^x \cos 2x$ 的通解.

解　方程所对应的齐次方程的特征方程为

$$r^2 - 2r + 5 = 0$$

特征根为 $r_{1,2} = 1 \pm 2\mathrm{i}$. 于是，方程所对应的齐次方程的通解为

$$Y = \mathrm{e}^x(C_1 \cos 2x + C_2 \sin 2x) \qquad (C_1, C_2\ 为任意常数)$$

由 $f(x) = \mathrm{e}^x \cos 2x$ 知：$\lambda \pm \mathrm{i}\omega = 1 \pm 2\mathrm{i}$ 是特征方程的单根，所以特解可设为

$$y^* = x\mathrm{e}^x(a\cos 2x + b\sin 2x)$$

将 y^* 代入所求方程，得

$$4b\cos 2x - 4a\sin 2x = \cos 2x$$

于是得到

$$-4a = 0,\ 4b = 1$$

即

$$a = 0,\ b = \frac{1}{4}$$

故

$$y^* = \frac{1}{4}x\mathrm{e}^x \sin 2x$$

因此所求方程的通解为

$$y = e^x(C_1\cos 2x + C_2\sin 2x) + \frac{1}{4}xe^x\sin 2x$$

其中, C_1, C_2 为任意常数.

例5 写出方程 $y'' - y = xe^x + \sin 2x$ 的一个特解的待定式.

解 由线性方程解的结构理论知, 所给方程的一个特解可由下面两方程

$$y'' - y = xe^x$$
$$y'' - y = \sin 2x$$

的两个特解相加得到. 上面两方程的特征根方程都为

$$r^2 - 1 = 0$$

特征根为 $r_{1,2} = \pm 1$. 于是两个特解形式分别为

$$y_1^* = x(ax + b)e^x, y_2^* = A\sin 2x + B\cos 2x$$

故所求方程的一个特解的待定式为

$$y^* = x(ax + b)e^x + A\sin 2x + B\cos 2x$$

其中, a, b, A, B 为任意常数.

习题 11 - 6

1. 求下列微分方程的通解:

(1) $2y'' + y' - y = 2e^x$;

(2) $y'' + a^2 y = e^x$;

(3) $2y'' + 5y' = 5x^2 - 2x - 1$;

(4) $y'' + 3y' + 2y = 3xe^{-x}$;

(5) $y'' - 2y' + 5y = e^x\sin 2x$;

(6) $y'' - 6y' + 9y = (x+1)e^{3x}$;

(7) $y'' + 5y' + 4y = 3 - 2x$;

(8) $y'' + 4y = x\cos x$;

(9) $y'' + y = e^x + \cos x$;

(10) $y'' - y = \sin^2 x$;

(11) $5y'' - 6y' + 5y = f(x)$, 其中 $f(x)$ 为: (a) $5e^{\frac{3}{5}x}$; (b) $\sin\frac{4}{5}x$; (c) $e^{\frac{3}{5}x}\sin\frac{4}{5}x$.

(12) $y'' + y = f(x)$, 其中 $f(x)$ 为: (a) $\cos x$; (b) $\sin x - 2e^{-x}$.

2. 求下列微分方程满足所给初始条件的特解:

(1) $y'' + y + \sin 2x = 0, y\big|_{x=\pi} = 1, y'\big|_{x=\pi} = 1$;

(2) $y'' - 3y' + 2y = 5, y\big|_{x=0} = 1, y'\big|_{x=0} = 2$;

(3) $y'' - 10y' + 9y = e^{2x}, y\big|_{x=0} = \frac{6}{7}, y'\big|_{x=0} = \frac{33}{7}$;

(4) $y'' - y = 4xe^x, y\big|_{x=0} = 0, y'\big|_{x=0} = 1$;

(5) $y'' - 4y' = 5, y\big|_{x=0} = 1, y'\big|_{x=0} = 0$.

3. 大炮以仰角 α、初速 v_0 发射炮弹, 若不计空气阻力, 求弹道曲线.

4. 一链条悬挂于钉子上，启动时一端离开钉子 8 m，另一端离开钉子 12 m，若摩擦力为 1 m 长的链条所受的重力，求链条滑下来所需要的时间.

5. 设函数 $\varphi(x)$ 连续，且满足

$$\varphi(x) = e^x + \int_0^x t\varphi(t)\,dt - x\int_0^x \varphi(t)\,dt$$

求 $\varphi(x)$.

第七节 欧拉方程

变系数的线性微分方程，一般来说都是不容易求解的. 但是有些特殊的变系数线性微分方程，则可以通过变量代换化为常系数线性微分方程，于是可以容易求解. 欧拉方程就是其中一种.

形如

$$x^n y^{(n)} + p_1 x^{n-1} y^{(n-1)} + \cdots + p_{n-1} x y' + p_n y = f(x) \qquad (11-22)$$

的方程（$p_1, p_2, \cdots, p_n$ 为常数），称为欧拉方程.

做变换 $x = e^t$，或 $t = \ln x$，将自变量 x 换成 t，则有

$$\frac{dy}{dx} = \frac{dy}{dt} \cdot \frac{dt}{dx} = \frac{1}{x}\frac{dy}{dt}$$

$$\frac{d^2 y}{dx^2} = \frac{1}{x^2}\left(\frac{d^2 y}{dt^2} - \frac{dy}{dt}\right)$$

$$\frac{d^3 y}{dx^3} = \frac{1}{x^3}\left(\frac{d^3 y}{dt^3} - 3\frac{d^2 y}{dt^2} + 2\frac{dy}{dt}\right)$$

如果采用记号 D 表示对 t 求导的运算 $\dfrac{d}{dt}$，那么上述计算结果可以写成

$$xy' = Dy$$

$$x^2 y'' = (D^2 - D)y = D(D-1)y$$

$$x^3 y''' = (D^3 - 3D^2 + 2D)y = D(D-1)(D-2)y$$

一般地，有

$$x^k y^{(k)} = D(D-1)(D-2)\cdots(D-k+1)y$$

把它们代入欧拉方程（11-22），得到一个以 t 为自变量 y 为未知函数的常系数线性微分方程，求出这个方程解后，将 t 换成 $\ln x$，即得原方程的解.

例 1 求方程 $x^2 y''' + xy'' - 4y' = 3x$ 的通解.

解 将方程两边乘以 x，得到与原方程同解的欧拉方程

$$x^3 y''' + x^2 y'' - 4xy' = 3x^2$$

令 $x = e^t$，原方程化为

$$D(D-1)(D-2)y + D(D-1)y - 4Dy = 3e^{2t}$$

即

$$y''' - 2y'' - 3y' = 3e^{2t}$$

特征方程为

$$r^3 - 2r^2 - 3r = 0$$

解之,得 $r_1 = 0, r_2 = 3, r_3 = -1$.

设特解 $y^* = ae^{2t}$,则 $y^{*\prime} = 2ae^{2t}, y^{*\prime\prime} = 4ae^{2t}, y^{*\prime\prime\prime} = 8ae^{2t}$,代入上面三阶常系数线性非齐次微分方程并两边消去 e^{2t},得

$$8a - 8a - 3 \times 2a = 3$$

得 $a = -\dfrac{1}{2}$,从而有 $y^* = -\dfrac{1}{2}e^{2t}$. 变换后的三阶常系数线性方程的通解为

$$y = C_1 + C_2 e^{3t} + C_3 e^{-t} - \frac{1}{2}e^{2t} \quad (C_1, C_2, C_3 \text{ 为任意常数})$$

所以原方程的通解为

$$y = C_1 + C_2 x^3 + C_3 \frac{1}{x} - \frac{1}{2}x^2$$

其中,C_1, C_2, C_3 为任意常数.

例2 设曲线积分 $\displaystyle\int_L 2yf(x)\mathrm{d}x + x^2 f'(x)\mathrm{d}y$ 在右半平面内与路径无关,其中 $f(x)$ 有二阶连续导数,求 $f(x)$.

解 由曲线积分与路径无关的条件 $\dfrac{\partial Q}{\partial x} = \dfrac{\partial P}{\partial y}$,得

$$(x^2 f'(x))'_x = (2yf(x))'_y$$

即

$$x^2 f''(x) + 2xf'(x) - 2f(x) = 0$$

这是一个关于 $z = f(x)$ 的欧拉方程. 令 $x = e^t$,欧拉方程化为

$$[D(D-1) + 2D - 2]z = 0$$

即

$$\frac{\mathrm{d}^2 z}{\mathrm{d}t^2} + \frac{\mathrm{d}z}{\mathrm{d}t} - 2z = 0$$

解此方程得 $z = C_1 e^t + C_2 e^{-2t}$,于是

$$f(x) = C_1 x + C_2 x^{-2} \quad (x > 0)$$

其中,C_1, C_2 为任意常数.

习题 11 – 7

求下列欧拉方程的通解：

（1）$x^2 y'' + xy' - y = 0$；

（2）$y'' - \dfrac{y'}{x} + \dfrac{y}{x^2} = \dfrac{2}{x}$；

（3）$x^3 y''' + 3x^2 y'' - 2xy' + 2y = 0$；

（4）$x^2 y'' - 2xy' + 2y = \ln^2 x - 2\ln x$；

（5）$x^2 y'' + xy' - 4y = x^3$；

（6）$x^2 y'' - xy' + 4y = x\sin\ (\ln x)$.

第八节　常系数线性微分方程组的解法

实际问题中,经常会遇到由几个微分方程联立起来共同确定几个具有同一自变量的函数的情形,这些联立的微分方程称为微分方程组.

如果微分方程组中的每一个微分方程都是常系数线性微分方程,那么这种微分方程组称为常系数线性微分方程组.

常系数线性微分方程组的解题步骤如下：

第一步　从方程组中消去一些未知函数及其各阶导数得到只含有一个未知函数的高阶常系数线性微分方程.

第二步　解此高阶微分方程,求出满足该方程的未知函数.

第三步　把已求出的函数代入原方程组,求出其余的未知函数.

例1　解微分方程组

$$\begin{cases} \dfrac{\mathrm{d}y}{\mathrm{d}x} = 3y - 2z \\[2mm] \dfrac{\mathrm{d}z}{\mathrm{d}x} = 2y - z \end{cases} \tag{11 – 23}$$

解　由式（11 – 23）的第二个方程得

$$y = \frac{1}{2}\left(\frac{\mathrm{d}z}{\mathrm{d}x} + z\right) \tag{11 – 24}$$

将式（11 – 24）两边对 x 求导,得

$$\frac{\mathrm{d}y}{\mathrm{d}x} = \frac{1}{2}\left(\frac{\mathrm{d}^2 z}{\mathrm{d}x^2} + \frac{\mathrm{d}z}{\mathrm{d}x}\right) \tag{11 – 25}$$

再将式（11 – 24）和式（11 – 25）代入式（11 – 23）的第一个方程并化简,得

$$\frac{\mathrm{d}^2 z}{\mathrm{d}x^2} - 2\frac{\mathrm{d}z}{\mathrm{d}x} + z = 0$$

这是一个二阶常系数线性齐次微分方程,其通解为

$$z = (C_1 + C_2 x) e^x \tag{11-26}$$

再把式(11 - 26)代入式(11 - 24),得

$$y = \frac{1}{2}(C_1 e^x + C_2 e^x + C_2 x e^x + C_1 e^x + C_2 x e^x)$$

即

$$y = \frac{1}{2}(2C_1 + C_2 + 2C_2 x) e^x \tag{11-27}$$

将式(11 - 26)、式(11 - 27)联立起来,就得到所求方程组的通解.

如果再给定初始条件 $y\big|_{x=0} = 1$, $z\big|_{x=0} = 0$ 而求特解,只需将此条件代入式(11 - 26)和式(11 - 27),得

$$\begin{cases} \dfrac{1}{2}(2C_1 + C_2) = 1 \\ C_1 = 0 \end{cases}$$

求得 $C_1 = 0$, $C_2 = 2$. 于是所求微分方程组满足上述初始条件的特解为

$$\begin{cases} y = (1 + 2x) e^x \\ z = 2x e^x \end{cases}$$

例2　解微分方程组: $\begin{cases} 5\dfrac{\mathrm{d}x}{\mathrm{d}t} - 2\dfrac{\mathrm{d}y}{\mathrm{d}t} + 4x - y = e^{-t} \\ \dfrac{\mathrm{d}x}{\mathrm{d}t} + 8x - 3y = 5e^{-t} \end{cases}$

解　将所求方程组的第二个方程变为

$$y = \frac{1}{3}\left(\frac{\mathrm{d}x}{\mathrm{d}t} + 8x - 5e^{-t}\right)$$

代入所给方程组的第一个方程,得

$$\frac{\mathrm{d}^2 x}{\mathrm{d}t^2} + \frac{\mathrm{d}x}{\mathrm{d}t} - 2x = -4e^{-t}$$

这是二阶常系数线性非齐次微分方程,其通解为

$$x = C_1 e^{-2t} + C_2 e^t + 2e^{-t}$$

从而得到

$$y = \frac{1}{3}(-2C_1 e^{-2t} + C_2 e^t - 2e^{-t} + 8C_1 e^{-2t} + 8C_2 e^t + 16e^{-t} - 5e^{-t})$$

$$= 2C_1 e^{-2t} + 3C_2 e^t + 3e^{-t}$$

即

$$\begin{cases} x = C_1 e^{-2t} + C_2 e^t + 2e^{-t} \\ y = 2C_1 e^{-2t} + 3C_2 e^t + 3e^{-t} \end{cases}$$

是所求微分方程组的通解.

习题 11−8

1. 求下列微分方程组的通解：

$(1)\begin{cases}\dfrac{dy}{dx}=z\\[2mm]\dfrac{dz}{dx}=y\end{cases}$;

$(2)\begin{cases}\dfrac{d^2x}{dt^2}=y\\[2mm]\dfrac{d^2y}{dt^2}=x\end{cases}$;

$(3)\begin{cases}\dfrac{dx}{dt}+\dfrac{dy}{dt}=-x+y+3\\[2mm]\dfrac{dx}{dt}-\dfrac{dy}{dt}=x+y-3\end{cases}$;

$(4)\begin{cases}\dfrac{dx}{dt}+5x+y=e^t\\[2mm]\dfrac{dy}{dt}-x-3y=e^{2t}\end{cases}$;

$(5)\begin{cases}\dfrac{dx}{dt}+2x+\dfrac{dy}{dt}+y=t\\[2mm]5x+\dfrac{dy}{dt}+3y=t^2\end{cases}$;

$(6)\begin{cases}\dfrac{dx}{dt}-3x+2\dfrac{dy}{dt}+4y=2\sin t\\[2mm]2\dfrac{dx}{dt}+2x+\dfrac{dy}{dt}-y=\cos t\end{cases}$.

2. 求下列微分方程组满足所给初始条件的特解：

$(1)\begin{cases}\dfrac{dx}{dt}=y,\qquad x\big|_{t=0}=0\\[2mm]\dfrac{dy}{dt}=-x,\quad y\big|_{t=0}=1\end{cases}$;

$(2)\begin{cases}\dfrac{dx}{dt}+3x-y=0,\quad x\big|_{t=0}=1\\[2mm]\dfrac{dy}{dt}-8x+y=0,\quad y\big|_{t=0}=4\end{cases}$;

$(3)\begin{cases}2\dfrac{dx}{dt}-4x+\dfrac{dy}{dt}-y=e^t,\quad x\big|_{t=0}=\dfrac{3}{2}\\[2mm]\dfrac{dx}{dt}+3x+y=0,\qquad\qquad y\big|_{t=0}=0\end{cases}$;

$(4)\begin{cases}\dfrac{dx}{dt}+2x-\dfrac{dy}{dt}=10\cos t,\quad x\big|_{t=0}=2\\[2mm]\dfrac{dx}{dt}+\dfrac{dy}{dt}+2y=4e^{-2t},\qquad y\big|_{t=0}=0\end{cases}$.

习题答案与提示

第七章

习题 7-1

1. $(1) \dfrac{1}{3}\pi(l^2-h^2)h$；$(2) 2xy+2(x+y)\sqrt{4-x^2-y^2}$；$(3) 8xyc\sqrt{1-\dfrac{x^2}{a^2}-\dfrac{y^2}{b^2}}$

2. $f\left(1,\dfrac{y}{x}\right)=\dfrac{2xy}{x^2+y^2}$

3. $f(x,y)=\begin{cases}\dfrac{1-y}{1+y}x^2, & y\neq-1 \\ 0, & y=-1\end{cases}$

4. $(1)\ \{(x,y)\mid 4x^2+y^2\geqslant1\}$；$(2)\ \{(x,y)\mid xy>0\}$；

$(3)\ \{(x,y,z)\mid y^2\geqslant1,4-x^2-y^2-z^2>0\}$；$(4)\ \{(x,y,z)\mid x^2+y^2-z^2\geqslant0,x^2+y^2\neq0\}$；

$(5)\ \{(x,y)\mid x+y>0\ \text{且}\ x>0\}$；$(6)\ \{(x,y,z)\mid r^2<x^2+y^2+z^2\leqslant R^2\}$.

5. $(1)\ \dfrac{\ln3}{3}$；$(2)\ 0$；$(3)\ -\dfrac{1}{4}$；$(4)\ -2$；$(5)\ \dfrac{1}{2}$；$(6)\ 1$；$(7)\ 1$；$(8)\ \dfrac{1}{6}$.

6. 略.

7. $(1)\ D=\{(x,y)\mid x^2+y^2<1\}$；$(2)\ D=\{(x,y)\mid xy\neq0\}$.

习题 7-2

1. $(1)\ \dfrac{\partial z}{\partial x}=2x+2y,\dfrac{\partial z}{\partial y}=2x-2y$；$(2)\ \dfrac{\partial z}{\partial x}=[\cos(xy)]y,\dfrac{\partial z}{\partial y}=[\cos(xy)]x+2y$；

$(3)\ \dfrac{\partial z}{\partial x}=\dfrac{1}{2x\sqrt{\ln(xy)}},\dfrac{\partial z}{\partial y}=\dfrac{1}{2y\sqrt{\ln(xy)}}$；$(4)\ \dfrac{\partial z}{\partial x}=\dfrac{1}{1+x^2},\dfrac{\partial z}{\partial y}=\dfrac{1}{1+y^2}$；

$(5)\ \dfrac{\partial z}{\partial x}=\dfrac{|y|}{x^2+y^2},\dfrac{\partial z}{\partial y}=-\dfrac{xy}{|y|(x^2+y^2)}$；

$(6)\ \dfrac{\partial z}{\partial x}=y^2(1+xy)^{y-1},\dfrac{\partial z}{\partial y}=(1+xy)^y\left[\ln(1+xy)+\dfrac{xy}{1+xy}\right]$；

（7） $\dfrac{\partial z}{\partial x} = \mathrm{e}^{-y} - y\mathrm{e}^{-x}, \dfrac{\partial z}{\partial y} = -x\mathrm{e}^{-y} + \mathrm{e}^{-x}$;

（8） $\dfrac{\partial u}{\partial x} = \dfrac{1}{x + 2^{yz}}, \dfrac{\partial u}{\partial y} = \dfrac{z}{x + 2^{yz}}2^{yz}\ln 2, \dfrac{\partial u}{\partial z} = \dfrac{y}{x + 2^{yz}}2^{yz}\ln 2$;

（9） $\dfrac{\partial u}{\partial x} = \dfrac{y}{z}x^{\frac{y}{z} - 1}, \dfrac{\partial u}{\partial y} = \dfrac{1}{z}x^{\frac{y}{z}}\ln x, \dfrac{\partial u}{\partial z} = -\dfrac{y}{z^2}x^{\frac{y}{z}}\ln x$;

（10） $\dfrac{\partial u}{\partial x} = \dfrac{z(x - y)^{z-1}}{1 + (x - y)^{2z}}, \dfrac{\partial u}{\partial y} = -\dfrac{z(x - y)^{z-1}}{1 + (x - y)^{2z}}, \dfrac{\partial u}{\partial z} = \dfrac{(x - y)^z\ln(x - y)}{1 + (x - y)^{2z}}$.

2. $f'_x(1,0) = 2$.

3. $f'_x(1,1) = \dfrac{\pi}{4}, f'_y(1,1) = -\pi\mathrm{e}$.

4. 证明略.

5. 证明略.

6. $\dfrac{\pi}{4}$.

7. （1） $\dfrac{\partial^2 z}{\partial x^2} = 12x^2 - 8y^2, \dfrac{\partial^2 z}{\partial y^2} = 12y^2 - 8x^2, \dfrac{\partial^2 z}{\partial x\partial y} = -16xy$;

（2） $\dfrac{\partial^2 z}{\partial x^2} = \dfrac{x + 2y}{(x + y)^2}, \dfrac{\partial^2 z}{\partial y^2} = \dfrac{-x}{(x + y)^2}, \dfrac{\partial^2 z}{\partial x\partial y} = \dfrac{y}{(x + y)^2}$;

（3） $\dfrac{\partial^2 z}{\partial x^2} = \dfrac{2xy}{(x^2 + y^2)^2}, \dfrac{\partial^2 z}{\partial y^2} = -\dfrac{2xy}{(x^2 + y^2)^2}, \dfrac{\partial^2 z}{\partial x\partial y} = \dfrac{y^2 - x^2}{(x^2 + y^2)^2}$;

（4） $\dfrac{\partial^2 z}{\partial x^2} = y^x\ln^2 y, \dfrac{\partial^2 z}{\partial y^2} = x(x - 1)y^{x-2}, \dfrac{\partial^2 z}{\partial x\partial y} = y^{x-1}(1 + x\ln y)$.

8. $\dfrac{\partial^3 u}{\partial x^3} = (yz)^3\mathrm{e}^{xyz}, \dfrac{\partial^3 u}{\partial y^3} = (xz)^3\mathrm{e}^{xyz}, \dfrac{\partial^3 u}{\partial z^3} = (xy)^3\mathrm{e}^{xyz}$.

9. 证明略.

10. 证明略.

习题 7 - 3

1. （1） $\left(y - \dfrac{y}{x^2}\right)\mathrm{d}x + \left(x + \dfrac{1}{x}\right)\mathrm{d}y$；（2） $-\dfrac{1}{x}\mathrm{e}^{\frac{y}{x}}\left(\dfrac{y}{x}\mathrm{d}x - \mathrm{d}y\right)$;

（3） $-\dfrac{x}{(x^2 + y^2)^{\frac{3}{2}}}(y\mathrm{d}x - x\mathrm{d}y)$；（4） $yzx^{yz-1}\mathrm{d}x + zx^{yz}\ln x\mathrm{d}y + yx^{yz}\ln x\mathrm{d}z$;

（5） $-\dfrac{2xz}{(x^2 + y^2)^2}\mathrm{d}x - \dfrac{2yz}{(x^2 + y^2)^2}\mathrm{d}y + \dfrac{1}{x^2 + y^2}\mathrm{d}z$；（6） $\dfrac{2(x\mathrm{d}x + y\mathrm{d}y + z\mathrm{d}z)}{x^2 + y^2 + z^2}$.

2. $-\cos 1\left(\dfrac{\sqrt{2}}{2}\mathrm{d}x + \dfrac{1}{2}\mathrm{d}y - \dfrac{1}{2}\mathrm{d}z\right)$.

3. $\Delta z = 0.047\ 6, \mathrm{d}z = 0.05$.

4. $\Delta V \approx 257\ 6\ \mathrm{cm}^3$.

5. （1）2.95；（2）2.039；（3）0.982.

6. $-0.167\ \mathrm{cm}$.

7. $55.3\ \mathrm{cm}^3$

习题 7 − 4

1. （1）$\mathrm{e}^{\sin t - 2t^3}(\cos t - 6t^2)$；（2）$\dfrac{3(1 - 4t^2)}{\sqrt{1 - (3t - 4t^3)^2}}$；（3）$\dfrac{\mathrm{e}^x(1 + x)}{1 + x^2 \mathrm{e}^{2x}}$.

2. $\mathrm{e}^{ax}\sin x$.

3. （1）$\dfrac{\partial z}{\partial x} = \dfrac{\partial z}{\partial u} \cdot \dfrac{\partial u}{\partial x} + \dfrac{\partial z}{\partial v} \cdot \dfrac{\partial v}{\partial x} = 4y, \dfrac{\partial z}{\partial y} = \dfrac{\partial z}{\partial u} \cdot \dfrac{\partial u}{\partial y} + \dfrac{\partial z}{\partial v} \cdot \dfrac{\partial v}{\partial y} = 4x$；

（2）$\dfrac{\partial z}{\partial x} = \dfrac{\partial z}{\partial u} \cdot \dfrac{\partial u}{\partial x} + \dfrac{\partial z}{\partial v} \cdot \dfrac{\partial v}{\partial x} = 2u\ln v \cdot \dfrac{1}{y} + \dfrac{u^2}{v} \cdot 3 = \dfrac{2x}{y^2}\ln(3x - 2y) + \dfrac{3x^2}{(3x - 2y)y^2}$；

$\dfrac{\partial z}{\partial y} = \dfrac{\partial z}{\partial u} \cdot \dfrac{\partial u}{\partial y} + \dfrac{\partial z}{\partial v} \cdot \dfrac{\partial v}{\partial y} = 2u\ln v \cdot \left(-\dfrac{x}{y^2}\right) + \dfrac{u^2}{v}(-2) = -\dfrac{2x^2}{y^3}\ln(3x - 2y) - \dfrac{2x^2}{(3x - 2y)y^2}$；

（3）$\dfrac{\partial z}{\partial x} = \dfrac{y}{x^2 + y^2}, \dfrac{\partial z}{\partial y} = -\dfrac{x}{x^2 + y^2}$；

（4）$\dfrac{\partial z}{\partial x} = \mathrm{e}^{uv}\dfrac{xv + yu}{x^2 + y^2}, \dfrac{\partial z}{\partial y} = \mathrm{e}^{uv}\dfrac{yv - xu}{x^2 + y^2}$.

4. （1）$\dfrac{\partial u}{\partial x} = f'\dfrac{x}{\sqrt{x^2 + y^2}}, \dfrac{\partial u}{\partial y} = f'\dfrac{y}{\sqrt{x^2 + y^2}}$；

（2）$\dfrac{\partial u}{\partial x} = f'\dfrac{z}{y}, \dfrac{\partial u}{\partial y} = f'\left(-\dfrac{xz}{y^2}\right), \dfrac{\partial u}{\partial z} = f'\dfrac{x}{y}$；

（3）$\dfrac{\partial u}{\partial x} = 2xf'_1 + y\mathrm{e}^{xy}f'_2, \dfrac{\partial u}{\partial y} = -2yf'_1 + x\mathrm{e}^{xy}f'_2$；

（4）$\dfrac{\partial u}{\partial x} = \dfrac{1}{y}f'_1, \dfrac{\partial u}{\partial y} = -\dfrac{x}{y^2}f'_1 + \dfrac{1}{z}f'_2, \dfrac{\partial u}{\partial z} = -\dfrac{y}{z^2} \cdot f'_2$；

（5）$\dfrac{\partial u}{\partial x} = 2xf'_1 + 2xf'_2 + 2yf'_3, \dfrac{\partial u}{\partial y} = 2yf'_1 - 2yf'_2 + 2xf'_3$.

5. 证明略.

6. 证明略.

7. $\dfrac{\partial^2 z}{\partial x^2} = 2f' + 4x^2 f'', \dfrac{\partial^2 z}{\partial x \partial y} = 4xyf'', \dfrac{\partial^2 z}{\partial y^2} = 2f' + 4y^2 f''$.

8. （1）$\dfrac{\partial^2 z}{\partial x^2} = f''_{11} + \dfrac{2}{y} \cdot f''_{12} + \dfrac{1}{y^2} \cdot f''_{22}$，

$\dfrac{\partial^2 z}{\partial x \partial y} = -\dfrac{x}{y^2}\left(f''_{12} + \dfrac{1}{y}f''_{22}\right) - \dfrac{1}{y^2}f'_2$，

$\dfrac{\partial^2 z}{\partial y^2} = \dfrac{2x}{y^3} \cdot f'_2 + \dfrac{x^2}{y^4} \cdot f''_{22}$；

（2）$\dfrac{\partial^2 z}{\partial x^2} = y^4 f''_{11} + 4xy^3 f''_{12} + 2y f'_2 + 4x^2 y^2 f''_{22}$，$\dfrac{\partial^2 z}{\partial y^2} = 2x f'_1 + 4x^2 y^2 f''_{11} + 4x^3 y f''_{12} + x^4 f''_{22}$，

$\dfrac{\partial^2 z}{\partial x \partial y} = 2y f'_1 + 2xy^3 f''_{11} + 5x^2 y^2 f''_{12} + 2x f'_2 + 2x^3 y f''_{22}$；

（3）$\dfrac{\partial^2 z}{\partial x^2} = -\sin x f'_1 + \cos^2 x\, f''_{11} + 2\mathrm{e}^{x+y}\cos x f''_{13} + \mathrm{e}^{x+y} f'_3 + \mathrm{e}^{2(x+y)} f''_{33}$，

$\dfrac{\partial^2 z}{\partial x \partial y} = -\sin y \cos x f''_{12} + \mathrm{e}^{x+y}\cos x\, f''_{13} + \mathrm{e}^{x+y} f'_3 - \mathrm{e}^{x+y}\sin y f''_{32} + \mathrm{e}^{2(x+y)} f''_{33}$，

$\dfrac{\partial^2 z}{\partial y^2} = -\cos y f'_2 + \sin^2 y f''_{22} - 2\mathrm{e}^{x+y}\sin y f''_{23} + \mathrm{e}^{x+y} f'_3 + f''_{33} \cdot \mathrm{e}^{2(x+y)}$；

（4）$\dfrac{\partial^2 u}{\partial x^2} = f''_{11} + 2y f''_{12} + 2yz f''_{13} + y^2 f''_{22} + 2y^2 z f''_{23} + y^2 z^2 f''_{33}$，

$\dfrac{\partial^2 u}{\partial y^2} = x^2 f''_{22} + 2x^2 z f''_{23} + x^2 z^2 f''_{33}$，$\dfrac{\partial^2 u}{\partial z^2} = x^2 y^2 f''_{33}$，

$\dfrac{\partial^2 u}{\partial x \partial y} = x f''_{12} + xz f''_{13} + xy f''_{22} + 2xyz f''_{23} + xyz^2 f''_{33} + f'_2 + z f'_3$，

$\dfrac{\partial^2 u}{\partial x \partial z} = xy f''_{31} + xy^2 f''_{32} + xy^2 z f''_{33} + y f'_3$，$\dfrac{\partial^2 u}{\partial y \partial z} = x^2 y f''_{32} + x^2 yz f''_{33} + x f'_3$.

9. 证明略.

10. 变量 z 对 u 的影响最大.

11. 证明略.

习题 7-5

1. （1）$\dfrac{\mathrm{d}y}{\mathrm{d}x} = \dfrac{y^2 - \mathrm{e}^x}{\cos y - 2xy}$；（2）$y' = \dfrac{x+y}{y-x}$.

2. （1）$y'' = \dfrac{3y^3 - 2xy^4}{(1-xy)^3}$；（2）$y'' = 0$.

3. （1）$\dfrac{\partial z}{\partial x} = \dfrac{2x-y}{2z}$，$\dfrac{\partial z}{\partial y} = \dfrac{2y-x}{2z}$；（2）$\dfrac{\partial z}{\partial x} = \dfrac{1}{3}$，$\dfrac{\partial z}{\partial y} = \dfrac{2}{3}$；

（3）$\dfrac{\partial z}{\partial x} = \dfrac{z\ln z}{x(\ln z - 1)}$，$\dfrac{\partial z}{\partial y} = -\dfrac{z^2}{xy(\ln z - 1)}$；（4）$\dfrac{\partial z}{\partial x} = \dfrac{xz}{x^2 - y^2}$，$\dfrac{\partial z}{\partial y} = -\dfrac{yz}{x^2 - y^2}$.

4. 证明略.

5. 证明略.

6. $dz = \dfrac{z}{1-z}(dx + dy)$, $\dfrac{\partial^2 z}{\partial x^2} = \dfrac{z}{(1-z)^3}$.

7. 证明略.

8. $\dfrac{\partial^2 z}{\partial x^2} = \dfrac{2y^2 z e^z - 2xy^3 z - y^2 z^2 e^z}{(e^z - xy)^3}$.

9. (1) $\dfrac{dx}{dz} = \dfrac{y-z}{x-y}$, $\dfrac{dy}{dz} = \dfrac{z-x}{x-y}$;

    (2) $\dfrac{\partial u}{\partial x} = \dfrac{4xv + yu}{2(u^2 + v^2)}$, $\dfrac{\partial u}{\partial y} = \dfrac{4yv + xu}{2(u^2 + v^2)}$, $\dfrac{\partial v}{\partial x} = \dfrac{4xu - yv}{2(u^2 + v^2)}$, $\dfrac{\partial v}{\partial y} = \dfrac{4yu - xv}{2(u^2 + v^2)}$;

    (3) $\dfrac{\partial^2 z}{\partial x \partial y} = \dfrac{4(2v^2 - u)}{(4uv + 1)^3}$;

    (4) $\dfrac{\partial u}{\partial x} = \dfrac{-uf_1'(2yvg_2' - 1) - f_2' g_1'}{(xf' - 1)(2yvg_2' - 1) - f_2' g_1'}$, $\dfrac{\partial v}{\partial x} = \dfrac{g_1'(xf_1' + uf_1' - 1)}{(xf_1' - 1)(2yvg_2' - 1) - f_2' g_1'}$.

10. $\dfrac{\partial z}{\partial x} = -3uv$, $\dfrac{\partial z}{\partial y} = \dfrac{3}{2}(u + v)$.

11. 0.

12. 证明略.

习题 7−6

1. (1) 切线 $\dfrac{x - \dfrac{1}{2}}{1} = \dfrac{y-2}{-4} = \dfrac{z-1}{8}$, 法平面 $2x - 8y + 16z = 1$;

    (2) 切线 $\dfrac{x - x_0}{1} = \dfrac{y - y_0}{\dfrac{m}{y_0}} = \dfrac{z - z_0}{-\dfrac{1}{2z_0}}$, 法平面 $(x - x_0) + \dfrac{m}{y_0}(y - y_0) - \dfrac{1}{2z_0}(z - z_0) = 0$.

2. $P_1(2, 3, \dfrac{1}{3})$, $P_2(-\dfrac{8}{3}, \dfrac{16}{3}, -\dfrac{64}{81})$.

3. 证明略.

4. (1) $x + 2y - 4 = 0$, $\dfrac{x-2}{1} = \dfrac{y-1}{2} = \dfrac{z-0}{0}$;

    (2) $x - y - 2z + \dfrac{\pi}{2} = 0$, $\dfrac{x-1}{-\dfrac{1}{2}} = \dfrac{y-1}{\dfrac{1}{2}} = \dfrac{z - \dfrac{\pi}{4}}{1}$;

（3）$x + y - 2z = 0, \dfrac{x-1}{1} = \dfrac{y-1}{1} = \dfrac{z-1}{-2}$.

5. $x + y - z = \pm 9$.

6. $\cos\theta = \dfrac{\boldsymbol{n}_1 \cdot \boldsymbol{n}_2}{|\boldsymbol{n}_1| \cdot |\boldsymbol{n}_2|} = \dfrac{6}{\sqrt{1} \cdot \sqrt{6^2 + 4^2 + 6^2}} = \dfrac{3}{\sqrt{22}}$.

7. $\dfrac{\pm(a^2, b^2, c^2)}{\sqrt{a^2 + b^2 + c^2}}$.

8. $a = -5, b = -2$.

9. 证明略.

10. $V = \dfrac{9}{2}a^3$.

11. $\theta = \arccos\dfrac{8}{\sqrt{77}}$.

12. 证明略.

习题 7 - 7

1. $-\sqrt{2}$.

2. $\dfrac{1}{2}$.

3. $-\dfrac{1}{\sqrt{2}}$.

4. $\dfrac{2u}{|\boldsymbol{r}|}$.

5. 0

6. $\dfrac{11}{7}$.

7. $\mathbf{grad}\, f(0,0,0) = 3\boldsymbol{i} - 2\boldsymbol{j} - 6\boldsymbol{k}, \mathbf{grad}\, f(1,1,1) = 6\boldsymbol{i} + 3\boldsymbol{j}$.

8. 增加最快的方向 $\boldsymbol{n} = \dfrac{1}{\sqrt{21}}(2\boldsymbol{i} - 4\boldsymbol{j} + \boldsymbol{k})$, 方向导数为 $\sqrt{21}$; 减少最快的方向为

$-\boldsymbol{n} = \dfrac{1}{\sqrt{21}}(-2\boldsymbol{i} + 4\boldsymbol{j} - \boldsymbol{k})$, 方向导数 $-\sqrt{21}$.

9. $\cos\theta = 0, \theta = \dfrac{\pi}{2}$.

10. $-\dfrac{1}{2}\boldsymbol{i} + \dfrac{1}{2}\boldsymbol{j}$.

11. $\mp\dfrac{4\sqrt{5}}{5}\pi, 2\sqrt{4+\pi^2}$.

12. $a=6, b=24, c=-8$.

习题 7－8

1. (1) $z_{极小}(2,1)=-28, z_{极大}(-2,-1)=28$. (2) $z_{极大}=\dfrac{3\sqrt{3}}{2}$.

   (3) $f(2a-b,2b-a)=3(ab-a^2-b^2)$ 极小值;

   (4) $z_{极大}(1,3)=\mathrm{e}^{-13}, z_{极小}\left(-\dfrac{1}{26},-\dfrac{3}{26}\right)=-26\mathrm{e}^{-\frac{1}{53}}$.

2. 极大值 $z\left(\dfrac{1}{2},\dfrac{1}{2}\right)=\dfrac{1}{4}$.

3. 最小值 $f(1,2)=-3$, 最大值 $f(4,0)=16$.

4. $x=y=\dfrac{l}{\sqrt{2}}$.

5. $\sqrt{3}$.

6. $\left(\dfrac{4}{\sqrt{5}},\dfrac{1}{\sqrt{5}}\right)$ 最短, $\left(-\dfrac{4}{\sqrt{5}},-\dfrac{1}{\sqrt{5}}\right)$ 最长.

7. 尺寸如图

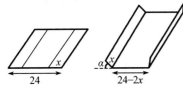

$\alpha=\dfrac{\pi}{3}, x=8\ \text{cm}$.

8. $\left(-\dfrac{4}{5},-\dfrac{3}{5},\dfrac{85}{12}\right)$.

9. 切点 $\left(\dfrac{a}{\sqrt{3}},\dfrac{b}{\sqrt{3}},\dfrac{c}{\sqrt{3}}\right)$, $V_{\min}=\dfrac{\sqrt{3}}{2}abc$.

10. 最热点 $\left(-\dfrac{1}{2},\pm\dfrac{\sqrt{3}}{2}\right)$, 最冷点 $\left(\dfrac{1}{2},0\right)$.

11. (1) $(y_0-2x_0)\boldsymbol{i}+(x_0-2y_0)\boldsymbol{j}$; (2) 起点 $M_1(5,-5), M_2(-5,5)$.

习题 7－9

1. $f(x,y)=5+2(x-1)^2-(x-1)(y+2)-(y+2)^2$.

2. $\mathrm{e}^x\ln(1+y)=y+\dfrac{1}{2!}(2xy-y^2)+\dfrac{1}{3!}(3x^2y-3xy^2+2y^3)+R_3$.

其中，$R_3 = \dfrac{e^{\theta x}}{24} \left[x^4 \ln(1+\theta y) + \dfrac{4x^3 y}{1+\theta y} - \dfrac{6x^2 y^2}{(1+\theta y)^2} + \dfrac{8xy^3}{(1+\theta y)^3} - \dfrac{6y^4}{(1+\theta y)^4} \right] (0 < \theta < 1).$

3. $\sin x \sin y = \dfrac{1}{2} + \dfrac{1}{2}\left(x - \dfrac{\pi}{4}\right) + \dfrac{1}{2}\left(y - \dfrac{\pi}{4}\right) -$

$$\dfrac{1}{4}\left[\left(x - \dfrac{\pi}{4}\right)^2 - 2\left(x - \dfrac{\pi}{4}\right)\left(y - \dfrac{\pi}{4}\right) + \left(y - \dfrac{\pi}{4}\right)^2 \right] + R_2$$

其中，$R_2 = -\dfrac{1}{6}\left[\cos\xi\sin\eta \cdot \left(x - \dfrac{\pi}{4}\right)^3 + 3\sin\xi\cos\eta \cdot \left(x - \dfrac{\pi}{4}\right)^2 \cdot \left(y - \dfrac{\pi}{4}\right) + \right.$

$$\left. 3\cos\xi\sin\eta \cdot \left(x - \dfrac{\pi}{4}\right) \cdot \left(y - \dfrac{\pi}{4}\right)^2 + \sin\xi\cos\eta \cdot \left(y - \dfrac{\pi}{4}\right)^3 \right]$$

且 $\xi = \dfrac{\pi}{4} + \theta\left(x - \dfrac{\pi}{4}\right), \eta = \dfrac{\pi}{4} + \theta\left(y - \dfrac{\pi}{4}\right) (0 < \theta < 1).$

4. 1. 102 1.

5. $e^{x+y} = 1 + (x+y) + \dfrac{1}{2!}(x^2 + 2xy + y^2) + \cdots + \dfrac{1}{n!}(x^n + C_n^1 x^{n-1} y + \cdots + y^n) + R_n$

其中，$R_n = \dfrac{e^{\theta(x+y)}}{(n+1)!}(x^{n+1} + C_{n+1}^1 x^n y + \cdots + y^{n+1})\ (0 < \theta < 1).$

第八章

习题 8−1

1. (1) $\iint\limits_D \sin(xy)\mathrm{d}\sigma \leqslant \iint\limits_D xy\mathrm{d}\sigma$;

(2) $\iint\limits_D (x+y)^2\mathrm{d}\sigma \geqslant \iint\limits_D (x+y)^3\mathrm{d}\sigma$;

(3) $\iint\limits_D \ln(x+y)\mathrm{d}\sigma \geqslant \iint\limits_D [\ln(x+y)]^2\mathrm{d}\sigma.$

2. (1) $2 \leqslant I \leqslant 2e^2$; (2) $\pi \leqslant I \leqslant 3\pi$; (3) $-1 \leqslant I \leqslant \dfrac{1}{27}.$

习题 8−2

1. (1) $\dfrac{1}{6}$; (2) 4; (3) $\dfrac{97}{20}$; (4) $\dfrac{1}{24}.$

2. (1) $\displaystyle\int_0^1 \mathrm{d}x \int_x^1 f(x,y)\mathrm{d}y$; (2) $\displaystyle\int_0^1 \mathrm{d}y \int_{e^y}^e f(x,y)\mathrm{d}x$;

(3) $\int_0^1 \mathrm{d}y \int_{2-y}^{1+\sqrt{1-y^2}} f(x,y)\mathrm{d}x$; $\qquad$ (4) $\int_0^2 \mathrm{d}x \int_{\frac{x}{2}}^{3-x} f(x,y)\mathrm{d}y$.

3. (1) $\int_0^{2\pi} \mathrm{d}\theta \int_1^2 f(r\cos\theta, r\sin\theta)r\mathrm{d}r$;

$\qquad$ (2) $\int_0^\pi \mathrm{d}\theta \int_0^{2\sin\theta} f(r\cos\theta, r\sin\theta)r\mathrm{d}r$;

$\qquad$ (3) $\int_0^{\frac{\pi}{4}} \mathrm{d}\theta \int_0^{\sec\theta} f(r\cos\theta, r\sin\theta)r\mathrm{d}r + \int_{\frac{\pi}{4}}^{\frac{\pi}{2}} \mathrm{d}\theta \int_0^{\csc\theta} f(r\cos\theta, r\sin\theta)r\mathrm{d}r$;

$\qquad$ (4) $\int_{\frac{\pi}{3}}^{\frac{\pi}{2}} \mathrm{d}\theta \int_{2\cos\theta}^1 f(r\cos\theta, r\sin\theta)r\mathrm{d}r + \int_{\frac{\pi}{2}}^{\frac{3\pi}{2}} \mathrm{d}\theta \int_0^1 f(r\cos\theta, r\sin\theta)r\mathrm{d}r + \int_{\frac{3\pi}{2}}^{\frac{5\pi}{3}} \mathrm{d}\theta \int_{2\cos\theta}^1 f(r\cos\theta,$

$\qquad$ $r\sin\theta)r\mathrm{d}r$.

4. (1) $\dfrac{3}{4}\pi a^4$; $\qquad\qquad\qquad$ (2) $\dfrac{1}{6}a^3\left[\sqrt{2}+\ln(1+\sqrt{2})\right]$.

5. (1) $\dfrac{\pi}{4}(2\ln 2 - 1)$; (2) $\dfrac{\pi^2}{8}$; (3) $\pi\left(\dfrac{\pi}{2}-1\right)$; (4) $\dfrac{28}{9}$.

6. $\dfrac{1}{2}\ln 3$.

习题 8-3

1. (1) $\int_{-1}^1 \mathrm{d}x \int_{-\sqrt{1-x^2}}^{\sqrt{1-x^2}} \mathrm{d}y \int_{x^2+2y^2}^{2-x^2} f(x,y,z)\mathrm{d}z$; (2) $\int_0^1 \mathrm{d}x \int_0^{1-x} \mathrm{d}y \int_0^{xy} f(x,y,z)\mathrm{d}z$;

$\qquad$ (3) $\int_0^4 \mathrm{d}x \int_{\frac{4-x}{2}}^{\sqrt{16-x^2}} \mathrm{d}y \int_0^3 f(x,y,z)\mathrm{d}z$; (4) $\int_0^1 \mathrm{d}x \int_0^{\sqrt{1-x^2}} \mathrm{d}y \int_{x^2+y^2}^1 f(x,y,z)\mathrm{d}z$.

2. $\dfrac{1}{8}$. $\qquad$ 3. 0. $\qquad$ 4. $\dfrac{1}{364}$.

5. $\dfrac{4}{15}\pi abc(a^2+b^2+c^2)$.

6. $\dfrac{59}{480}\pi R^5$

7. $\int_0^1 \mathrm{d}z \int_{-z}^z \mathrm{d}y \int_{-\sqrt{z^2-y^2}}^{\sqrt{z^2-y^2}} f(x,y,z)\mathrm{d}x$.

习题 8-4

1. (1) $\dfrac{7\pi}{12}$; $\qquad\qquad\qquad$ (2) $\dfrac{8}{9}a^2$.

2. (1) $\dfrac{4}{5}\pi$; $\qquad\qquad\qquad$ (2) $\dfrac{255}{8}\pi$.

3. （1）$\dfrac{64}{315}\pi$；　　　　　　　　　　（2）$\dfrac{59}{480}\pi R^5$；

　　（3）$\dfrac{8}{15}\pi(R^5-a^5)$；　　　　　　（4）$\dfrac{\pi}{2}\left(2\ln 2-\dfrac{1}{2}\ln^2 2-1\right)$．

4. （1）$\dfrac{\pi}{6}$；　　　　　　　　　　　（2）$\dfrac{2}{3}\pi(5\sqrt{5}-4)$．

习题 8 − 5

1. 12．　　2. $\dfrac{32}{3}R^3\left(\dfrac{\pi}{2}-\dfrac{2}{3}\right)$．　　3. 略．　　4. $\dfrac{4}{3}$．

5. （1）$\bar{x}=0,\bar{y}=\dfrac{4b}{3\pi}$；（2）$\bar{x}=\dfrac{b^2+ab+a^2}{a+b},\bar{y}=0$．

6. （1）$I_x=\dfrac{1}{16}\left(\dfrac{\pi}{2}-1\right),I_y=\dfrac{1}{16}\left(\dfrac{\pi}{2}+1\right)$；　（2）$\dfrac{1}{6}$．

7. $k\pi R^4$．　　8. $\left(-\dfrac{R}{4},0,0\right)$．　　9. $\dfrac{1}{2}R^4\pi H$．

习题 8 − 6

1. （1）$\dfrac{\pi}{4}$；　　（2）1；　　（3）$\dfrac{8}{3}$．

2. （1）$\dfrac{1}{3}\cos x(\cos x-\sin x)(1+2\sin 2x)$；　　（2）$\dfrac{2}{x}\ln(1+x^2)$；

　　（3）$\ln\sqrt{\dfrac{x^2+1}{x^4+1}}+3x^2\arctan x^2-2x\arctan x$；　　（4）$2xe^{-x^5}-e^{-x^3}-\displaystyle\int_x^{x^2}y^2 e^{-xy^2}\mathrm{d}y$．

3. $3f(x)+2xf'(x)$．

4. （1）$\pi\arcsin a$；　　　　　　　　　（2）$\pi\ln\dfrac{1+a}{2}$；

5. （1）$\dfrac{\pi}{2}\ln(1+\sqrt{2})$；　　　　　　（2）$\arctan(1+b)-\arctan(1+a)$．

第九章

习题 9 – 1

1. $\frac{32}{3}a^2$.

2. $\frac{\sqrt{2}}{2} + \frac{1}{12}(5\sqrt{5} - 1)$.

3. $2e^a - 2 + \frac{\pi a}{4}e^a$.

4. $\frac{2}{3}\pi a^3$.

5. $2\pi a^2$.

6. $\frac{a}{3}(2\sqrt{2} - 1)$.

7. $I_x = \frac{3}{2}\pi - 4$, $I_y = \frac{\pi}{2}$.

习题 9 – 2

1. $\frac{136}{15}$.

2. 3.

3. $-\frac{\pi}{2}a^3$.

4. 0.

5. -2π.

6. 0.

7. $\frac{k^3\pi^3}{3} - a^2\pi$.

8. $\frac{1}{2}$.

9. -4π.

10. (1) $\frac{34}{3}$; (2) 11; (3) 14; (4) $\frac{32}{3}$.

11. $\frac{1}{2}(a^2 - b^2)$.

12. -2π.

13. （1）$\displaystyle\int_L \frac{P(x,y)+Q(x,y)}{\sqrt{2}}\mathrm{d}s$；

   （2）$\displaystyle\int_L \frac{P(x,y)+2xQ(x,y)}{\sqrt{1+4x^2}}\mathrm{d}s$；

   （3）$\displaystyle\int_L \left[\sqrt{2x-x^2}\,P(x,y)+(1-x)Q(x,y)\right]\mathrm{d}s$.

习题 9-3

1. （1）12；（2）0；（3）$\dfrac{\pi}{2}a^4$；（4）$-2\pi ab$；（5）$\dfrac{\pi^2}{4}$；（6）$\dfrac{\sin 2}{4}-\dfrac{7}{6}$；（7）$\dfrac{1}{8}m\pi a^2$.

2. ① 若原点不在 L 所围的区域 D 内，$\displaystyle\oint_L \frac{y\mathrm{d}x-x\mathrm{d}y}{x^2+2y^2}=0$；

   ② 若原点在 L 所围成的区域 D 内，$\displaystyle\oint_L \frac{y\mathrm{d}x-x\mathrm{d}y}{x^2+2y^2}=\sqrt{2}\,\pi$.

3. 12π.

4. $\dfrac{5}{2}$.

5—6. 略.

7. $xF_x = yF_y$.

8. （1）$-\cos 2x\sin 3y+C$；

   （2）$y^2\sin x+x^2\cos y+C$.

9.（1）当 $R=\sqrt{2}$ 时，$I=0$；

   （2）当 $\dfrac{\mathrm{d}I}{\mathrm{d}R}=6\pi R(1-R^2)=0$ 时，即 $R=1$，且 $\dfrac{\mathrm{d}^2 I}{\mathrm{d}R^2}=-12\pi<0$，故 $R=1$ 为最大值点，最

大值 $I_{\max}=\dfrac{3}{2}\pi$.

习题 9-4

1. （1）$\dfrac{13}{3}\pi$；　（2）$\dfrac{149}{30}\pi$；　（3）$\dfrac{111}{10}\pi$.

2. $\dfrac{3}{8}\pi a^5$.

3. $\dfrac{1}{2}(3-\sqrt{3})+(\sqrt{3}-1)\ln 2$.

4. πa^3.

5. $\dfrac{64}{15}\sqrt{2}\,a^4$.

6. $\dfrac{2\pi}{15}(6\sqrt{3}+1)$.

7. $\left(0,0,\dfrac{47}{140}\right)$.

8. $\dfrac{4}{3}\pi\rho a^4$.

习题 9 − 5

1. $\dfrac{2}{105}\pi R^7$.

2. 0.

3. $\dfrac{1}{8}$.

4. $\dfrac{3}{2}\pi$.

5. $\dfrac{32\pi}{3}$.

习题 9 − 6

1. $\dfrac{12}{5}\pi a^5$.

2. 81π.

3. $\dfrac{2}{3}\pi$.

4. $-\dfrac{\pi}{2}h^4$.

5. 34π.

6. $-\dfrac{2}{5}\pi$.

7. 3.

8. $\dfrac{3\pi}{2}$.

9. （1）$2x+2y+2z$；（2）$y\mathrm{e}^{xy}-x\sin(xy)-2xz\sin(xz^2)$.

10. 证明略.

11. 证明略.

习题 9 – 7

1. -4π.

2. -20π.

3. $I = -\dfrac{9}{2}$.

4. $I = -2\pi a(a+b)$.

5. $-\sqrt{3}\,\pi a^2$.

6. （1）$2i+4j+6k$；（2）$i+j$.

7. $4, -2k$.

8. $\mathbf{grad}\,u = \{2xy+2y^2, x^2+4xy-3z^2, -6yz\}$；div $(\mathbf{grad}\,u) = 4(x-y)$；$\mathbf{rot}\,(\mathbf{grad}\,u) = \mathbf{0}$.

第十章

习题 10 – 1

1. 略.

2. （1）收敛；（2）收敛；（3）收敛；（4）散发；（5）发散.

3. （1）收敛；（2）收敛；（3）$a>1$,级数发散；$a=1$,级数发散；$0<a<1$,级数收敛；
   （4）收敛.

4. （1）收敛；（2）收敛.

习题 10 – 2

1. （1）收敛；（2）若$a>1$,级数收敛；$0<a\leqslant1$,级数发散；（3）若$a\geqslant1$,级数发散；
若$0\leqslant a\leqslant1$,级数收敛；（4）收敛；（5）收敛.

2. （1）收敛；（2）收敛；（3）收敛；（4）发散；（5）收敛；（6）收敛.

3. （1）收敛；（2）收敛；（3）若$b>a$,级数发散；$b<a$,级数收敛；（4）收敛；（5）发散.

4. （1）收敛；（2）收敛；（3）发散；（4）收敛；（5）收敛；（6）发散.

5. （1）条件收敛；（2）绝对收敛；（3）绝对收敛；（4）绝对收敛；（5）条件收敛；（6）绝对
收敛；（7）绝对收敛；（8）绝对收敛；（9）散发.

习题 10 – 3

1. （1）$(-1,1)$；（2）$(-\infty,+\infty)$；（3）$\left[-\dfrac{1}{2},\dfrac{1}{2}\right]$；（4）$[-1,1]$；（5）$[1,3)$；

$(6) \left[-\dfrac{4}{3}, -\dfrac{2}{3}\right).$

2. $(1) \dfrac{1}{(1-x)^3};$

$(2) -x + \dfrac{1}{2}\arctan x + \dfrac{1}{4}\ln\left|\dfrac{1+x}{1-x}\right|;$

$(3) \arctan x, \arctan\dfrac{3}{4};$

$(4) \ln\dfrac{3}{2}.$

习题 10 - 4

1. $f(x) = \sin x$ 在 $x = x_0$ 处的泰勒级数为 $\displaystyle\sum_{n=0}^{\infty} \dfrac{\sin\left(x_0 + \dfrac{n\pi}{2}\right)}{n!}(x - x_0)^n$,该级数在整个数轴上收敛于 $f(x)$,验证略.

2. $(1)\ \operatorname{sh} x = \dfrac{e^x - e^{-x}}{2} = \displaystyle\sum_{n=0}^{\infty} \dfrac{x^{2n+1}}{(2n+1)!}, x \in (-\infty, +\infty);$

$(2)\ a^x = \displaystyle\sum_{n=0}^{\infty} \dfrac{(\ln a)^n}{n!}x^n, x \in (-\infty, +\infty);$

$(3)\ \sin\dfrac{x}{2} = \displaystyle\sum_{n=0}^{\infty} \dfrac{(-1)^{n+1}}{2^{2n+1}(2n+1)!}x^{2n+1}, x \in (-\infty, +\infty);$

$(4)\ \sin^2 x = \dfrac{1}{2} - \dfrac{1}{2}\cos 2x = \dfrac{1}{2} - \displaystyle\sum_{n=1}^{\infty} (-1)^{n-1}2^{2n-3}\dfrac{x^{2n-2}}{(2n-2)!}, (-\infty, \infty);$

$(5)\ \dfrac{x}{2-x-x^2} = -\dfrac{1}{3}\dfrac{1}{1+\dfrac{x}{2}} + \dfrac{1}{3}\dfrac{1}{1-x} = \dfrac{1}{3}\displaystyle\sum_{n=0}^{\infty}\left[1 - \left(\dfrac{-1}{2}\right)^n\right]x^n, x \in (-1,1);$

$(6)\ \ln(1 + x - 2x^2) = \ln(1-x) + \ln(1+2x) = \displaystyle\sum_{n=1}^{\infty}\dfrac{x^n}{n} + \sum_{n=1}^{\infty}(-1)^{n-1}2^n\dfrac{x^n}{n}$

$\qquad = \displaystyle\sum_{n=1}^{\infty}\left[1 + (-1)^{n-1}2^n\right]\dfrac{x^n}{n};$

$(7)\ \arcsin x = \displaystyle\sum_{n=0}^{\infty}\dfrac{\dfrac{1}{2}\left(\dfrac{1}{2}+1\right)\cdots\left(\dfrac{1}{2}+n-1\right)}{(2n+1)n!}x^{2n+1}, x \in (-1,1).$

3. $(1)\ \sqrt{x^3} = 1 + \dfrac{3}{2}(x-1) + \displaystyle\sum_{n=0}^{\infty}(-1)^n\dfrac{(2n)!}{(n!)^2}\cdot\dfrac{3}{2^{2n+2}(n+1)(n+2)}(x-1)^{n+2}, x \in [0,2].$

(2) $\ln x = \sum\limits_{n=1}^{\infty} \dfrac{(-1)^{n-1}}{n}(x-1)^n, x \in (0,2]$.

4. $\cos x = \cos\left(x + \dfrac{\pi}{3} - \dfrac{\pi}{3}\right) = \cos\left(x + \dfrac{\pi}{3}\right)\cos\dfrac{\pi}{3} + \sin\left(x + \dfrac{\pi}{3}\right)\sin\dfrac{\pi}{3}$

$$= \dfrac{1}{2}\sum\limits_{n=1}^{\infty}(-1)^{n-1}\dfrac{\left(x + \dfrac{\pi}{3}\right)^{2n-2}}{(2n-2)!} + \dfrac{\sqrt{3}}{2}\sum\limits_{n=1}^{\infty}(-1)^{n-1}\dfrac{\left(x + \dfrac{\pi}{3}\right)^{2n-1}}{(2n-1)!}, x \in (-\infty, +\infty).$$

5. $\dfrac{1}{x} = \sum\limits_{n=0}^{\infty}\dfrac{(-1)^n}{3^{n+1}}(x-3)^n, x \in (0,6)$.

6. $\dfrac{1}{x^2 + 3x + 2} = \sum\limits_{n=0}^{\infty}\left(\dfrac{1}{2^{n+1}} - \dfrac{1}{3^{n+1}}\right)(x+4)^n, x \in (-6, -2)$.

习题 10 – 5

1. (1) 1.098 6; (2) 1.648; (3) 2.004 30; (4) 0.999 4.

2. (1) 0.494 0; (2) 0.487.

3. $e^x \cos x = \sum\limits_{n=0}^{\infty}\left(\dfrac{2^{\frac{n}{2}}}{n!}\cos\dfrac{n\pi}{4}\right)x^n, x \in (-\infty, +\infty)$.

4. (1) $\lim\limits_{x \to 0}\dfrac{1 - e^{x^2}}{1 - \cos x} = \lim\limits_{x \to 0}\dfrac{1 - \left(1 + x^2 + \dfrac{x^4}{2!} + \cdots\right)}{1 - \left(1 - \dfrac{x^2}{2!} + \dfrac{x^4}{4!} - \cdots\right)} = -2$;

(2) $\lim\limits_{x \to +\infty}x[\ln(x+1) - \ln x] = \lim\limits_{x \to +\infty}\dfrac{\ln\left(1 + \dfrac{1}{x}\right)}{\dfrac{1}{x}} \xlongequal{t = \frac{1}{x}} \lim\limits_{x \to 0}\dfrac{\ln(1+t)}{t} = \lim\limits_{x \to 0}\dfrac{t - \dfrac{t^2}{2} + \cdots}{t} = 1$.

习题 10 – 6

1. (1) $\dfrac{e^{2\pi} - e^{-2\pi}}{\pi}\left[\dfrac{1}{4} + \sum\limits_{n=1}^{\infty}\dfrac{(-1)^n}{n^2 + 4}(2\cos nx - n\sin nx)\right] = \begin{cases} f(x)\ (x \neq (2n+1)\pi); \\ \text{ch } 2\pi\ (x = (2n+1)\pi); \end{cases}$

$(n = 0, \pm 1, \pm 2, \cdots)$

(2) $\pi^2 + 1 + 12\sum\limits_{n=0}^{\infty}\dfrac{(-1)^n}{n^2}\cos nx = f(x)\ (x \in (-\infty, +\infty))$;

2. (1) $\dfrac{18\sqrt{3}}{\pi}\sum\limits_{n=1}^{\infty}(-1)^{n-1}\dfrac{n}{9n^2 - 1}\sin nx = \begin{cases} 2\sin\dfrac{x}{3}\ (-\pi < x < \pi); \\ 0\ (x = \pm\pi); \end{cases}$

(2) $\dfrac{b-a}{4}\pi + \displaystyle\sum_{n=1}^{\infty}\left\{\dfrac{\left[1-(-1)^{n}\right](b-a)}{n^{2}\pi}\cos nx + \dfrac{(-1)^{n-1}(b+a)}{n}\sin nx\right\} = f(x)\,,\ -\pi < x <$

π

3. 证明:以 2π 为周期的函数 $f(x)$ 的傅里叶系数为

$$a_{n} = \dfrac{1}{\pi}\int_{-\pi}^{\pi}f(x)\cos nx\mathrm{d}x \quad (n = 0,1,2\cdots)$$

$$b_{n} = \dfrac{1}{\pi}\int_{-\pi}^{\pi}f(x)\sin nx\mathrm{d}x \quad (n = 1,2\cdots)$$

我们对 a_{n} 进行变形如下:

$$a_{n} = \dfrac{1}{\pi}\int_{-\pi}^{\pi}f(x)\cos nx\mathrm{d}x = \dfrac{1}{\pi}\int_{-\pi}^{0}f(x)\cos nx\mathrm{d}x + \dfrac{1}{\pi}\int_{0}^{\pi}f(x)\cos nx\mathrm{d}x$$

$$= \dfrac{1}{\pi}\int_{\pi}^{2\pi}f(t-2\pi)\cos n(t-2\pi)\mathrm{d}t + \dfrac{1}{\pi}\int_{0}^{\pi}f(x)\cos nx\mathrm{d}x$$

$$= \dfrac{1}{\pi}\int_{\pi}^{2\pi}f(x)\cos nx\mathrm{d}x + \dfrac{1}{\pi}\int_{0}^{\pi}f(x)\cos nx\mathrm{d}x$$

$$= \dfrac{1}{\pi}\int_{\pi}^{2\pi}f(x)\cos nx\mathrm{d}x,(n = 0,1,2\cdots)$$

同理

$$b_{n} = \dfrac{1}{\pi}\int_{-\pi}^{\pi}f(x)\sin nx\mathrm{d}x = \dfrac{1}{\pi}\int_{0}^{2\pi}f(x)\sin nx\mathrm{d}x,(n = 1,2,\cdots)$$

命题得证.

4. $\dfrac{2}{\pi}\displaystyle\sum_{n=1}^{\infty}\left[\dfrac{1}{n^{2}}\sin\dfrac{n\pi}{2} + (-1)^{n+1}\dfrac{\pi}{2n}\right]\sin nx = \begin{cases} f(x)\,(x \neq (2n+1)\pi); \\ 0\,(x = (2n+1)\pi). \end{cases}$

5. 略

习题 10 - 7

1. $\displaystyle\sum_{n=1}^{\infty}\dfrac{1}{n}\sin nx = \begin{cases} \dfrac{\pi-x}{2}\,(0 < x \leqslant \pi); \\ 0\,(x = 0). \end{cases}$

2. $\dfrac{4}{\pi}\displaystyle\sum_{n=1}^{\infty}\left[-\dfrac{2}{n^{3}} + (-1)^{n}\left(\dfrac{2}{n^{3}} - \dfrac{\pi^{2}}{n}\right)\right]\sin nx = \begin{cases} 2x^{2}\,(0 \leqslant x < \pi); \\ 0\,(x = \pi); \end{cases}$

   $\dfrac{2}{3}\pi^{2} + 8\displaystyle\sum_{n=1}^{\infty}\dfrac{(-1)^{n}}{n^{2}}\cos nx = 2x^{2}\,(0 \leqslant x \leqslant \pi).$

3. $\dfrac{2}{\pi} + \dfrac{4}{\pi}\displaystyle\sum_{n=1}^{\infty}\dfrac{(-1)^{n-1}}{4n^{2}-1}\cos nx = \cos\dfrac{x}{2}\,(0 \leqslant x \leqslant \pi).$

4. 略.

习题 **10 – 8**

1. （1）$\dfrac{11}{12} + \dfrac{1}{\pi^2} \sum\limits_{n=1}^{\infty} \dfrac{(-1)^{n-1}}{n^2} \cos 2n\pi x = f(x)\ (-\infty < x < +\infty)$；

（2）$-\dfrac{1}{4} + \sum\limits_{n=1}^{\infty} \left\{ \left[\dfrac{1-(-1)^n}{n^2\pi^2} + \dfrac{2\sin\dfrac{n\pi}{2}}{n\pi} \right] \cos n\pi x + \dfrac{1 - 2\cos\dfrac{n\pi}{2}}{n\pi} \sin n\pi x \right\}$

$= \begin{cases} f(x)\left(x \neq 2n, 2n + \dfrac{1}{2}\right); \\[2mm] \dfrac{1}{2}(x = 2n); \\[2mm] 0\left(x = 2n + \dfrac{1}{2}\right). \end{cases}$

2. （1）$\dfrac{4l}{\pi^2} \sum\limits_{n=1}^{\infty} \dfrac{1}{n^2} \sin\dfrac{n\pi}{2} \sin\dfrac{n\pi x}{l} = f(x) \quad (0 \leqslant x \leqslant l)$

或 $\dfrac{4l^2}{\pi^2} \sum\limits_{n=1}^{\infty} \dfrac{(-1)^{n-1}}{(2n-1)^2} \sin\dfrac{(2n-1)\pi x}{l} = f(x) \quad (0 \leqslant x \leqslant l)$；

$\dfrac{l}{4} + \dfrac{2l}{\pi^2} \sum\limits_{n=1}^{\infty} \dfrac{1}{n^2} \left[2\cos\dfrac{n\pi}{2} - 1 - (-1)^n \right] \cos\dfrac{n\pi x}{l} = f(x) \quad (0 \leqslant x \leqslant l)$

或 $\dfrac{l}{4} - \dfrac{2l}{\pi^2} \sum\limits_{n=1}^{\infty} \dfrac{1}{(2n-1)^2} \cos\dfrac{2(2n-1)\pi x}{l} = f(x) \quad (0 \leqslant x \leqslant l)$.

（2）$f(x) = \sum\limits_{n=1}^{\infty} \left[(-1)^{n+1} \dfrac{8}{n\pi} + (-1)^n \dfrac{16}{n^3\pi^3} - \dfrac{16}{n^3\pi^3} \right] \sin\dfrac{n\pi}{2} x, x \in [0,2]$；

$f(x) = \dfrac{4}{3} + \sum\limits_{n=1}^{\infty} (-1)^n \dfrac{16}{n^2\pi^2} \cos\dfrac{n\pi}{2} x,\ x \in (0,2)$.

3. （1）$f(x) = \sum\limits_{n=1}^{\infty} \dfrac{4}{(2n-1)^2} \cos(2n-1)\left(x - \dfrac{\pi}{2}\right), x \in \left[-\dfrac{\pi}{2}, \dfrac{3\pi}{2} \right]$；

（2）$\dfrac{4}{\pi} \sum\limits_{n=1}^{\infty} \dfrac{(-1)^{n-1}}{(2n-1)^2} \sin(2n-1)x = f(x)\left(-\dfrac{\pi}{2} \leqslant x \leqslant \dfrac{3\pi}{2} \right)$

或 $\dfrac{4}{\pi} \sum\limits_{n=1}^{\infty} \dfrac{1}{(2n-1)^2} \cos(2n-1)\left(x - \dfrac{\pi}{2}\right) = f(x) \quad \left(-\dfrac{\pi}{2} \leqslant x \leqslant \dfrac{3\pi}{2} \right)$.

第十一章

习题 11 −1

1. （1）一阶；（2）二阶；（3）三阶；（4）一阶；（5）二阶；（6）一阶.

2. （1）是；（2）不是；（3）不是；（4）是.

3. 证明略.

4. （1）$C = -25$；（2）$C_1 = 0, C_2 = 1$；（3）$C_1 = 1, C_2 = \dfrac{\pi}{2}$.

5. （1）$2xyy' - y^2 + x^2 = 0$；（2）$yy' + 2x = 0$.

习题 11 −2

1. （1）$y = \mathrm{e}^{Cx}$；（2）$y = \dfrac{1}{5}x^3 + \dfrac{1}{2}x^2 + C$；（3）$y = \sin\ (\arcsin\ x + C)$；（4）$\dfrac{1}{y} =$
$a\ln\ |1 - a - x| + C$；（5）$\tan x\tan y = C$；（6）$(\mathrm{e}^x + 1)(\mathrm{e}^y - 1) = C$；（7）$10^x + 10^{-y} = C$；
（8）$4(y - 1)^3 + 3x^4 = C$；（9）$\sin x\sin y = C$；（10）$y^4(4 - x) = Cx$.

2. （1）$y = \ln\ \left(\dfrac{1}{2}\mathrm{e}^{2x} + \dfrac{1}{2}\right)$；（2）$y^2 - 1 = 2\ln\dfrac{1 + \mathrm{e}^x}{1 + \mathrm{e}}$；（3）$2\sqrt{2}\cos y = \mathrm{e}^x + 1$；（4）$2(x^3 - y^3) +$
$3(x^2 - y^2) + 5 = 0$；（5）$y^2 + 2x^2 = 1$.

3. （1）$y + \sqrt{y^2 - x^2} = Cx^2$；（2）$x^2 - y^2 = Cx$；（3）$y + 2x\mathrm{e}^{\frac{y}{x}} = C$；（4）$t\mathrm{e}^{\sqrt{\frac{x}{t}}} = C$；（5）$y = x\mathrm{e}^{Cx}$；
（6）$x = C\mathrm{e}^{\sin\frac{y}{x}}$；（7）$y = C(2x^3 - y^3)$；（8）$y\mathrm{e}^{\frac{x}{y}} + x = C$.

4. （1）$y = \mathrm{e}^{-x}(x + C)$；（2）$y = C\mathrm{e}^{-\tan x} + \tan x - 1$；（3）$y = \dfrac{C}{x^2 + 1} + \dfrac{4x^3}{3(x^2 + 1)}$；
（4）$y = (x + C)\mathrm{e}^{-\sin x}$；（5）$x = y^2\left(C\mathrm{e}^{\frac{1}{y}} + 1\right)$；（6）$3\rho = 2 + C\mathrm{e}^{-3\theta}$；（7）$2x\ln y = \ln^2 y + C$；
（8）$y = \dfrac{1}{x^2 - 1}(C + \sin x)$；（9）$y = C\mathrm{e}^{-\varphi(x)} + \varphi(x) - 1$；（10）$x = Cy^3 + \dfrac{1}{2}y^2$.

5. （1）$y = \dfrac{x}{\cos x}$；（2）$y\sin\ x + 5\mathrm{e}^{\cos x} = 1$；（3）$y = \dfrac{1}{\cos x}\left(\dfrac{x}{2} + \dfrac{1}{4}\sin 2x - \dfrac{\pi}{2} - 1\right)$；
（4）$y = \dfrac{1}{3}x^2 + \dfrac{3}{2}x + 2 - \dfrac{4}{x}$；（5）$2y = x^3\left(1 - \mathrm{e}^{\frac{1}{x^2} - 1}\right)$；（6）$y = \dfrac{2}{3}(4 - \mathrm{e}^{-3x})$.

6. （1）$\dfrac{1}{y} = -\sin\ x + C\mathrm{e}^x$；（2）$\dfrac{3}{2}x^2 + \ln\ \left|1 + \dfrac{3}{y}\right| = C$；（3）$\dfrac{1}{y^3} = C\mathrm{e}^x - 1 - 2x$；
（4）$\dfrac{1}{y^4} = -x + \dfrac{1}{4} + C\mathrm{e}^{-4x}$；（5）$\dfrac{x^2}{y^2} = -\dfrac{2}{3}x^3\left(\dfrac{2}{3} + \ln x\right) + C$；（6）$\dfrac{7}{\sqrt[3]{y}} = Cx^{\frac{2}{3}} - 3x^3$.

7.（1）$y - 2\arctan \dfrac{x+y}{2} = C$;（2）$(x-y)^2 = -2x + C$;（3）$y = \dfrac{1}{x}\mathrm{e}^{Cx}$;（4）$2x^2 y^2 \ln|y| -$

$2xy - 1 = Cx^2 y^2$;（5）$y = 1 - \sin x - \dfrac{1}{x+C}$;（6）$\dfrac{1}{\sin y} = C\mathrm{e}^{-x} - \dfrac{1}{2}(\cos x + \sin x)$.

8.（1）是，$x^2 y - x = C$;（2）是，$x^4 + y^4 - x^2 y^2 = C$;（3）是，$x\mathrm{e}^y - y^2 = C$;（4）是，$x^y = C$;

（5）是，$x\sin(x+y) = C$;（6）不是;（7）是，$\rho(1 + \mathrm{e}^{2\theta}) = C$;（8）不是;（9）$a = b = 1$ 时，是，

$y\mathrm{e}^x + x\mathrm{e}^y = C$;（10）是，$x\sin y + y\cos x = C$.

9.（1）$x - y = \ln|x-y| + C$;（2）$\dfrac{x}{y} + \dfrac{x^2}{2} = C$;（3）$x - \dfrac{y}{x} = C$;（4）$\dfrac{y^2}{2} - \dfrac{1}{x} - xy = C$;

（5）$\dfrac{x - x^2}{y} = C$.

10. $t = 0.030\,5\,h^{\frac{5}{2}} + 9.645$,水流完所需时间约为 $10\ \mathrm{s}$.

11. $R = R_0 \mathrm{e}^{-\frac{\ln 2}{1\,000}t} \approx R_0 \mathrm{e}^{-0.000\,433\,t}$,时间以年为单位.

12. 取 O 为原点,河岸朝顺水方向为 x 轴,y 轴指向对岸,则所求航线为 $x = \dfrac{k}{a}\left(\dfrac{h}{2}y^2 - \dfrac{1}{3}y^3\right)$.

13. $y = 2(\mathrm{e}^x - x - 1)$.

14. $v = \dfrac{k_1}{k_2}t - \dfrac{k_1 m}{k_2^2}\left(1 - \mathrm{e}^{-\frac{k_2}{m}t}\right)$.

15.（1）$x = Cy^2 \mathrm{e}^{\frac{1}{x^2 y^2}}$;（2）$\dfrac{3xy + 1}{x^3 y^3} + 3\ln|y| = C$.

16. 略.

17. $f(x) = \dfrac{2}{3}x + \dfrac{1}{3\sqrt{x}}$.

18. $f(x) = \dfrac{2\mathrm{e}^x}{3 - \mathrm{e}^{2x}}$.

19. $y = \begin{cases} 2(1 - \mathrm{e}^{-x}), & 0 \leqslant x \leqslant 1 \\ 2(\mathrm{e}-1)\mathrm{e}^{-x}, & x > 1 \end{cases}$.

习题 11-3

1.（1）$y = \dfrac{1}{6}x^3 - \sin x + C_1 x + C_2$;（2）$y = (x-3)\mathrm{e}^x + C_1 x^2 + C_2 x + C_3$;（3）$y = C_1 \mathrm{e}^x -$

$\dfrac{1}{2}x^2 - x + C_2$;（4）$y = -\ln|\cos(x + C_1)| + C_2$;（5）$x + C_2 = \pm\left[\dfrac{2}{3}(\sqrt{y} + C_1)^{\frac{3}{2}} -\right.$

$\left. 2C_1 \sqrt{\sqrt{y} + C_1}\right]$;（6）$C_1 y^2 - 1 = (C_1 x + C_2)^2$;（7）$y = \arcsin(C_2 \mathrm{e}^x) + C_1$;（8）$y = C_1 \ln|x| + C_2$;

(9) $y = 1 - \dfrac{1}{C_1 x + C_2}$；(10) $y = \pm \dfrac{2}{3C_1}\left[(C_1 x - 1)^{\frac{3}{2}} + C_2\right]$.

2. (1) $y = \dfrac{1}{a^3}e^{ax} - \dfrac{e^a}{2a}x^2 + \dfrac{e^a}{a^2}(a-1)x + \dfrac{e^a}{2a^3}(2a - a^2 - 2)$；(2) $y = \sqrt{2x - x^2}$；(3) $y = \ln\operatorname{ch} x$；

(4) $y = -\dfrac{1}{a}\ln(ax + 1)$；(5) $y = \left(\dfrac{1}{2}x + 1\right)^4$；(6) $y = 2 + \ln\left(\dfrac{x}{2}\right)^2$.

3. $y = 1 + \dfrac{1}{2\sqrt{2}}\ln\left|\dfrac{x - \sqrt{2}}{x + \sqrt{2}}\right|$（$|x| < \sqrt{2}$）.

4. $s = \dfrac{m}{c^2}\ln\operatorname{ch}\left(\sqrt{\dfrac{g}{m}}ct\right)$.

习题 11-4

1. (1) 线性无关；(2) 线性相关；(3) 线性相关；(4) 线性无关；(5) 线性无关；(6) 线性无关；(7) 线性相关；(8) 线性无关；(9) 线性无关；(10) 线性无关.

2. (1) $y = C_1\cos\omega x + C_2\sin\omega x$；(2) $y = e^{x^2}(C_1 + C_2 x)$.

3. 略.

4. $y = C_1 e^x + C_2(2x + 1)$.

5. $y = C_1 x + C_2 x^2 + x^3$.

6. $y = C_1\cos x + C_2\sin x + x\sin x + \cos x\ln|\cos x|$.

7. $y = C_1 x + C_2 x\ln|x| + \dfrac{x}{2}\ln^2|x|$.

习题 11-5

1. (1) $y = C_1 e^x + C_2 e^{-2x}$；(2) $y = C_1 + C_2 e^{4x}$；(3) $y = C_1\cos x + C_2\sin x$；(4) $y = e^{-3x}(C_1\cos 2x + C_2\sin 2x)$；(5) $x = (C_1 + C_2 t)e^{\frac{5}{2}t}$；(6) $y = e^{2x}(C_1\cos x + C_2\sin x)$；(7) $y = C_1 e^x + C_2 e^{-x} + C_3\cos x + C_4\sin x$；(8) $y = (C_1 + C_2 x)\cos x + (C_3 + C_4 x)\sin x$；(9) $y = C_1 + C_2 x + (C_3 + C_4 x)e^x$；(10) $y = C_1 e^{2x} + C_2 e^{-2x} + C_3\cos 3x + C_4\sin 3x$.

2. (1) $y = 4e^x + 2e^{3x}$；(2) $y = (2 + x)e^{-\frac{x}{2}}$；(3) $y = e^{-x} - e^{-4x}$；(4) $y = 3e^{-2x}\sin 5x$；(5) $y = 2\cos 5x + \sin 5x$；(6) $y = e^{2x}\sin 3x$.

3. $x = \dfrac{v_0}{\sqrt{k_2^2 + 4k_1}}(1 - e^{-\sqrt{k_2^2 + 4k_1}\,t})e^{\left(-\frac{k_2}{2} + \frac{\sqrt{k_2^2 + 4k_1}\,t}{2}\right)}$.

习题 11-6

1. (1) $y = C_1 e^{\frac{x}{2}} + C_2 e^{-x} + e^x$；(2) $y = C_1\cos ax + C_2\sin ax + \dfrac{e^x}{1 + a^2}$；(3) $y = C_1 + C_2 e^{-\frac{5}{2}x} +$

$\dfrac{1}{3}x^3 - \dfrac{3}{5}x^2 + \dfrac{7}{25}x$；(4) $y = C_1 e^{-x} + C_2 e^{-2x} + \left(\dfrac{3}{2}x^2 - 3x\right)e^{-x}$；(5) $y = e^x(C_1\cos 2x + C_2\sin 2x) -$

$\dfrac{1}{4}xe^x\cos 2x$；(6) $y = (C_1 + C_2 x)e^{3x} + \dfrac{x^2}{2}\left(\dfrac{1}{3}x + 1\right)e^{3x}$；(7) $y = C_1 e^{-x} + C_2 e^{-4x} + \dfrac{11}{8} - \dfrac{1}{2}x$；

(8) $y = C_1\cos 2x + C_2\sin 2x + \dfrac{1}{3}x\cos x + \dfrac{2}{9}\sin x$；(9) $y = C_1\cos x + C_2\sin x + \dfrac{e^x}{2} + \dfrac{x}{2}\sin x$；(10)

$y = C_1 e^x + C_2 e^{-x} - \dfrac{1}{2} + \dfrac{1}{10}\cos 2x$；(11) (a) $y = e^{\frac{3x}{5}}\left(C_1\cos\dfrac{4}{5}x + C_2\sin\dfrac{4}{5}x\right) + \dfrac{25}{16}e^{\frac{3x}{5}}$；(b) $y = e^{\frac{3x}{5}}$

$(C_1\cos\dfrac{4}{5}x + C_2\sin\dfrac{4}{5}x) + \dfrac{40}{219}\cos\dfrac{4}{5}x + \dfrac{15}{219}\sin\dfrac{4}{5}x$；(c) $y = e^{\frac{3x}{5}}(C_1\cos\dfrac{4}{5}x + C_2\sin\dfrac{4}{5}x) - \dfrac{1}{8}xe^{\frac{3x}{5}}$

$\cos\dfrac{4}{5}x$；(12) (a) $y = C_1\cos x + C_2\sin x + \dfrac{x}{2}\sin x$；(b) $y = C_1\cos x + C_2\sin x - e^{-x} - \dfrac{x}{2}\cos x$.

2. (1) $y = -\cos x - \dfrac{1}{3}\sin x + \dfrac{1}{3}\sin 2x$；(2) $y = -5e^x + \dfrac{7}{2}e^{2x} + \dfrac{5}{2}$；(3) $y = \dfrac{1}{2}(e^{9x} + e^x) -$

$\dfrac{1}{7}e^{2x}$；(4) $y = e^x - e^{-x} + e^x(x^2 - x)$；(5) $y = \dfrac{11}{16} + \dfrac{5}{16}e^{4x} - \dfrac{5}{4}x$.

3. 取炮口为原点，炮弹前进的水平方向为 x 轴，铅直向上为 y 轴，弹道曲线为

$\begin{cases} x = v_0 t\cos\alpha \\ y = v_0 t\sin\alpha - \dfrac{1}{2}gt^2 \end{cases}$.

4. $t = \sqrt{\dfrac{10}{g}}\ln\left(\dfrac{19 + 4\sqrt{22}}{3}\right)$ s.

5. $\varphi(x) = \dfrac{1}{2}(\cos x + \sin x + e^x)$.

习题 11 – 7

1. $y = C_1 x + \dfrac{C_2}{x}$.

2. $y = x(C_1 + C_2\ln|x|) + x\ln^2|x|$.

3. $y = C_1 x + C_2 x\ln|x| + C_3 x^{-2}$.

4. $y = C_1 x + C_2 x^2 + \dfrac{1}{2}(\ln^2 x + \ln x) + \dfrac{1}{4}$.

5. $y = C_1 x^2 + C_2 x^{-2} + \dfrac{1}{5}x^3$.

6. $y = x[C_1\cos(\sqrt{3}\ln x) + C_2\sin(\sqrt{3}\ln x)] + \dfrac{x}{2}\sin(\ln x)$.

习题 11 - 8

1. (1) $\begin{cases} y = C_1 e^x + C_2 e^{-x} \\ z = C_1 e^x - C_2 e^{-x} \end{cases}$; (2) $\begin{cases} x = C_1 e^t + C_2 e^{-t} + C_3 \cos t + C_4 \sin t \\ y = C_1 e^t + C_2 e^{-t} - C_3 \cos t - C_4 \sin t \end{cases}$;

(3) $\begin{cases} x = 3 + C_1 \cos t + C_2 \sin t \\ y = - C_1 \cos t + C_2 \sin t \end{cases}$;

(4) $\begin{cases} x = C_1 e^{(-1+\sqrt{15})t} + C_2 e^{(-1-\sqrt{15})t} + \dfrac{2}{11} e^t + \dfrac{1}{6} e^{2t} \\ y = (-4 - \sqrt{15}) C_1 e^{(-1+\sqrt{15})t} - (4 - \sqrt{15}) C_2 e^{(-1-\sqrt{15})t} - \dfrac{1}{11} e^t - \dfrac{7}{6} e^{2t} \end{cases}$;

(5) $\begin{cases} x = \dfrac{C_1 - 3C_2}{5} \sin t - \dfrac{3C_1 + C_2}{5} \cos t - t^2 + t + 3 \\ y = C_1 \cos t + C_2 \sin t + 2t^2 - 3t - 4 \end{cases}$;

(6) $\begin{cases} x = C_1 e^{-5t} + C_2 e^{-\frac{t}{3}} + \dfrac{1}{65}(\cos t + 8 \sin t) \\ y = -\dfrac{4}{3} C_1 e^{-5t} + C_2 e^{-\frac{t}{3}} + \dfrac{1}{130}(61 \sin t - 33 \cos t) \end{cases}$.

2. (1) $\begin{cases} x = \sin t \\ y = \cos t \end{cases}$; (2) $\begin{cases} x = e^t \\ y = 4 e^t \end{cases}$; (3) $\begin{cases} x = -\dfrac{1}{2} e^t + 2 \cos t - 4 \sin t \\ y = 2 e^t - 2 \cos t + 14 \sin t \end{cases}$;

(4) $\begin{cases} x = -2 e^{-2t} - 2 e^{-t} \sin t + 4 \cos t + 3 \sin t \\ y = 2 e^{-t} \cos t - 2 \cos t + \sin t \end{cases}$.